厚基础·促应用·强交叉

人工智能人才培养新形态精品教材

人工智能导论

（第2版）

莫宏伟◎主编

徐立芳◎副主编

Introduction to Artificial Intelligence

人民邮电出版社

北京

图书在版编目（CIP）数据

人工智能导论 / 莫宏伟主编. -- 2版. -- 北京 : 人民邮电出版社, 2024.1
（人工智能人才培养新形态精品系列）
ISBN 978-7-115-61931-0

Ⅰ. ①人… Ⅱ. ①莫… Ⅲ. ①人工智能 Ⅳ. ①TP18

中国国家版本馆CIP数据核字(2023)第104235号

内容提要

本书比较全面地介绍了人工智能基本理论、方法、技术及应用等知识。全书5大部分共13章，主要内容包括人工智能的基本概念、实现方法，人工智能哲学观，脑科学基础，人工神经网络，机器学习的基本方法与原理，感知智能，认知智能，语言智能，行为智能（机器人），类脑智能，混合智能，智能制造、智能医疗、人工智能与新基建，以及人工智能伦理与法律。本书内容翔实、结构合理、案例丰富、图文并茂，语言通俗易懂，讲解详尽，能帮助读者系统、全面地认识和理解人工智能。

本书适合作为人工智能、计算机科学与技术、机器人工程、智能科学与技术等相关专业的课程教材，也可供从事人工智能交叉学科研究的相关人员及爱好者参考使用。

◆ 主　　编　莫宏伟
　副 主 编　徐立芳
　责任编辑　祝智敏
　责任印制　王　郁　陈　犇
◆ 人民邮电出版社出版发行　　北京市丰台区成寿寺路11号
　邮编　100164　　电子邮件　315@ptpress.com.cn
　网址　https://www.ptpress.com.cn
　大厂回族自治县聚鑫印刷有限责任公司印刷
◆ 开本：787×1092　1/16
　印张：17.5　　2024年1月第2版
　字数：491千字　　2025年1月河北第7次印刷

定价：69.80元

读者服务热线：(010)81055256　印装质量热线：(010)81055316
反盗版热线：(010)81055315
广告经营许可证：京东市监广登字20170147号

前　言

写作背景

当前，人工智能仍然处于稳步发展过程中。全社会对人工智能的关注居高不下。人工智能产业对相关专业人才的需求依然旺盛。各类高等院校也在通过专业建设、学科建设、教师队伍建设、产学合作等来构建人工智能、大数据等相关专业的人才培养体系。人工智能是与人类自身，尤其是心智直接紧密联系的学科。人工智能教育应该以引导学生投入人工智能的发展这一终极目标为使命，而不只是传授技能。这样才能真正激发学生的兴趣和创造力。

从高等院校的教育使命出发，高等院校的人工智能教育应对商业意义的人工智能及科学意义的人工智能加以区分，不应一味地以商业或市场需求为导向，忽略人工智能本身的科学价值和终极意义。

人工智能教育不应单纯面向传统理工科、新工科学生，而应面向全专业的学生；不应单纯地让学生学习算法或机器学习技术，而应让学生通过对人工智能的全面理解，树立人工智能理念，培养人工智能素养。本书第 1 版于 2020 年 7 月出版，得到了许多院校师生的肯定，取得了良好的教学效果。为了及时反映人工智能新理论、新方法、新技术和未来发展趋势，深度启发学生的思维，培养学生对人工智能的兴趣、思维和创新精神，编者对第 1 版的内容进行了修订和更新。

为了使读者能够全面认识和理解人工智能，编者提出了人工智能五维知识体系教育教学理念，这也是本书写作的理念支撑。

本书旨在使读者从智能机制出发来学习和理解人工智能，全面、系统地认识和理解人工智能的本质与内涵，从技术应用到社会影响，从商业价值到伦理道德及法律风险等都有全面、深入的理解。

内容特点

本书按照人工智能五维知识体系组织编写，内容分为 5 大部分共 13 章。本书内容特点如下。

1. 与时俱进的人工智能知识内容

传统、经典人工智能方法与前沿人工智能理论、技术、方法兼收并蓄，与时俱进，能够满足学生对新一代及前沿人工智能理论、技术、方法的学习需求。

2. 模块化的人工智能知识结构

本书按照人工智能五维知识体系建立模块化的知识结构。这种知识体系结构清晰，内容充实，组织灵活，读者可以按照实际学习需求对各部分各章节中的知识增删、取舍、搭配。

3. 多层次认识人工智能

本书内容隐含认识人工智能本质和内涵的5个层次，即大历史观、哲学思想、社会与文明、多学科交叉、工程技术和应用。每个层次的内容在不同章节中体现，激发读者的学习兴趣、创新思维，培养其人工智能素养和创造能力。

4. 全方位解读人工智能

相较于当前以技术为核心的人工智能知识学习，本书从哲学思想、学科基础知识、技术方法应用、伦理与法律等多方位解读人工智能，总体上加深读者对人工智能的系统性、整体性认识和理解。

5. 强调人工智能伦理与法律的意义

本书将人工智能伦理与法律作为人工智能知识体系的重要组成部分，目的在于强调人工智能伦理与法律对人工智能发展的基础性意义，启发读者在重视人工智能技术学习的同时，特别关注人工智能伦理与法律对人工智能发展的引导性作用和意义。

学时建议

本书参考学时建议如表0.1所示。

表0.1 参考学时建议

章名	学时建议
第1章 绪论	2～4学时
第2章 人工智能哲学观	2～4学时
第3章 脑科学基础	2～4学时
第4章 人工神经网络	4～6学时
第5章 机器学习	6学时
第6章 感知智能	4～6学时
第7章 认知智能	4～6学时
第8章 语言智能	2～4学时
第9章 机器人	2～4学时
第10章 类脑智能	2～4学时
第11章 混合智能	4～6学时
第12章 人工智能的行业应用	2～4学时
第13章 人工智能伦理与法律	2～4学时
学时总计	38～62学时

不同专业和领域的读者，可以根据自己的专业和兴趣有选择地学习和阅读有关章节：

人工智能、机器人工程等新工科专业，以及计算机科学与技术等传统理工科专业的学生，在理解智能与人工智能的基本概念基础上，重点通过对机器学习、人工神经网络、感知智能、认知智能、语言智能等技术内容的学习，相对全面地认识和理解人工智能的基本概念、技术、方法和应用，涉及第 1～9 章、第 12 章、第 13 章，第 10 章类脑智能和第 11 章混合智能可以作为选学或自学内容；

对于非工科专业的学生，主要从第 1 章介绍的智能的基本概念出发，了解和认识人工智能的基本概念、方法、应用，以及伦理与法律的意义和作用，可以重点学习第 1 章、第 2 章、第 3 章、第 12 章、第 13 章，第 4～11 章内容，不同专业可以自行选择相关知识点学习。

总体上，本书内容采用模块化设计，各章内容相对独立，可根据实际课程情况（教师、学时、课程类型等），对各章内容自行组合设计，选择性学习。

对于其他读者，学习建议如下：

对人工智能比较有兴趣的初学者可以学习第 1 章、第 4～12 章，通过这些章节的学习可以了解和掌握人工智能基本概念、历史、基本原理和基础技术及方法，以及前沿技术；

社会科学、经济学、哲学、法学等专业领域的初学者，可以学习第 1～3 章，以及第 12 章、第 13 章，学习这些章节可以了解和掌握人工智能基本概念、历史、哲学意义以及行业应用、社会影响与作用，对于其余章节，初学者可根据自身实际情况选择性学习。

配套资源

本书提供了配套学习资源，读者可通过人邮教育社区（www.ryjiaoyu.com）下载本书配套的电子资源，包括教学大纲、教案、教学课件 PPT、习题答案、思政素材、实践案例及其他拓展学习资料。

编者主讲的配套慕课“人工智能导论”获评 2021 年春夏学期智慧树一流学科建设精品课程、2021 年秋冬学期智慧树“混合式精品专业课程 TOP100”、2021 年首届“智慧树杯”课程思政示范案例教学大赛卓越奖、2021 年省级线上一流精品课程、2022 年春夏学期智慧树混合式直播专业精品、2022 年秋冬学期智慧树双一流高校精品课程（专业课）、2023 年国家级本科一流线上课程。

致谢

本书由莫宏伟担任主编，徐立芳担任副主编。莫宏伟编写了第 1～3 章和第 7～13

章，徐立芳编写了第 4~6 章，邵鹏、周宏亮、胡泽强等硕士研究生在图片绘制与修改方面提供了协助，感谢大家的付出。此外，书中还引用了一些国内外公开发表的论文、出版的图书，以及网络资料等公共资源，在此向其著作者致谢！

限于编者水平和经验，书中难免存在疏漏之处，恳请读者朋友和相关领域的专家学者拨冗批评指正。

编　者

2023 年 11 月于哈尔滨

目录

CONTENTS

第1部分　学科与概念基础

03 脑科学基础 49

第 2 部分 技术基础

04 人工神经网络 68

05 机器学习 92

第 3 部分 重点方向与领域（机器智能）

11 混合智能 220

第 4 部分　行业应用

12 人工智能的行业应用 237

第5部分　伦理与法律

第1部分 学科与概念基础

01 绪论

本章学习目标：

（1）理解并掌握智能的广义概念；

（2）理解并掌握自然智能、人工智能与机器智能的关系；

（3）理解并掌握人工智能的发展历史脉络和各阶段的代表性技术；

（4）理解并掌握人工智能的研究内容与应用。

1.0 学习导言

人类自出现以后，就一直在不断超越自我，更是创造出了超越自身水平的机器。无论是飞机、火车、轮船，还是宇宙飞船、潜艇、汽车、计算机等，都具有人类无法比拟的性能和“超能力”，尽管如此，它们似乎又都不能被称为有智慧的机器。人工智能（artificial intelligence，AI）正是致力于实现有智慧的机器的一门科学。人工智能在科学领域并不是一个新概念，它早在60多年前就已经诞生了。多年以来，人工智能一直作为计算机科学的一个分支在不断发展。历史上，由于理想与现实的巨大差距，致使人工智能的发展几经沉浮。近些年，人工智能在围棋、游戏、机器人等方面不断取得突破，这使人们再次意识到其重要性。人工智能专家吴恩达（Andrew Ng）认为，人工智能给现代社会带来的影响不亚于100多年前的电。

人工智能正在快速融入人类工业制造、农业生产及生活服务的方方面面。例如，围棋软件的棋艺已经可以超越人类最好的棋手，人脸识别软件能够更加准确地识别人脸，机器翻译系统能够以更加准确的方式翻译人类的不同语言。人工智能正在通过算法和程序感知人类社会，并与之互动。

那么，到底什么是人工智能？针对这一问题，本章将主要介绍智能，以及人工智能的定义、历史、实现方法和主要研究内容等，以帮助读者形成对人工智能的初步认识与理解。

1.1 生命与智能

根据宇宙学知识可知，地球至今约有46亿年的历史。达尔文进化论告诉我们，地球上的生命都是进化的产物。按照目前的生命科学理论，生命是通过无机物质的化学进化过程逐步演变来的，这个进化过程大体上是先由无机物质生成有机小分子，再由有机小分子形成活性大分子，又由活性大分子组成多分子体系，最后由多分子体系转化为原始生命。地球上曾经和现在存在的所有生命物种都是由原始生命进化而来的。生命诞生之后，就开启了长达30多亿年的漫长进化历程。在寒武纪时代，地球上发生了“生物大爆发”，在相对短暂的2000万年内，出现了各种生物。各种生物通过适应复杂多变的自然环境，演化出了千百万个不同的物种。这一过程，进化论称之为“自然选择”。自然选择机制造就了今天姹紫嫣红、千姿百态的大千世界。图 1.1 所示为几种自然界生命形态示例。

图 1.1　自然界生命形态

生物学科将生物世界总体上分为原核生物界和真核生物界两大板块，在此基础上它又被进一步划分为原核生物界、原生生物界、真菌界、植物界、动物界共五界。尽管生物物种的外观各异，生存本领也千差万别，但是它们都具备作为生命所应具有的基本特征，如生长、发育、自复制、繁衍、新陈代谢等。实际上，除了上述基本特征，各种生命体还有另外一个重要的特征——智能。对生命而言，智能就是有生命的物种所具有的、与生俱来的环境适应能力和生存能力。

近年来，人们在微生物学、植物学、动物学等方面取得研究成果的同时也认识到，智能对生物而言是一种普遍特征。小到细菌，大到鲸鱼，地球上的各种生物都具有不同程度的智能。细菌常常被人们认为是低等单细胞生物，然而，现代微生物学研究发现，细菌实际上具有许多和高等生物类似的智能特征。细菌不但能感知环境刺激，而且能将化合物作为分子“语言”进行个体间通信，以感知同种生物的存在及种群大小，从而在各种生存与适应过程中相互交流、协作行动，表现出了明显的群体性和社会性。细菌的这种智能被科学家称为“细菌群体智能”。

人们在日常生活中司空见惯的植物也是有智能的。虽然植物既不会开口说话，也听不见园丁们对它们的评论，但在过去的 30 年中，人们陆续发现植物可以通过化学信号彼此交流。除了释放化学信号来保护同类，植物还会用化学信号来欺骗昆虫。通过性欺骗来诱使昆虫授粉的例子比比皆是，例如，各大洲的兰花不约而同地进化出了通过模拟雌性昆虫分泌激素来吸引雄性昆虫这一技能。植物可以通过缠绕的根网与“邻居”进行交流，还可以通过根来哺育后代或是维持树桩的生命。当受到威胁（如干旱、病害等）时，植物可以通过根来交换信息。

在动物中，鸟类是比较受人类喜爱的。很多鸟类不仅外表和叫声吸引人，而且有很高的智慧。例如，人们熟知的乌鸦就是生物学家公认的极聪明的鸟类。人们熟知的“乌鸦投石喝水”的故事说明它们懂得利用工具来获取自己需要的食物和水。乌鸦还善于观察人类的行为，并借助外力来达到自己的目的。例如，在国外一所大学附近的十字路口，经常会有乌鸦在等待红灯亮起；红灯亮时，乌鸦会飞到地面上，把嘴里衔着的胡桃放到停在路上的汽车的轮胎下，然后飞走；等绿灯亮时，汽车前进把胡桃碾碎后，乌鸦就会赶紧飞到地面上享用美餐。此外，它们甚至还可以“制造工具”以完成各类任务。

通常，人们认为脊椎动物比无脊椎动物高级，即脊椎动物比无脊椎动物的智能程度更高。然而，海洋中的无脊椎动物章鱼在很多方面甚至比人类还要完美。章鱼的神经元数量超过了很多哺乳动物，并且章鱼有 33000 组基因，比人类还要多 10000 组。章鱼的大脑只有其全身 40%的神经元，其余 60%的神经元都分布在 8 个腕足中，因此，它的每个腕足都有强大的独立行动能力，甚至在没有大脑干预的情况下也能完成很多事情。2003 年，一只名为 Billye 的北太平洋巨型章鱼在 1h 内就找到了窍门并成功开启了瓶子。在随后的尝试中，它只需要 5min 就能完成开启瓶子的任务，甚至可以从瓶子内部打开瓶盖。

从上面的几个例子可以看出，智能是任何生命体都具有的能力，只是在表现形式、水平和程度上有所区别。智能最基本的作用是使生命体得以生存和繁衍。无论是植物、动物，还是人类，都在各自的环境中发展出了适应环境并维持生存的能力。

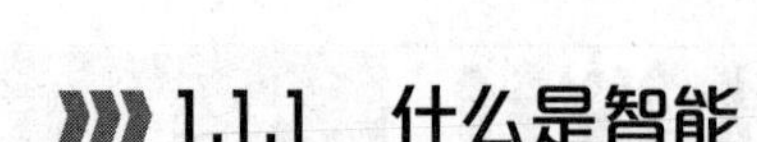

1.1.1 什么是智能

人类作为地球上最高级的生物物种，其智慧程度也是最高的。人类凭借其智能不仅能够适应环境和进行生存繁衍，还能够使用语言进行交流、发明各种工具主动改造环境、创造灿烂的文化。人类智能区别于动物智能的一个重要方面在于人类能认识和反思自身的存在，发展知识和技能。人类善于利用概念和语言描述其所生存的世界。然而，在人类诞生之后的很长一段时间内，人类的头脑中并没有产生“智能”这一概念。在“智能”这一概念出现之后，它的内涵和外延随着人类对自身认识的深化而不断变化。

例如，在我国古代思想家的头脑中，“智”与“能”是两个需要分开理解的概念。《荀子·正名》中有云：“所以知之在人者谓之知，知有所合谓之智。所以能之在人者谓之能，能有所合谓之能。”其中，“智”指人在认识活动时的某些心理特点，“能”指人在从事活动时的某些心理特点。

我国古代也有人把“智”与“能”结合起来看待。在《吕氏春秋·审分览》中有一段话：“不知乘物，而自怙恃，夺其智能，多其教诏，而好自以……亡国之风也。”东汉王充更是提出了“智能之士”的概念。他在《论衡·实知篇》中讲道：“故智能之士，不学不成，不问不知。”“人才有高下，知物由学，学之乃知，不问不识。”他把“人才”和“智能之士”相提并论，认为人才就是具有一定智能水平的人，这种观点实际上是将“智”与“能”结合起来作为考察人的标志。

人类所言的“智能”，作为一个现代概念，最初是在心理学领域诞生的。有 3 位心理学家分别在不同时期给出了对智能的不同表述和理解。

爱德华·李·桑代克（Edward Lee Thorndike）把智能分为 3 类：社会性的智能，即了解和管理别人或处理人际关系的能力；机械性的智能，即了解和应用工具与机械的能力；抽象性的智能，即了解和应用观念与符号的能力。

路易斯·列昂·瑟斯顿（Louis Leon Thurstone）列举了智能的 7 项重要能力，即解释和理解文字、迅速想出适当的字以使言语流畅、解决算术问题、根据记忆绘出空间图样、记忆与回忆、把握事物细节并发现其异同点、发现解决问题的法则与推理原理等能力。

霍华德·加德纳（Howard Gardner）在 1983 年提出了著名的多元智能理论。该理论指出，由语言、数学逻辑、空间、身体运动、音乐、人际、自我认知、自然认知等 8 项智能组成了人类的多元智能，每个人都拥有不同的智能优势组合。按照加德纳的划分，智能是人在特定情境中解决问题并有所创造的能力。

心理学领域对智能的描述中包含人们对智能的一般意义的理解，即智能包含“智力”和“能力”。从感知、记忆再到思维的过程，可以称为“智力”，智力的结果是产生了语言和行为，而语言和行为的表达或执行过程，称为“能力”，二者合称“智能”。

以上对人类智能的阐述并没有涉及智能的起源问题。人类智能的起源与人类的起源、生命的起源与本质、宇宙的起源以及人类智能的产生机制与本质等问题，至今还是未解之谜。实际上，无论是人类智能还是人工智能，都偏重于从现象和特征角度来理解智能。

尽管人类还不清楚智能的起源与产生机制，但并不是说智能是神秘莫测、无法捉摸的，相反，人类是可以科学地对智能加以考察的。随着哲学、生物学、生命科学、神经科学、脑科学、心理学、认知科学以及计算机科学等各个相关学科的理论与技术的发展和进步，人类对自身智能的理解越来越全面和深入。人类要创造和研究人工智能，不仅仅要从思维的角度来理解什么是智能，更要从生物、心理、行为、结构与功能、人与环境、人与社会等多个不同的维度来理解智能。

根据生命与智能的关系，结合对人类智能的一般理解，我们在这里给出一个关于智能的综合定义：智能是个体主动针对问题，感知信息并提炼和运用知识，理解和认知环境，采取相应的策略和行动，解决问题、实现目标的综合能力。

上述针对智能的定义涵盖了对所有生命的智能的理解，其包含 3 层含义，具体分析如下。

第一，智能是生命灵活适应环境的基本能力，无论对低级生命还是高级生命而言，都是如此。

第二，智能是一种综合能力，包括获取环境信息，在此基础上适应环境，利用信息提炼知识，采取合理可行、有目的的行动，主动解决问题等能力。其中，利用信息提炼知识是人类才有的能力。其他生物只能利用信息而不能提炼知识。

第三，人类的智能具有主观意向性。人类的智能除了本能的行为以外，任何行动都有意向性，都可体现主观自我意识和意志。这种意向性的深层含义是人类具有将概念与物理实体相联系的能力，具体包括感觉、记忆、学习、思维、逻辑、理解、抽象、概括、联想、判断、决策、推理、观察、认识、预测、洞察、适应、行为等，其中除了适应和行为是人脑的内在功能的外在体现（显智能）外，其余都是人脑的内在功能（隐智能），也是人类智能的基本要素。人类和其他生物在面临问题时都会采取一定的行动，但只有人类通常会有意识、有目的、主动地解决问题或采取行动。用"深思熟虑""足智多谋""老谋深算"之类的词来描述人类智能非常合适。

更重要的是，与其他生物智能相比，人类智能除了具有适应环境、利用信息等共有的能力和特征，还涉及诸如意识（consciousness）、自我（self）、心灵（mind）、精神（spirit）等方面。

爱因斯坦说："智能的真正标识不是知识，而是想象。"人们对智能的定义和理解，都是基于智能的外在表现并通过观察、总结、归纳而得出的。人类的大脑是如何通过神经细胞及其组成的网络，以及各种感觉器官，连同身体产生了感知、认知这个世界的智能的呢？组成大脑的物理物质又是如何产生意识和精神的呢？这一切至今还是"剪不断，理还乱"的谜团。上述关于智能的综合定义和解释只是用于帮助读者理解和认识人工智能，并不是解释智能的本质。我们在初步理解智能的前提下，来进一步理解什么是"人工智能"。

1.1.2 图灵测试与人工智能

1950年，英国学者阿兰·图灵（Alan Turing）发表了一篇具有划时代意义的论文，名为《计算机器与智能》。在该篇论文中，他提出了一个用于判断机器是否有智能的想法："如果一台机器能够与人类展开对话（通过电传设备）而不会被辨别出其机器身份，那么称这台机器具有智能。"

图灵的这个想法后来被称为"图灵测试"。它可以被看作一个"思想实验"，测试内容如下：假想测试者与两个被测试者采用"问答模式"进行对话，被测试者一个是人，另一个是机器；测试者与被测试者被相互隔开，因此测试者并不知道被测试者哪个是人，哪个是机器；经过多次测试后，如果有超过30%的测试者不能确定被测试者是人还是机器，那么这台机器就算通过测试，并被认为具有智能。

图灵还为这项"思想实验"拟定了几个示范性的问题。

问：请给我写出有关"第四号桥"主题的十四行诗（十四行诗是欧洲的一种格律严谨的抒情诗体）。

答：不要问我这道题，我从来不会写诗。

问：34957加70764等于多少？

答：（停30s后）105721。

问：你会下国际象棋吗？

答：是的。

问：我在我的K1处有棋子K；你仅在K6处有棋子K，在R1处有棋子R。现在轮到你走了，你应该下哪步棋？

答：（停15s后）棋子R走到R8处，将军！

图灵指出："如果机器在某些现实的条件下能够非常好地模仿人回答问题，以致提问者在相当长的时间里误认为它不是机器，那么该机器就可以被认为是有智能的。"

就技术层面而言，要使机器回答限定在一定范围或者专业内的问题，其完全可以通过计算机程序来实现。然而，如果提问者并不遵循规则，那么要使机器像人一样准确地回答每一个问题，这几乎是不可能完成的任务，举例如下。

问：你会下国际象棋吗？

答：是的。

问：你会下国际象棋吗？

答：是的。

问：请再次回答，你会下国际象棋吗？

答：是的。

看到上述问答内容，一般人们会认为与其交流的是一台“笨”机器。但如果问答的是下面这些内容呢？

问：你会下国际象棋吗？

答：是的。

问：你会下国际象棋吗？

答：是的，我不是已经说过了吗？

问：请再次回答，你会下国际象棋吗？

答：你烦不烦，老提同样的问题。

从最后一句回答内容来看，一般人们会认为回答者大概率是人而不是机器。上述两种测试过程的区别在于，第一种可令人明显地感到回答者是遵照某种规则在回答问题，第二种则令人感到回答者具有综合分析的能力，也就是回答者知道提问者在反复提出同样的问题。

图灵测试提供了一种测试机器智能的手段，但它仅限于文字和语言问答形式，因此，其并不能被作为判断机器是否具有智能的唯一标准。如今，图灵测试通过国际竞赛的形式一直在不断发展，测试的手段和方式不同于以往，已经不是单纯地通过文字来测试机器是否具有智能，而是需要通过语音、图像、视频等多种手段进行测试。

为了将图灵测试付诸实践，科学家兼慈善家休·勒布纳（Hugh Loebner）于1990年设立了人工智能年度比赛“勒布纳奖”。勒布纳奖的设立旨在奖励首个与人类回复无差别的计算机程序，即聊天机器人系统，并以此推动图灵测试及人工智能的发展。

2014年6月7日是图灵逝世60周年纪念日。这一天，英国皇家学会举行了“2014图灵测试”大会。大会中设置的比赛规则：如果计算机程序不仅能以文本方式通过交谈测试，还能在音频和视频测试中过关，则获金奖。按照比赛规则，如果在一系列时长为5min的键盘对话中，某台计算机被误认为是人类的比例超过30%，那么这台计算机就被认为通过了图灵测试。此前，从未有任何计算机达到这一水平。这次比赛中，一款称为“尤金·古斯特曼”（Eugene Goostman）的聊天程序被宣称首次“通过”了图灵测试，其界面如图1.2所示。

图1.2　聊天程序“尤金·古斯特曼”界面

“尤金·古斯特曼”最初于2001年由弗拉基米尔·韦谢洛夫（Vladimir Veselov）、谢尔盖·乌拉森（Sergey Ulasen）和尤金·杰姆琴科（Eugene Demchenko）共同开发，它模拟的是一个13岁的男孩。

这次图灵测试大会共有5个聊天机器人参与，其中“尤金·古斯特曼”成功地被33%的评委判定为人类。“尤金·古斯特曼”这个程序通过了图灵测试，这虽然看起来很夺人眼球，但它终究只是一套计算机软件，实际上就是一套人类对话的模拟脚本。从认知角度看，它谈不上是能思考的。30%这个比例是图灵设置的，但是无论是这个比例，还是图灵测试本身，实际上都不是人工智能的完美标准——它还属于一种测量计算机能否思考的操作性定义，因为智能是由多元的、多维的、综合性的因素融合而成的。聊天机器人展示的智能只是一个维度的，是非常有限的。智能也并不只人类才具有。现阶段，人们研究人工智能更多思考的是如何让机器具有类人的、通用的智能，也就是既会聊天，又能理解人意，还能主动适应环境并采取行动的智能。图灵测试中并没有考虑与环境互动的因素。人工智能不仅要体现在语言表现上，还要体现在环境适应性上。

鉴于此，美国麻省理工学院罗德尼·布鲁克斯（Rodney Brooks）教授提出了新图灵测试方法。这种图灵测试方法的目标是为发展通用人工智能奠定基础。它不是简单的文本图灵测试，而是家庭健康助理或老年护理机器人伴侣。他所说的机器人伴侣，并不是指一个表达善意的机器人伙伴，而是一种能够提供认知和身体上的帮助，让人们在自己家中安度晚年时能够有尊严地独立生活的机器人。机器人伴侣需要一种体现在身体上的智能，并且这个机器人必须完成对人类而言仅需少量训练就能完成，但对机器人而言目前无法完成的任务。布鲁克斯所描述的机器人伴侣智能的许多要求远远超出了当今人工智能系统的能力范围，无论是在认知上、生理上还是社交上，都是如此。这些需求的实现方案将对人工智能的研究和发展产生积极影响。

无论怎样，图灵测试的目的是测试机器是否达到了人工智能或人类感知的水平，是评判一台机器是否能够成功地模仿人类。图灵当初认为20世纪末就可能出现这样的机器。虽然这样的机器至今也没有出现，图灵也并没有明确地提出人工智能的概念或给出其定义，但他在论文中破天荒地提出“机器是否能够具有思维”这一问题激发了后来很多人的联想，而此前从没有任何一个人提出这一问题。

在人工智能的概念（1.2.1小节将具体介绍人工智能这一概念诞生的历史）出现以后，处于人工智能不同发展阶段的专家从不同角度给出了关于人工智能的很多定义，他们并没有达成一致意见。美国斯坦福大学人工智能研究中心的尼尔斯·约翰·尼尔森（Nils John Nilsson）教授曾经将人工智能定义为“怎样表示知识、怎样获得知识并使用知识的科学”。

李德毅院士在《不确定性人工智能》一书中对人工智能下的定义：“人类的各种智能行为和各种脑力劳动，如感知、记忆、情感、判断、推理、证明、识别、设计、思考、学习等思维活动，用某种物化了的机器予以人工实现。”钟义信教授认为，人工智能就是人类智能（显性智慧）的人工实现。更具体地说，人工智能是“机器根据人类给定的初始信息来生成和调度知识，进而在目标引导下由初始信息和知识生成求解问题的策略，并把智能策略转换为智能行为，从而解决问题的能力”。这个定义将信息、知识、策略、行为等概念联系起来。

这里再列举几个典型的人工智能的定义。

（1）人工智能是研究那些使理解、推理和行为成为可能的计算。

（2）人工智能是一种能够运行需要人类智能的创造性机器的技术。

（3）人工智能是智能机器所执行的通常与人类智能有关的智能行为，如判断、推理、证明、识别、感知、理解、通信、设计、思考、规划、学习、问题求解等思维活动。

上述3个定义分别是从模拟理性思维、拟人行为、机器智能的实现角度给出的。第3个定义最接近人工智能的真实发展方向和目标，即创造出具有像人一样有智能，甚至超人类智能的机器。未来通过布鲁克斯新图灵测试的人工智能体，将会符合第3个定义，但定义中应补充“同时还应具备随思维活动而来的环境适应能力和行动能力”。

归根结底，上述定义都可以归结为人工智能是研究智能的机制和规律，构造智能机器的技术和科学。也可以说，人工智能是研究如何使机器具有智能的科学。

在社会上，人们更多是从学科和工程技术角度来理解人工智能的。例如，作为一个新学科，人工智能是研究用于模拟、延伸、扩展和学习人类智能的理论、方法、技术及应用系统的学科。这里需要指出的是，人工智能中的“智能”主要是指人类的智能，但实际研究中的人工智能的模拟对象也包括很多动物。若非特别指出，后文中所提到的智能模拟对象均指人类的智能。

1.1.3 人工智能图谱

1. 智能的类型划分

人工智能诞生之后，由于技术路线的差异，人工智能发展出了多种不同的类型。图 1.3 所示为现阶段人工智能的主要类型。智能源于自然，人工智能使智能的发展开始走向非自然过程。因此，如图 1.3 所示，我们将智能划分为自然智能和人工智能两大类型。自然智能就是指自然存在的智能，地球上各种生命所拥有的智能都是自然智能，包括人类和非人类生命所拥有的智能。从智能与人工智能的关系角度，可以将人工智能看作智能的一种特殊形态。

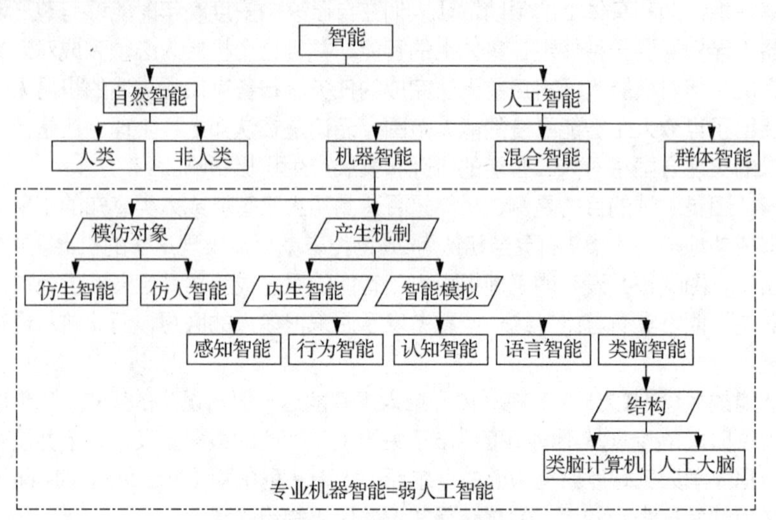

图 1.3　人工智能研究图谱

人工智能总体上可以被划分为机器智能、混合智能和群体智能 3 种类型。其中，机器智能与人工智能在历史上是没有区别的。这里之所以将机器智能看作人工智能的子类，首先是出于对人工智能的概念内涵的理解，它的研究对象是机器的智能；而它的外延又十分广泛，它并不特指某一种具体的软硬件技术或系统，但它一定要通过软硬件系统才能实现。软硬件系统也就是指某种机器，如常用的计算机、机器人等。其次，人工智能从其诞生开始，一直是通过各种技术对人类智能进行模拟或实现的，历史上各个阶段的技术并没有表现出什么特别之处。直到 2015 年以后，大数据技术以及一种被称为深度学习的算法技术的发展和应用，使机器（主要是计算机）产生了不同于人类的智能，尤其是机器在围棋领域取得的突破。上述现象表明，非自然的机制可以产生不同于人类甚至在某些方面超越人类的智能。这种智能是机器所特有的，正如人类智能是人类所特有的一样。因此，这里将机器智能看作人工智能的子类。

当然，从“人工”的角度，我们也可以说机器智能就是人工智能，因为它们都是人类创造的产物。但在本书中，我们强调智能的产生机制及其所属的对象即机器，而不强调“人工”，这是因为只有重视和强调智能的产生机制，而不是单纯强调已有的技术及其应用，才更有可能发展出更高级的人工智能。同时，限定人工智能概念的外延，能够防止其被滥用和误解。

机器智能可以从模仿对象和产生机制角度进一步被划分为其他类型。从模仿对象角度，机器智能可以被划分为仿生智能、仿人智能两种类型，分别对应机器动物和机器人两大类型载体。模仿动物外形、动作或行为等外在表现形式的仿生智能载体就是机器动物，各种机器动物也就是能够超越动物智能的智能机器，如模拟狗做成的机器狗能够做 360° 的前空翻、后空翻、侧空翻等复杂动作，而完成这些复杂动作是狗这种自然动物所不具备的能力。由专门模仿人类外在行为发展而来的智能机器就是机器人。模拟人或动物的运动行为规律而形成的智能是行为智能。

除了行为智能，现阶段机器智能的实现主要包括以下 3 方面：借助现代计算机及传感器，可使机器通过视觉、听觉形成对内部和外界环境的感知，即感知智能；通过一定的方法使机器能够处理语言、文字，形成语言智能；人类的学习、理解、推理、决策等更高级的认知能力在机器上也已初步实现，机器通过对这类智能的模拟形成认知智能，只不过还没有达到与人类一样或者超越人类的水平。

计算机这种特殊的机器利用特殊的算法通过计算的方式，在棋类博弈、文学艺术创作、材料分析、化合物设计等领域的表现令人类叹为观止，这种直接挑战人类引以为傲的创造力的机器智能可进一步被称为"机器创造"。这种机器创造力主要是深度学习所驱动的，由深度学习驱动并使机器产生的智能可以称为"内生智能"。机器智能还可表现为超级计算机凭借其远超人类的计算能力而呈现出的智能，如预报天气、预测蛋白质结构等，这些都不是人类智能所能直接解决的问题。

除了机器智能，人工智能还有群体智能和混合智能等主要类型。传统的群体智能主要是指受到蚂蚁、蜜蜂等社会性昆虫的群体行为启发的智能算法，该类算法以 1992 年意大利学者马尔科・多里戈（Marco Dorigo）提出的蚁群优化算法，以及 1995 年詹姆斯・肯尼迪（James Kennedy）等学者提出的粒子群优化算法为代表。在我国于 2017 年发布的《新一代人工智能发展规划》中，群体智能有了新的含义。它演变为以互联网及移动通信为纽带，使人类智能通过万物互联而形成的一种新智能形态或方法。目前，基于群体开发的开源软件、基于众问众答的知识共享等都被看作人类群体通过网络协作而形成的群体智能成果。

混合智能主要是指通过脑机接口、可穿戴及机械外骨骼等技术与人或动物的自然智能相混合而实现的智能。混合智能可以通过与人类智能的混合来弥补机器智能在推理、决策等能力方面的缺陷，还可以利用机器增强人类体能等方面的能力。例如，通过机械外骨骼可以增强人的体能，使人能够举起几倍于自己身体质量的重物；通过脑机接口技术可以让残疾人通过脑电波控制机械臂完成端茶倒水等任务。

长期以来，人们总是试图赋予机器更多的像人一样的智能（类人的智能）。类脑智能是指通过对大脑的结构等方面的模拟实现类人的智能。由此衍生的类脑计算为使计算机拥有自主学习、独立思维等能力提供了一条可能的途径。类脑计算通过仿真、模拟和借鉴人脑的神经系统结构和信息处理过程，构建出可实时处理多种模式信息的、具有自主学习能力的装置、模型与方法。科学家们利用电子技术、芯片技术或虚拟仿真技术模拟大脑宏观、微观结构，设计类脑计算机和人工大脑，最终实现类人的智能。类脑计算或类脑智能技术可以看作实现通用人工智能的一个技术路径。

传统意义上，人们一般将人工智能划分为弱人工智能与强人工智能两大类。对人工智能而言，弱人工智能研究的目的并不在于模拟真实的人类智能，而在于构造一些并非完全和人类智能相一致的有用的算法，以便完成一些人类很难完成的任务。只是模拟人类某一方面的智能或解决单一问题的人工智能都属于弱人工智能。相反，强人工智能研究的目的在于创造出达到人类智能程度并具有自我意识的人工智能。强人工智能通常被描述为具有知觉、自我意识并且能够思考的人工智能，是达到甚至超越人类智能水平的人工智能。目前，强人工智能还处于幻想阶段。

事实上，在发展人工智能的过程中，研究人员提出了很多实现人工智能的不同理论、方法和技术。理论和方法用于指导研究人员设计各种各样的具体的算法、模型或软硬件系统。目前人们利用各种算法实现的人工智能都只能解决某一方面的问题，或者只能在特定场景执行特定的任务，而不具备适应不同任务和场景模式的通用人工智能。例如，识别人脸的算法不能用于识别物体，识别声音的软件不能用于阅读文字，清洁机器人不会帮人洗碗筷、叠被子等。因此，现在的机器所具有的智能都属于专用机器智能，即弱人工智能。

2. 人工智能的概念辨析

通过算法、模型及软硬件系统模拟智能实现的技术都可以称为智能技术或人工智能技术。当这些算法或模型搭载在某种软硬件系统中并可解决某些特定和专门的问题时，它们就构成了智能系统。智能系统可以是一个特定场景中的硬件系统，如汽车自动驾驶系统、智能家居系统，也可以是一个大范围空间或区域甚至是数字或虚拟空间实现的系统，如整个医院、整个城市的智慧医院、智慧城市，虚拟现实或元宇宙场景中的虚拟人系统等。这些系统都是人工智能概念及技术在某些行业或领域的延伸应用。

加载了智能技术或系统，代替人类在不同场景中解决问题、执行危险或困难的任务的机器就是智能机器。智能机器不同于传统机器之处在于，它们不仅可以在一定程度上代替人类完成某些任务，还具有某些智能特征。也就是说，它们是具有智能属性的机器。这些机器可以是计算机，也可以是各种机器人，还可以是某种家用电器等。

需要指出的是，任何类型的算法、模型、系统及搭载它们的机器本身都不是人工智能，而是实现人工智能的手段或载体。单纯的某一个或某一类理论、方法、算法、技术、模型、系统、硬件、软件等对象，无论其性能多么强大，都不应笼统地、简单地称为“人工智能”，更不能将它们直接看作人工智能。简单地用“人工智能”指称或指代某一个或某一类理论、方法、算法、技术、模型、系统、硬件、软件等对象，只能造成概念和理解上的混乱，淹没人工智能的本质和发展目标，不利于人工智能的进步。

1.2 国际人工智能发展历史

本节我们通过回顾历史来进一步理解人工智能。人工智能的发展历史大致可以分为初创时期、形成时期、发展时期、大突破时期 4 个阶段。

1.2.1 第一阶段：初创时期（1936—1956 年）

人工智能在 20 世纪 30 年代开始孕育，直到 1956 年，这段时期被认为是初创时期或孕育时期。这一时期，有几项与人工智能相关的重要科学技术成果相继产生。

1. 通用图灵机

通用图灵机（universal Turing machine）由图灵在 1936 年发明，是一种理论上的计算机模型。通用图灵机被设想有一条无限长的纸带，纸带被划分成许多方格，有的方格被画上斜线，代表“1”；有的方格中没有画任何线条，代表“0”。它有一个读写头部件，可以从纸带子上读出信息，也可以往空方格里写信息。它仅有的功能是把纸带向右移动一格，然后把“1”变成“0”，或者相反地把“0”变成“1”。通用图灵机模型如图 1.4 所示，这是一种不考虑硬件状态的计算逻辑结构。通用图灵机是现代计算机的思想原型。

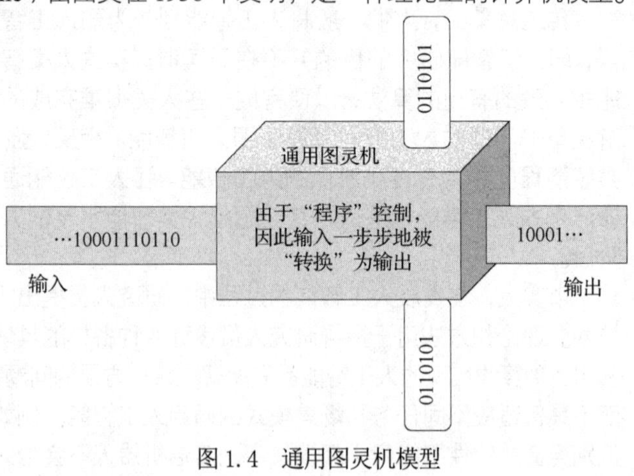

图 1.4 通用图灵机模型

2. 早期的计算机技术

1937—1941 年，约翰·文森特·阿塔纳索夫（John Vincent Atanasoff）教授和他的研究生克利夫·贝里（Cliff Berry）开发了阿塔纳索夫－贝里计算机（Atanasoff-Berry computer，ABC），为计算机科学和人工智能的研究奠定了基础。现代可编程数字电子计算机架构是由数学家、计算机科学家、物理学家约翰·冯·诺依曼（John von Neumann）提出的，它是受到图灵的通用计算机思想的启发，于 1946 年在工程上实现的。“冯·诺依曼结构计算机”奠定了现代计算机的基础，是测试和实现各种人工智能思想和技术的重要工具。

3. 人工神经元模型

1943 年，神经生理学家和控制论学者沃伦·麦卡洛克（Warren McCulloch）和数理逻辑学家沃尔特·皮茨（Walter Pitts）合作提出人类历史上的第一个人工神经元模型——麦卡洛克-皮茨模型（McCulloch-Pitts model），这是一种模拟人脑生物神经元的数学神经元模型，简称 MP 模型。他们的研究表明，由非常简单的单元连接在一起组成的“网络”，可以对任何逻辑和算术函数进行计算，因为网络单元像简化后的神经元。由 MP 模型发展而来的一种重要的人工智能技术是人工神经网络（artifical neural network，ANN）。可见，MP 模型就是人工神经网络的最初起源。人工神经网络最开始并不是叫这个名字，而是叫“联结主义”，在当时人们并没有将这个名字和人工智能联系起来，因为 1956 年以前还不存在“人工智能”这个词语。

4. 控制论

控制论是关于具有自我调整、自适应、自校正功能的机器的理论，其由数学家、控制论的创始人诺伯特·维纳（Norbert Wiener）于 1948 年提出。控制论对人工智能的影响在于，它将人和机器进行了深刻的对比：由于人类能够构建更好的计算机器，并且人类会更加了解自己的大脑，因此计算机器和人类大脑会变得越来越相似。可以说，控制论是从机器控制的角度，在机器、人与大脑之间建立起了一种联系。控制论关于人与机器关系的思想，又启发后来的学者开发了早期的人工智能技术。

除了上述几项重要且关键的理论和思想，还有信息论等相关理论和思想，也对人工智能的产生有重要影响。在当时的各种关于人、大脑、神经以及它们与机器关系的思想的启发下，图灵认为人的大脑应当被看作一台离散态机器，它与计算机在本质上并没有什么不同。图灵坚信，人工智能一定能以某种方式实现。图灵和其他学者关于计算本质的思想，建立了人类的逻辑推理能力与冯·诺依曼结构计算机之间的联系。

1952 年，IBM 科学家亚瑟·塞缪尔（Arthur Samuel）开发了跳棋程序。该程序能够通过观察棋子的当前位置，并学习一个隐含的模型，为后续走棋步骤提供指导。通过这个程序，塞缪尔驳倒了当时一些学者持有的“机器无法超越人类”这一观点。他还创造了“机器学习”（machine learning，ML）这一概念。图 1.5 所示为塞缪尔正在调试其开发的跳棋程序。

图 1.5　塞缪尔正在调试其开发的跳棋程序

在上述思想的影响下，1956 年，约翰·麦卡锡（John McCarthy）、马文·明斯基（Marvin Minsky），以及两位资深科学家克劳德·香农（Claude Shannon）和纳撒尼尔·罗切斯特（Nathaniel Rochester）组织了一次学会，邀请包括赫伯特·亚力山大·西蒙（Herbert Alexander Simon）和艾伦·纽厄尔（Allen Newell）在内的对“机器是否会产生思维”这一问题十分感兴趣的一批数学家、信息学家、心理学家、神经生理学家和计算机科学家参加，他们聚集在一起，进行了长达两个月的达特茅斯夏季研究会。麦卡锡首次提出“人工智能”这一概念。这次会议并没有解决有关人工智能及机器思维的任何具体问题，但它为后来人工智能的发展确立了研究目标，并开启了人工智能发展的历史，使其发展至今。

人工智能诞生之后的几十年，其发展大致有两条主线：一是从结构的角度模拟人类的智能，即利用人工神经网络模拟人脑神经网络以实现人工智能，由此发展而形成了联结主义；二是从功能的角度模拟人类的智能，将智能看作大脑对各种符号进行处理的功能，由此发展而形成了符号主义。

1.2.2 第二阶段：形成时期（1957—1969 年）

符号主义的最初工作由西蒙和纽厄尔在 20 世纪 50 年代开始推动。这一时期，研究者们发展了众多原理和理论（人工智能概念也随之得以扩展）并相继取得了一批显著的成果，如机器定理证明、通用问题求解程序、表处理语言等。

在 10 余年的时间里，早期的数字计算机被广泛应用于数学和自然语言领域，用于解决代数、几何和翻译问题。计算机的广泛使用让很多研究人员坚定了机器能够向人类智能趋近的信心。这一时期是人工智能发展的第一个高峰时期。研究人员表现出了极大的乐观态度，甚至预测当时之后的 20 年内人们将会建成一台可以完全模拟人类智能的机器。

这一时期也奠定了人工智能符号主义学派的基础。该学派的核心思想为，智能或认知就是对有意义的表示符号进行推导计算，也是一种对人类认知的初级模拟形式。符号就是人类借以表达客观世界的模式。任何一个模式，只要它能和其他模式相区别，它就是一个符号。不同的英文字母、数学符号以及汉字等都是不同的符号。

1958 年，心理学家和计算机学家弗兰克 • 罗森布拉特（Frank Rosenblatt）继承控制论的联结主义方法之后，提出了感知机的概念，这在当时引发了一股研究热潮。后来，符号主义权威明斯基和西蒙通过对一种早期的人工神经网络模型——单层感知机进行分析，证明了当时的感知机模型不能实现异或操作，也就是不能解决非线性可分问题（一种数据分类问题），由此推断人工神经网络是没有未来的。

在纽厄尔和西蒙之后，美籍华人学者、洛克菲勒大学教授王浩在“自动定理证明”上获得了更大的成就。王浩是第一个研究人工智能的华人科学家、数理逻辑学家。1959 年，王浩用他首创的“王氏算法”，在一台速度不高的 IBM 704 计算机上用了不到 9min 的时间，把数学史上视为里程碑的著作《数学原理》中全部（350 条以上）的定理证明了一遍。

20 世纪 60 年代，其他一些非主流的人工智能技术也在悄然而生。德国专家英戈 • 雷兴贝格（Ingo Rchenberg）和汉斯 • 保罗 • 施韦费尔（Hans Paul Schwefel）出于实际工程设计问题的需要，提出了基于达尔文进化论的进化策略，这是一种纯粹的数值优化算法，用以解决工程优化问题。这一行为实际上开启了基于进化论思想的进化计算领域的研究先河。

来自美国加利福尼亚大学伯克利分校的卢特菲 • 扎德（Lotif Zadeh）教授发表了论文《模糊集》，奠定了模糊数学理论和模糊逻辑基础。到 20 世纪 80 年代，研究人员基于该理论构建了成百上千的智能系统，它们被广泛应用于工业生产、家用电器、机器人等领域。

总之，20 世纪 60 年代，为了模拟复杂的思考过程，研究人员主要试图通过研究通用的方法来解决广泛的问题。这个阶段，许多科学家针对人工智能各方面提出创新性的基础理论，例如，在知识表达、学习算法、人工神经网络等诸多方面都有新的理论出现。但是，由于早期的计算机性能有限，因此很多理论并未得以实现，但它们为 20 年后人工智能的实际应用指明了方向。这一时期的主要特点是符号主义学派超越了联结主义学派，主导人工智能领域的研究直到 20 世纪 90 年代中期。

1.2.3 第三阶段：发展时期（1970—1992 年）

这一时期分为两个阶段：1970—1982 年，1983—1992 年。20 世纪 70 年代，人工智能的发展因并不符合预期而遭到了激烈的批评和政府预算限制。特别是在 1971 年，罗森布拉特去逝，加上明斯基等人对感知机的激烈批评，人工神经网络被抛弃，联结主义因此停滞不前。这是人工智能发展历程中遭遇的第一个低潮。

但即使是处于低潮的 20 世纪 70 年代，仍有许多新思想、新方法在萌芽和发展。20 世纪 70 年代初，学者约翰·霍兰德（John Holland）创建了以达尔文进化论思想为基础的计算模型，称为遗传算法，并开创了“人工生命”这一新领域。遗传算法、进化策略和 20 世纪 90 年代发展起来的遗传编程算法，一起形成了进化计算这一人工智能研究分支。

1970 年，《人工智能国际杂志》创刊。该杂志的出现对开展人工智能国际学术活动和交流、促进人工智能的研究和发展起到了积极的作用。1971 年，一个由语音识别领域技术领先的实验室组成的联盟成立。该联盟的计划是创建一个具有丰富词汇量的全功能语音识别系统。虽然该计划在当时并不成功，但由此发展而来的语音识别技术已经嵌入智能音箱等设备，进入千家万户。1974 年，保罗·韦伯斯（Paul Werbos）提出了如今人工神经网络和深度学习的基础学习训练算法——反向传播（back propagation，BP）算法。

1976 年，西蒙和纽厄尔提出了物理符号系统假设，认为物理系统表现智能行为的充分必要条件是它是一个物理符号系统。物理符号系统的基本任务和功能是辨认相同的符号以及区分不同的符号。1977 年，爱德华·费根鲍姆（Edward Feigenbaum）在第五届国际人工智能联合会议上提出“知识工程”概念，知识工程强调知识在问题求解中的作用，主要的应用成果就是各种专家系统。专家系统是一种利用知识规则、推理和搜索技术实现对人类专家经验的模拟，以解决某些专业领域问题的智能系统。

这一时期的一个重要特点就是人工智能研究者意识到必须对智能机器的问题范围进行充分限制。在对通用的、人类惯用的解决问题的方式进行仿真，以创造出聪明的搜索算法和推理方法等技术的探索失败后，研究人员意识到，有一条出路是使用大量推理步骤来解决狭隘专业领域的典型问题，这使专家系统取得了快速的发展，并且发展出了医疗专家系统、农业专家系统等。专家系统使人工智能由理论化走向实际化，由一般化走向专业化，这是人工智能发展的一个重要转折点。

经历了一段低潮后，人工智能的发展在 20 世纪 80 年代迎来了第二个春天。这主要是由于专家系统对基于符号主义的机器架构进行了重大修订。这一时期，很多模仿人类学习能力的机器学习算法不断发展并越来越完善，机器的计算、预测和识别等能力也随之有了较大提升。与此同时，日本启动了一项关于人工智能的大规模资助计划，并启动了第五代计算机计划。联结主义也由于物理学家约翰·霍普菲尔德（John Hopfield）和认知心理学家大卫·鲁姆哈特（David Rumelhart）所做的工作而重新受到重视。

1982 年，霍普菲尔德提出了 Hopfield 神经网络模型，标志着人工神经网络新一轮的复兴。

1986 年 10 月，鲁姆哈特和杰弗里·辛顿（Geoffrey Hinton）等人，在著名学术期刊 *Nature* 上联合发表论文《通过 BP 算法的学习表征》（“Learning Representations by Back-propagating Errors”）的论文。该论文首次系统简洁地阐述了 BP 算法在人工神经网络模型上的应用。此后，人工神经网络才真正迅速发展了起来。

20 世纪 80 年代，理论神经科学家大卫·马尔（David Marr）在麻省理工学院开展视觉研究工作。他排斥所有的符号化方法，认为实现人工智能需要自底向上地理解视觉的物理机制，而符号处理应在此之后进行。明斯基认为人的智能根本不存在统一的理论。1985 年，他在《心智社会》一书中指出，心智由许多被称为智能体的小处理器组成，每个智能体本身只能做简单的任务，其并没有心智，当智能体构成复杂社会后，就具有了智能。

1987 年，在第一届人工神经网络国际会议上成立了国际人工神经网络学会，这标志着人工神经网络进入快速发展时期。科学家已在研制神经网络计算机，并把希望寄托于光芯片和生物芯片上，一个以人工智能为龙头、以各种高新技术产业为主体的“智能时代”即将开启。但好景不长，专家系统过于复杂、性能非常有限等不足使原本充满活力的市场大面积崩溃，第五代智能计算机的研发工作已因此被停止，人工智能的发展在 20 世纪 80 年代末进入第二次低潮。

20 世纪 80 年代后期，一种自底向上地创造智能的思想复兴了 20 世纪 60 年代起沉寂下来的控制论。麻省理工学院教授罗德尼·布鲁克斯（Rodney Brooks）由此在 20 世纪 90 年代创建了行为主义学派。行为主义通过模拟从昆虫到四足动物以及人类等各种对象创建各种智能机器人。在行为主义工作范式下研究者进一步开展了对人工生命和模拟进化的研究。依照人工生命倡导者的愿望，如果能够在机器上进化出生命，则智能将自然产生。

在 20 世纪 80 年代和 90 年代，也有许多认知科学家反对基于符号处理的智能模型，认为身体是推理的必要条件。这称为“涉身（或肉身、体验、具身）的心灵、理性、认知理论（哲学）”。

20 世纪 90 年代初，符号主义人工智能日渐衰落，人工智能研究者决定重新审视人工神经网络。

在人工智能发展的第三阶段中，整个领域比较大的收获是联结主义取得了较大进展，也就是人工神经网络由于少数学者的坚持，取得了很大进步。这种进步的意义在于它助力了当代深度神经网络和深度学习技术的全面爆发，使人工智能进入第四阶段。

1.2.4 第四阶段：大突破时期（1993 年至今）

对人工智能发展而言，大突破时期也是一个超越历史上任何一个阶段的、非凡的创造性时期。1993 年，作家兼计算机科学家弗诺·文奇（Vernor S. Vinge）在他发表的一篇文章中首次提到人工智能的“奇点理论”。他认为未来某一天人工智能会超越人类，并且会终结人类社会，进而主宰人类世界。这个时间点被他称为“即将到来的技术奇点”。

这一时期，模拟自然界鸟类飞行的粒子群算法和模拟蚂蚁群体行为的蚁群算法，以及用于求解函数优化等问题的各类算法相继出现，推动了从进化计算发展而来的计算智能、自然计算等人工智能分支的发展。

1995 年，贝尔实验室（Bell labs）科学家科琳娜·科尔特斯（Corinna Cortes）和统计学家、数学家弗拉基米尔·万普尼克（Vladimir N. Vapnik）提出了软边距的非线性支持向量机（support vector machine，SVM），并将其应用于手写数字识别问题。这一研究成果在发表后得到了科学家广泛的关注和引用，其影响在当时远超人工神经网络。以 SVM 为代表的集成学习、稀疏学习、统计学习等多种机器学习方法开始占据主流舞台。在之后的 10 年里，深层次的人工神经网络并未受到关注。

1996 年，人工神经网络领域的重要人物杨立昆（Yann LeCun）成为贝尔实验室的图像处理研究部门主管，他开发了许多新的机器学习方法，包括模仿动物视觉皮层的卷积神经网络（convolutional neural network，CNN）。

1997 年 5 月 11 日，国际象棋世界冠军加里·卡斯帕罗夫（Garry Kasparov）与 IBM 公司的国际象棋计算机“深蓝”的 6 局对抗赛降下帷幕。在前 5 局以 2.5：2.5 打平的情况下，卡斯帕罗夫在第 6 局决胜局中仅走了 19 步就甘拜下风，整场比赛进行了不到 1h。“深蓝”综合了多种人工智能知识表示、符号处理、搜索算法和机器学习技术，成为第一台在多局赛中战胜国际象棋世界冠军的计算机，这是人工智能发展的重要里程碑。图 1.6 所示为卡斯帕罗夫与国际象棋计算机“深蓝”对弈现场。

2006 年，加拿大多伦多大学教授杰弗里·辛顿联合他的学生（后来成了纽约大学教授的）杨立昆和加拿大蒙特利尔大学教授约书亚·本吉奥（Yoshua Bengio），发表了具有突破性的论文《深度置信网络的快速学习方法》（“A Fast Learning Algorithm for Deep Belief Nets”），开创了深度神经网络和深度学习的技术历史，并引发了一场现代商业革命。

2010 年，斯坦福大学教授、华人学者李飞飞创建了一个名为 ImageNet 的大型数据集，其中包含数百万个带标签的图像，为深度学习技术性能测试和不断提升提供了舞台。自 2010 年以来，ImageNet 每年都会举办一次软件竞赛，即 ImageNet 大规模视觉识别挑战赛（简称 ImageNet 挑战赛），如图 1.7 所示。参赛程序对物体和场景进行分类和检测，正确率最高者获胜。通过这个比赛，许多优秀的深度学习算法脱颖而出。

图 1.6　卡斯帕罗夫与国际象棋计算机“深蓝”对弈现场（右为“深蓝”现场操作者）

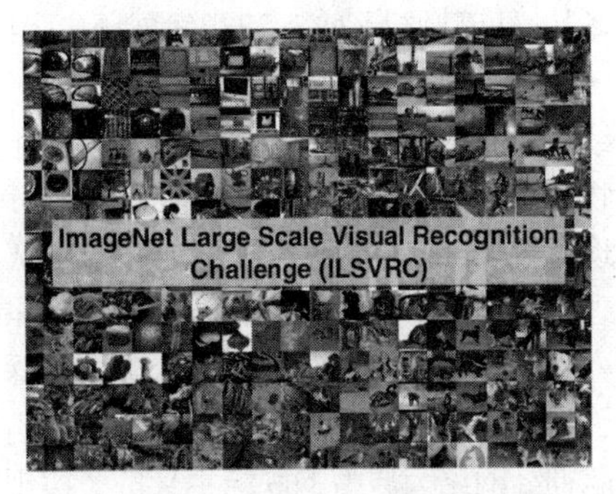

图 1.7　ImageNet 挑战赛

2012 年，ImageNet 挑战赛引发了人工智能“大爆炸”，辛顿和他的学生亚历克斯·克里热夫斯基（Alex Krizhevsky）利用一个 8 层的卷积神经网络——AlexNet，以超越第 2 名（使用传统计算机视觉方法）10.8%的成绩获得了冠军。AlexNet 不仅可以让计算机识别出猴子，还可以使计算机区分出蜘蛛猴和吼猴，以及各种各样不同品种的猫。

2015 年，微软亚洲研究院何恺明等人使用 152 层的残差网络（residual network，ResNet）参加了 ImageNet 挑战赛，并取得了整体错误率 3.57%的成绩，这已经超过了人类平均错误率 5%的水平。由于许多算法已经达到了竞赛预期的最高水平，因此该比赛于 2017 年终止。

2011 年，计算机科学家杰夫·迪安（Jeff Dean）和吴恩达发起“谷歌大脑”项目，用 16000 台计算机 CPU 搭建了一个具有 10 亿个连接的深度神经网络，并把这个庞大的网络想象成一个婴儿的大脑，然后让“大脑”看一些无标注的在线视频。在此之前，没有人告诉过这个“大脑”什么是猫，但是“谷歌大脑”在观看了大量视频之后自行学会了认识猫脸。

2016 年，DeepMind 公司开发的围棋智能系统 AlphaGo 战胜了人类棋手冠军李世石。该系统集成了搜索、人工神经网络、强化学习等多种人工智能技术。这一事件也是人工智能发展史上的一个重要里程碑。图 1.8 所示为 AlphaGo 与人类棋手对弈的阶段棋局。

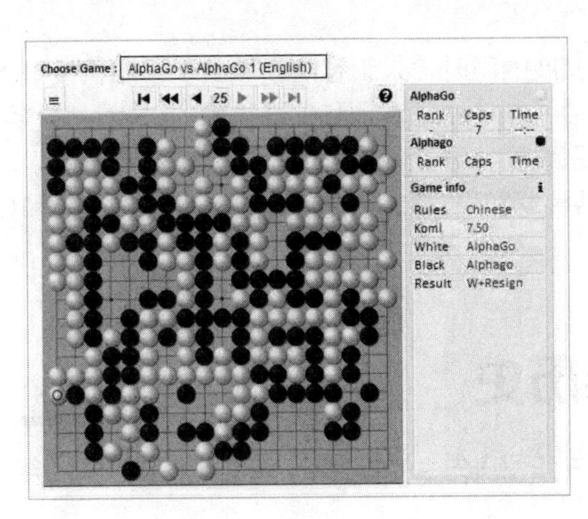

（a）Games1-10

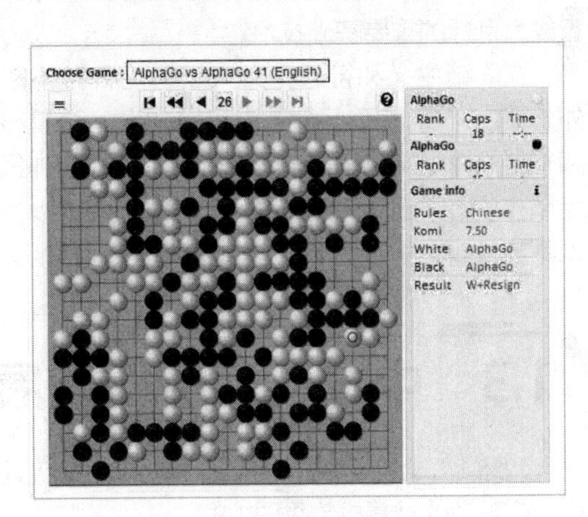

（b）Games41-50

图 1.8　AlphaGo 与人类棋手对弈的阶段棋局

2016 年之后，以 AlphaGo 为代表的新一代人工智能引起了各国政府的关注。各国政府纷纷进行顶层设计，在规划、研发、产业化等诸多方面提前布局，掀起了人工智能研发的一场国际新竞赛。深度学习技术在图像识别、语音识别、机器翻译等方面取得了很好的应用效果，对工业界产生了巨大影响。世界著名互联网巨头公司及众多的初创科技公司，纷纷加入人工智能产品的“战场”，从而掀起了人工智能发展历史上的第三次高潮。

2019 年 1 月 25 日，DeepMind 公司开发的 AlphaStar 在《星际争霸 2》游戏中以 10：1 的战绩战胜了人类冠军团队。2020 年 11 月，DeepMind 研发的人工智能系统 AlphaFold 解决了困扰生物学界 50 年的“蛋白质折叠”难题。科学界认为 DeepMind 在解决蛋白结构问题上“迈出一大步”。现在，AlphaFold 系统已被业内专家认可。深度学习技术已经在材料学、化学、生物学，甚至物理学、数学等领域帮助科学家们接连取得一些重大科学问题，成了人类科学研究和发现的“好帮手”。

近 5 年来，超级计算、大数据与深度学习技术的结合也是引发人工智能第三次高潮的重要原因。相比于历史上任何一个时期，现阶段是联结主义人工智能对符号主义人工智能的胜利，以人脑神经网络为原型的联结主义成了实现大规模智能系统的有效途径，但从长远来看，这并不代表符号主义的研究没有价值。

基于人工神经网络发展而来的深度学习虽然取得了巨大的成功，但纵观人工智能发展历史，它并不是新方法。其成功主要得益于一种图形处理单元（graphics processing unit，GPU）的并行计算技术，以及超大型计算机的计算能力。

实际上，在联结主义迅猛发展的同时，传统的符号处理、知识表示、搜索技术及机器学习等强化学习技术也在不断发展。

2018 年 6 月，智能软件“项目辩论者”参加了在旧金山举行的对战人类选手的公开辩论赛。在没有提前获知辩题的情况下，项目辩论者依靠强大的语料库，独自完成陈述观点、反驳辩词、总结陈述的整个辩论过程。2019 年 2 月 11 日，项目辩论者和人类冠军辩手在旧金山进行了第二次人机辩论赛。这套智能辩论系统具有强大的语义理解和语言生成能力。它的潜在价值在于，可以通过不断提升数据处理能力，为医生、投资人、律师和执法机关，以及政府工作人员（在做出重要决策时）提供客观、理性的建议。

知识图谱是一种实现机器认知智能的知识库，是符号主义持续发展的产物。它从最初就在知识表示、知识描述、知识计算与知识推理等方面不断发展。自 2015 年以来，知识图谱在诸如问答、金融、教育、银行、旅游、司法等领域中进行了大规模的应用。从最初的简单地对人类知识进行表示，到现在的大规模应用，知识图谱已经先后经历了将近 50 年的时间，并已经成为以发展认知智能为目标的重要基础技术。

在联结主义和符号主义人工智能各自不断发展的同时，人工智能领域出现了脑机接口、外骨骼、可穿戴等人机混合智能技术。随着核磁共振等物理观测和仪器技术的进步，脑科学和神经科学也在不断发展，人们对大脑和神经系统在物理微观层面的认识也越来越深入，以大脑生物和物理为基础的类脑计算技术得以发展，类脑芯片、智能芯片等新型硬件产品和技术不断涌现。

1.3 中国人工智能发展历史

1958 年，哈尔滨工业大学计算机专业的专家在华罗庚先生的建议下，研制出我国第一台会下棋、会说话的计算机（见图 1.9）。

1977 年，中国科学院自动化研究所基于中医专家关幼波的经验，成功研制了我国第一个中医肝病诊治专家系统。

图 1.9　我国第一台会下棋、会说话的计算机

1978 年，智能模拟被纳入国家计划。1981 年起，我国相继成立了中国人工智能学会（chinese association for artificial intelligence，CAAI）、全国高校人工智能研究会、中国计算机学会人工智能与模式识别专业委员会、中国自动化学会模式识别与机器智能专业委员会、中国软件行业协会人工智能协会、中国计算机学会智能机器人专业委员会、中国计算机视觉与智能控制专业委员会及中国自动化学会智能自动化专业委员会等学术团体。

1984 年，我国召开了智能计算机及其系统的全国学术讨论会。1985 年 10 月，中国科学院合肥智能机械研究所熊范纶建成“砂姜黑土小麦施肥专家咨询系统”，这是我国第一个农业专家系统。经过多年的努力，以农业专家系统为重要手段的智能化农业信息技术在我国取得了令人瞩目的成就，各种农业专家系统遍地开花，将对我国农业持续发展发挥作用。

自 1986 年起，我国把智能计算机系统、智能机器人和智能信息处理（含模式识别）等重大项目列入国家高技术研究发展计划。1987 年《模式识别与人工智能》创刊。1989 年，我国首次召开了中国人工智能联合会议。1990 年 10 月，中国人工智能学会、中国电子学会、中国自动化学会、中国通信学会、中国计算机学会等 8 个国家一级学会在北京共同发起召开了“首届中国神经网络学术大会”，会议上成立了“中国神经网络委员会”，吴佑寿院士担任主席，钟义信等担任副主席。1992 年 9 月，中国神经网络委员会在北京承办了全球最大的神经网络学术大会（international joint conference on neural networks，IJCNN）。1993 年，中国人工智能学会与中国自动化学会等共同发起第一届“全球华人智能控制与智能自动化”大会。1997 年起，科技部又把智能信息处理、智能控制等项目列入国家重大基础研究发展计划。

进入 21 世纪后，我国的科技工作者已在人工智能领域取得了具有国际领先水平的创造性成果。其中，尤以吴文俊院士关于几何定理证明的“吴氏方法”最为突出，已在国际上产生重大影响，并荣获 2001 年国家最高科学技术奖。

2011 年 1 月，《中国人工智能学会通讯》正式创刊，科技部准予中国人工智能学会设立“吴文俊人工智能科学技术奖”。

2014 年至今，人工智能深度学习不断发展，我国在深度学习大模型方面不断取得进展，如北京智源人工智能研究院有 1.75 万亿个参数的“悟道 2.0”、全球首个知识增强千亿大模型——鹏城-百度 · 文心等，均达到世界级水平。

2016 年以来，中国人工智能学者（如李飞飞、吴恩达等华人学者和何恺明、杨强等中国学者）在机器学习等诸多领域都取得了许多突破性成就。清华大学“天机芯”类脑计算取得的成就等代表着国际领先水平，为世界、国家和社会的发展做出了卓越贡献。

1.4　人工智能学科交叉与融合

人类科学技术的发展经历了从单一学科走向多学科交叉与融合发展的过程。人工智能本身就是多学科交叉发展的结果。在人工智能发展史上，有很多由多个学科交叉与融合产生的理论成果。例如，麦卡洛克和皮茨提出 MP 模型时，结合了通用图灵机的观点；又如，20 世纪早期的哲学家伯特兰·罗素（Bertrand Russell）的命题逻辑和神经生理学家查尔斯·谢林顿（Charles Sherrington）的神经突触理论等。实际上这些理论也是脑与神经科学家迈克尔·阿尔比布（Michael Arbib）的"可计算生理学"思想的体现，其最初的含义就是给人脑的神经网络进行数学建模。因此，最早的人工神经元模型就是神经生理学、逻辑学、计算机科学和脑科学相结合的产物。

人工智能作为多学科交叉的领域，有双层含义。

第一层含义是人工智能本身的发展需要多个学科的理论、知识与技术的支撑。近些年，人工智能正在从传统意义上的计算机科学的一个分支向独立的学科发展。人工智能的根本在于智能的本质，而智能的研究本身又涉及诸多学科，即人工智能与哲学、数学、脑科学、神经科学、认知科学、心理学、计算机科学、控制科学、信息学等众多学科有极强的关联性。因此，从学科角度来看，人工智能是一个建立在广泛学科交叉研究基础上的新兴学科。

第二层含义是人工智能与大量的传统学科交叉融合，会不断产生新的学科分支，甚至会逐渐形成和发展一些全新的学科，还可能会颠覆、重塑传统学科的理念和体系。

从自然科学、社会科学到数学、医学、管理学等，几乎所有的学科都可以与人工智能相互交叉、渗透和融合。按照"智能+X学科"的模式，人工智能与传统医学、教育学、管理学、艺术学、社会学、军事学的交叉融合，将会形成智能医学、智能教育学、智能管理学、智能艺术学、智能社会学、智能军事学等新兴学科和专业。电子、机械、计算机等传统工科与人工智能的交叉会形成智能电子学、智能机械学、智能计算机学、智能机器学、人机融合学等新学科、新工科方向或分支。

总之，人工智能将会成为各学科融合的"黏合剂"。人工智能交叉学科的研究会激发、拓展全球范围内的人工智能应用，并会从制造业、农业、医学、教育到艺术、人文、法律、媒体等领域，全面推动人类社会在科技、文化、经济等方面快速进步，进而形成人类未来科学技术爆发的"奇点"。人工智能多学科交叉会形成人类前所未有的"大科学"，这一成果给人类带来的影响将远远超过其他科学成果在过去几十年对世界的影响，并产生改变甚至颠覆人类传统世界的巨大力量。这种改变必然会激发人类全新的世界观和无穷的创造力，重构甚至颠覆人类的科学研究方式，以及生活、学习，甚至社会、文化的发展模式。

1.5 人工智能实现方法

自人工智能诞生以来，研究人员开发了多种实现人工智能的方法。他们大都是基于各自对智能的理解，来构建基础理论并设计相应方法的。传统的人工智能实现方法主要来自符号主义（也称为功能主义或经验主义）、联结主义（也称为结构主义）和行为主义（也称为物理主义）3 个学派。现代又发展出了数据驱动等新方法。

1.5.1 传统实现方法

1. 符号主义方法

人类智能区别于动物智能的重要标志是人类不仅会使用语言，还会使用各种复杂符号表达思想。符号主义希望计算机处理符号，并通过符号表征来实现人工智能。根据符号主义的观点，一个完善的符号系统应具备 6 种基本功能：输入符号、输出符号、存储符号、复制符号、建立符号结构、条件性迁移。其中，建立符号结构是指通过找出各符号间的关系，在符号系统中形成符号结构；条件性迁移是指依据原来存储的信息加上当前的输入而进行一系列的活动，从而将符号转化为相应的行为。这一假设完全是从人类智能出发的，其意义在于将人类的抽象符号和概念系统转化成可以感觉、观察、操作的物理系统。该系统可以进行建立、修改、复制、删除等操作，以生成其他符号结构。符号主义又有逻辑学派、认知学派之分。

（1）逻辑学派

逻辑学派主张用逻辑来研究人工智能，即用形式化的方法描述客观世界。基于逻辑的人工智能常用于任务知识表示和推理，其核心思想如下。

① 通用智能机器必须具有关于自身环境的知识。

② 通用智能机器要能陈述性地表达关于自身环境的大部分知识。

③ 通用智能机器在表达陈述性知识的语言时至少要有一阶逻辑的表达能力。

逻辑学派强调的是概念化知识表示、模型论语义、演绎推理等。人工智能经典逻辑（特别是与统计学结合时）可以模拟学习、规划和推理。

（2）认知学派

随着符号主义研究的发展，人们逐渐认识到经验或知识在构建智能系统中的重要作用。认知学派从人的思维活动这一角度出发，利用计算机进行人类宏观认知智能模拟。认知学派认为，一个物理系统表现出智能行为的充分和必要条件是它是一个物理符号系统。这样，任何信息加工系统都可以被看作一个具体的物理系统，如人的神经系统、计算机的构造系统等。

认知学派假设人的智能活动是一个推理过程，尽管机器不知道其中的意义，但机器能像人一样对符号形式做出处理。因此，如果机器能完成人类的有语义性的推理任务，就有可能在较高层次上实现人的智能。由认知学派的成果发展而来的只是初级的机器认知智能，其与人类认知智能的距离还相当遥远。

2. 联结主义方法

以模仿人脑神经网络结构形成人工神经网络，是联结主义的核心方法。联结主义方法本质上是一种结构范式，它主要通过构建各种结构不同的人工神经网络来模拟大脑神经处理信息的过程，进而实现许多非程序的适应性人工智能技术。其基本特点表现在以分布式方式存储信息，以并行方式处理信息，具有自组织、自学习能力等方面。正是这些特点，使人工神经网络为计算机等机器加工处理信息提供了全新的方法和途径。

传统的浅层神经网络有数百种模型，多数模型面向的只是特定问题和小规模问题。现代已经出现的可以多达数千层的深度人工神经网络，在形式上逼近极为复杂的人脑神经网络。联结主义的新模式，无论是深度神经网络还是硬件的人工大脑，与传统人工神经网络在对智能的认识上还是一致的，都隐含“智能”是从大规模神经网络中涌现出来的这一假设，即认为智能可以从由大量神经元连接所构成的复杂神经网络系统中涌现出来。

事实上，无论是传统人工神经网络还是深度神经网络，都与真实的大脑神经网络在结构上没有任何相似之处。虽然以深度神经网络为基础的深度学习技术在解决实际问题方面取得了很多成功，但是联结主义方法在语义理解、因果分析及逻辑推理等方面还远不及人类。

类脑芯片、人工大脑等是联结主义的新兴技术，它们试图通过电子材料等硬件从结构上模拟人类大脑，从而实现像人类智能一样的人工智能。但由于人类对于大脑各个神经元之间的复杂联结还没有完全搞清楚，因此还不能搭建出完整的人工大脑、电子大脑或类脑计算机等，这方面的技术还在持续发展中。无论是深度神经网络，还是类脑芯片，都说明联结主义方法在现阶段是实现人工智能系统的重要途径。

3. 行为主义方法

行为主义学派认为，符号主义人工智能大部分建立在一些经过抽象的、过分简单的现实世界模型之上。行为主义主张以复杂的现实世界为背景，智能的形成不依赖于符号计算，也不依赖于联结主义，而是在与环境的交互与适应过程中不断进化，即不用考虑大脑内部的机制，而是直接通过行为模拟实现智能，可以称为“无脑”智能。从行为主义观点考察智能，人们会发现，实现智能系统的最直接的一种方法是仿造人或动物的“模式—动作”关系，无须知识表达与推理，即通过模仿人类或动物的行为实现智能。基于此，研究人员研制出了具有自学习、自适应、自组织特性的智能控制系统，开发出了各种工业机器人、人形机器人、机器动物等。

行为主义的基本思想来源于对人或动物行为的观察。它只是在行为方面反映了人或动物的智能特征。因此，行为主义人工智能的特征更多是本能性的、初级的，并不反映智能的内在本质和认知、决策、规划等高级智能。而人类的很多重要行动，甚至包括一些动物的行动，都是经过大脑精心规划和设计的，即语言理解、自主学习、主动决策等高级智能并不能通过行为主义实现。

1.5.2 数据驱动方法

2010 年以来，深度学习结合大数据成了实现人工智能的新方法。基于脑科学、数据科学尤其是大数据技术发展形成的数据驱动方法，以新的角度提出了人工智能的具体实现途径和创新性思路，在技术层面上进一步增强了智能模拟的精确性和有效性，是传统人工智能方法的重要补充。

算法、大数据与计算能力被认为是推动人工智能发展的三大引擎。大数据最早在 20 世纪 80 年代被提出，麦肯锡公司在 2011 年的评估报告中指出“大数据时代”已经到来。21 世纪，随着微博、微信等新型社交网络应用的快速发展，以及平板电脑、智能手机等新型移动设备的快速普及，数据呈爆炸式增长，世界已经进入数据大爆炸时代。大数据不但复杂多样，而且具有潜在价值，人们对数据进行收集的根本目的正是从中提取出有价值的信息。大数据作为一种战略性资源，不仅对科技进步和社会发展具有重要意义，还对人工智能的发展起到了基础性的支撑作用。

大数据本身就是一个很抽象的概念，目前尚无统一的定义，通常被认为是数据量很大、数据形式多样化的非结构化数据。2008 年，在 *Science* 的专刊中，大数据被定义为“代表人类认知过程的进步，数据集的规模大到无法在可容忍的时间内用目前的技术、方法和理论去获取、管理和处理”。大数据的 4 个特征如图 1.10 所示。

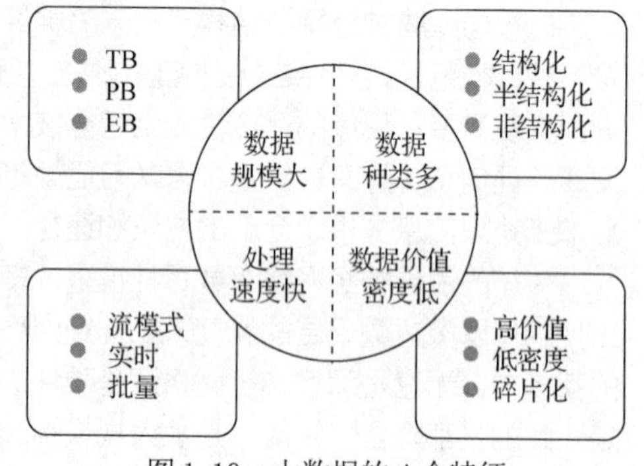

图 1.10　大数据的 4 个特征

我们从大数据的定义中不仅要认识到其数据规模之大，更重要的是，要学会从这些动态快速生成的数据流或数据块中获取有用的且具有时效性价值的信息。但是大数据所包含的数据类型众多，结构化、半结构化、非结构化的数据给已有的数据处理模式带来了巨大的挑战。

1. 数据规模（volume）大

数据规模大是大数据的基本特征，随着互联网技术的广泛应用，互联网的用户急剧增多，数据的获取、分享变得相当容易。过去，也许只有少量的机构会付出大量的人力、财力成本，通过调查、取样的方法获取数据；现在，普通用户也可以通过网络非常方便地获取数据。此外，用户的分享、点击、浏览等操作都可以快速地产生大量数据，大数据已从 TB（TB 是一个计算机存储容量的单位，$1TB=2^{40}$ 个字节，即超过 1 万亿个字节）级别跃升到了 PB（$1PB=2^{50}$ 个字节，在数值上 1PB=1024TB）级别。当然，随着技术的进步，这个数值还会不断变大。也许 5 年以后，只有 EB 级别的数据量才能够称得上是大数据。

2. 数据种类（variety）多

除了传统的销售、库存等数据，现代企业所采集和分析的数据还包括网站日志数据、呼叫中心通话记录、各个社交媒体中的文本数据、智能手机中内置的全球定位系统所产生的位置信息、时刻生成的传感器数据等。数据类型不仅包括传统的关系数据类型，还包括未加工的、半结构化和非结构化的信息，例如，以网页、文档、视频、音频等形式存在的数据。

3. 处理速度（velocity）快

数据产生和更新的频率也是衡量大数据的一个重要特征。例如，全国用户每天产生和更新的微博、微信和股票信息等数据，随时都在传输，这就要求处理数据的速度必须快。

4. 数据价值（value）密度低

数据量在呈现几何级数增长的同时，这些海量数据背后隐藏的有用信息却没有呈现出相应比例的增长，反而是人们获取有用信息的难度不断加大。例如，现在很多地方安装的监控使相关部门可以很容易地获得连续的监控视频信息，但这些视频信息产生的大量数据中有用的数据可能仅有一两秒。因此，大数据的 4 个特征不仅体现了数据量之大，还体现了数据分析之复杂，以及速度与时效之重要。

除了数学统计方法，机器学习等人工智能方法也在大数据中得到了应用。人工智能与大数据的结合，使机器产生一种新的智能形态——数据智能，即直接通过大数据计算获取和发现数据中隐含的知识、规律及使用传统分析手段难以获取的信息，实现预测或问题解决方案。

数据驱动方法通过深度学习、大规模数据、传感器及其他复杂的算法，执行或完成智能任务。大数据结合深度学习技术，能够自动发现隐藏在庞大而复杂的数据集中的特征和模式，这是数据驱动方法的成功之处。目前，它们的结合也是超越传统方法设计和开发人工智能系统的有效途径。

1.6 人工智能主要研究内容

人工智能的研究内容非常广泛，从模拟人类智能的角度，大概可以分为计算智能、感知智能、认知智能、行为智能、群体智能、混合智能、情感智能、类脑智能等，具体包括问题求解、逻辑推理与定理证明、人工神经网络、自然计算、机器学习、自然语言处理、多智能体、决策支持系统、知识图谱、知识发现与数据挖掘、计算机视觉、模式识别、机器人学、人机交互、人机融合、类脑计算等。

1.6.1 计算智能

1. 自然计算

自然计算是人们受自然界生物、物理或者其他机制启发而提出的、用于解决各种工程问题的计算方法。其基本思想是通过模拟自然机制使机器产生智能。自然计算的灵感来源是多种多样的，覆盖从生物学到化学，从宏观世界到微观世界几乎所有的自然系统。自然计算以启发式算法及数值搜索优化方法为代表，可以分成三大类。

（1）受生物启发的计算，包括进化计算、群体智能优化算法、人工免疫系统等。

（2）受物理或化学现象及规律启发的计算，包括模拟退火算法、重力优化算法、化学反应优化算法等。

（3）受社会现象启发的计算，包括文化算法、教与学优化算法、帝国优化算法等。

研究者一般会针对不同问题设计自然计算的具体算法。

2. 数据挖掘

数据挖掘一般是指通过算法从大量的数据中搜索有用的信息、规则的过程。数据挖掘通常与计算机科学有关，并通过统计、在线分析处理、情报检索、机器学习、专家系统和模式识别等诸多方法来实现对有用信息、规则的挖掘。

从实现人工智能的角度看，数据挖掘是通过各种算法对数据进行分析而实现机器智能的一种方式，因而可以将其看作计算智能。数据挖掘一般会利用以下方法。

（1）统计学的抽样、估计和假设检验。

（2）人工智能、模式识别和机器学习的搜索算法、建模技术和学习理论。

（3）最优化、进化计算、信息论、信号处理、可视化和信息检索。

（4）数据库系统的存储、索引和查询。

（5）高性能（并行）计算技术。

1.6.2 感知智能

感知智能主要指机器通过各种传感器及技术模拟人的视觉、听觉、触觉等感知能力，从而能够识别语音、图像等。对人类而言，感知能力是一种本能，例如，视觉的形成和人脑对经由眼睛输入大脑的信息的处理等过程都不需要经过大脑的主动思考。人类自然具备感知智能，但是机器则需要通过各种传感器和计算机技术才能获得。借助计算机的强大计算能力，机器通过传感器对外界或环境的感知能力可以远超人类，例如，机器视觉不仅可以感知可见光，还可以感知红外线。这是机器智能的一个突出优势。感知智能主要包括机器视觉、模式识别等内容。

1. 机器视觉

机器视觉是用摄像头、计算机等装置模拟实现人或动物的视觉功能，对客观世界的三维场景进行感知、识别及理解。机器视觉需要综合使用数字图像处理、模式识别、机器学习等多种人工智能技术。计算机视觉是机器视觉的一个重要内容，主要是利用计算机技术分析、处理各种图像信息，包括分类、识别等。2010 年后，深度学习技术的高速发展使通过计算机视觉实现的机器感知智能实现新飞跃，并已经在大规模图像、人脸识别等多个任务方面超越了人类的自然视觉感知智能。

2. 模式识别

模式识别是人类的一项基本智能。在日常生活中，人们经常在进行“模式识别”。模式识别是指对表征事物或现象的各种形式的（如数值的、文字的或逻辑关系的）信息进行处理和分析，以对事物或现象进行描述、辨认、分类和解释的过程，是信息科学和人工智能的重要组成部分。模式识别有广泛的应用，如字符识别、医疗影像识别、生物特征识别等。

1.6.3 认知智能

在数据、算力和算法“三要素”的支撑下，人工智能技术越来越多地走进人们的日常生活。但是，这一系列惊喜的背后，却是大多数人工智能技术在语言理解、视觉场景理解、决策分析等方面的举步维艰。因为这些技术依然主要集中在感知层面，即用算法模拟人类的听觉、视觉等感知能力，可以说是解决了如何使机器“耳聪目明”的问题，却无法使其完成推理、规划、决策、联想、创作等复杂的认知任务。

认知智能是指使机器具有类似人的逻辑推理、理解、学习、语言、决策等高级智能。机器认知智能将使机器具有感知智能所不具备的语言语义理解、自然场景理解、复杂环境适应等能力。认知智能主要研究的内容包括问题求解、逻辑推理与定理证明、知识图谱、决策系统、机器学习、自然语言处理等。

1. 问题求解

问题求解是由早期下棋程序中应用的一些技术发展而来的，主要指知识搜索和问题归约等基本技术，包括盲目搜索、启发式搜索等多种搜索方法。有一种问题求解程序善于处理各种数学公式符号，人们基于这类方法开发了很多数学公式运算软件。截至目前，人工智能程序已经能够对要解决的问题采取合适的方法和步骤进行搜索和解答，在这一方面其甚至要比人类做得更好。

2. 逻辑推理与定理证明

早期的逻辑推理与问题和难题求解关系相当密切，是人工智能研究中最持久的子领域。推理包括确定性推理和不确定性推理两大类。定理证明主要包括消解原理及演绎规则等方法。

3. 知识图谱

认知智能的核心在于机器的辨识、思考以及主动学习。其中，辨识指能够基于掌握的知识进行识别、判断和感知；思考强调机器能够运用知识进行推理和决策；主动学习突出机器进行知识运用和学习的自动化、自主化。将这 3 方面概括起来就是强大的知识库、强大的知识计算能力及计算资源。而知识图谱就是一种理解人类语言的知识库，通过为机器构建人类的知识图谱，可以极大地提升机器的认知智能水平。

4. 决策系统

决策系统是利用计算机面向不同应用领域建立模型并提供策略、方案等的系统。比较典型的计算机棋类博弈问题就是一种决策系统，从 20 世纪 80 年代的西洋跳棋开始，到 20 世纪 90 年代的国际象棋，再到 2016 年的围棋等博弈系统，决策系统的能力不断取得飞跃性提升。除了棋类博弈，决策系统还在自动化、量化投资、军事指挥等方面被广泛应用。

5. 机器学习

学习是人类智能的主要标志和获得知识的基本手段，但人类至今对学习的机理尚不清楚。机器学习试图通过对人类学习能力进行模拟，使机器直接对数据及信息进行分析和处理而产生智能。机器学习是使计算机具有认知智能的重要途径，也是目前重要的机器智能方法之一。

机器学习有很多具体技术，这些技术并不都是通过模仿人类的学习能力发展而来的。实际上，机器的学习方式与人类的学习方式有很大的区别。二者之间最主要的区别在于，目前的机器都不具备自主学习、持续学习的能力。目前机器学习的成功主要得益于深度学习技术与大数据的结合，实际上还需要人类对数据进行大量标注和对算法事先进行训练等。机器需要发展自主、持续、经验和互动性的学习能力。

6. 自然语言处理

语言是人类区别于其他动物所具有的高级认知智能。从机器翻译开始，人工智能领域发展出了自然语言处理（natural language processing，NLP）这一研究内容。因为处理自然语言的关键是要让计算机“理解”自然语言，所以自然语言处理又称为自然语言理解（natural language understanding，NLU），俗称人机对话。

自然语言处理研究用电子计算机模拟人的语言交流过程，使计算机能理解和运用人类社会的自然语言（如汉语、英语等）实现人机之间的自然语言通信，以代替人的部分脑力劳动，包括查询资料、解答问题、摘录文献、汇编资料以及一切有关自然语言信息的加工处理工作。

目前，基于自然语言处理技术开发的一些对话问答程序已经能够根据内部数据库回答人们提出的各种问题，并在机器翻译、文本摘要生成等方面取得了很多重要突破，但现有自然语言处理方法还不具备上下文语境分析和语义理解能力，在类人的认知智能方面的表现还不够出色。

1.6.4 行为智能

行为主义作为人工智能领域的重要学派，主要实现的是机器的行为智能。机器行为智能的代表作就是各种各样的机器人、机器动物，它们是能够进行编程并在自动控制下完成动作、执行某些操作或作业任务的机械装置。机器人从不同角度可被划分为很多类型，如根据用途划分，分为工业机器人、农业机器人、军用机器人等；根据活动范围、区域或场景划分，分为陆地移动机器人、水面无人艇、空中无人机、太空无人飞船等；根据模仿人或动物的外在行为划分，分为仿人型机器人、机器狗、机器鱼、机器鸟等。除了计算机以外，机器人是实现和体现机器智能的重要载体。同时，机器人也是人工智能的一种实际应用，对于问题求解、搜索规划、知识表示等人工智能技术的发展都有很大的促进作用。

现代机器人技术都源于对人的行为、肢体、外观的模拟，其对人类的学习、推理、决策、识别、思维等方面的智能模拟或实现与人类所具有的智能毫无可比性。以机器人为研究对象的机器人学的进一步发展需要更先进的人工智能技术的支持，同时机器人学也为机器智能研究提供了合适的理论支持及实验与应用场景。

1.6.5 群体智能

新一代人工智能对群体智能的定义从强调对智能的个体模拟走向群体的智能协作。未来的群体智能将走向人与人、人与机器、机器与机器之间相互交织的网络化智能，通过网络将个体智能汇聚在一起，形成远超个体智能的新型智能形态或者超级智能形态。

传统的群体智能主要研究的内容包括群体智能算法和多智能体（multi-agent），新一代人工智能则赋予了群体智能不同的含义。

1. 群体智能算法

群体智能算法包括粒子群算法、蚁群算法以及其他受到生物群体启发而提出的自然计算方法，主要用于求解各类优化问题，如函数优化、组合优化、单目标优化、多目标优化等。

2. 多智能体

人们在研究人类智能行为时发现：大部分人类活动都涉及多个人构成的社会团体，大型复杂问题的求解需要多个专业人员或组织协作完成，这实际上形成了人类社会的群体智能。“协作”是人类社会群体智能行为的主要表现形式之一，在人类社会中普遍存在，而机器智能还不能实现群体协作，因此多智能体研究有助于实现机器的群体智能。

多智能体系统也是一种分布式的人工智能，多个智能体的有机组合构成了一种彼此互相通信和协调并易于管理的系统。多智能体系统通过多个智能体的合作来完成任务的求解，实现多智能体系统的关键是多个智能体之间的通信和协调。

1.6.6 混合智能

混合智能是近些年随着材料学、计算机科学、微电子技术、机械技术、脑机接口技术、可穿戴技术、机械外骨骼等科学技术领域的进步，所发展出的与人体相结合的新型智能技术。混合智能的研究与应用主要包括人机融合与人机交互两方面。

1. 人机融合

在经典人工智能发展路径上，符号主义和联结主义都无法真正实现类人机器智能。人机融合是一种人与机器融合的新形态人工智能技术。早期控制论由于受当时技术条件的限制而无法实现真正的人机融合，因此仅提出了关于人与机器相互作用的理论。现代人机融合基于微电子技术、芯片技术、材料技术、脑机接口等多种技术，可以发展出与人的身体和感官直接通信的技术，使人类可以直接利用大脑等器官与外界环境和设备互动，进而通过与机器智能的融合形成混合智能。

2. 人机交互

人机交互是指设计、评价和实现供人们使用的交互式计算技术和系统，并围绕相关现象进行研究的人工智能领域。

狭义地讲，人机交互技术主要研究人与计算机之间的信息交换，包括人到计算机和计算机到人的信息交换。前者是指人借助键盘、操纵杆、数据服装等，通过手、脚、声音、眼睛、身体，甚至脑电波等不同途径向计算机传递信息。后者是指计算机通过打印机、绘图仪、显示器、虚拟现实头盔等向人提供可理解的信息，涉及认知心理学、人机工程学、多媒体、虚拟现实等技术。多渠道或多模态交互技术研究通过视觉、听觉、触觉等多通道信息融合的理论与方法，使用户通过语音、手势、眼神、表情等自然方式与计算机进行通信。人机交互还被应用到了机器人领域，目的是使机器人具备与人类自然交互的能力。

1.6.7 情感智能

人工情感（artificial emotion）也称为情感智能，就是要赋予计算机类似于人的观察、理解和表现各种情感特征的能力，最终使计算机能像人一样进行自然、亲切和生动的交互。情感智能是利用信息科学手段对人类情感产生的过程进行模拟、识别和理解，使机器能够产生类人情感，并与人类进行自然和谐的人机交互。

情感智能主要有两个研究领域：情感计算（affective computing）和感性工学。情感计算研究如何创建一种能感知、识别和理解人的情感的，并能对人的情感做出智能、灵敏、友好反应的智能系统。

1.6.8 类脑智能

迄今为止，研究人员对于人脑的模拟主要集中在结构方面，包括利用人工神经网络模拟人脑神经网络结构进行简单的运算和处理，而对人脑神经系统如何实现感知、认知、语言等功能性的研究还处于起步阶段。未来，人们将依据脑科学的发现，发展类脑芯片和类脑计算机，通过类脑计算方式实现类脑智能。

1. 人工神经网络

人工神经网络一直是联结主义的主要方法和研究内容，其发展可以分为传统人工神经网络和深度神经网络两个阶段。现有研究结果已经证明，用人工神经网络处理直觉和形象思维信息可以获得比传统符号主义方法好得多的效果。实际上，人工神经网络在结构上与人脑有很大差异，但许多人工神经网络模型是受到人脑神经网络结构与功能启发而发展出来的，尤其是人们受到大脑视觉皮层启发而发展了深度卷积神经网络。因此，人工神经网络可以被看作类脑智能的初级研究内容。经典人工神经网络已经在机器学习、模式识别、图像处理、组合优化、自动控制、信息处理、机器人等领域获得了广泛应用。基于深度神经网络等技术所实现的机器智能在图像识别、棋类博弈等方面已经超越人脑。

2. 类脑计算

类脑计算是指借鉴大脑中信息处理的基本规律和大脑结构，从软件算法和硬件等多个层面对现有计算体系与系统做出本质的变革，进而实现类脑智能的手段。类脑计算相比于传统计算机，在能耗比、计算效率、学习性能等诸多方面都有很大改进。

类脑计算技术总体上可分为 3 个层次，其中结构层次模仿脑，器件层次逼近脑，智能层次超越脑。结构层次模仿脑是指通过对大脑神经元及其网络在结构上进行模拟以实现类脑智能。结构层次模仿脑目前以平面二维的人工神经元及网络结构模拟为主，未来将向模拟三维结构神经元及由其相互连接而构成的复杂三维类脑结构方向发展。器件层次逼近脑是指利用模拟脑神经结构的芯片等器件模仿大脑来实现类脑智能。器件层次逼近脑也将从二维硬件结构向三维硬件结构方向发展。智能层次超越脑属于类脑计算机应用软件层面的问题，是指通过对类脑计算机进行信息刺激、训练和学习，使其产生与人脑类似的智能甚至涌现出自主意识，实现智能培育和进化；智能层面超越大脑是一个很大的科学问题，至今还停留在幻想和哲学思辨层次。

类脑计算对神经科学、脑科学与计算机科学等学科进行了高度交叉和融合，这有助于对大脑神经系统及结构、信息处理原理的深入理解，并以此为基础开发新型的处理器、算法和系统集成架构，从而应用于各领域。

1.6.9 人工智能伦理与法律

人工智能技术与核技术一样，是一把“双刃剑”，通过法律和伦理学研究，规范人类对机器人等人工智能技术的使用，避免产生未来机器智能伦理问题，可以实现人工智能与人类的和谐相处，从而构建和谐的人机关系。

人工智能伦理与法律是所有人工智能技术研究与应用的基石，也就是说，任何一项人工智能技术的应用都必须以符合人类的伦理和价值及利益需要为前提。

在应用层面，以深度学习为核心的人工智能产品系统存在技术黑箱，人工智能产品归责问题尚不明晰。随着任务和深度神经网络结构变得越来越复杂，深度学习得到的解决方案也越来越难以理解。其内部的运行机制是一个“黑箱”，就像人类大脑的内在运行机制迄今还不被人类自身所理解一样，深度学习也存在同样的问题。“不可解释”或“不可理解”的人工智能在应用中存在失控风险，很容易引发各种安全及伦理问题。因此，研究人员正在加强关于“可解释的人工智能”的研究，目的是使基于深度学习的人工智能系统技术始终受到人类的掌控。

在隐私保护层面，人工智能的发展有赖于数据训练算法，这就需要收集、分析和使用大量数据，而产业链上的开发商、平台提供商、操作系统和终端制造商等参与主体出于商业利益考虑，保护用户个人隐私的意愿并不强烈，因此，合法合规地收集并使用数据是人工智能产业应用面临的重要问题。在社会伦理层面，人工智能的发展与普及必然会对传统社会伦理造成巨大冲击，若不谨慎处理，则会对未来社会造成严重伤害。从全球范围来看，目前在技术层面，人工智能技术主要以弱人工智能技术实现感知智能和初级认知智能为主，在逻辑推理、自主学习、复杂场景自适应等方面还存在诸多局限。

1.7 机器博弈与机器创造

创造力是指人类产生新颖的、异乎寻常的、有价值的想法的能力，是人类智慧的精华，对实现人类水平的强人工智能而言是必不可少的。不同的深度学习方法与其他人工智能技术相结合，在音乐、美术、写作、棋类，以及材料、化学与生物等领域都表现出了异于人类的、一定程度的创造能力。对人类来说，创造力是一个复杂和较难界定的概念。根据心理学家的共识，创造力被定义为对问题或情境反应的一种新颖且恰当的解决方式，而结果和过程是创造力的两个紧密相关的层面。在解决复杂问题或执行任务时，智能算法发展出了不同于人类思维的逻辑，与人类大异其趣，却又殊途同归。这种具有一定创造力的机器内生智能主要建立在深度神经网络和大数据技术基础上，是一种机器独有的智能生成机制。

1. 音乐创作

人工智能创作音乐并不是新鲜事物，早在20世纪70年代，这方面的技术就已经伴随计算机技术的发展而出现了。早期的人工智能创作音乐主要采用的是遗传算法、马尔可夫链等方法，现在发展成基于深度学习以及其他混合方法的音乐创作模式。其主要过程是由音乐制作人制定规则、建立海量数据库，然后利用深度学习分析作曲规则、结构，最后按照设定的规则生成各种风格的音乐。加利福尼亚大学圣克鲁兹分校的音乐学教授戴维·科普（David Cope）编写了一些计算机程序，它们能够谱出协奏曲、合唱曲、交响乐和歌剧。他写出的第一个程序名为“音乐智能的实验”，专门模仿音乐家巴赫的风格来创作作品，经过改进后，该程序还可以模仿贝多芬、莫扎特等其他音乐家的风格来创作作品。即使是音乐家也很难辨别这些作品是否出自音乐家之手。目前，有很多音乐家和音乐创作单位在利用人工智能开展音乐创作。

2. 美术创作

早期的人工智能美术创作主要以进化算法为主，目前则以深度学习方法为主。比如，一款名为“深度梦境”的智能绘画系统，建立在深度神经网络算法的基础上，具备多层的数据网络，为艺术赋予了量化和数学属性，可以识别图像后绘画。使用它时只需要输入一张照片，然后采用10～30层的人工神经元进行解读，它会选取照片的重点特征进行加强或者重塑。该系统能通过“模仿式”的绘画创作模仿大师的作品风格。例如，该系统对荷兰画家伦勃朗的所有作品进行了数据分析之后，应用3D打印技术创作了具有油画质感的肖像作品。它还可以将不同的绘画风格融合在一起，把图像分解为不同风格和内容的组件，把神经网络用作通用图像分析器，通过“混搭”创作出各种风格奇异的画作，如图1.11所示。

（a）梵高的星空

（b）拍摄的照片

（c）融合后的照片

图1.11 “深度梦境”融合图片

更加高级的人工智能不只是简单地模仿艺术大师的作品，而要能模拟艺术家的创作过程，即从现有风格中衍生出新的艺术作品。图1.12所示是采用创意对抗网络（creative adversarial network）利用超过8万幅15—20世纪的西方绘画作品对算法进行训练而得到的画作。世界上第一幅人工智能画作曾于2018年在英国伦敦以大约30万英镑的价格竞拍成功。

图 1.12　创意对抗网络创作的画作

3. 文学创作

近年来，深度神经网络等算法被广泛应用于文学创作，包括诗歌、剧本、小说、新闻、辅助内容等的创作。

一个被称为“小冰”的人工智能系统是目前全球较大的交互式智能系统。该系统不但具备情感聊天功能，而且能够写诗、绘画、作曲。“小冰”对 519 位中国现代诗人的几千首诗进行了上万次“学习”之后，获得了现代诗的创造力。由“小冰”创作的现代诗集《阳光失了玻璃窗》于 2017 年出版。截至这本书出版，都没有人发现这个突然出现的“少女诗人”其实并非人类。这是人类历史上第一部 100%由人工智能创作的诗集。

目前，国内外很多媒体、机构都已经在特定领域应用机器人进行写稿。机器写稿一般的工作流程包括数据采集、数据加工、自动写稿、审核、分发，对于机器自动生成的稿件是否由人进行审核，不同媒体、机构的处理方式不同。

4. 棋类博弈

在国际象棋方面，IBM 的“深蓝”超级计算机在 20 多年前就打败了国际象棋大师。DeepMind 公司开发的 AlphaZero 清楚地展示了人类从未见过的一种机器智慧，它通过与自己对弈并根据经验更新策略，迅速成为超越人类的机器棋手。

5. 材料、化学与生物领域

2016 年，研究者利用机器学习算法，用不成功的实验数据预测了新材料的合成，并且在实验中机器学习模型预测的准确率超过了经验丰富的化学家。

2018 年，上海大学研究人员首先收集了截至 2014 年人类所发表过的几乎所有的（大约 1250 万个）化学反应式，然后应用深度神经网络及蒙特卡罗规划方法成功地规划了新的化学合成路线。即便是权威的化学合成专家，也无法区分出该化学合成路线与人类化学家所规划的路线的区别。DeepMind 公司在围棋程序 AlphaZero 的基础上，开发了将机器学习用于生物蛋白质三维结构预测的人工智能系统 AlphaFold，破解了困扰生物学专家 50 多年的难题。

1.8 人工智能发展趋势

2015 年以来，以深度学习为基础的感知智能和以各种嵌入式、物联网、边缘计算及传感器为基础的终端技术发展迅猛。以知识图谱等技术为基础的认知智能仍处于发展阶段。

人工智能与物联网、大数据、云计算等信息技术在不断相互融合。人工智能与物联网、大数据、云计算之间的关系如图 1.13 所示。

一方面，人工智能技术本身包括数据、算法、算力的提高，这使其真正为商业应用创造了价值；另一方面，大数据、物联网、云计算等技术为人工智能的发展打下了良好基础。获取高质量、大规模的大数据成为可能，海量数据为人工智能技术的发展提供了充足的原材料。大数据技术在数据存储、清洗与整合方面做出了贡献，提升了深度学习算法的性能。物联网为人工智能的感知层提供了基础设施环境，同时带来了多维度、实时、全面的海量训练数据。云计算的大规模并行与分布式计算能力带来了低成本、高效率的算力，并降低了计算成本。算力提升突破瓶颈，即以 GPU 为代表的新一代计算芯片提供了更强大的算力，使计算机的运算速度更快，同时在集群上实现的分布式计算可以帮助人工智能模型在更大的数据集上运行。机器学习算法取得重大突破，以多层神经网络模型为基础的算法，使机器学习算法在图像识别等领域的准确性取得了飞跃性的提高。

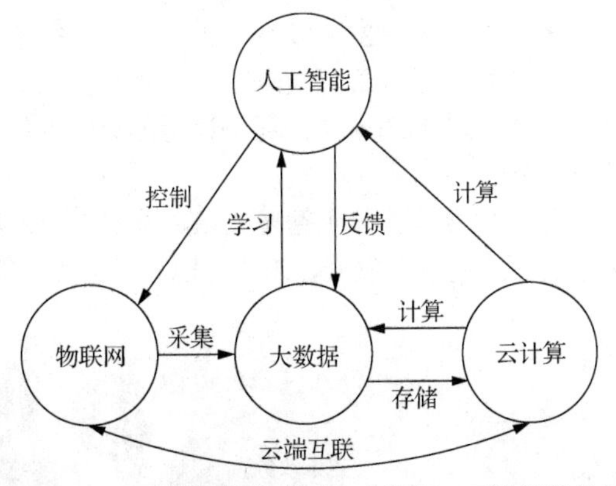

图 1.13 人工智能与物联网、大数据、云计算的关系

在大数据、并行计算和深度学习技术的共同支撑下，人工智能在感知智能方面已经超越人类，人脸识别最新的准确率已经接近 100%，相关产品已经被用于安防站点、车站、机场等场景，以及社会服务与管理等领域。

语音识别性能、机器翻译水平、自动驾驶技术都得到了大幅提升。基于人工智能的无人驾驶汽车成为全球企业巨头的“必争之地”。

穿戴式智能联网设备正在引领信息技术产品和信息化应用发展的新方向。基于人工智能技术的穿戴式智能联网设备已成为各方竞争的新热点。

计算机的计算能力也在飞速发展。规模巨大的带标签的大数据长期作用于移动互联网、云平台的发展，推动了 GPU 硬件技术的快速进步。终端应用领域不断有新产品推出，以满足低功耗和低成本的要求。通用人工智能由于研发技术难度大，目前多由巨头互联网公司在进行布局，短期内没有明确的技术突破前景。以深度学习为基础的专用机器智能的相关研究企业数量众多，但其发展仍然受到需要人工标注数据这一限制。

人工智能支撑数字经济。数字经济是以数字为生产、交易、流通、增值对象的新经济业态。数字既是手段，又是对象。由数字组成的大数据是驱动数字经济发展的重要技术，这时数字就是发展数字经济的手段。当掌握了数据资源的企业将数据用于生产、交易、流通、增值，数字就成了数据经济的对象。

人工智能相对于数字经济而言是技术手段。它自身也可以延伸为不同的业态。二者除了技术上的差别，还有社会发展的驱动力和水平上的差别。以深度学习为主的人工智能技术与过去的人工智能技术最大的区别在于其能够实现规模化应用，形成大规模、超大规模系统，并衍生出新的产业形态。

以人工智能技术为支撑的数字经济，是以大数据、物联网、云计算等新一代信息技术为基础，以智能产业化和产业智能化为核心，以经济和产业各领域为应用对象的一种新型经济形态。

未来若干年，人工智能技术与产业的加速融合将大大提升人们的生产和生活效率，从工业生产到消费服务等各个方面改变人类的生活。人工智能将与云计算、物联网、5G 通信等相结合，进而与制造业、农业、医疗、物流仓储、政务、金融等各种行业领域实现深度融合，加速塑造新的社会经济形态。未来，人工智能不仅会在民生保障、社会治理等方面发挥更加积极的作用，还会使智慧城市、智慧交通、智慧医院等构建的创新智能体系更为完善。更重要的是，创新智能体系本身也将会发展成不同于传统人工智能的新模式，可以将其看作“大系统模式”，使未来整个城市可通过人工智能来管理，甚至整个城市本身将发展成为一个庞大的人工智能系统。人工智能发展的形态即从计算机运行的算法智能系统上升到多种智能技术构建的、复杂的人工智能大系统。

图 1.14 所示为一个智慧城市建设的典型内容，涉及政务、执法、服务、教育、交通、环保、物流、医疗等多个领域，未来可以利用人工智能技术提升社会各方面的管理、治理和服务水平。

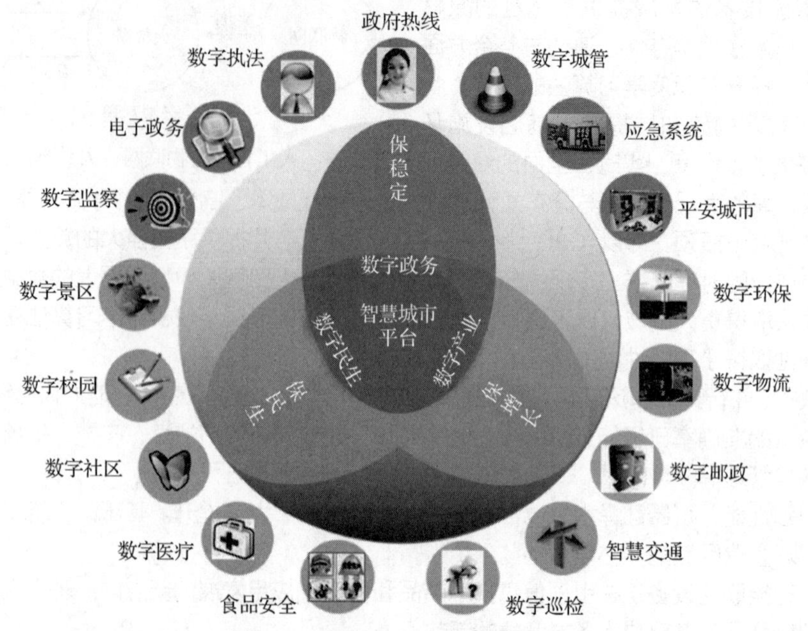

图 1.14　智慧城市建设的典型内容

数字经济与人工智能的结合就是智能+行业，可形成不同的智能产业，如智能制造、智能医疗、智能农业、智能教育等，都是支撑数字经济发展的重要业态。

从产业和经济角度来看，人工智能是数字经济的支撑技术和核心驱动力。但是，人工智能技术不局限于深度学习、大数据以及超级计算。未来，随着人机融合技术的发展，以人类自身为对象的人工智能技术将发展到更高水平，出现更高级的技术，人类本身将成为技术改造的对象。因此，人工智能革命对人类社会的影响不仅是经济，而是包括人类本身在内所有方面。可以说，人工智能的意义和价值高于数字和数据的意义和价值。

人工智能、云计算、大数据等技术正与数字产业深度融合，这些技术已经从效率提升的辅助角色，逐渐发展成为重构产业数字化发展的“内核角色”、实现数字经济高速增长的“内燃机”。

（1）在人工智能方面，以机器学习、深度学习、知识工程为主的核心技术正成为创新发展的主要驱动力。

以机器学习为例，基于其可自动化、强优化与超见解等优势，其已经被应用于各商业场景的业务流程中，如在金融领域，主要利用机器学习加强欺诈检测与风险控制。未来，机器学习将与其他新兴技术结合，为更多数字化场景助力，达到 $1+1>2$ 的效果。

（2）在云计算方面，混合云、边缘计算等技术在产业数字化转型中，将彰显愈发重要的作用。

以混合云为例，混合云构架不仅是信息技术架构上的革新，还可保证降低成本的同时实现高敏捷性，并为企业业务带来更多的创新机遇。未来，混合云将成为各行各业实现渐进式数字化转型的首选方式。

（3）在大数据方面，分布式数据库、数字孪生等创新技术正在加速成熟，它们将成为产业数字化发展的核心力量。

以数字孪生为例，利用该技术可打造出映射物理空间的数字世界，实现物理世界与数字世界之间的数据双向动态交互。同时，可根据数字世界的变化及时调整生产工艺、优化生产参数，得到优化、预测、仿真、监控、分析等功能的输出，为数据驱动业务提供强大支力。

数字经济与人工智能结合的一个基本形态就是数字智能。在一定程度上，数字经济是数据智能驱动的新经济业态。

1.9 本书内容

1.9.1 人工智能五维知识体系

人工智能五维知识体系是从学习的角度建立的一套人工智能知识框架。相对于从传统人工智能符号主义、联结主义、行为主义发展而来的理论、技术、方法等知识，人工智能五维知识体系包括学科基础、技术基础、重点方向与领域（机器智能）、行业应用、伦理与法律5部分，强调人工智能系统性、整体性、交叉性、全面性。如图1.15所示，人工智能五维知识体系各部分具体内容如下。

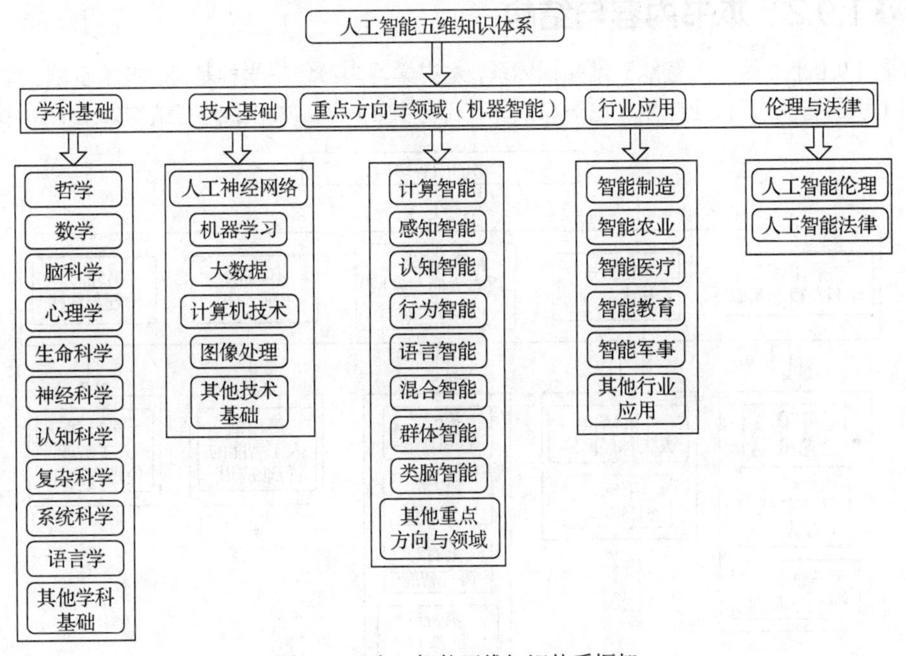

图1.15　人工智能五维知识体系框架

第1部分学科基础，包括哲学、数学、脑科学、心理学、生命科学、神经科学、认知科学、复杂科学、系统科学、语言学等与人工智能交叉的各基础学科知识，强调多学科交叉对人工智能的重要作用。

第2部分技术基础，包括人工神经网络、机器学习、大数据、计算机技术、图像处理等，强调发展人工智能系统所需要的各类基础技术和方法。

第3部分重点方向与领域（机器智能），以机器智能为核心，划分为计算、感知、认知、行为、语言、混合、群体、类脑智能等重点方向与领域，主要强调从智能模拟、混合的角度，开发、设计机器智能或人工智能系统的理论、技术和方法。

（1）计算智能，包括各种高性能计算技术，依靠强大的计算能力产生机器独有的、人类既不擅长也无法超越的计算智能。

（2）感知智能，包括利用传感器、图像处理、机器视觉等各类获取外部信息的技术，利用这些技术形成机器特有的感知智能。

（3）认知智能，包括知识表示、逻辑推理、知识图谱等技术，利用这些技术形成机器特有的认知智能。

（4）行为智能，包括机器人及各种具备执行能力的硬件系统技术，由此形成机器行为智能。

（5）语言智能，包括自然语言处理、语音识别、机器翻译等技术，由此形成机器独有的语言智能。

（6）混合智能，包括可穿戴、脑机接口等与人体相结合的技术，形成人与机器结合的混合智能。

（7）群体智能，包括群体决策、群体仿生智能等技术，形成机器群体智能。

（8）类脑智能，包括类脑芯片、类脑计算机等技术，对人脑的模拟形成了机器类脑智能。

第 4 部分行业应用，包括智能制造、智能农业、智能医疗、智能教育、智能军事等各行业应用，强调人工智能赋能各行业所涉及的工程技术。

第 5 部分伦理与法律，主要包括发展人工智能需要的伦理和法律，强调人工智能伦理、法律及其他人文、社科知识。

1.9.2 本书内容与结构

按照 1.9.1 小节的人工智能五维知识体系，本书学习内容包括学科基础、技术基础、重点方向与领域（机器智能）、行业应用、伦理与法律 5 部分共 13 章，本书的内容结构如图 1.16 所示。

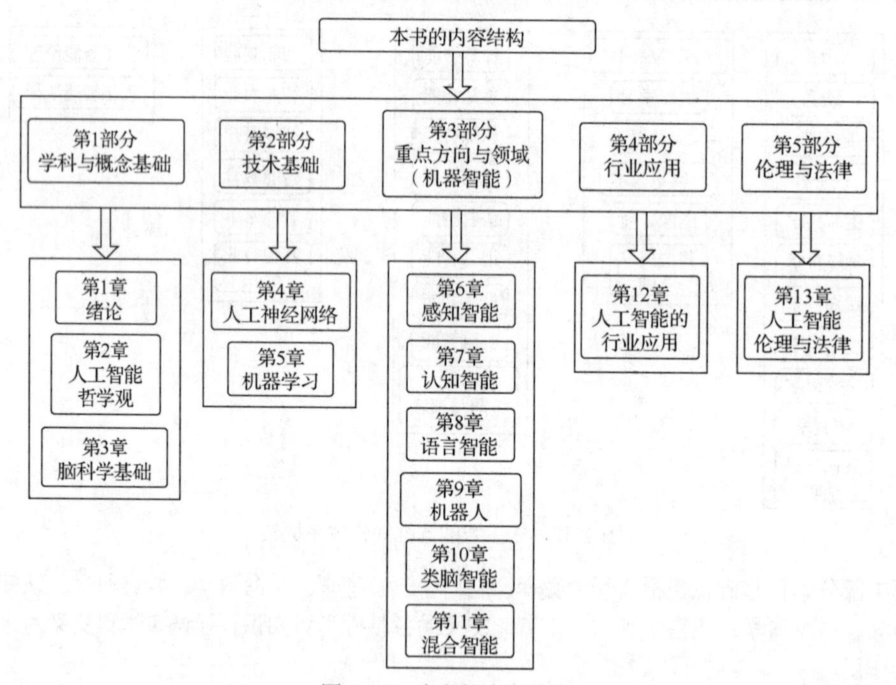

图 1.16　本书的内容结构

第 1 部分学科与概念基础包括第 1 章绪论、第 2 章人工智能哲学观、第 3 章脑科学基础。

第 2 章人工智能哲学观主要从大历史的角度理解人工智能起源及其思想，如理性主义、计算主义等对人工智能孕育起到重要作用的哲学思想。这一章内容有助于读者从深层次的哲学思想层面认识人工智能的本质，准确把握其内涵，从而开发出能更有效地服务于人类的人工智能技术。

第 3 章脑科学基础主要介绍神经科学与脑科学基础知识和新的科学发现，包括脑的结构、神经元的结构和神经系统组成，以及人类学习、记忆等高级智能的神经和脑机制等。人工智能联结主义技术是受到神经系统的启发而发展起来的。目前，流行的深度神经网络实际上与人脑的真实神经结构没有联系，但是在形式上仍然借鉴了人类大脑复杂的、多层次的神经系统结构。许多人工智能专家认为发展通用的、类人的人工智能技术，必须借鉴人类大脑神经网络和脑机制及其研究成果。

总体上，第 1 部分为读者从哲学和神经科学层面认识和理解人工智能奠定基础。

第 2 部分技术基础包括人工神经网络、机器学习两章内容。第 4 章人工神经网络主要介绍从神经元开始到深度神经网络的基本原理。第 5 章机器学习介绍从机器学习的基本概念、经典的机器学习算法延伸到以深度神经网络为主要手段的深度学习概念和方法。

第 3～5 章为第 6～12 章的内容做铺垫。

第 3 部分重点方向与领域是本书的核心部分，包括第 6～11 章。

第 6 章感知智能介绍图像处理、机器视觉、模式识别基础知识。第 7 章认知智能介绍经典符号主义逻辑推理、知识表示、搜索技术，以及知识图谱等新型认知智能技术。第 8 章语言智能介绍自然语言处理基础知识和方法，以及智能问答、聊天机器人、机器翻译等机器语言智能应用技术。第 9 章机器人主要介绍以机器人为载体的行为智能共性技术及各种用途的机器人。第 10 章、第 11 章分别为类脑智能、混合智能。第 10 章类脑智能介绍类脑计算概念、类脑计算与类脑智能的关系、类脑计算芯片，以及人工大脑等前沿理论和技术。第 11 章混合智能介绍脑机接口、人机交互、人体增强等混合智能前沿技术。

第 3 部分总体上涵盖了人工智能传统和主流技术，以及部分前沿技术，有助于读者了解人工智能技术发展现状。

第 4 部分包括第 12 章人工智能的行业应用，为本版新增内容，主要选取智能制造、智能医疗等行业介绍人工智能的应用，同时介绍人工智能在数字经济、新基建发展中的应用。

第 5 部分包括第 13 章人工智能伦理与法律，主要介绍人工智能伦理的基本概念，以及行业方面的应用伦理及法律问题。

各章在概念、知识和技术层面存在相互联系及一定的递进关系。第 1 章绪论是本书的总括，重要的、基础的定义和概念，以及人工智能理论、思想、研究内容、技术方法，都在这一章初步体现，为后续各章节内容学习奠定概念基础。

虽然概念和内容较多，但贯穿全书的主题是对人工智能技术、基础知识的系统性理解与认识，而不强调某一方面人工智能技术或方法的重要性，因为不同的人工智能方法、技术及相关理论在实际中的作用是不同的。

总体上，第 1 章试图回答人工智能“是什么”和“为什么”的问题。1.8 节人工智能发展趋势试图回答人工智能技术能“干什么”的问题，第 4～13 章回答人工智能“怎么干”的问题。

本书中有很多关于强人工智能的内容，这部分内容的学习和讨论更多是哲学意义上的，目的是激发读者的想象力、创造力，强调从哲学、认知科学及类脑计算等多角度对人工智能形成正确认识和理解。涉及强人工智能的章节包括第 1～3 章、第 10 章、第 11 章、第 13 章，分别从哲学、脑科学、技术、社会、伦理、法律、科幻等不同角度介绍和讨论强人工智能的可能性及意义、风险。

1.9.3 人工智能 5 个认识层次

上述 5 部分 13 章内容，从认识层次上又可以分为以下 5 个层次。

（1）大历史观。从这一层次学习和理解人工智能，不仅对人工智能概念和定义有更深刻的认识，更重要的是，通过对人工智能本质的理解和思考，结合唯物主义辩证法，反观和反思人类存在的价值和意义。这一层次的意义在于对人工智能的认识不仅停留在技术层面，还会上升到思想理论层面。

（2）哲学思想。这一层次主要从哲学角度思考和认识人工智能的本质。关于生命、意识与物质的关系、意识与大脑的关系等一些根本问题既是基本哲学问题，也是人工智能的基本问题。哲学中的各种观点对于认识清楚人工智能的本质具有重要作用。

（3）社会与文明。这一层次强调从人工智能对人类社会未来经济、文化、教育等方面的影响和关系进行学习和理解。人工智能不仅会影响个人的工作和生活，对整个人类社会方方面面也会产生重要影响。因此，我们要站在国家、社会乃至全人类的角度来学习和理解人工智能。

（4）多学科交叉。这一层次强调从多学科交叉角度来学习和认识人工智能的学科交叉属性，以及人工智能理论、方法及研究的复杂性。人工智能缺乏统一的理论基础，没有统一的数学模型和技术体系，只有各种适合不同场景的理论和技术。因此，我们需要从多学科交叉角度来学习和认识人工智能。

（5）工程技术和应用。这一层次主要指向不断发展的人工智能系统、技术和方法。通过该层次的学习，要理解如何在前4个层次的基础上，不断发展更有效的人工智能技术，解决实际问题和社会需求。

按照上述5个层次，第1章的部分内容和2.1.3小节对应第1层次；第2章其余内容对应第2层次；1.2节和1.8节、第13章对应第3层次；1.4节、第2～11章、第13章对应第4层次；第6～12章对应第5层次。

上述各层次与各章节之间的对应关系如图1.17所示。

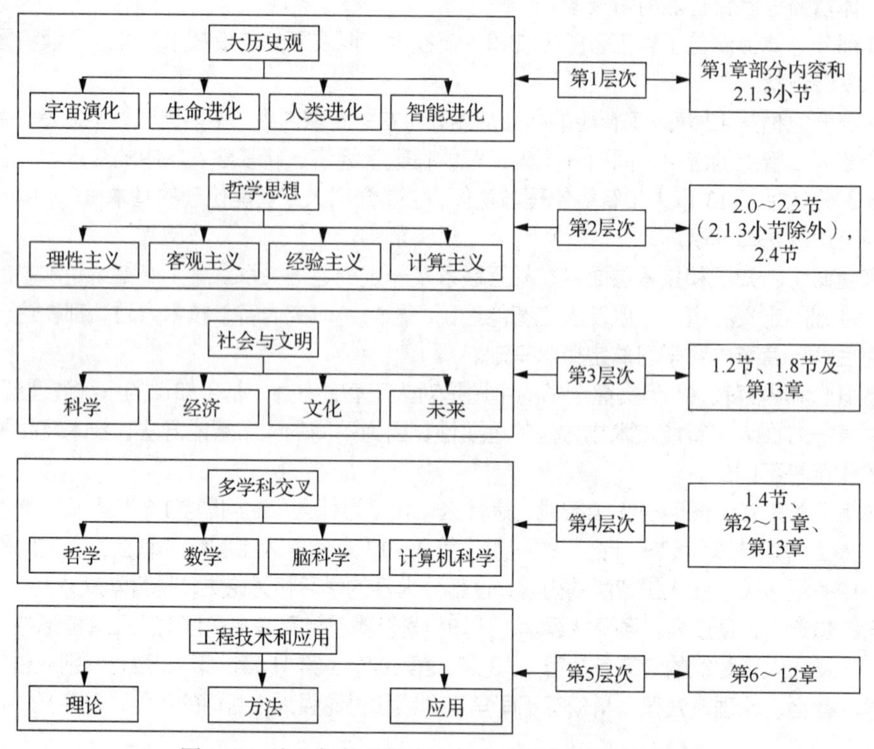

图1.17　人工智能理解层次与本书各章节的对应关系

1.10　关键知识梳理

本章主要介绍了智能的定义及人工智能的定义、类型与发展历史，经典的符号主义、联结主义和行为主义，以及新发展的数据驱动方法，感知智能、认知智能、类脑智能等研究内容；并且从行业、技术和社会影响、主要挑战等方面介绍了人工智能的发展趋势。通过学习本章，读者应该能够理解人工智能的相关基础概念与定义，为学习后续章节的内容奠定基础，从而更好地理解各种人工智能技术及其应用与意义。

1.11 问题与实践

（1）什么是智能？

（2）生命与智能的关系是什么？

（3）什么是人工智能？为什么人们对人工智能有不同的理解？人工智能的类型有哪些？

（4）如何理解机器智能与人工智能的区别？

（5）在人工智能发展史上，起到关键作用的主要人物有哪些？他们的核心思想分别是什么？这些思想对人工智能的发展起到了什么作用？

（6）为什么人工智能需要多学科交叉研究？各学科对人工智能的发展都有什么作用？

（7）人工智能主要研究方法有哪些？

（8）人工智能主要研究内容有哪些？

（9）人工智能技术对社会发展产生了哪些影响？

（10）推动人工智能产业发展的关键技术有哪些？

02 人工智能哲学观

本章学习目标：

（1）理解并掌握与人工智能相关的基本哲学概念和思想；

（2）从哲学角度思考人工智能的本质，理解和掌握心灵哲学等不同哲学分支对人工智能研究和思考的作用和意义；

（3）理解现实中的人工智能的根本问题和局限性，针对科幻作品中描述的人工智能建立正确的理解和认识观念。

2.0 学习导言

为什么本章要学习哲学而不是数学或者计算机科学？这是因为，图灵当年提出“机器是否有思维？”，其本身就是一个哲学问题，也是人工智能的根本问题。数学和计算机科学的理论与技术都是用于分析或实现人工智能的工具或手段，不能充分反映人工智能的本质。人工智能与人类智能的基本问题在哲学意义上是一致的。人工智能的终极目标是创造出像人一样能思考、会行动的智能机器。人是地球上智能程度最高的生命，人工智能主要是以人类智能为模板的。因此，实现人工智能终极目标的前提是要理解生命、智能的本质等。而关于生命、智能的本质等都属于哲学范畴，对此，科学还没有给出明确的解释和答案。因此，本章主要带领读者学习与人工智能有关的哲学知识。

早在 1978 年，英国哲学家亚伦·斯洛曼（Aaron Sloman）就提出了以人工智能为基础的哲学范式。他在《哲学的计算机革命》这部著作中提出了以下两点猜测。

（1）数年内倘若还有哲学家依然不熟悉人工智能的主要进展，那么他们因不称职而受到指责便是公道的。

（2）在心智哲学、认识论、美学、科学哲学、语言哲学、伦理学、形而上学和哲学的其他主要领域中从事教学工作而不讨论人工智能，就好比在授予物理学学位的课程内容中不包括量子力学那样不负责任。

由此可见，哲学与人工智能之间存在不可忽视的影响。从哲学角度出发思考人工智能问题，有助于我们正确理解和认识当前的人工智能技术的局限性，并努力去发现未知的问题及探索相应的解决办法。

2.1 从哲学角度理解人工智能

“哲学”一词起源于 2500 年前的古希腊，意为“爱智慧”。它是自然知识和社会知识的概括和总结，也是人类理论化和系统化的世界观。哲学所探索的基本问题是思维和存在、物质和意识的关系问题，也就是世界的精神或者物质本原问题。古希腊哲学家苏格拉底、柏拉图与亚里士多德奠定了人类哲学的讨论基础，发展出了形而上学、逻辑学、认识论、伦理学及美学等主要学科。与人工智能有关的哲学概念包括物质、意识、心灵、心智、智能、理性、情感、概念、经验、本体、逻辑、推理、伦理、信息、认知、计算等。基于对这些概念的理解形成了不同的哲学观点或理论，包括一元论、二元论、理性主义、经验主义、主观主义、客观主义、心灵哲学、心智哲学、计算主义等，也形成了不同的哲学分支体系。

2.1.1 与人工智能有关的哲学概念

在第 1 章中我们指出，“人工智能”概念中的“智能”通常是指人类的智能。利用计算机技术模拟或实现人类智能某方面的特征所形成的智能技术通常也被理解为“人工智能”。但模拟的智能与自然的智能毕竟不能相提并论。通过对以下一些基本哲学观点、理论或概念的学习和理解，我们将清楚地认识到人类智能与人工智能之间的关系。

1. 一元论与世界统一性

世界的统一性问题，是以万物之间的差别为前提的，不承认万事万物之间存在差别也就没有统一性问题。那么统一性的基础是什么？构成世界的本元是什么？关于本元的不同规定，形成了不同的哲学观点。唯物主义一元论认为世界的本元是物质的；唯心主义一元论认为世界的本元是精神的、意识的。一元论主要是物理主义或唯物主义，物理主义的主要观点是心理的概念可分析为关于行为的概念，只有身体和行为才是最真实的，思想与情感等都是由物理性质的身体所形成的，如大脑的电子脉冲、肌肉的化学反应等物理现象会形成人类的各种思考和情感反应。

辩证唯物主义承认世界万物的差别性，认为世界上的万事万物都是各不相同的，都有自己的特点，并且承认万事万物之间都是存在相互联系的，整个世界是一个相互联系的有机整体。辩证唯物主义认为世界统一的基础是物质，这里所说的“物质”是高度抽象的哲学上的客观实在性。

2. 二元论

在欧洲北方文艺复兴时期，曾出现一位对人工智能的发展有重要影响的巨人——现代哲学奠基人、法国科学家和数学家笛卡儿。笛卡儿创建了物质与心灵分离的身心二元论，认为人有一个自由的、非实体的灵魂和一个机械操作的身体，并用二元论的观点解释了这两个实体之间的矛盾关系。笛卡儿用一句名言“我思故我在”区分出外在的世界和内在的心灵，认为世界与心灵是两个领域，有区别但又互相影响。17 世纪荷兰哲学家斯宾诺莎认为，所有存在都有心灵的一面和物质的一面，心灵与身体是不能分开的，是同一存在的两个方面。例如，思想是心灵的表现，但从另一方面看，便是大脑脉冲的表现。因此，传统哲学所论之“心”的问题，主要包括两种问题：一种是心灵与世界的关系，即心灵如何知道世界的问题；另一种是心灵与意志的问题，即心灵如何使人类的身体在世界上产生行为。

3. 意识

人的意识对人类自身来说，迄今为止仍是一种非常神秘的存在。为什么每个人都是自己意识的中心，同时接收着来自外界的信息？意识问题直接涉及身体与心灵的关系问题。“身心问题”被称为“意识的硬难题”。这个词最早由当代哲学家大卫 • 查默斯（David Chalmers）提出，并一直被沿用至今。他把理解人类意识的问题分为“简单问题”和“困难问题”。科学研究能够逐步理解如何从大脑的结构和机制上产生知觉、记忆、行为的意识表现，这些都是“简单问题”。但这些关于简单问题的科学研究都无法逾越物质与精神的藩篱，进而解决身心关系的“困难问题”，也就是证明人类的主观意识如何从物质中产生出来。

人的感官时刻都在接收外界信息，每天仅视觉、听觉和触觉的信息接收量就非常大。大脑必须首先能够接收感官传递过来的所有信息，然后对这些信息进行过滤以剔除此刻不影响“心理”平衡的信息，之后才进行信息处理。人的大脑基本会过滤掉99%以上的感官信息，从而使人在过滤后的信息的基础上开展思维过程。神经科学研究表明，人脑的绝大部分活动和由人脑支配的人类行为都是无意识的。对人类而言，无意识才是思维活动的平台，有意识地处理信息只是人脑活动的一小部分。但无意识的行为、有意识的思维与大脑神经这种物质之间到底存在怎样的关系呢？另外，有意识不等于有自我意识。同样的道理，即使人工智能有了意识，但它们是否会产生自我意识，这还是一个谜；退一步讲，即使它们有了自我意识，但具有自我意识的人工智能是否能具有人类智能，也还是一个谜。

马克思和恩格斯指出：“意识一开始就是社会的产物，而且只要人们还存在着，它就仍然是这种产物。”唯物主义认为，意识是自然界长期发展的产物，是劳动和社会的产物，是人脑的机制（如果说意识只是人脑的机制，那么研究类人的智能还有没有成功的可能性或意义？），是对客观世界的反映。物质和意识是对立统一的关系。首先，意识与物质有根本区别。物质的唯一特征是客观实在性，而意识则是主观观念。其次，意识与物质又是相互联系的。在起源上，意识依赖于物质，是自然界（物质）长期发展的产物，是劳动和社会（物质）的产物。而未来的智能机器是否能够像人一样主动参与社会实践，是否会产生社会思维和社会意识，这些问题的答案还存在不确定性。

物质和意识的关系，身体和心灵的关系，构成了一元论、二元论的核心问题。对人工智能或智能机器而言，人们希望它们像人一样有意识、有智能的这种想法，实际上是一种“二元论”思想。其中隐含的意思：人工创造的某种硬件或软件物质可以像人类生物大脑一样产生意识、思维及智能。也就是说，意识、思维及智能等不仅可以在人脑这种物质中产生，也可以在非人脑的某种物质中产生。这种物质可能是构成计算机核心的硅基芯片或电子芯片，也可能是别的物质。总之，它们是不同于构成人脑的神经系统的物质。如果这种思想是正确的，那么，人工智能的终极目标将会随着技术的进步得以实现；否则就是一种空想。

4. 理性与非理性

理性是一个非常古老的概念。作为人类所特有的一种能力，理性同人类历史一样古老。可以说人类的起源就是理性的起源。自理性概念在古希腊诞生以来，其最大的价值和作用在于，使古人对人与动物的区别有了一个基本的判断标准。古希腊的哲学家们（如毕达哥拉斯、赫拉克利特、苏格拉底、柏拉图、德谟克利特等）一致主张把理性看作人的本质，但在具体表述上又各有差别。

一般而言，理性和非理性是人的两种不同的精神表现形式。理性和非理性作为人的精神世界中两种不同的精神现象，总是要通过一定的合适形式来表现的。

人的精神的理性形式主要包括概念、判断、推理等逻辑思维形式，以及系统化、理论化的思维、思想、理论、学说等。而人的精神的非理性形式则主要包括人的本能、欲望、需要、意向、动机、希望、愿望、潜意识、无意识、下意识、感觉、表象、情绪、情感、意志、灵感、直觉、想象、猜测、信念、信仰等。

人的精神的理性形式也是人类智能的表现形式，可以通过计算手段实现，这正是传统人工智能符号主义所做的工作。

对人工智能而言，弱人工智能的符号主义主要模拟人类理性智能活动中的逻辑推理、符号理解能力。虽然人们对真实的人脑中神经细胞是如何实现逻辑推理的还不得而知，但通过对这个过程的模拟确实可以使机器像人一样进行推理，尽管这种推理还在一定程度上欠缺灵活性和通用性。再者，利用计算机模拟的智能在执行任务时不会受到情绪的影响，它通常是严谨而精确的，这种理性能力也是人类自身所期望的，因为人类理性往往会受到情绪和情感的影响。科幻电影《星际迷航》中有一种外星人——瓦肯人，他们在与人类相似的外表下隐藏着深层次的差异。这种差异最主要的表现是他们没有任何情感，他们由于在历史上的某个阶段去掉了原始的动物特性，因此不会再受到强烈情感的困扰，具有了超人类的理性。这种科幻作品中的外星人形象可以说是人工智能所追求的一种完美类型。另一种类型则是带有感情的人工智能，这在科幻题材的影视作品（如《机器管家》《人工智能》等）中也是很常见的。事实上，这两种类型的人工智能至今都不存在。目前的人工智能技术所能实现的仅仅是精于计算的部分理性能力，不掺杂任何情感。

关于人类理性，认知科学发展出了不同于传统哲学的观点，具体如下。

（1）理性并非传统哲学认为的那样是离身的（也就是拥有独立于身体之外并且可以分离出来的理性），理性的形成主要依赖人类身体的独特性、大脑神经网络、生存环境及日常活动。

（2）理性是由身体形成的，并非完全是有意识的，反而大部分是无意识的，因此大多数的思维是无意识的。

（3）人类思维表达抽象概念的过程大部分是以隐喻性形式进行的。

由此，人类对理性的理解发生了巨大变化，认为理性来自身体和大脑，以及生存环境及日常活动的共性，而非超越身体的。认知科学的观点认为思维不可以超越身体。

如果理性是具身的，也就是必须依附于身体才能产生的，那么，对人工智能而言，要想产生或具有类人的心智，首先是不是必须有一个合适的躯体，使其能体验世界？再者，人工智能要产生类人的心智或类人的理性能力，是否一定要具有类人的躯体？

哲学家希拉里·普特南在《理性、真理与历史》一书中提到“缸中之脑”的假设。普特南假设一个人被一名邪恶的科学家做了手术，该科学家将此人的大脑从身体中取出并放入一个充满营养液的缸中，以使之存活，他还将这个大脑的神经末梢与一台超级计算机连接，使这个大脑具有一切如常的幻觉，这些幻觉包括各种感觉、触觉、视觉等。实际上，此人所经历的一切都是超级计算机传输给人脑神经末梢的电子脉冲。这台超级计算机智能程度很高，此人要举手，它就发出举手的反馈脉冲，使人“看到”和“感受”到手抬起来了。不仅如此，科学家还能清除手术的痕迹，使大脑感觉自己一直在此环境下。“缸中之脑”这个假设强调大脑可以脱离身体而产生感觉，但是它同时也脱离了社会环境，因为它没有身体四肢运动与执行过程，以及社会实践活动过程中产生的各种输入和信息。因此，“缸中之脑”是否真的会仅在信号刺激下就产生完整的同人类一样的知觉、认知及理性的智能，这些都是未知的。如果把“缸中之脑”换成没有身体的“人工大脑”或者“电子大脑”，道理是类似的。这个假设告诉我们，对智能的模拟涉及人的本质的两重性问题，也就是自然属性和社会属性。人的本质中某些自然属性是智能机器可以模拟的，而人的本质中社会属性可能是智能机器无法模拟的。

5. 信息、计算、心智与智能

尽管关于智能有各种定义或不同角度的理解，但可以确定的是，智能不是来源于某种特殊的精神、物质或能量。

从内部信息处理角度理解，凡是能够对信息进行获取、加工、利用并由信息指导产生适应性行为的系统均可被称为智能系统。按此观点，智能是指信息处理，至于是否会产生行为并不重要。例如，没有产生外显行为的人的心理活动同样也称为智能，至少是智能的一部分。

但是，从行为角度看，信息处理是智能行为的前提与核心，而产生适应性行为是信息处理的结果和目的。单纯的信息处理只是实现了智能的前半部分，它还必须落实到对象的行为上，这样才能构成智能。

20 世纪 30 年代，库尔特·哥德尔（Kurt Gödel）、阿朗佐·丘奇（Alonzo Church）、斯蒂芬·克林尼（Stephen Kleene）、图灵等一批数学家和逻辑学家已经为人们提供了关于“算法可计算性”这一最基本概念的几种等价的数学描述，特别是有了通用图灵机（简称图灵机）概念后，数学家

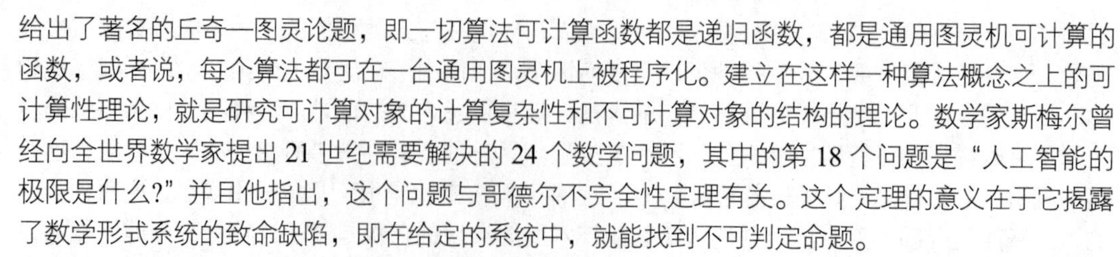

给出了著名的丘奇—图灵论题，即一切算法可计算函数都是递归函数，都是通用图灵机可计算的函数，或者说，每个算法都可在一台通用图灵机上被程序化。建立在这样一种算法概念之上的可计算性理论，就是研究可计算对象的计算复杂性和不可计算对象的结构的理论。数学家斯梅尔曾经向全世界数学家提出 21 世纪需要解决的 24 个数学问题，其中的第 18 个问题是“人工智能的极限是什么?”并且他指出，这个问题与哥德尔不完全性定理有关。这个定理的意义在于它揭露了数学形式系统的致命缺陷，即在给定的系统中，就能找到不可判定命题。

图灵机概念第一次澄清了形式系统的真正内涵——形式系统不过是一种产生定理的机械程序，或者说图灵机的工作程序就是数学家在形式系统中进行工作的程序。有了图灵机概念以后，人们开始期望造出能证明所有数学定理的机器，但是，既然图灵机等价于形式系统，那么形式系统的局限就是图灵机的局限。因此，在图灵机所模拟的计算系统中，也必然存在不可判定命题。正是因为形式计算系统的局限性，即使在可形式化部分，也仍然存在图灵机（计算机）不可计算的问题。关于图灵机，有一个称为“停机定理”的等价说法——没有任何图灵机程序能判定，当任意给定一个程序 P 和一套输入“I”，并依照这套输入“I”运行程序 P 时，机器是否能停机。即停机问题是图灵机算法不可解的。由于任何数字计算机都是通用图灵机的特例，因此停机定理表明，本质上，计算机的能力是有限的。既然任何一致的形式系统和图灵机程序都不能囊括所有的数学真理，而我们人心能够看出它们的真理性，那么哥德尔不完全性定理似乎可以表明，在机器模拟人的智能方面必定存在某种不能超越的逻辑极限，或者说计算机永远不能做到人所能做到的一切。于是，一批具有数理背景的科学家和哲学家很难抵御这样一种诱惑，即用哥德尔不完全性定理论证“人心胜过计算机”的结论。

数学家哥德尔不反对将哥德尔不完全性定理作为推出“人心胜过计算机”的部分证据。但哥德尔不完全性定理不能作为“人心胜过计算机”论断的直接证据，要推出如此强硬的论断还需要其他证据，如“理性提出的问题理性都能解答”。他曾严格区分了心、脑、计算机的功能，并且认为根据第二不完全性定理，不排除存在一台超过人心的计算机的可能。但是，假定存在这样的计算机，人们要么不知道它是怎么工作的，要么不知道它是否能够如人类所期望的那样准确无误地工作。实际上，现阶段深度学习技术已经导致了这种情况的出现，深度学习在图像、语音识别等智能模拟方面表现出了强大能力，但人类不理解这种与人类神经系统在结构上毫无相似之处的算法是如何实现的，以至于出现了“可解释的人工智能”这样的研究方向。

早期的人工智能专家认为智能的根基是符号操作，其实质是计算。从通用图灵机和物理符号系统的思想出发，一些心灵哲学家将这种思想运用到人类心智和心灵的本质探讨中，提出心灵是计算机程序的观点，其基本思想：心灵是程序，大脑是计算机系统的硬件，心灵之于大脑正如程序之于硬件。同时，他们认为智能活动在很大程度上是与符号操作，即计算有关的，这又导致了认知科学中关于智能系统是物理符号系统的基本假设及心智计算理论的诞生。关于心智计算理论的诸多学说的共同特点是把心智的本质看作计算，把思维看作一种信息加工过程。如果把人脑看作“信息加工厂”，那么信息原料就来自社会实践，没有思维的原料来源，再聪明的大脑也不能自行产生思想。

对于上述 4 个概念之间的关系，根本的问题：信息和计算，哪个才是心智与智能的本质，或者都不是？对这个问题的回答，决定了人工智能尤其是强人工智能是否能够以计算机处理信息的方式来实现。也就是说，一台计算机在为人们处理大量文本、图像、声音、数据时，能够从中提取人们希望获取的信息，例如，从文本中自动提取人们所想的某段文字并通过音频播放出来；对声音进行自动识别，判断其是否属于某个人的声音，并由此断定该人的身份……当计算机每天都在为人类做这些工作的时候，人们可以认为它们是有智能的吗？这种智能与人类的智能有什么区别呢？

2.1.2 与人工智能有关的主要哲学分支

与人工智能有关的哲学分支有很多，包括心灵哲学、心智哲学、计算哲学、生命哲学、生物哲学、信息哲学等。其中，与心灵、心智、计算有关的哲学思想与人工智能联系最为紧密，涉及人工智能的本质及强人工智能的认识问题。

1. 心灵哲学

一般认为，现代西方心灵哲学正是从笛卡儿开始的。笛卡儿用一句名言“我思故我在”区分出外在的世界和内在的心灵，认为世界与心灵是两个领域，有区别但又互相影响。心灵哲学是以各种心理现象及其本质、心理与物理的关系为对象的哲学分支。心灵哲学研究的问题都与心灵有关，例如，意识是什么？“心灵”在哪里？它们与“我”有何关系？“我”是否在物理身体之外？“心灵”与我的大脑是否为同一样东西？

心灵哲学中的认识论问题就是如何得到关于有意识、有理智的心灵及其内在活动和状态的知识的问题，主要包含两个方面的问题：他心知问题、内省与自我意识问题。

心灵哲学的根本问题同样是人工智能的根本问题，图灵提出的“机器是否有思维”这一问题与“机器是否有心灵”可以看作同一性质的问题。因此，对人工智能研究而言，在明确研究目标的基础上，还要深入理解物质与心灵的关系是什么，心灵、意识是否可以独立于物质而存在，心灵、意识的物质基础到底是什么等问题的答案，这也有助于解答“机器是否有思维”或“机器是否可能具有类人的思维”之类的问题。

2. 心智哲学

心智哲学主要探索心智的本质并对有关心智的各种心理概念进行理论分析。基于此，我们能更多地从哲学角度思考人类心智的本质，进而在设计类人智能机器时，考虑一些基本现象，确定一些基本原则。

心智是智能的重要体现，“机器是否有智能”与“机器是否有思维”“机器是否有心智”其实属于同一类问题，即“人类心智的本质是什么？”机器如果有心智，人类心智与机器心智有统一的物理或物质基础吗？人类心智与机器心智在哪个物理或物质层面上可能是统一的？这些问题是关于人与智能机器的心灵、心智之间的关系的本质问题。

现实情况是，智能机器已经有了一定程度的智能，却没有任何一点儿像人一样的心智。例如，让智能机器翻译“我爱我的祖国”这句话很容易，但让机器理解国家及爱的含义，并产生像人一样的爱国思想与情怀，还是一件不可能完成的事情。

3. 计算哲学

虽然18世纪至20世纪初期，科学和数学的形式化为人工智能研究提供了先决条件，但直到20世纪数字计算机被引入后，人工智能才成为一门可行的科学学科。随着计算机和人工智能的发展，以及认知科学的兴起，计算主义逐渐发展为一种更广泛的哲学思想。在20世纪的后半个世纪，计算哲学的分析转移到了认知科学和心理学哲学，主要研究计算是心智、心灵、思维与认知的本质这一理论。在20世纪70—90年代，计算哲学对生命科学、心灵哲学、心智哲学及认知科学的发展都产生了重要影响，并形成了一种新的哲学世界观——计算主义世界观。这种计算哲学的根本思想是把计算看作世界的本质，与物质、信息、能量一样，计算是人类所生存的世界的根本属性，它揭示了人类所生活的这个世界是以何种方式运行的。一旦从计算的视角审视世界，科学家们就不但能发现大脑和生命系统都是计算系统，而且能发现整个世界事实上就是一个计算系统，也就是说，小到细菌，大到宇宙，以及生存其间的人类及其智能，都是物质信息通过计算处理后的结果。

计算哲学发展带给人的启示：特定的自然规律实际上就是特定的“算法”，特定的自然过程实际上就是执行特定的自然“算法”的一种“计算”，因而在自然世界中就存在形形色色的“自然计算机”。基于此，有了如下一些理论假设或观点。

一是把人看作自动机，运用数学方法，建立数学模型，然后创造出某些方法，用计算机去解决那些原来只有人的智能才能解决的问题。

二是把人看作符号加工机，采用启发式程序设计方法，模拟人的智能，把人的感知、记忆、学习等心理活动总结成规则，然后用计算机模拟，使计算机表现出各种智能。

三是把人看作生物学机器，从人的生理结构、神经系统结构方面来模拟人的智能，造出“类脑”“类人”的机器。

四是把脑看作计算机，把心智、认知、智能都看作由计算实现的过程，或认为它们的本质都是计算。

哲学家约翰·塞尔（John Searl）则直接否定智能的本质是计算这一观点。他提出一个著名的“中文屋”思想实验来反对计算机可以通过程序设计产生智能的观点。他认为计算并非人类心灵、心智的内在特征或本质，计算不是物理系统运行的本质或内在特征，而仅仅是相对于观察者或由观察者赋予的定义。因此，在人工智能领域，通过计算使机器具备类人的强人工智能、心灵或心智是不现实的或不可能的。中文屋思想实验过程如下。

塞尔设想他自己被锁在一间屋子里，屋外有一些中国人。屋内外的人通过一个窗口发生联系。屋中的塞尔对中文一窍不通。屋外的人递给他第一批字条，在他看来字条上面只不过是一些弯弯曲曲的线条。接着屋外的人又递进来第二批字条和一套规则，规则是用英文写的。他可以根据规则将第二批字条与第一批字条进行配对。后来屋外的人又递进来第三批字条，同时还有一些用英文书写的指令。他仍可以根据指令将第三批字条与前两批字条联系起来。指令还指示他如何将某种特定形状的符号送出。塞尔不知道，第一批字条是关于某一场景的脚本，第二批字条是关于这一脚本的故事，第三批字条是关于这个故事的问题，而他最后递出的是关于提出问题的答案。塞尔被蒙在鼓里，他只知道自己根据规则和指令完成了曲线配对，但是在屋外的中国人看来，塞尔是懂得中文的，因为他对问题的回答与讲母语的中国人毫无区别。问题：“屋中的塞尔”是否真正懂得中文呢？答案显然是否定的。塞尔借此说明计算机所做的任何工作与自己在屋内做出的事情在本质上是完全相同的。

总体来说，在早期的人工智能研究中，无论是以功能模拟为基础的计算主义，还是以结构模拟为基础的神经网络，都是一种本质主义的静态描述方法，即预设了世界的本质和心灵的本质都是概念化和范畴化的存在，世界和心灵的本质就是计算。用计算机模拟心灵和大脑就相当于再造一个心灵和大脑，但在具体研究中遇到的种种问题和困境使人工智能研究人员重新思考这种静态描述方法。事实上，世界是动态的，人和世界本来是融合在一起的，人对世界的认识及人的智能就是在人与环境、知识的交互作用中逐步建构起来的。因此，新的人工智能研究并不只是用数学模型去表征现实世界中巨大的背景信息，更是要致力于制造一个能从环境中动态自主学习的机器，也就是开发具有交互、具身认知、情境适应等能力的机器智能。

2.1.3 大历史观——智能进化

大历史观是历史学的一个新理论。该理论主张将人类进化的历程放在宇宙背景下，从宇宙诞生开始考察人类文明发展历程。信息科学诞生以后，机器开始在信息处理方面超越人类的部分理性智能，人类即将通过人工智能开启一种自我转变过程，进入一个新的进化阶段。因此，我们考察人工智能的发展，应将其放在整个宇宙演化（演化用于描述非生命物质系统从简单到复杂的发展过程）的大历史背景下，应将其当作一种宇宙历史进化的产物。

从大历史观角度来看，生命进化的奇点在 138 亿前的宇宙大爆炸瞬间。宇宙诞生之后的 88 亿年（距今 50 亿年），太阳系形成，距今 46 亿年前，地球诞生。地球上化石记录的生命可追溯到距今 38 亿年前，但人类尚不清楚地球上生命的祖先——原始祖母细胞到底是如何形成的。地球地质演化史上发生的物理与化学反应早在生命出现之前就存在了，可以确定的是，生命的出现是物质本身的一种转换形式，生命本身就是通过激发那些无机元素而形成的、能够进行自我繁殖的一种系统，但对这种转换奥秘的研究理论，目前还不够完善。人类只能根据 30 多亿年的生命进化路径来推测生命的发展历程。

达尔文提出的进化论是解释生命进化的权威学说。生命自诞生之后，就开启了漫长的进化之路，从微生物群到埃迪卡拉生物群，从寒武纪生命大爆发到奥陶纪末大灭绝，从植物登陆到开花植物绽放，从鱼类登陆到恐龙称霸地球，从泛大陆的解体到哺乳动物的出现，从恐龙灭绝到哺乳动物崛起，从古猿到人类的出现。4 亿年前大陆上仍一片荒芜，海洋中的鱼类开始了登陆的旅程。4 000 万年前，古猿登上生命的舞台。迄今发现的最古老的人类化石也仅有 700 万年的历史，而人类智人的历史则更短，20 万年前现代人类的祖先——智人才开始在非洲大陆的丛林中生息。关于现代人类的起源，在当前的国际古人类学术界形成了两种假说并存的现状——夏娃说与同化说。夏娃说认为，今天地球上的智人物种——现代人类，都有一个被称为“非洲夏娃”的共同始祖。非洲夏娃产生了语言智能，人类可以通过语言分类、分析和讨论这个世界。同化说主张，非洲是现代人类“主要”的起源地，而不再是“唯一”起源地。无论如何，智人比地球上之前存在的其他人种都更加聪明，更大的脑容量使存储信息、创造性的思考及复杂方式的交流成为可能。

人类是自然的产物，约 40 亿年间发生的无数偶然事件造就了今天地球上的芸芸众生。自然智能伴随生命进化经历了宇宙演化、生命智能进化、人类智能进化、文化和文明进化 4 个主要阶段。人类虽然从体型、体力上看并不是这个星球上最强壮的生命，但是自然界中智能程度最高、最具智慧的高等生命。智能进化到人类层次就会发明、创造各种技术和工具，拥有情感和理性。情感使人类有了爱恨情仇、悲欢离合。理性则促使人类思考世界的本元和本质，并由此产生科学技术，创造出各种各样的机器，产生高层次的思想和精神，创造出先进的文化和文明，从而使人类有可能突破自然进化的规律和局限，创造不同于自然智能的“人工智能”，甚至超越人类智慧的新智能形态。利用计算机程序和机器学习算法实现的机器智能，是一种新的智能形态。人类的智能、机器的智能都是宇宙大历史演化的结果。因此，人工智能既是人类智能创造的产物，也是宇宙历史进化的产物。至于人工智能在更遥远的未来取代人类或者与人类相融合，只是一种幻想或哲学思想。

2.1.4 人工智能的本质

人工智能的本质是什么？要回答这个问题，首先要回答什么是生命的本质、物质的本质、意识的本质、智能的本质、心智的本质等这些根本的问题，以及理解它们之间错综复杂的关系。上述这些问题都没有明确的答案。因此，我们从唯物主义哲学、人工智能作为一种工具和人工智能与人类的关系这 3 个角度来理解人工智能的本质。

1. 一元论与人工智能基本问题

人工智能在哲学上的意义主要在于，它是“意识起源于物质、物质是意识的基础”这一唯物主义观点的极有力的证明。因为，人类要创造人工智能，首先要承认物质决定意识这一唯物主义一元论观点，智能依赖于身体、大脑等物质存在。计算机在本质上是一种由硅（注意，硅也是构成再普通不过的沙子的主要元素）制作而成的机器。弱人工智能在一定程度上已经证明智能的实现依赖于实体物质，例如，日常生活中手机上经常使用的聊天机器人、智能语音助手、人脸识别

购物等智能技术，都说明人类智能的某一方面是可以在硅基物质机器上实现的。人们更期望强人工智能也可以在这种硅基物质机器上实现。尽管智能的实现形式可能不同，但其必须依赖于物质才能得以实现。引起人们更深入思考问题的是，像人一样聪明的通用人工智能或者强人工智能，是否可以在硅基物质机器上产生。迄今为止，人们都是在假设或者幻想这类通用人工智能或强人工智能，是可以在计算机之类的不同于人类大脑的硅基或其他物质中产生或实现的。当前，验证人工智能这种思想的主要手段就是计算机。人类智能可以通过计算的方式模拟或实现，在计算机上可以模拟或实现功能上与人类大脑智能一样的智能，这也是一种功能等价思想，即计算机与人的心灵在计算功能上是等价的。在涉及强人工智能问题时，通常认为通过这种方式创造出的机器智能是有意识的，甚至是有生命的智能。

总体而言，人工智能和人类智能产生的物质基础不一样，碳基生命的人类有智能，硅基无生命的机器通过信息处理或加工可以实现功能或用途不同的智能，帮助人类解决问题。尽管物质基础不同，智能程度也不同，但它们都依赖于物质而存在。如果认为碳基生命智能尤其是人类智能可以在硅基物质上产生，就必然要承认和遵循唯物的一元论：物质决定智能和意识。至于具有自我意识、自主思维、心灵、心智的智能是否可以不在人脑这种碳基物质而在计算机这种硅基或者其他物质中产生，这一问题涉及前面提到的笛卡儿“身心二元论”。无论怎样，有意识的智能是否与大脑可分离并可在无机物质中产生是人工智能的最基本问题。

2. 人工智能是有限理性智能工具

大思想家马克思•韦伯认为，资本主义的货币化及其处理一切事物和关系时的“算计化”，创造了工具理性。从工具理性的角度，与人类历史上其他数不清的工具和机器（如蒸汽机之类的机器）相比，人工智能是一种新形态的理性工具。更重要的是，它是把人类智能具象化、机器化、算法化的理性智能工具。这种理性智能工具发展到一定阶段就可能会从体能到智能都全面超越人类本身，最终从身心上改变人类的存在。各种具有了智能的工具既可以作为人类主体认识客体的中介，也可能演变为一种与人类主体居于同等地位，甚至超越人类存在的新主体，从而“反客为主”，这种经常发生在科幻小说和影视剧中的场景实际上是在强人工智能实现之后才可能出现的。

事实上，在人的思维活动中有两种不同性质的工作：一种是不需要理解力和创造力的机械操作，可以将其看作大脑的“体力劳动”，也就是计算、逻辑、感知、行为等部分，其中计算、逻辑等部分就是理性，这通常属于左脑的功能；另一种是必须由主体主动、积极参与以做出个人独特判断的活动，也就是需要理解和创造性的“脑力劳动”，这通常属于右脑的功能。

对计算机来说，它所面临的每一项任务都必须通过形式化过程来完成，也就是说，凡是规范的数学、逻辑体系乃至各种类型的数据，都可以直接搬入计算机系统，很容易地通过计算来处理；而综合性较强、模糊程度较高、需要与环境和社会互动的任务，实现起来就困难得多。因此，计算机在做那些纯形式化、机械化的工作时，与人类理性思维部分在性质上是基本相同的。人类大脑与计算机相比较而言，在联想、创造、决策、适应复杂环境并主动采取行动、感性支配理性等方面才更体现人类的智能特征。计算机等智能机器不具备这些智能特征之前，人工智能只能作为人类可掌控的有限理性智能工具而存在。

3. 人工智能是人类存在价值的镜像参照

从大历史观角度看，人工智能与生命、人类一样，都是进化的产物。但这里的进化不是指生物意义上的进化，而是人类文明意义上的进化。现代人自大约1万年前进入农耕时代以后，就开启了文明进化的历程。1 万年以来，人类的生物进化和基因水平的进化，以及大脑在生物学意义上的进化近乎停滞，而人类整体的文明、文化却在不断进化。

人工智能的确是一种有助于提高人类社会经济发展水平的力量，但这并非人工智能的本质和全部内涵。从人类文明进化的角度看，人工智能更是一种提升人类整体文明进化程度的力量。它作为第三方参照物，使人类可以反观自身生命存在的价值和意义。它是一种有助于人类理解、认识自身存在的价值和意义的镜像存在，也就是说，它就像一面镜子一样反映着人类文明及其存在的价值和意义。

2.2 人工智能的局限性

现阶段的人工智能技术都是基于传感器数据信息或文本、图像、语音、视频等各种模态数据进行各种信息处理的技术，主要实现的是人类的感知智能部分。对“机器是否有思维”的认识、理解或批判，实际上都是针对强人工智能而言的，强人工智能就是达到人类智能水平甚至超越人类智能水平的机器智能。创造出类人智能的机器是发展人工智能的最高理想，但现阶段我们与这个理想的距离还十分遥远。从以下几方面，我们可以认识到现阶段的人工智能的局限性。

人们对弱人工智能的认识，主要体现在弱人工智能技术与人类智能之间存在的关系。现阶段，基于弱人工智能技术产生的机器智能与人类智能之间还有许多本质上的区别，这正是人工智能的局限性所在。

1. 主观能动性方面

现阶段，基于弱人工智能技术的机器智能都没有意向性，即不能像人一样意识到自己的存在，不能意识到同自己有不可分割的联系的周围环境和对象，不能意识到自己同周围环境和对象的关系，不能对行为进行判断、评价、调整等，不具有人类智能所特有的目的性，无法实现目的和结果的统一。例如，美国的波士顿动力公司研发的很多人形机器人，虽然能像人类运动员一样完成复杂、漂亮的后空翻等动作，但是它们并不知道这样做的目的，也并不知道其中蕴含的意义。只有创造它们的人类科学家和工程师才知道，它们完成一系列复杂动作的意义在于体现了人类在机器行为智能方面的研究取得突破，表明人类向创造在行为上更接近人类的机器人或人工智能又迈近了一步。尽管它们翻跟头看起来很像人类的行为，甚至比人类运动员完成得还要完美，但这既不是它们的主观意愿，也没有使它们获得那种与运动员成功后一样的愉悦感。它们只是机械地模拟并漂亮地完成了动作而已。图 2.1 所示为这款机器人翻跟头的两个瞬间状态。

2. 复杂场景适应性方面

目前，弱人工智能技术在计算容易实现的理性智能方面取得了比较大的进展，但在复杂场景适应性方面仍然与人类有很大差距。可以说，弱人工智能技术普遍是有智能、缺智慧，有智商、缺情商的。现阶段，弱人工智能技术实现的机器智能只善于处理特定问题，可以在某一特定任务上展现其卓越的性能，但只要任务或训练数据稍有改变，其性能就会严重下降。

例如，对于流行的识别图像的深度学习系统，通过精巧地修改图像就可以“愚弄”人工智能。如图 2.2（a）所示，一个有几张贴纸的停车标识可能会被深度学习系统视为限速标识。如图 2.2（b）所示，用深度学习系统识别左侧的图像，可以正确识别出这是一只熊猫，但是在图像中增加了如中间图像所示的噪声之后得到的右侧图像，竟然被识别成一只长臂猿。

事实上，大多数智能系统在数据不全、规则不确定、目标不明确、受到干扰的条件下，无法正常工作，虽然它们在棋类方面表现出远超人类的智慧，在一些绘画、艺术和写作方面的表现也十分不俗，但这些智能系统尚缺乏适应各种复杂场景的能力，它们仅具有专用智能和有限的通用智能。例如，现阶段并没有一种智能系统既可以完成各种棋类游戏，又可以完成很多复杂的动作，还可以帮助人类做各种家务；也不存在像牙医、园艺师等需要复杂的动手能力和主动规划能力的机器人或智能机器。

（a）状态 1

（b）状态 2

图 2.1　会翻漂亮跟头的机器人

（a）利用贴纸，使深度学习系统将停车标识认作限速标识

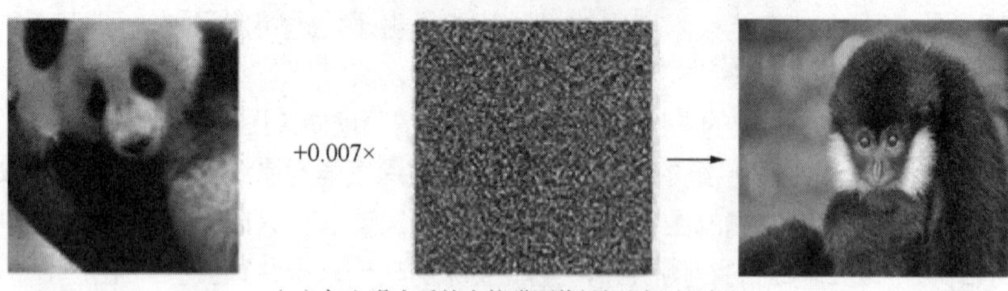

（b）加上噪声后的大熊猫图像被识别成长臂猿

图 2.2　人工智能受到“愚弄”

3. 思想和独立决策能力方面

基于弱人工智能技术的机器智能缺乏人类心智所表现出来的内在性特征，如各种丰富的内在心理过程所表现出的情感、兴趣、意志等心理活动，以及价值观、人生观、世界观等高

级情感内容。对人类而言，具有不同主观世界的人对同一客观事物的观点和看法，也是千差万别的。

机器只能模拟人类的行为和智能的外在表现，而不会真的懂得思考，尤其是在情感、意志和审美等非理性能力，不同复杂场景和环境下做出创新性判断、决策并采取行动的能力，以及直觉、灵感等能力方面，还远不如人类。目前的机器智能距离超越人类水平、拥有思想和能够独立决策的人工智能还很遥远。已有的人工智能系统虽然可以写小说和绘画，有的作品甚至卖出了较高的价格，但是创作这些作品的程序本身并不会产生美感，也不会对自己所写的小说中的场景产生共情，如被主人公的经历所感动等，更不会产生独立的思想。

4. 社会性方面

智能的产生也是多种因素交互的结果，人类智能是人类长期与环境相互作用而获得的经验积累的结果，而且经历了若干年代的遗传积淀，尤其是近代社会对人类智能的影响深远，以至于社会性成为人类意识、思维、心智的本质特征。而对现阶段的机器智能而言，其根本不可能像人一样具有复杂的社会生活经历和社会经验基础。例如，人类目前还设计不出来具有社交能力，能够通过与人类交往而融入社会生活，并代替人类完成各种日常工作和任务的机器人或人工智能。

如果一个智能机器人能够畅通无阻地独自完成从一个城市到另一个城市的旅行，包括自行订购机票、火车票，自行预定宾馆，自行设计旅行路线，自行乘坐飞机、火车、汽车等各种交通工具到达预定的宾馆，遇到困难可以向人类询问，如向机场服务人员咨询飞机如何中转，若遇到飞机晚点能知道需要等待多久或者如何改变行程，到达目的地后，会向出租车司机打听所到城市最有趣的地方，或者在哪里可以找到自己的同伴等（吃饭、睡觉不予考虑），可以说，这样的智能机器人就具有了社会性，也具有了真正的强人工智能。而这些都是一个正常的人在社会上工作、生活、旅行所应具备的基本能力。可惜，目前并没有如此高级的智能机器人出现。

2.3 关键知识梳理

本章主要介绍了人工智能涉及的一些基本问题，包括物质与意识、身体与心灵以及像人一样的智能是否可能在机器上实现等；从大历史观角度，说明人工智能是宇宙历史进化的产物；介绍了与人工智能有关的心灵哲学、心智哲学、计算哲学等主要哲学思想，人工智能的本质及如何认识人工智能。通过本章的学习，读者可以从哲学方面初步理解人工智能的本质和内涵，以及现阶段人工智能的局限性，并且为后面学习人工智能相关方法及理解它们的实际作用奠定哲学思想基础。

2.4 问题与实践

（1）人工智能的根本问题是什么？

（2）哲学对于人工智能的作用是什么？

（3）认知、智能、心智的本质是计算吗？为什么是或为什么不是？

（4）如果认知、智能、心智的本质是计算，那么可以直接通过计算在机器上复现人的认知、智能与心智吗？

（5）强人工智能的瓶颈在哪里？

（6）意识、意向性与非理性对强人工智能有什么影响?

（7）如何从理性的角度理解人工智能？其本质是什么?

（8）人工智能对于人类的意义是什么?

（9）设计一个新“图灵测试”，并说明如此设计的理由。

（10）机器是否可能具有像人一样的心灵、心智？现在的人工智能为什么不能使机器具备像人一样的心灵、心智?

（11）机器如何才能具有像人一样的心灵、心智?

03

脑科学基础

本章学习目标：

（1）理解脑的复杂结构和功能及神经系统的基本组成与功能；

（2）理解脑、神经、身体、意识、心智、智能等之间的关系；

（3）理解人脑与计算机的联系与区别，脑与神经科学对人工智能的启发性作用。

3.0 学习导言

人类大脑是一部极其高效的“生物计算机”。

现代研究显示，一个正常的成年人大脑的重量约占其自身体重的2%，并且男性的大脑要比女性的大脑更重。每秒人类的大脑就可以进行10万种不同的化学反应，同时，每天人脑需要处理8600万条信息，大脑神经细胞的传导速度是400km/h，在人体每天接收到的外界信息中，人脑所留下来的只有1%，其余99%都会被大脑判定为无用信息，从大脑中被完整地筛除。虽然大脑约占全身体重的2%，但由于这种复杂的结构和强大的性能，其大约消耗了整个身体能量的20%。其消耗的能量大约是其他器官的10倍。但是与超级计算机相比，耗能仍然还是很低的，人的大脑在思考时的功率大约是20W。人脑的体积虽小，但内部结构复杂得难以描述。神经元及其组成的网络与结构、大脑的整体结构和神经元个体的活动与智能的产生究竟有什么关系？本章并不能完全回答这些问题，但通过对有关知识的学习，我们可以形成对人脑智能生成机制与人工智能开发之间的关系的初步认识。2000年，诺贝尔生理学或医学奖得主之一埃里克·坎德尔（Eric Kandel）认为：“人类改变自身脑功能的能力，可能会像铁器时代冶金术的发展那样，彻底改变历史的面貌。”真正认识人类大脑是开发类人智能机器的必由之路。

3.1 脑与神经科学

大脑是自然进化出来的最为精巧的生命智能系统。对于人类这样的高级生命，大脑是生成智能的核心器官和组织。人类对大脑的组成和功能的认识，相对于智能产生机制而言，还是比较清楚的。

人类对大脑的认识经历了漫长的时期，大致可以分为以下3个阶段。

第一阶段是萌芽时期，这个时期的人类已初步知道大脑是思维的器官，并对脑的结构有了粗浅的认识。早在公元前7世纪到公元前5世纪，中国古代的人们就已经认识到脑与思维的关系。

第二阶段是机械时期，这个时期主要的进展是人类建立了大脑功能反射学说和定位学说。

第三阶段是现代时期，这个时期人类对脑的研究是多水平、多层次、多途径进行的，既有整

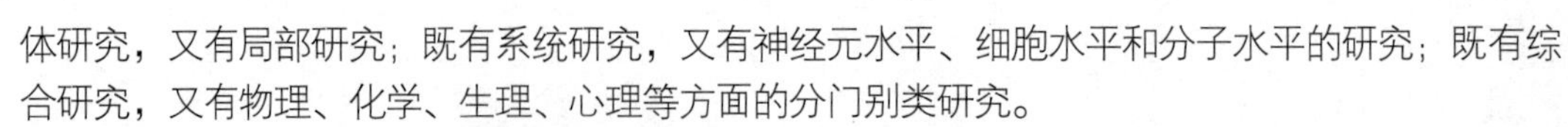

体研究，又有局部研究；既有系统研究，又有神经元水平、细胞水平和分子水平的研究；既有综合研究，又有物理、化学、生理、心理等方面的分门别类研究。

脑科学是以人类大脑为研究对象的各门科学的总称，主要研究大脑的结构与功能、大脑与行为、大脑与思维的关系，以及大脑的神经系统、组成及其进化规律。

神经科学是指寻求解释人类神智活动的生物学机制，即细胞生物学和分子生物学机制的科学。按照脑科学和神经科学的认识，狭义方面，脑是指中枢神经系统，有时特指大脑；广义方面，脑泛指整个神经系统。

从完整意义上说，人的“智能系统”应当是包含感觉器官、神经系统、思维器官和效应器官等在内的完整系统，缺一不可，即人的智能是由包括脑在内的各种器官、神经系统及运动执行系统与环境相互作用而形成的。

大脑在结构上分为形状相同的左右半球，但它们的主要功能各不相同，如图 3.1 所示。

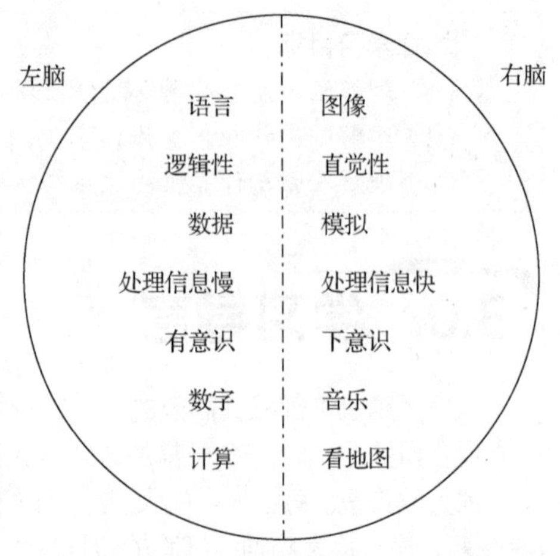

图 3.1　大脑左右半球分工

一般而言，左脑主要通过语言来处理信息，将人类看到、听到、触到、嗅到及品尝到的新信息转换成语言来传达，控制知识、判断、思考等功能，并且和显意识有密切的关系。形象地说，左脑就像个善于辩论的专家，特别擅长语言和逻辑分析；又像个科学家，长于抽象思维和复杂计算，但缺少幽默和丰富的情感。而人的右脑就像个艺术家，具有非语言的形象思维和直觉性，对音乐、美术、舞蹈等相对抽象的艺术活动比左脑更具有感悟力。右脑使人具有极强的空间想象力，以及激情与创造力。右脑的记忆力只要和思考力结合，就能够与纯粹思考、图像思考建立联结，进而独创性的构想就会神奇般地被引发出来。从人工智能目前所模拟的人类智能来看，它主要是模拟了人的左脑的逻辑、推理等部分功能。

但是，大脑两个半球在功能上的区别并不是绝对的。20 世纪 50 年代，生物学家罗杰・沃尔科特・斯佩里（Roger Wolcott Sperry）对裂脑人进行了实验研究，发现在同一个头脑中有两种独立意识平行存在，它们有各自的感觉、知觉、认知、学习及记忆等功能。因此，从大脑结构与功能上看，左脑同样具有右脑的功能，右脑也同样具有左脑的功能，只是它们各有分工，侧重点不同而已。

几个世纪以来，人类一直在试图了解大脑是如何工作的，以及它是如何获取信息的。虽然神经科学家现在已经很好地了解了大脑的不同部分是如何工作的，以及它们的功能是什么，但仍有许多问题没有得到解答。因此，仍然缺乏统一的神经科学理论。近年来，计算机科学家一直在尝试创建出能够人工重建人脑功能和过程的计算工具。

神经科学有无数详细的观察结果，但没有一个理论可以解释它们之间的联系。因此，神经科学的一大任务是找到统一的理论来解释大脑是如何工作的。

3.2　脑神经系统

在理解和认识人类智能之前，除了宏观层面的大脑结构与功能，神经系统是我们需要了解的重要部分。大脑神经组织是组成神经系统的核心部分，理解和认识大脑神经组织就是从微观层面来理解和认识大脑。本节主要介绍关于脑神经组织、神经元及大脑皮层等的知识。

3.2.1 脑神经组织

神经系统是对生物体生理功能活动的调节起主导作用的系统，不同生物体的神经系统的结构和功能有所差异。人体的神经系统分为中枢神经系统和外周神经系统。其中，中枢神经系统由大脑和脊髓组成，是人体神经系统的主体部分。中枢神经系统接收全身各处传入的信息，并将信息整合加工成协调的运动性信息传出，或者存储在中枢神经系统内成为学习、记忆的神经基础。

外周神经系统一般是指周围神经系统，由核周体和神经纤维构成的神经干、神经丛、神经节及神经终末装置等组成。外周神经系统主要负责联系中枢神经系统与全身各器官。

人类思维活动是中枢神经系统的功能之一。对人工智能研究而言，其主要关注的是中枢神经系统的核心部分——大脑神经组织，脊髓等中枢神经系统的其他组成部分基本不涉及。

大脑由一种最基本的单位——神经细胞组成，该细胞又称为神经元。1906 年诺贝尔生理学或医学奖得主、西班牙神经组织学家圣地亚哥 • 拉蒙-卡哈尔（Santiago Ramón y Cajal）首次提出神经元学说。他根据自己的肉眼观察和想象绘制出了人类历史上第一幅神经元构图。

过去，由于缺乏有效的观察手段，研究人员无法观察到大脑的微观层面的细节组成。现在，借助一种先进的大脑扫描仪器获取彩色图像，人们得以真正了解人脑 860 亿个神经元的神经通路及大脑的运转机制。借助大脑扫描仪器，人们可以清楚地看到大脑内的神经连接。科学家发现，大脑内部的神经相互之间的连接并不像过去人们一直认为的那样杂乱无章。图 3.2（a）和图 3.2（b）所示为整体俯视和侧视的神经纤维连接，它们非常整齐有序；图 3.2（c）和图 3.2（d）所示为以前从未发现的大脑神经解剖学结构和海马体区域解剖结构；图 3.2（e）和图 3.2（f）所示的大脑神经纤维像一条条带状电缆——片状平行神经纤维呈直角交叉，也像布料上的纹路一样，网格结构连续不断，有大有小，有的连接好似高速路的车道标线，这些标线会限制神经纤维在生长过程中选择方向。如果能够朝着左、右、上、下这 4 个方向生长，则神经纤维需要一种更有效并且更有秩序的方式找到合适的连接。图 3.2（g）和图 3.2（h）所示为神经元间复杂的通路及其细节。长久以来，科学家们一直无法获取人类大脑内神经通路的详细图像，部分原因在于大脑皮层存在的褶皱、隐窝和缝隙会让神经连接的结构模糊不清。

（a）俯视扫描整个大脑神经纤维连接

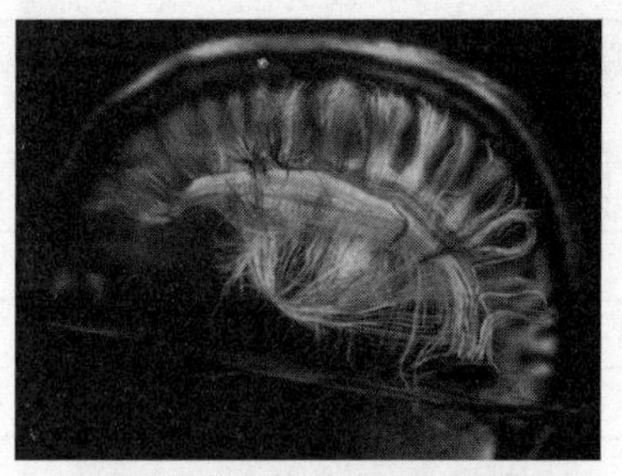

（b）侧视扫描片状平行神经纤维呈直角交叉

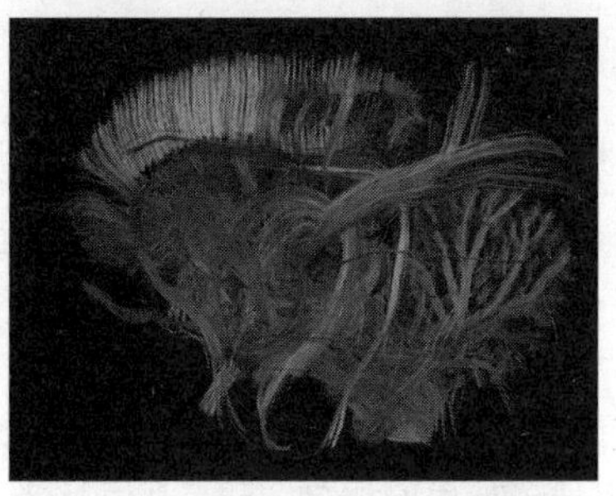

（c）以前从未发现的大脑神经解剖学结构

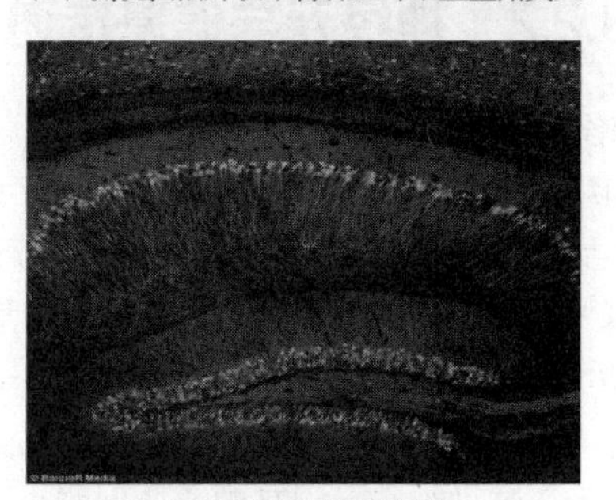

（d）海马体区域解剖结构

图 3.2　核磁共振成像下的大脑神经组织

（e）整体呈直角交叉的神经纤维

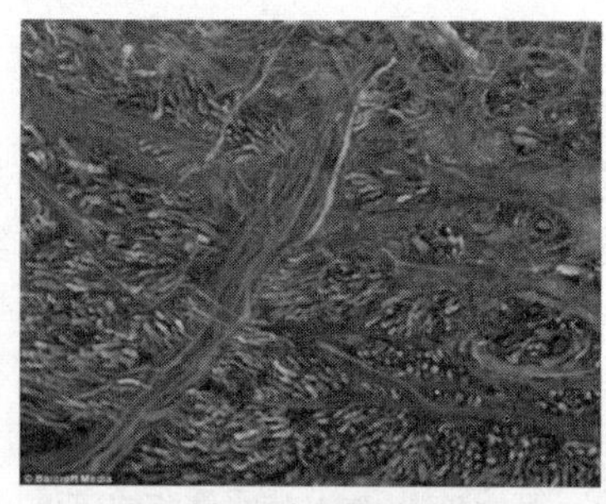
（f）剖面观察到的神经连接

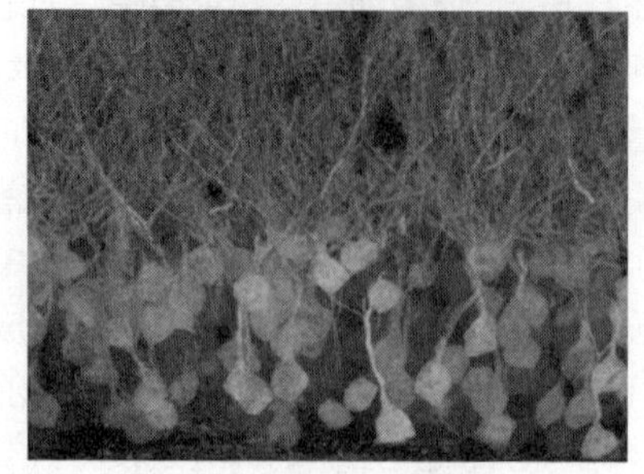
（g）神经元间复杂的通路

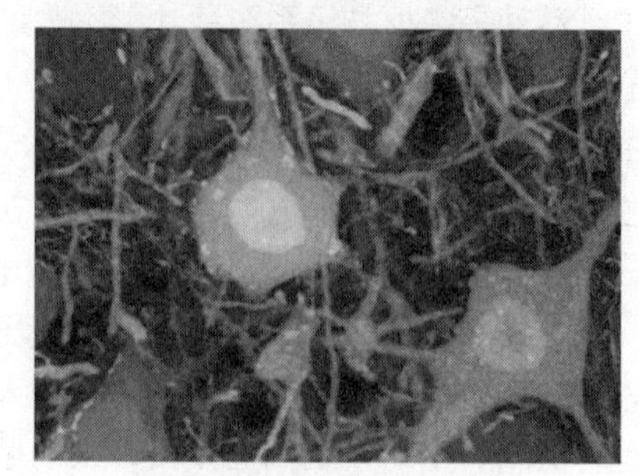
（h）神经元间复杂的通路细节

图 3.2　核磁共振成像下的大脑神经组织（续）

大脑神经元数量约为 860 亿个，每个神经元对外连接数量超过 1000 个，神经元之间连接突触的数量约 100 万亿个。神经元之间信息传输是通过神经递质（neurotransmitter）实现的，神经递质又至少有几十种。

表 3.1 所示为一些哺乳动物的神经元和突触数量，其中，猿猴的神经元和突触数量最接近人的，而小鼠、大鼠、猫的神经元和突触数量与人相比相差悬殊。由此可以看出，哺乳动物的智能程度与神经元和突触的数量成正相关关系。

表 3.1　一些哺乳动物的神经元和突触数量

哺乳动物	神经元/10 亿个	突触/万亿个
小鼠	0.016	0.128
大鼠	0.055	0.442
猫	0.763	6.10
猿猴	2	16
人	20	100

3.2.2　神经元与信息传递

1. 神经元类型

人类的神经元极其微小但数量庞大，有很多种类型，如图 3.3 所示，按照神经元突起数量和结构形态划分，神经元可以分为单极神经元、双极神经元和多极神经元 3 类。人工神经网络所模拟的基本神经元就是多极神经元。按照功能分类，神经元可以分为感觉神经元、运动神经元和中间神经元。

2018 年 8 月，科学家公布了一种称为“玫瑰果神经元”（rosehip neuron）的新型大脑神经元，如图 3.4 所示。这种神经元因其中心形似脱去花瓣的玫瑰果而得名。研究人员认为，玫瑰果神经元可能是人类大脑活动的整体“抑制剂”，或至少负责了部分的意识。

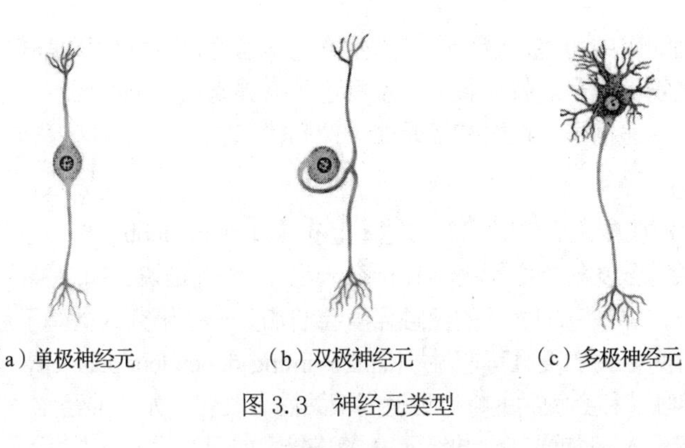

图 3.3　神经元类型

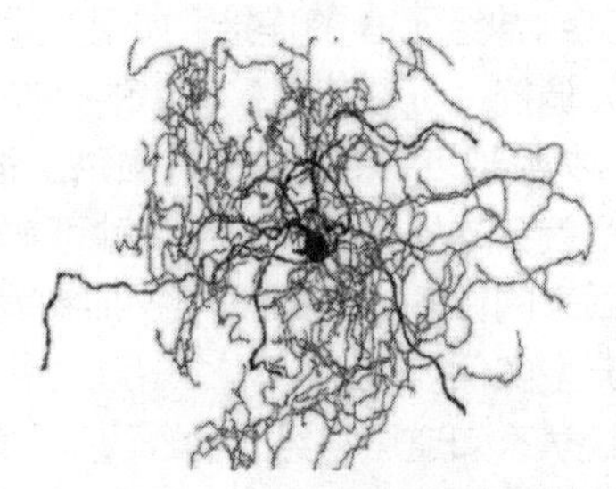
图 3.4　玫瑰果神经元

2. 神经元结构

图 3.5 所示为两个相连接的神经元，其中每个神经元都由细胞体（中央主体部分）、树突（分布在细胞体的外周）和轴突（细胞体伸出的主轴）构成。细胞体是神经元的代谢中心，它由细胞核、内质网和高尔基体构成。细胞体的外周一般生长有许多树状突起，称为“树突”，它们是神经元的主要接收器。细胞体还延伸出一条主要的管状纤维组织，称为“轴突”，在轴突的外面包有一层较厚的绝缘组织，称为“髓鞘”。轴突的主要作用是在神经元之间传导信息，传导信息的方向是由轴突的起点（细胞体）到它的末端。通常，在轴突的末端会分出许多末梢，这些末梢同其后的树突构成一种称为“突触”的结构。人脑中 860 亿个神经元所包含的突触超过 100 万亿个。

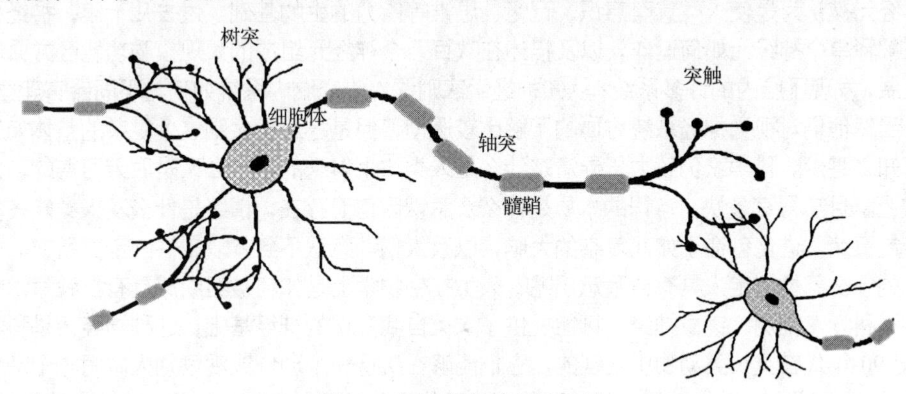

图 3.5　两个相连接的神经元

在两个相互连接的神经元形成的突触结构中，前一个神经元的轴突末梢称为突触前膜，后一个神经元的树突（或细胞体，或轴突）称为突触后膜，前膜与后膜之间的窄缝空间称为突触间隙，这 3 部分构成化学突触。前一个神经元的信息经过它的轴突传到末梢之后，通过突触对后面各个神经元产生影响。生物电信号表现为神经元膜电位的波动，它会沿着轴突传送，当其到达突触间隙以后，如果膜电位超过临界阈值，神经元就会产生一个峰电位（即判定其接收到了值得注意的输入，神经元处于兴奋状态），这是一个沿其轴突传送的、可靠且形式固定的生物电信号。如果生物电信号不能在突触间隙中传递，就会转变为生物化学信号，生物化学信号在突触间隙中传递完毕后再重新转换为生物电信号。如果膜电位没有达到临界阈值，神经元就不会产生峰电位，也不会再向后面的神经元传递信息，这时神经元处于抑制状态。

3. 突触可塑性

20 世纪 40 年代，加拿大心理学家唐纳德·赫布（Donald Hebb）提出了关于突触可塑性的著名推测，即“那些共同激发的神经元将会连接在一起”。也就是说，如果神经元 A 和 B 在大致相同的时间激发峰电位，那么它们之间的突触强度会增加。一些研究人员基于赫布的观点，提出了一种称为“峰电位时间相关的突触可塑性”（spike-timing-dependent plasticity，STDP）的机制，即突触强度可以根据突触前和突触后的峰电位时间相关性而改变，如果神经元 A 恰好在神经元 B 激发前激发，那么神经元 A 将加强其到神经元 B 的连接；如果激发顺序是相反的，则连接强度会减弱。由于突触在神经元连接节点处调控（可调节的权值）的存在，因此神经元接收到的信号强弱不同。例如，重复学习某个知识的次数越多，特定的神经回路上神经元的电信号传递效率就越高，人对某个知识的反应速度或者记忆就会越好。赫布关于突触可塑性的推测发展出了人工神经网络最早的赫布学习规则，并启发了后来的许多人工神经网络训练学习算法。这是人工智能联结主义受到神经系统启发的一个早期的典型实例。

一个多世纪以来，虽然神经科学家知道了神经元会通过突触传导过程实现彼此通信，信息通过神经传导物质[这些物质包括谷氨酸、多巴胺（一种对高级功能至关重要的神经递质）和血清素]在细胞之间互相传递，它们会激活接收神经元的受体而传输出兴奋或者抑制信息，但是，在这些大体轮廓之外，大脑功能的重要方面的细节仍然不为人们所理解。2016 年，科学家们的一项研究成果首次阐明了关于这个过程的架构细节。在每个神经突触中，神经递质（信息神经元之间传递信息的关键蛋白质）被非常精密地组织在细胞间隙的周围。神经元可以定位在受体附近释放神经递质分子，两种不同神经元的蛋白质配合得非常好，几乎形成了两个细胞之间的连接柱。这种邻近效应优化了传递能力，同时也表明可以采取新方法改变这种传递方式。理解这种结构可以帮助人们认清大脑内部如何通信，以及在发生精神或者神经疾病时，这种通信是如何失效的。

4. 神经元与大脑功能

神经元被认为是使人类具有意识、记忆、思维等能力的生物基础。过去几十年，神经科学家主要在解释单个神经元如何运作，以及描述在数百万个神经元组成的大规模脑功能区方面取得了长足进展，发现了脑内的许多系统；认知神经学家则深入研究脑内系统如何与不同器官建立联系。目前，虽然他们对视觉神经系统方面的了解比较透彻，但是，对于大脑这个复杂的整体如何反应和计算知之甚少。科学家仍致力于弄清楚什么是人类与生俱来的，什么又是后天习得的，什么事情会被遗忘且忘得有多快，意识的本质是什么及意识因何而存在，情绪是什么及人类能在多大程度上控制情绪。进化创造了如此复杂的大脑，以致人们都意识不到其复杂性的全部所在。

脑的什么部位决定人具有自我意识呢？人类在生物学上是如何被组织成具有自我意识的个体呢？神经科学家推测，镜像神经元可能提供了人类自我意识的神经基础，这种神经元是科学家于 20 世纪 90 年代在灵长类动物中发现的。它们能够在执行一个动作或观察别人做同一个动作的时候被激活，也就是说，镜像神经元是一种使人或动物具备模仿他人或动物的动作的功能性神经元。在人类大脑的前运动皮层、辅助运动皮层、初级躯体感觉皮层及顶叶下回等脑区，都有镜像神经元参与脑活动。

现代的一些研究已经触及某些神经元独有的特征与大脑主要功能之间联系的奥秘。例如，有研究发现，人的精神活动就像每一个神经元用自己独有的节奏共同演绎一部梦幻剧；也有研究发现，为意识开辟道路是神经元所具有的与其他数以百万计的神经元协同合作的非凡能力。越来越多的发现证明，人类的头脑之所以能够拥有如此复杂的能力，其关键不仅仅在于数十亿神经元共同织就了一张巨大的网络，更在于每个神经元本身就是复杂而奇妙的。

现代神经科学研究表明，从遗传学角度来说，每个神经元都具有改变其自身 DNA 的能力，其个体基因组都是独特的，有相当的自由度。在神经元的细胞核中，一些 DNA 片段一直在移动，并沿着染色体从一处“跳跃”至另一处，每次跳跃都会使神经元区别于身体的肌肉、皮肤、心脏等的组成细胞。因为不管是肌肉、皮肤还是心脏的组成细胞，它们都携带所属个体的基因组，一般情况下不会发生改变，除非出现变异。这导致了一个有趣的悖论：神经元是人类大脑的主体元件，是构成人的运动、感觉、认识等各项功能的基石，也是人的思维、意识、记忆的所在，还是人的个性和身份的基础，然而它们中的每一个都是独特的。由此，神经元展示了双重可塑性：一重为大脑的可塑性，它是由细胞之间随个体经验不断变化重组的连接造成的；另一重则为神经元的可塑性，它是由这些细胞自身内部的基因跳跃造成的。虽然这种额外的复杂因素对认知可能产生的影响仍然有待评估，但是它使人们更加确信，大脑的强大功能并不仅仅来自其复杂的网络结构，更是首先来自神经元的创造力，神经元才是“我之为我而非他人”的基石。

神经元集群发展了一套精细的调节性通路网络，从而形成了神经元之间千丝万缕的网状联系。目前已探明，人脑的各种心理功能和行为均是由神经元集群所构成的多级神经环路完成的。其中微环路是由突触构成的最初级形式，在此基础上再形成更高级的局部环路并逐级扩展，直到脑区、脑叶和整个脑。从这个意义上讲，可以将人脑中的神经系统看作由神经元及其突触联系所构成的一张巨大无比的复杂的神经网络。

这个复杂的神经网络及其运转机制常被看作“计算机”及其工作机制。由神经元构成的“神经计算机”的特征与优势包括：通过与外界交互实现自主学习、高度容错（容忍大量神经元的死亡而不影响其基本功能）、高度并行性（约 860 亿个神经元）、高度连接性（约 10^{15} 个突触）、低运算频率（约 100Hz）、低通信速度（每秒几米）、低功耗（约 20W）。这种“大脑就像计算机”的隐喻也是长期以来支撑人工智能研究的一个不成文的规则：大脑就像一台计算机，因此，通过计算或算法模拟大脑的机制，在计算机上就可能实现人类的部分甚至全部智能。事实上，大脑的工作机制是不是就等同于计算机的还是一个需要长期深入研究的问题。

目前，还有一些正在进行的研究工作，它们将神经调节类的化学制品（如多巴胺）与更加复杂的模仿强化学习更新规则的突触可塑性机制联系起来。未来，还会有更多受神经系统启发的人工智能方法和技术不断被提出。

3.2.3 大脑皮层

1. 大脑皮层分区

在所有哺乳动物大脑的表面有一层只有几毫米厚的组织，即大脑半球表面覆盖一层灰质，也就是大脑皮层，简称皮层。

在人的大脑半球上方，是具有 6 层结构的新皮层，它占据成年人整个大脑皮层表面的 94%。半球其余表面结构包括古皮层及旧皮层，在神经系统发生中出现较早。

大脑皮层在学习记忆、语言思考、知觉及意识等高级功能方面发挥至关重要的作用，越是高等级的生物，其皮层的结构和功能越发达。受大脑体积限制，大脑皮层就像一张非常宽大的先平铺再被揉成一个球的纸张一样，面积约为 $2200cm^2$。大脑皮层不同部位的各层厚薄不同，故各部位的功能也不同。

每个大脑半球表层深浅不等的沟回以 3 条沟（中央沟、外侧沟、顶枕沟）为界划分为不同的叶区，即额叶、顶叶、枕叶和颞叶等。各“叶”所具有的功能大致如下。

额叶位于大脑半球的前部，面积最大。额叶后部负责接收身体运动和空间位置的信号，也负责思维与规划，它与个体的需求、情感、智力和精神活动有密切关系，也与高级心理功能相关联

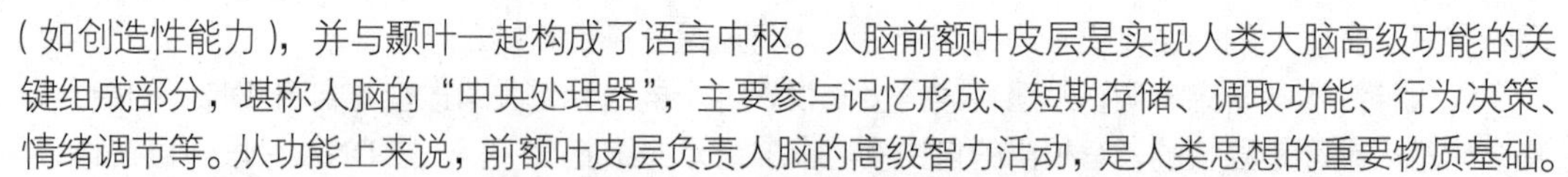

（如创造性能力），并与颞叶一起构成了语言中枢。人脑前额叶皮层是实现人类大脑高级功能的关键组成部分，堪称人脑的“中央处理器”，主要参与记忆形成、短期存储、调取功能、行为决策、情绪调节等。从功能上来说，前额叶皮层负责人脑的高级智力活动，是人类思想的重要物质基础。

顶叶在枕叶之间，与躯体知觉和运动关系密切，能响应疼痛、触摸、品尝、温度、压力等身体感觉，该区域也与数学和逻辑相关。

枕叶位于大脑半球后部，主要与视觉有关，也负责语言、动作感觉、抽象概念等。

颞叶在枕叶下前方，结构和功能都非常复杂。颞叶的上部对来自听觉器官的刺激进行分析、综合，与嗅觉（边缘叶）和听觉中枢有关，负责处理听觉信息；而且也与视觉系统有关，可将视觉与从其他感觉系统传来的信息整合到人类对周围世界的统一体验中；同时含有保存意识体验的记录系统，因此还与记忆和情感有关。另外，颞叶在学习方面也起重要作用。如今，随着脑成像技术的发展，科学家们已经发现了很多颞叶与面部识别相关的重要线索和证据。首先，在大脑颞叶中有些蓝莓大小的区域专门负责面部识别，神经科学家称为“面部识别块”。“面部识别块”中的每个神经元会对某一特定面部特征进行编码。其次，“面部识别块”的神经元在进行编码的同时会产生电信号。这种机制的关键在于，这些电信号就像老式拨号电话机一样，通过“拨号盘”对外界信息做出响应，并以不同的方式组合，从而在大脑中产生灵长类动物看到的每张面孔的图像。而且，“拨号盘”上的每个按键值都是可以预测的。因此，直接追踪面部识别细胞的电活性信号，就可以重建出灵长类动物看到的面孔的图像。“面部识别块”的神经元编码的并不是特定的人，它们编码的只是某些面部特征。更重要的是，只需要读取相对较少的神经元便可准确地重建灵长类动物看到的面孔。这表明基于面部特征的神经编码方式非常紧凑、高效。这可以解释为什么包括人类在内的灵长类动物如此善于面部识别，以及为什么我们不需要拥有数十亿计的细胞却能够拥有区分数十亿人面孔的潜能。

传统上，人们基于组织中细胞排列的方式将大脑皮层分成 52 个区域，如图 3.6 所示（图中只展示部分区域），称为大脑 Brodmann52 区。人们对大脑进行分区的目的是将大脑分割成更小的块，以便更好地理解它是如何工作的。

现在，科学家可以借助脑成像技术大致了解这些较大区域的功能。每个区域常需要由几个相距遥远的区域构成的网络协同运作，才能实现大脑区域与精神能力之间的联系。每个区域有对应的神经元子网络，每个神经元子网络是由许多神经功能柱构成的，每个神经功能柱又是由成千上万的神经元构成的，其相互作用、相互联系而形成复杂的脑神经系统。为了破译大脑运行规律的密码，神经科学家必须深入这些较大区域的内部，研究充斥其间的各种不同“族群”的神经元，以此来了解每个神经元的特性。该研究的根本问题在于，神经元是如何对较小的相邻神经元，以及大脑区域的每个层次产生影响的？

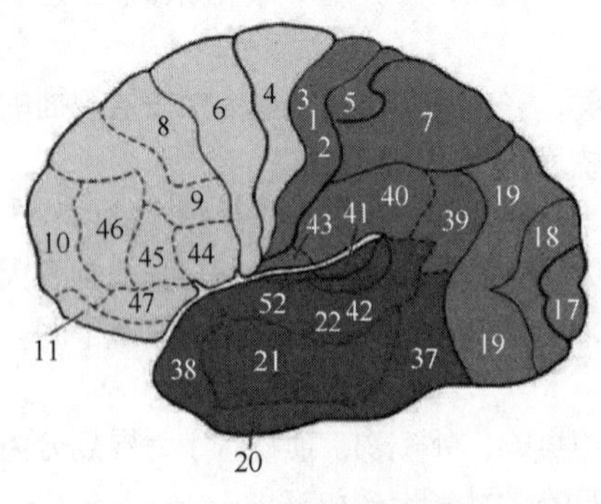

（a）大脑半球外侧面的布罗德曼分区

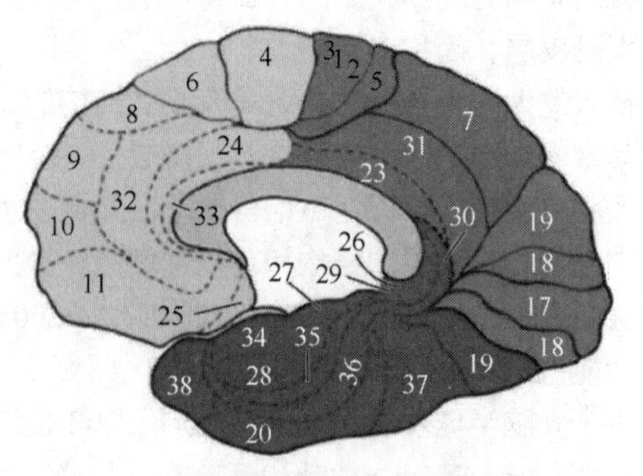

（b）大脑半球内侧面的布罗德曼分区

图 3.6　大脑 Brodmann52 区

2. 大脑皮层与认知

大脑是赋予我们物种身份的主要器官，人类和其他灵长类动物之间显著的差别可以在大脑中找到。虽然人类大脑的所有区域的分子特征与灵长类动物的亲缘特征非常相似，但是一些区域包含明显的人类基因活动模式，这不仅标志着大脑的进化，还可能有助于形成人类的认知能力。关于人类、黑猩猩和猴子的大规模分析表明，人类的大脑不但是灵长类动物大脑的一个更高版本，而且充满了惊人的差异。尽管大脑的大小不同，但在灵长类动物大脑的多个区域之间有惊人的相似之处。

有研究发现，涉及多巴胺产生的基因在人类新皮层和纹状体中高度表达，但在黑猩猩的新皮层中不存在。这些发现可作为人类大脑在智能上区别于灵长类近亲基因方面的证据。

在大脑皮层中，虽然每个神经元在结构上比较简单，但由于神经元数量巨大，因此它们的不同状态组合可以产生千差万别的作用结果，它们之间多种多样的连接方式蕴含变化莫测的反应方式，导致了行为方式的多样化，这就是联结主义神经科学理论基础。实际上，人工神经网络主要模拟的是大脑皮层中的部分神经网络，尤其是前额皮层，这种模拟仅是二维结构的模拟。未来随着脑科学、神经科学和计算机科学的发展，人们对大脑神经网络的模拟会向三维整体结构方向发展，并可能会出现虚拟人工大脑等新型人工智能技术。

2020 年 1 月，*Science* 上发表了一篇论文，论文中提到，研究人员发现大脑皮层神经元树突上的微小区室可以执行特定的计算——异或。这个发现之所以重要，是因为一直以来数学理论家们都认为单个神经元是无法进行异或计算的，而现在则认识到，不仅单个神经元，甚至神经元树突上的某部分都可以进行异或计算。神经元能够执行复杂的运算，神经元本身可能也是一个多层网络。这个发现对构建人工神经网络的科学家们来说，或许会是一个非常重要的启发。

3.3 脑的视觉机制

3.3.1 脑的视觉结构

视觉是人们感知外部世界以获取信息的重要途径。1958 年，神经生理学专家大卫·胡贝尔（David Hubel）和托尔斯滕·威塞尔（Torsten Wiesel）研究瞳孔区域与大脑皮层神经元的对应关系，他们首先在小猫的后脑头骨上开了一个 3mm 的小洞，向洞里插入电极，用于测量神经元的活跃程度，然后在小猫的眼前展现不同形状、不同亮度的物体，同时改变物体放置的位置和角度，结果发现了一种称为“方向选择性细胞”的神经元。当瞳孔发现眼前的物体边缘，而且随着这个边缘指向某个方向时，这种神经元就会活跃。后来他们又发现了视功能柱结构。1962 年，他们提出了“感受野”的概念，认为视觉信息从视网膜传递到大脑中是通过多个层次的“感受野”激发完成的，并进一步发现了视皮层通路中对于信息的分层处理机制。1984 年，学者福岛邦彦基于感受野概念提出了卷积神经网络的原始模型——神经认知机。神经认知机可将一个视觉模式分解成许多子模式，并通过逐层阶梯式相连的特征平面对这些子模式的特征进行处理，使即使在目标对象产生微小畸变的情况下，模型也具有很好的识别能力。这是第一个基于神经元之间的局部连接性和层次结构组织的人工神经网络，促进了后来卷积神经网络及深度卷积神经网络的实现。

正是基于多年的科学研究结果，人类现在才比较清楚地知道，我们的眼球相当于包含镜头、感光芯片和图形处理器的数码相机，脑则类似于对信息进行编码、解析、分类、整合、变换乃至赋予意义等操作的超级计算机。视网膜接收到的光的信息被转变为电信号后，会被层层传递到大脑皮层的各个脑区，进行更深入的加工处理，最终形成由神经活动表征的人们所意识到的画面。

图 3.7 所示为视网膜神经节细胞投射的主要脑区和结构。绝大多数（约 90%）来自视网膜的信息被传递到了位于丘脑背侧的外侧膝状体，外侧膝状体是视觉信息进入大脑皮层的“门户”，每个大脑半球的外侧膝状体都会首先接收来自双眼对侧的图像信息（如大脑左半球的外侧膝状体接收右侧视野的视觉信息），然后将信息传递给与之同侧的大脑初级视觉皮层（又称为纹状体或视觉第一区域）V1。

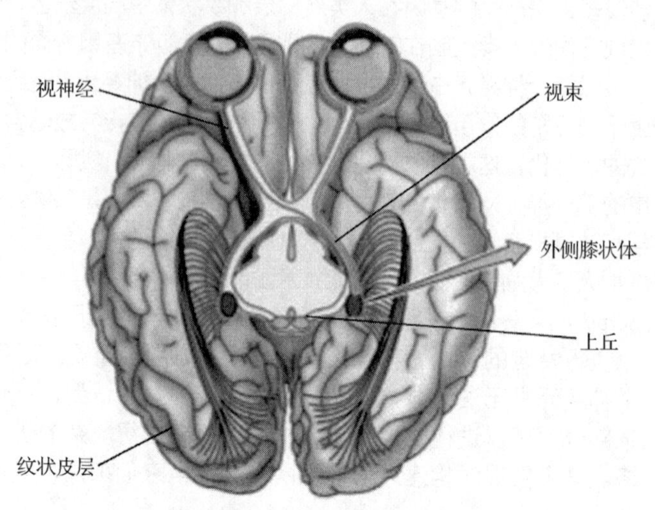

图 3.7 视网膜神经节细胞投射的主要脑区和结构

3.3.2 视觉皮层区域

大脑视觉皮层除了 V1，还有纹外皮层 V2、V3、V4、V5 等。纹状体位于枕叶的距状裂周围（大脑 Brodmann 第 17 区），是一种典型的感觉型粒状皮层；纹外皮层位于大脑 Brodmann 第 18 区和 Brodmann 第 19 区。现在人们已经知道猴的大脑皮层上至少有 35 个区域与视觉功能有关。视觉皮层和其他皮层区域一样，通常分为 6 层，有些层次的细胞接收皮层下区域或者其他皮层的输入信息，有些层次的细胞则负责向皮层下区域或者其他皮层输出信息。

V1 的输出信息会输送到两个渠道，分别称为背侧流和腹侧流。如图 3.8 所示，背侧流通路通常被称为“空间通路”，参与处理物体的空间位置信息及相关的运动控制，如眼跳。腹侧流起始于 V1，依次通过 V2、V4，进入下颞叶。该通路常被称为“内容通路”，参与物体识别，也与长期记忆有关。从视网膜传来的信号首先到达 V1，V1 的简单神经元对一些细节、特定方向的图像信号敏感；信号经 V1 处理之后，传导到 V2，V2 将边缘和轮廓信息表示成简单形状，然后由 V4 中的神经元进行处理，该皮层对颜色信息敏感；复杂物体最终在后颞下皮层（posterior infratemporal dermis，PIT）和前颞下皮层（anterior infratemporal dermis，AIT）被表示。

在 AIT 获得高层次图像描述信息，经过前额皮层（prefrontal cortex，PFC）（负责决策的脑区域）、大脑后内侧皮层（posteromedial cortex，PMC）及运动皮层（负责向运动神经发出指令）（motor cortex）处理，最终经脊髓传输到肌肉，实现视觉信息到运动信息的转换过程。

在眼睛和视觉神经系统的共同作用下，大脑能够处理丰富的视觉信息。实际上，视觉信息处理是人类大脑的核心功能，大脑皮层约 1/4 的面积都参与这项工作。目前来看，脑对视觉信息的处理遵循以下 3 个组织原则。

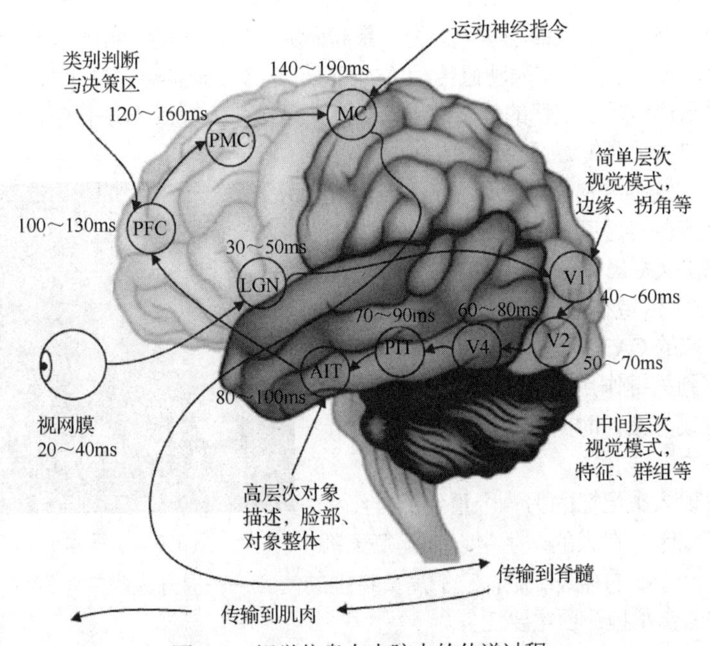

图 3.8　视觉信息在大脑中的传递过程

LGN——外侧膝状体，是视觉输入从视网膜到皮层的基本中继；MC——Motor Center，运动中枢

一是分布式，即不同的功能脑区各司其职，如物体朝向、运动方向、相对深度、颜色和形状信息等都分别由不同的脑区负责处理。

二是层级加工，即大脑中存在由初、中、高级脑区组成的信息加工通路。初级皮层分辨亮度、对比度、颜色、单个物体的朝向和运动方向等；中级皮层判别多个物体间的运动关系、场景中物体的空间布局和表面特征、区分前景和背景等；高级皮层则可以对复杂环境下的物体进行识别，借助其他感知觉信息排除影响视知觉稳定性的干扰因素，引导身体不同部位与环境进行交互行为等。

三是网络化过程，即脑视觉信息处理的各个功能区之间存在广泛的交互连接与投射。视觉系统处理信息存在的限制因素（如每个神经元只能“看到”一小块区域），以及对图像进行分布式解析和加工的实现方式，使这种网络化组织形式成为人们能形成稳定、统一的视知觉的必要保障。

3.4　脑的记忆机制

记忆是人脑对过去发生过的事物的反映，是心理在时间上的持续，它使人能将先后的经验联系起来。记忆是学习和形成人类智能的重要基础。人的大脑能够把输入或经过加工的信息存储起来，在需要时再把这些存储的信息取出，因此记忆包括存储和提取两个阶段，这两个阶段分别通过两条截然不同的神经环路实现。人对一个事件的记忆是在大脑负责长时记忆（long term memory）和短时记忆（short term memory）的不同脑区同时形成的。

短时记忆的信息保持时间很短，在无复述的情况下，一般保持 5～20s，最长不超过 1min。短时记忆容量小，对中断高度敏感，极易受到干扰。来自环境的信息一旦被注意，就会进入短时记忆，只有短时记忆中的信息才能被保持在人们当前的意识中，个体把这些信息加以改组和利用并做出反应。人的大脑为了分析存入短时记忆的信息，会调出存储在长时记忆中的知识；同时短时记忆中的信息如果需要保存，也可以经复述存入长时记忆。长短时记忆（long short term memory，LSTM）机制已被用于人工神经网络的设计，并在深度神经网络学习算法中发挥作用。

自 20 世纪以来，科学家一直认为记忆存储在由突触连接的复杂的神经元网络里，人工智能专家通过模仿神经网络来实现机器的学习能力。最新研究显示，记忆的物质形式深藏在神经元的中心——细胞核里，它们是一些与表观遗传相关的分子。这个发现彻底颠覆了原先的理论。近年来，神经表观遗传学已逐步揭示记忆的分子性质，实际上是这些表观遗传分子将记忆忠实地印刻在神经元里，这称为“表观遗传记忆”。

麻省理工学院的神经科学家发现了一种细胞通路，它可以使特定的神经突触在记忆形成过程中变得更强，该研究首次提出了长期记忆在海马体 CA3（cornuammonis 3）区域神经元的分子机制。图 3.9 所示为海马体区域的 CA3 神经元，其在情景化记忆的形成过程中起到关键作用（情景化记忆是将事件与其发生的位置或与诸如时间、情绪之类的其他情景化信息相关联的记忆）。

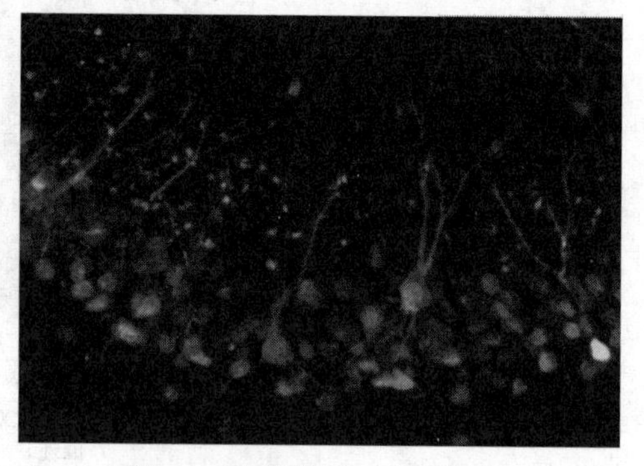

图 3.9　海马体 CA3 区域神经元

科学家还发现人类记忆的另一个重要的神经机制——新生神经细胞。在人的一生中，大脑每天都会制造 1 万～3 万个新的神经细胞，它们肩负特别的使命——提升人类的学习能力。正因为它们“新鲜”，所以才适合承担这项重要任务。

3.5　脑的学习机制

学习能力是人类智能的根本特征。人从出生开始就在不断地向客观环境学习，人的认识能力和智慧才能就是在不断的学习中逐步形成、发展和完善的。1983 年，西蒙对“学习”下了一个较好的定义：系统为了适应环境而产生的某种长远变化，这种变化使系统能够更有成效地在下一次完成同一个或同类的工作。这个定义说明，学习是一个系统中发生的变化，可以是形态作业的长久性的改进，也可以是有机体在行为上的持久性的变化。

人类学习的主要类型有很多，包括非联想式学习、联想式学习、主动性学习、情景学习、机械式学习、理解式学习等。心理学家罗伯特·米尔斯·加涅（Robert Mills Gagne）将学习分为 5 个类别——言语信息、智慧技能、认知策略、动作技能和态度，以及 8 个层次——信号学习、刺激—反应学习、连锁学习、言语联结学习、辨别学习、概念学习、原理（规则）学习和解决问题学习。

心理学家和计算机学家约翰·罗伯特·安德森（John Robert Anderson）认为，心智技能的形成需要经过以下 3 个阶段。一是认知阶段，该阶段主要完成对问题结构的了解（起始状态、目标状态及所需要的步骤和算子）。二是联结阶段，该阶段的主要工作是用具体方法将某一领域的陈述性知识转化为程序性知识（程序化）。三是自动化阶段，该阶段的主要工作是将复杂的技能学习分解为若干个别成分或法则的学习。这 3 个阶段又可复合成更大的技能学习过程。

作为学习结果的知识本身就是一种报酬或鼓励，它能产生或加强学习动机。学习结果的知识（信息）和动机（报酬）的共同作用在心理学中叫强化，其关系可表示为强化=学习结果的知识+动机。强化可以是外在的，也可以是内部的；可以是积极的，也可以是消极的。学习必须有一个积极的动机，这个原理已经被用于设计机器学习中的强化学习，并取得了成功。

关于人类的学习理论主要包括行为学习理论、认知学习理论、人本学习、观察学习、内省学习、学习计算理论、感知学习、粒计算等。其中，行为学习理论来自心理学，其又包括条件反射学习理论、行为主义的学习理论、联结学习理论、操作学习理论、相近学习理论、需要消减学习理论等。

人类的学习实际上促进了人工智能的重要研究方向——机器学习的诞生，但机器学习与人类学习完全不同，其学习和记忆能力在某些方面可以超过人类，例如，其在围棋、游戏等方面表现出超乎人类的学习能力；在某些方面又与人类学习有很大差距，例如，人类学习基于很少的信息就可以获得对某个学习对象的全面认识，而机器学习还必须依赖人类的经验和帮助。可见，要想开发更强大的机器学习系统，还需要更深入地理解人类的学习机制。

更好地理解大脑使用的学习算法可能是发展统一的大脑功能理论的核心。研究大脑学习机制的主要方法有两种：实验性的，神经元活动的持续变化是由特定干预引起的；计算性的，开发算法以实现特定的计算目标，同时仍然满足选定的目标生物限制。

2022 年 2 月发表在 *Nature Machine Intelligence* 上的研究成果表明单个神经元预测其未来活动的能力可以提供一种新的学习机制。该研究中，研究人员探索了一个新的研究大脑学习机制的方法——理论推导，其中学习规则来自基本的细胞原理，即来自最大化细胞的代谢能量。有多种证据表明大脑是作为一个预测系统运作的。然而，关于如何在大脑中实现精确的预测编码仍然存在争议。大多数模型通常假设一个预测电路，研究人员提出了一个替代方案，其中神经元中有一个内部预测模型。使用预测学习规则的单个神经元作为基本单元，可以构建各种预测性大脑。有趣的是，研究人员提出的预测学习规则也可以通过修改时间差异学习算法来获得，使其在生物学上更合理。时间差异学习是关于如何在大脑中实现类似 BP 算法（4.2 节介绍）的极有希望的算法之一。它基于使用神经元活动的差异来近似自上而下的误差信号。这种算法的一个典型例子是对比赫布学习规则，它被证明在某些假设下等同于反向传播。

为了验证神经元能否正确预测未来的活动，研究人员仔细研究了样本神经元。研究表明预测学习规则运作良好，每个神经元准确地预测了其未来的活动，如图 3.10 所示。

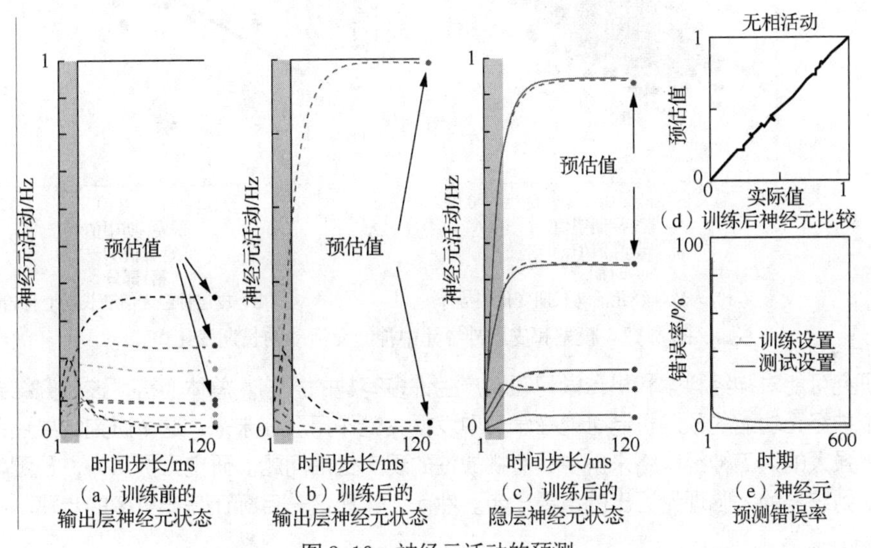

图 3. 10　神经元活动的预测

为了测试真正的神经元是否也可以预测它们未来的活动，研究人员分析了来自清醒大鼠听觉皮层的神经元记录。研究人员用 6 个音调作为刺激，每个音调长 1s，并穿插 1s 的静默，连续重复超过 20min。对于 6 种音调中的每一种，分别计算平均起始和偏移响应，为每个神经元提供 12 种不同的活动曲线。对于每个刺激，15～25ms 时间窗口中的活动用于预测 30～40ms 时间窗口内的平均未来活动。

图 3.11（a）表明神经元具有可预测的动态，图 3.11（b）表明从最初的神经元反应，可以估计各神经元未来的活动。通过预测皮层活动的长期变化为支持学习规则提供了有力的证据。重要的是，如图 3.12 所示，根据所提供的模型，可以推断出哪些单个神经元会增加，哪些神经元会降低其放电率。

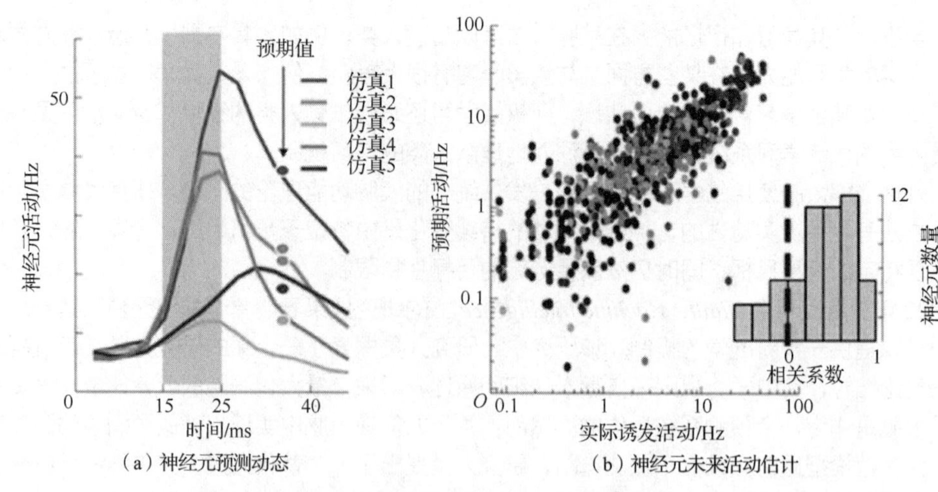

（a）神经元预测动态　　（b）神经元未来活动估计

图 3.11　预测皮层神经元的未来活动

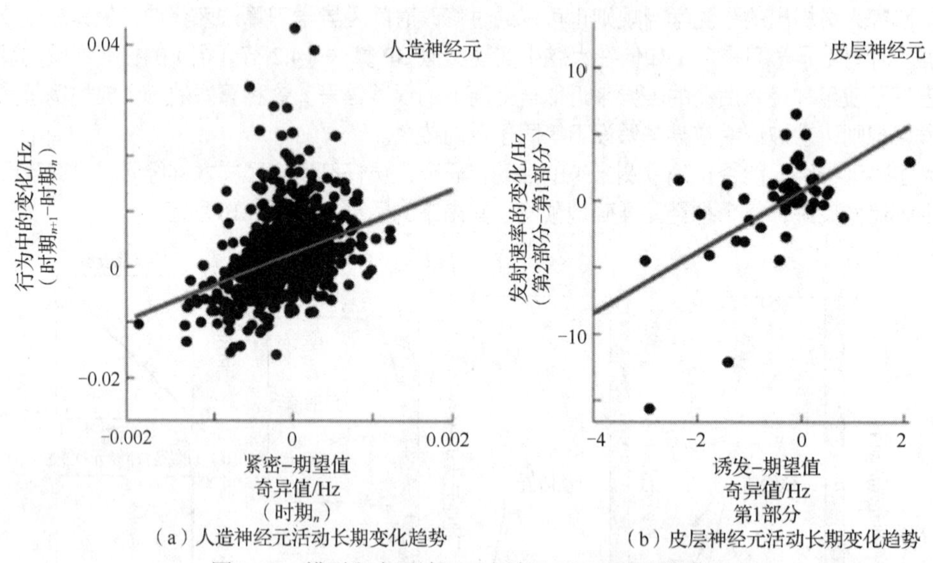

（a）人造神经元活动长期变化趋势　　（b）皮层神经元活动长期变化趋势

图 3.12　模型和皮层神经元中神经元活动的长期变化

该研究可能对神经科学和机器学习领域产生许多有趣的影响。总体而言，该研究结果表明，支持单个神经元功能的预测机制可能在学习中发挥关键作用。在未来，这个研究结果还可能有助于创建更强大的人工神经网络来解决具有挑战性的现实生活问题。研究人员认为，预测学习规则是朝着找到统一的大脑理论迈出的重要一步。然而，实现这一目标还需要更多的步骤。

3.6　脑科学新发现

21 世纪以来，人类在脑科学和神经科学方面不断取得突破。借助先进的核磁共振仪器等设备，人类对大脑和神经系统有了更多的前所未有的认识。如果说以往的认识都停留在猜测和理论层面，那么现在的认识则是具体而充分的科学认识，包括组织、结构以及生化、分子等不同层面的认识。鉴于这方面成果较多，本节只列举近些年的 3 个典型发现：一是大脑导航功能；二是大脑孕周发育；三是社会互动增强神经复杂性。虽然这些发现与人工智能没有直接关系，但它们有助于我们深入理解脑的智能形成机制，进而开发出更先进的人工智能系统。

3.6.1 大脑导航功能

大脑导航功能，也称为大脑认知地图功能，简单地说，就是指关于人类大脑是如何为行进过程中的人类辨别和选择方向，并选择合适的路线，直至最终完成导航的功能。在这项机制被发现之前，人类大脑是否具有导航功能一直是一个谜团。

大脑导航功能的发现，经历了长达 30 余年的漫长过程。20 世纪 80 年代中期和 90 年代初，科学家们就发现了一种神经细胞，这种神经细胞每当老鼠面向某一个固定方向时就会被激活。其被称为“头部方向细胞”。

2014 年，诺贝尔生理学或医学奖授予科学家约翰·奥基夫，以及科学家夫妇——梅-布里特·莫泽（May-Britt Moser）、爱德华·莫泽（Edvard I. Moser），以表彰他们发现头部方向细胞的研究。

1971 年，约翰·奥基夫在老鼠的海马体区域首先发现了“定位细胞”。他先把电极记录器安置在老鼠的大脑海马体区域，然后让老鼠在一个陌生的房间自由走动。当老鼠走到一个位置时，特定位置的细胞就会放电，以后不管老鼠做什么运动，一旦它再次走到这个位置，那个细胞就会放电。这种情况同样也发生在其他细胞上，每个细胞好像对应某个特定的位置，给予了每个坐标一个记忆。当把这只老鼠放到另外一个新房间后，它仍会自动将新房间的地图重新绘制一遍。这些细胞就是“定位细胞”，它们在大脑中形成了关于房间的地图。约翰·奥基夫同时意识到，除了定位细胞，大脑中必然还存在具有其他作用（如计算距离、感知方向等）的“导航细胞”。

2005 年，莫泽夫妇发现了大脑定位系统的另一关键构成——网格细胞。他们利用老鼠做实验。莫泽夫妇采用了研究定位细胞的标准实验技术，直接在老鼠的海马体区域中植入电极，并让老鼠在大盒子里自由跑动，同时记录电活性。这些电极非常灵敏，足以捕捉单个神经元的活性，通过它们得到的数据可以在计算机里进行分析。为了确保老鼠的跑动能够覆盖整个区域，研究人员在其中撒满了巧克力。如图 3.13 所示，在大脑的内嗅皮层里，网格细胞位于海马体区域，当老鼠经过特定地点的时候，某单个网格细胞就会被激活，这些特殊地点组成的六角形网络模式能够利用最少的细胞提供最高的空间分辨率，每个细胞会产生自己的网格，重叠的网格能帮助动物识别自身的位置和方向。这样网格细胞以独特的空间模式联合起来形成一个坐标系，使空间导航成为可能。

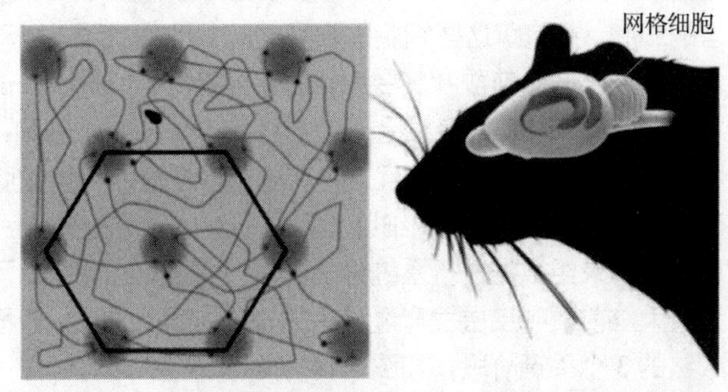

（a）动物大脑中网格细胞形成六边形区域　（b）老鼠脑中的网格细胞区域

图 3.13　动物大脑网格细胞

网格细胞和内嗅皮层里的其他细胞合作，识别老鼠头部的方向以及屋子的边界，并和海马体区域的定位细胞形成神经回路（局部连通的神经网络），这一神经回路组成了一套综合定位系统。

2008 年，莫泽夫妇在大脑的内嗅皮层中又发现了一种神经导航细胞。每当老鼠靠近一堵墙、空间边界或是任何障碍物时，这种细胞就会被激活，因此得名为“边界细胞”（避障）。边界细胞可以计算出老鼠与边界的距离（相当于激光雷达），网格细胞则可以利用这一信息估算老鼠已经走过的距离，所以在之后的任意时间，老鼠都可以明确地知道自己周围哪里有边界，以及这些边界距离自己有多远。

2015 年，莫泽夫妇又发现了反映动物运动速度的“速度细胞”，该细胞不受动物所处位置和方向的影响。这种速度细胞的放电频率会随着动物运动速度的增加而提高。速度细胞和头部方向细胞一起为网格细胞（信息融合）实时更新动物的运动状态信息，包括速度、方向及到初始点的距离。

现在我们已经知道了内嗅皮层里的多种细胞，如网格细胞、头部方向细胞、边界细胞、速度细胞等，它们各司其职，会将各种信息传递到海马体区域的位置细胞加以整合，让动物知道自己从哪里来，身在何处，又去向何方。但这还并不是哺乳类动物导航机制的全部，目前对于这一机制还有许多值得人们研究的地方，例如，科学家还不清楚内嗅皮层的神经网络是如何生成网格的，也不了解网格细胞、位置细胞和其他定位细胞是如何相互协作而为动物导航的。

需要注意的是，与导航有关的海马体区域内嗅皮层脑区域也是人类记忆、语义理解、视觉概念等与认知智能有关的主要区域，对这一区域的深入研究将有助于科学家发展更先进的人工智能系统。

2020 年 8 月，美国密歇根大学研究人员在 *Cell Report* 发表文章。他们通过记录小鼠大脑中单个神经元信号，发现大脑后压部皮层（retrosplenial cortex，RSC）对记忆和导航至关重要，RSC 的兴奋性神经元擅长长时间编码与方向相关的信息，但这些功能背后的神经编码仍是未知的。该研究强调，RSC 对空间定位至关重要，是阿尔茨海默病患者功能障碍表现最早的脑区之一。而 RSC 的细胞无法正常工作，可能就是绝大多数阿尔茨海默病患者存在空间定向障碍、容易迷路的原因。因此，通过了解 RSC 的细胞如何在健康大脑中编码方向信息，有助于研究新的治疗方法。

3.6.2 大脑孕周发育

为获得系统、动态的神经细胞发育过程，我国科学家借助核糖核酸（ribonucleic acid，RNA）测序分析了超过 2300 个细胞，这些细胞来源于 8～26 孕周、尚处于发育阶段的人类前额皮层。最终，他们确认了六大主要类型共计 35 个亚型的细胞，并追踪这些细胞的发育轨迹。他们发现，在动态发育的人类胚胎前额叶皮层中，主要有神经干细胞、兴奋性神经元、抑制性神经元、星形胶质细胞、少突胶质细胞、小胶质细胞六大类细胞，并且，他们进一步把这六大类细胞精确地划分为 35 个独立的细胞亚型。研究人员通过对神经元单细胞转录组数据进行系统分析和深度挖掘，首次揭示了在人类大脑前额叶皮层发育过程中兴奋性神经元生成、迁移和成熟的 3 个关键阶段，如图 3.14 所示。

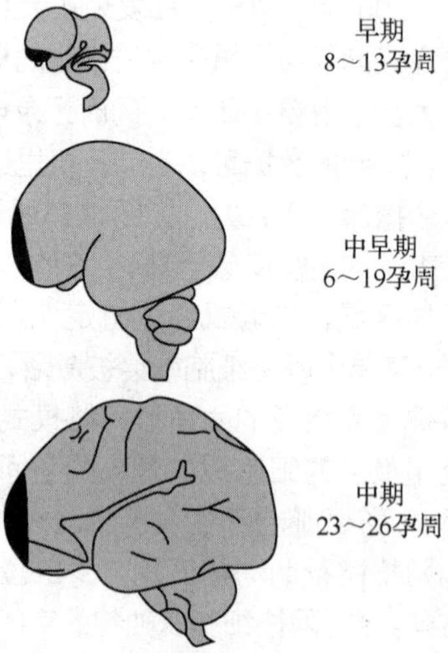

早期
8～13孕周

中早期
6～19孕周

中期
23～26孕周

图 3.14　人类大脑前额叶皮层发育过程

第一个阶段，即大脑发育早期的 8～13 孕周，神经干细胞大量增殖。第二阶段从早期的 6 孕周开始至大脑发育中早期的 19 孕周，这一阶段中的神经干细胞分化，并产生大量新生神经元，同时伴随着新生神经元迁移。第三阶段，从中期的 23 孕周开始到大脑发育中期的 26 孕周，这一阶段的神经元开始逐渐成熟，表达关键功能蛋白，并初步形成有功能的神经网络。

过去科学界对人脑前额叶的研究几乎是空白的，这项研究成果清晰地阐述了细胞类型及每种细胞发育的动态性，从而为解答前额叶皮层如何参与“思考和思想形成”这一关键问题的后续研究提供了高精度的细胞图谱，是前额叶皮层发育研究史上的重要突破和重大进展。

这项工作对人工智能研究的价值同样重大。人工智能的模拟对象实际上是人脑，但经历了近 70 年的发展，人类对自身所承载的大脑的认识远不及对宇宙的认识（霍金用他睿智的大脑为我们解释了宇宙的诞生，以及时间、空间、黑洞等重要问题，但包括他在内的所有人对自己的大脑是如何工作的一无所知）。对人工智能而言，每当其受计算能力或应用环境等基础所限而无法产生效率上的突破时，研究人员便会转向对大脑的研究，试图用计算机来模拟大脑的运转方式。因此，多方位、多角度、多模式地深入理解和认识大脑，对于发展人工智能具有重要意义，对于认识人类自身也具有重要作用，二者是相辅相成的。

3.6.3 社会互动增强神经复杂性

人们通常以为，随着自然演化，人类的大脑体积会不断增大。但研究显示，在新石器时代，随着社会组织变得更复杂，世界各地的人类大脑体积实际上都显著减小。大脑体积为什么会减小？更小的大脑必然更“愚蠢”吗？生活在一个逐渐强化的社会环境中的人类在不减弱认知能力的前提下，大脑体积会变小，人们将此称为“减小大脑体积的社会脚手架”假说。有趣的是，在对黄蜂这种社会性昆虫的研究中，人们发现黄蜂在从独立个体演化到社会物种的过程中，虽然其大脑区域有所减小，但其大脑区域的减小与社会复杂程度没有特别的关系。由此得出的结论：昆虫社会的演化不伴随任何新的对应神经结构的出现。虽然其原因尚不清楚，但是关于昆虫群落的计算模型表明，相较于优化个体的大脑，对群体大脑的整体优化更具有优势。同样地，在新石器时代，人类群体虽然不能再依赖遗传相关性获得群体内的支持，但能够通过扩展群体象征身份的规模（从大家族到大城镇）实现群体认同。这使具有共同象征身份的不熟悉的人，在共同的社会道德期望下，能够相互依赖以获得支持。由此，研究人员提出一个更具一般性的假说：大脑体积减小的关键因素不是社会自身的复杂性，而是减少群体内冲突，增加相互依赖性这一更普遍的原则。然而，在大脑体积减小的过程中，是因为上述的相互依赖性导致独立个体大脑处理的活动复杂性变低，还是因为社会环境的演化为更复杂的大脑活动提供了支撑的脚手架，使更小体积的大脑至少可以处理与更大体积大脑复杂性相当的活动呢？这两种可能性很难通过经验进行抉择，一项支持后者的研究表明，在人类演化过程中，代表神经活动水平的大脑血流速度比大脑体积增加得更快。但是，仍然需要更多的理论工作来帮助人们理解大脑体积的减小。

认知科学和系统科学专业的学者在 *Frontiers in Neurorobotics* 上发表研究成果。该研究建立了一个最小化模型，用不同神经元数量的神经网络表示大脑体积，用神经熵和自由度两个指标量化表示神经活动的复杂性。研究发现，社会交互情境下具有较小体积大脑的智能体与独立情境下具有较大体积大脑的智能体的神经复杂性相当，表明体积较小的大脑能够通过社交互动来增强其神经复杂性，从而抵消大脑尺寸的缩小。

大脑体积的减小是因为大脑活动复杂性降低了，还是在社会脚手架的支撑下，能够以更小的体积处理与之前复杂性相当的大脑活动呢？通过对神经熵的统计分析，大脑体积较小的交互智能体能够表现出与大脑体积较大的独立智能体相当的神经复杂性水平。这说明大脑体积的减小与社会演化之间是相辅相成的，社会的高度协作与组织化为大脑体积减小提供了条件。在社会性演化过程中，个体的大脑拓扑结构可以变得简单，同时它的状态的动力学（如自由度）可以变得更加复杂。这就给了人们一个重要启示：在根据大脑体积推断认知能力时要更加谨慎。

3.7 关键知识梳理

本章主要介绍了大脑结构与功能，大脑神经系统，神经细胞及神经网络，大脑的视觉、记忆和学习机制，以及关于大脑功能和发育过程的一些新发现。本章还指出了联结主义人工神经网络是受到人脑神经细胞突触通信、神经细胞网络等机制的启发而发展起来的。学习脑科学和神经科学的相关知识，有助于读者更好地理解智能的产生机制，发展更先进的人工智能技术。

3.8 问题与实践

（1）脑有怎样严密的生活环境以保证其正常的生理功能？

（2）简述脑的基本结构，以及大脑分为几个部分。

（3）人脑的高级功能有哪些？其结构基础和实现机制是什么？

（4）脑研究领域有什么新技术？若你未来想从事某一方面的脑探索，应该如何着手？

（5）脑科学对于人工智能的研究有哪些启发？基于这些启发产生了哪些人工智能技术？

（6）智能的脑机制对于人工智能的研究有哪些作用？

（7）脑科学与神经科学、人工智能如何相互结合、相互促进？

（8）与智能有关的脑机制都有哪些？

（9）是否有可能构建一个统一的关于大脑的模型？如果有可能，该如何构建呢？

（10）人脑与计算机之间有什么区别和联系？

第 2 部分 技术基础

04 人工神经网络

本章学习目标：

（1）理解并掌握人工神经网络的基本原理、算法和实现过程；

（2）理解并掌握传统人工神经网络与深度神经网络的关系；

（3）了解人工神经网络的研究内容及应用。

4.0 学习导言

人工神经网络自诞生以来，就在人工智能领域占据举足轻重的地位，并发挥重要作用。从某种程度上来说，整个人工神经网络发展历史都可以看作人工智能的发展史。特别是从20世纪80年代以来，人工神经网络研究不断取得重大进展，与其有关的理论、方法已经发展成了一门涉及物理学、数学、计算机科学和神经生物学的交叉学科。这些理论、方法不仅是当今人工智能学术研究的核心，还在实际应用中大放异彩，成为人工智能的主流技术。人工神经网络在视觉、听觉等感知智能，机器翻译、语音识别和聊天机器人等语言智能，棋类、游戏等决策类应用，以及艺术创造等方面所取得的重要成就，证明了联结主义路线的正确性。本章从基础的人工神经元开始讲解，由感知机、BP算法等人工神经网络的基础理论延伸到深度神经网络，介绍卷积神经网络、循环神经网络、长短时记忆网络等结构和算法，使读者理解目前人工智能应用背后的核心技术。

4.1 如何构建人工神经网络

从最初的心理学研究发展出人工神经网络，到早期人工智能联结主义方法，再到其现在成为人工智能的主流方法，人工神经网络的发展取得成功的原因之一在于研究人员对大脑神经网络的结构模拟。尽管这种模拟是粗略的，并不是真实复现大脑的神经元之间的连接模式和结构，但其在应用方面所取得的成功说明“结构决定功能”对人工智能而言在一定程度上是成立的。

人工神经网络主要从以下两方面粗略模拟大脑。

（1）人工神经网络获取的知识是从外界环境中学习得来的。

（2）内部神经元的连接强度，即突触权值，用于存储获取的知识。

生物的大脑是由许多神经细胞组成的，同样，模拟大脑的人工神经网络也是由许多称为人工神经细胞（也称人工神经元）的结构模块组成的。人工神经元如同真实神经细胞的简化版，采用数学模型可对其进行模拟实现。

4.1.1 神经元模型

3.2.2 小节中所介绍的生物神经元连接和信息传递过程可以用一般化模型来描述，如图 4.1 所示。在每个神经元之间的连接处是模拟的突触，它能够控制神经元信号的传递效率。在大脑神经网络中，重复学习某个知识点的次数越多，特定的神经回路上的神经元的电信号传递效率就越高，我们对某个知识点的反应速度或者记忆也就越好。

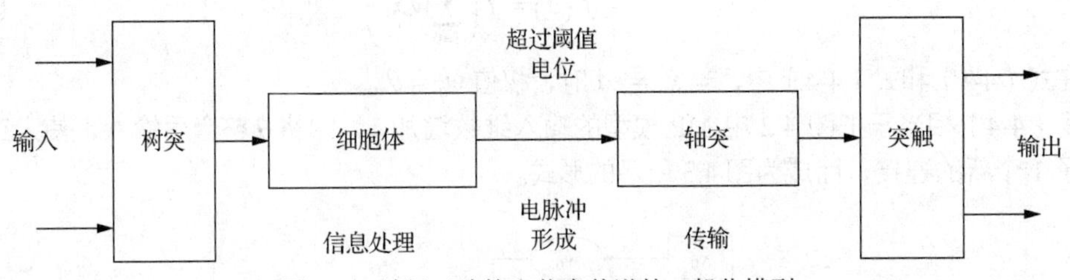

图 4.1　神经元连接和信息传递的一般化模型

基于上述规律，1943 年，心理学家麦卡洛克和皮茨提出了生物神经元数学模型——MP 模型，如图 4.2 所示。

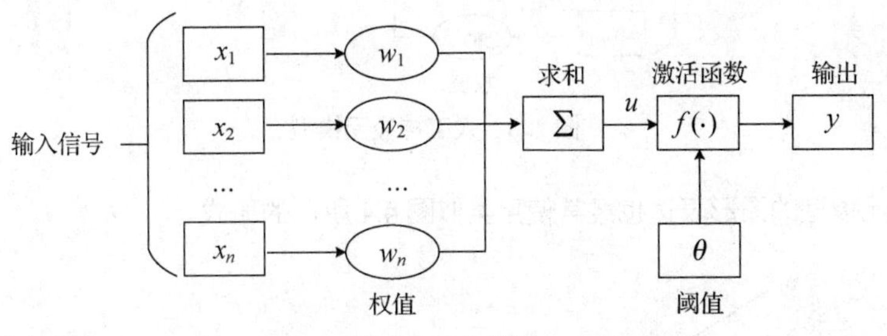

图 4.2　MP 模型

MP 模型的基本思想很简单。它仿照生物神经元接收多个输入信号，并在一定阈值的作用下产生输出信号。其与生物神经元的主要区别在于，该模型中添加了权值，权值可以取正值或负值，用于模拟神经元中的兴奋和抑制作用。所有输入信号在权值下累加求和。图 4.2 中，字母 w 称为权值（或权重、权数），是一个浮点数。人工神经元的每一个输入都与一个权值 w 相联系，正是这些权值决定了神经元的整体活跃性。可以假设这些权值都被设置为−1～1 的一个随机小数。因为权值可正可负，所以能对与它关联的输入施加不同的影响。如果权值为正，则其会有激发作用，即神经元的输入与输出之间可以传输信号；如果权值为负，则其会有抑制作用，即神经元的输入与输出之间没有传输信号。

在 MP 模型中，来自第 i 个神经元的输入信号 $x_i(i=1,\cdots,n)$ 进入神经元后，与第 i 个神经元的权值 $w_i(i=1,\cdots,n)$ 相乘（加权），所有输入信号经加权求和后得到信号 u。$f(\cdot)$ 是一个激活函数，利用激活函数的性质可以拟合神经元的非线性，决定神经元的信号输出。神经元是否被激活，取决于 u 是否超过某一阈值 θ。如果激活函数是一个阶跃函数，则当 u 超过 θ 时，就会产生一个值为 1 的输出信号（被激活的神经元会输出脉冲）；否则，输出一个 0（神经元没有被激活，没有信号输出）。除了阶跃函数，激活函数也可以选用 Sigmoid 函数等其他函数，激励值是一个浮点数，可正可负。

上述神经元的活动可以用式（4-1）和式（4-2）进行表达。

$$u=\sum_{i=1}^{n}w_i x_i \tag{4-1}$$

$$y = f(u-\theta) = f\left(\sum_{i=1}^{n} w_i x_i - \theta\right) \tag{4-2}$$

将式（4-2）进行整理，则有

$$a = \sum_{i=0}^{n} w_i x_i \tag{4-3}$$

$$y = f(a) = f\left(\sum_{i=0}^{n} w_i x_i\right) \tag{4-4}$$

在式（4-3）和式（4-4）中，当 $x_0 = -1$ 时，权值 $w_0 = \theta$。

式（4-4）相当于把图 4.2 中 MP 模型的输入维数增加 1，即将 θ 整合后输入，使人工神经元多了 1 个新的连接，而成为图 4.3 所示的形式。

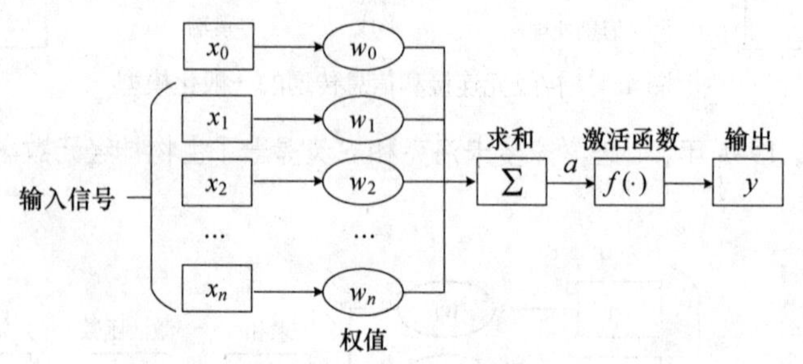

图 4.3　人工神经元模型

人工神经元模型的图形表达也经常使用类似图 4.4 所示的形式。

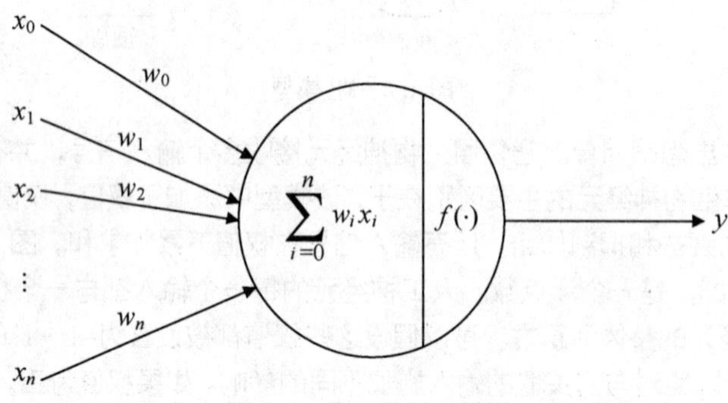

图 4.4　人工神经元模型

自 MP 模型被提出以后，研究人员提出了很多不同类型和结构的人工神经网络。最早的人工神经网络就是感知机模型。

4.1.2　感知机模型

1958 年，罗森布拉特提出由两层神经元组成的人工神经网络模型——“感知机”（perceptron）。感知机是首个可以“学习”的人工神经网络模型，能够识别简单图像。它把人工神经网络从纯理论探讨引向工程上的实现，在当时的社会中引起了轰动。人们认为已经发现了智能的奥秘，许多学者和科研机构纷纷投入神经网络的研究中。这一时期的研究热潮一直到 1969 年才退去。

今天，虽然感知机已经不是人工神经网络的主流方法，但是作为人工神经网络领域承上启下的关键，其对后来发展多层神经网络一直到深层神经网络都奠定了基础。

1. 单层感知机

感知机模型是一个只有单层计算单元的前馈神经网络，称为单层感知机，其结构如图 4.5 所示。图中，圆圈代表神经元，神经元作为基本单位，也是输入信号 $a_i(i=1,2,3)$ 的节点；权值 $w_i(i=1,2,3)$ 模拟生物神经元间的连接关系，在输入层和输出层的神经元之间建立起连接关系，同一层神经元之间不连接。单层感知机的网络结构可以用式（4-5）进行表达。

$$y=g[\sum(w_i\times a_i)]=g(w_1\times a_1+w_2\times a_2+w_3\times a_3) \quad (4\text{-}5)$$

式中，$y(y_1,y_2)$ 代表单层感知机的输出信号；$a(a_1,a_2,a_3)$ 和 $w(w_1,w_2,w_3)$ 分别代表单层感知机的输入信号和权值；$\sum$ 将所有的输入信号加权求和；功能函数 $g(\cdot)$ 类似神经元模型中的激活函数 $f(\cdot)$，$g(\cdot)$ 决定输出信号 y 的状态。图 4.5 所示的单层感知机近似模拟了神经元的功能，现在利用这个模型可以实现简单的二分类。

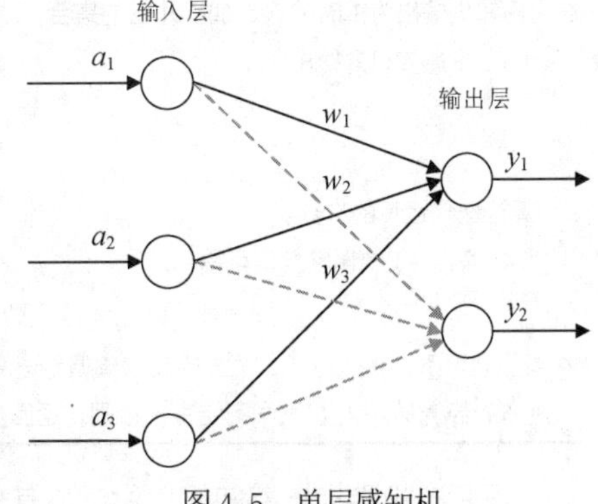

图 4.5 单层感知机

【例 4.1】假设待分类的生鲜有豆角、绿苹果、茄子、洋葱和西瓜，要求将它们分成水果和蔬菜两类。

解： 首先，对待分类的生鲜进行特征提取，并将颜色、形状和口感 3 个特征量作为输入，分别用 a_1、a_2、a_3 来表示，设定生鲜的特征值如表 4.1 所示。表 4.1 中，颜色特征值为 1 代表绿色，–1 代表紫色；形状特征值为 1 代表圆形，–1 代表条形；口感特征值为 1 代表生吃好吃，–1 代表生吃不好吃。

表 4.1 特征值定义

生鲜	颜色 a_1	形状 a_2	口感 a_3
豆角	1	–1	–1
绿苹果	1	1	1
茄子	–1	–1	–1
洋葱	–1	1	–1
西瓜	1	1	1

其次，定义单层感知机的输出 $y_1=1$ 代表水果，$y_2=-1$ 代表蔬菜。假设权值 $w_1=w_2=w_3=1$，功能函数 $g(\cdot)$ 选用 sign 函数 $g(x)=\begin{cases}1, & x\geqslant 0,\\ -1, & x<0,\end{cases}$ 则利用式（4-5）计算的分类结果如下。

豆角：$y=g[1\times1+1\times(-1)+1\times(-1)]=g(-1)=-1=y_2$。

绿苹果：$y=g(1\times1+1\times1+1\times1)=g(3)=1=y_1$。

茄子：$y=g[1\times(-1)+1\times(-1)+1\times(-1)]=g(-3)=-1=y_2$。

同理，洋葱 $g(-1)=-1=y_2$、西瓜 $g(3)=1=y_1$。实验结果表明，图 4.5 中的单层感知机能够对表 4.1 中的生鲜进行准确的分类。

注意，上述分类结果都是基于预设权值 $w_1=w_2=w_3=1$ 的前提实现的，如果我们调整权值，就会出现另一种分类结果。要实现正确分类，关键是要选择或者找到一组合适的权值。在实际应用中，我们很难直接凭经验给出正确的权值，这就需要利用一些方法或算法找到它，这个过程就是“学习”，或者又称为“训练”。不管是传统的神经网络，还是深度神经网络，核心的工作都是找合适的权值 w，一旦找到，神经网络或深度神经网络就可以像这个例子一样进行正确分类。

单层感知机学习（或训练）的过程，就是调整权值 w 的过程，深度学习中的“调参”（调整权值参数）也是这个意思。首先，把权值初始化为较小的、非零的随机数，然后把有 n 个权值的输入网络经加权求和运算和功能函数处理后，如果得到的输出与所期望的输出有较大的差别，就对权值参数按照某种“学习规则”进行自动调整，算法一直循环直至所得输出与期望的输出间的差别满足要求为止。单层感知机的训练过程可参考算例 4.1。

算例 4.1　单层感知机的训练

（1）设置权值的初值 $w_j(0)$ $(j=0,1,2,\cdots,n)$ 为较小的随机非零值。

（2）给定输入/输出样本 $\{a_q,t_q\}$　$(q=1,2,\cdots,Q)$，其中

$$a_q=(a_{1q},a_{2q},\cdots,a_{nq}),\quad t_q=\begin{cases}+1, & u_q\in O\\ -1, & u_q\in X\end{cases}$$

O 为感知机输出为 1 时的输入加权和值的集合；X 为感知机输出为−1 时的输入加权和值的集合。

（3）求感知机的输出

$$y_q(k)=g\left[\sum_{j=0}^{n}w_j(k)a_{jq}\right] \tag{4-6}$$

k 为算法迭代运算的次数。

（4）第 $k+1$ 次调整权值可得

$$w_j(k+1)=w_j(k)+\alpha[t_q-y_q(k)]a_{jq} \tag{4-7}$$

α 表示学习率，$0<\alpha<1$，负责控制权值调整速度。

（5）若 $y_q(k)=t_q$，则学习结束；否则，返回步骤（4）。

罗森布拉特提出感知机之后，与其他研究人员一起证明了感知机能够通过学习执行相对简单的感知任务，而且在数学上证明了：对于一个特定的任务类别，原则上只要感知机经过充分的训练，就能学会准确无误地执行该任务。

事实上，经过训练的感知机为获得大量输入而找到一组权值在数学上只是一种线性回归，这不足以解决计算机视觉等很多人工智能难题。单层感知机是一个线性分类器，能够解决线性分类问题，而对于非线性的分类问题（如经典的异或问题）却无能为力。

2. 多层感知机

单层感知机不能表达的问题被称为线性不可分问题。在单层感知机的输入层和输出层之间加入一层或多层处理单元，就构成了多层感知机。多层感知机只允许某一层的权值可调，这是因为无法知道网络隐藏层的神经元的理想输出，所以难以给出一个有效的多层感知机的学习算法。多层感知机克服了单层感知机的许多缺点，并解决了原来的一些单层感知机无法解决的问题。

图 4.6 所示的这种多层感知机具有非常好的非线性分类效果，其计算公式如下。

$$a^{(2)}=g(w^{(1)}\times a^{(1)}) \tag{4-8}$$

$$y=g(w^{(2)}\times a^{(2)}) \tag{4-9}$$

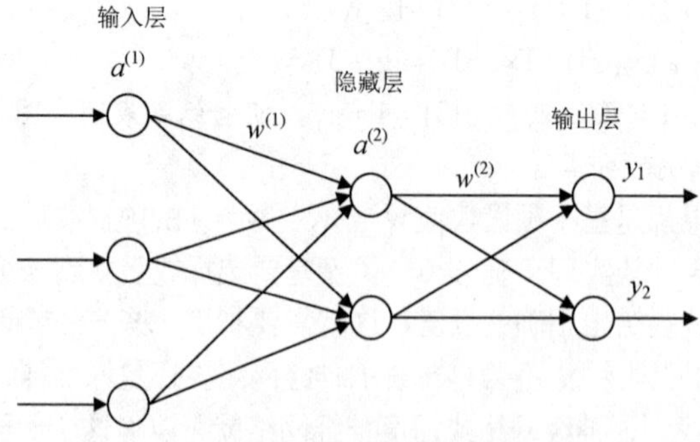

图 4.6　多层感知机

式（4-8）和式（4-9）中，$y(y_1,y_2)$ 代表多层感知机的输出信号；$a^{(1)}$ 和 $a^{(2)}$ 分别代表多层感知机的第 1 层和第 2 层的输入信号，同时 $a^{(2)}$ 也是第 1 层网络的输出信号；$w^{(1)}$ 和 $w^{(2)}$ 分别代表多

层感知机的第 1 层和第 2 层的权值。

单层感知机只是将输入信号进行加权处理，为了更好地拟合“信号超过阈值电位则信号输出的神经元特性”，以及更容易地处理数据，很多时候偏置（bias）节点（简称偏置）在模型中是必不可少的。带偏置 $b^{(1)}$、$b^{(2)}$ 的多层感知机结构如图 4.7 所示。

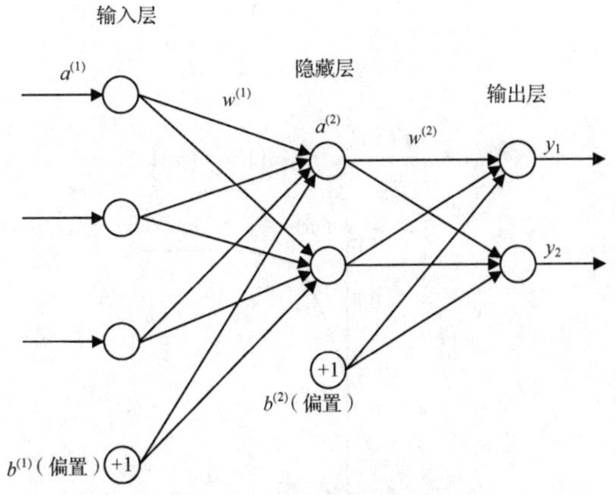

图 4.7　带偏置的多层感知机

注：“+1”表示偏置节点的输入值为 1。

在人工神经网络中，偏置是默认存在的，而且它非常特殊（没有输入）。加入偏置后的计算公式如下。

$$a^{(2)} = g(w^{(1)} \times a^{(1)} + b^{(1)}) \tag{4-10}$$

$$y = g(w^{(2)} \times a^{(2)} + b^{(2)}) \tag{4-11}$$

式（4-10）和式（4-11）中，$b^{(1)}$和$b^{(2)}$分别表示多层感知机的输入层和隐藏层的偏置。

单层感知机具有局限性的典型实例使它无法学习异或函数。带有隐藏层的多层感知机（即多层人工神经网络）通过矩阵和向量相乘（本质上是做了一次线性变换），可使原来线性不可分的问题变为线性可分问题。这种带有隐藏层的神经网络为更复杂的算法、网络拓扑学、深度学习奠定了基础。

4.2　人工神经网络的训练——BP 算法

到目前为止，通过学习神经元和感知机模型，大家应该对基本的人工神经网络有了初步的了解，在此基础上训练一个人工神经网络模型（找到合适的权值 w 和偏置 b）才是我们当下需要重点解决的问题。在感知机的基础上，如果增加层数，就可构成具有隐藏层的多层人工神经网络。多层人工神经网络需要更强大的算法进行训练。反向传播算法是迄今为止较成功和使用较多的神经网络学习算法。

BP 算法是一种相对感知机的简单学习规则有了较大改进的学习算法，其通用“学习规则”的本质就是梯度下降，即找到一个函数的局部极小值。梯度下降法是一个一阶最优化算法，要找到一个函数的局部极小值，就必须在函数上当前点对应梯度（或者是近似梯度）的反方向以规定步长进行迭代搜索。

一般而言，当人工神经网络的网络结构确定之后，就可以利用算法对其进行训练了。通过算例 4.1 可知，正确分类的关键就是选择或者找到一组合适的权值 w，如果考虑到网络的偏置 b，那么算法训练的根本目的就是找到合适的 w 和 b，具体做法如下。

1. 激活函数的选择

激活函数 $f(\cdot)$ 选用式（4-12）所示的 Sigmoid 函数，因为是采用梯度下降法求导的，所以要求函数连续可导。Sigmoid 函数的曲线平滑连续，如图 4.8 所示，并且其具有“函数导数可以用函数本身表示”的特性，如式（4-13）所示，因此可以使用 BP 算法的公式推导获得其简化的表达。

$$f(x)=\frac{1}{1+\mathrm{e}^{-x}} \tag{4-12}$$

$$\frac{\partial f(x)}{\partial x}=f(x)\left[1-f(x)\right] \tag{4-13}$$

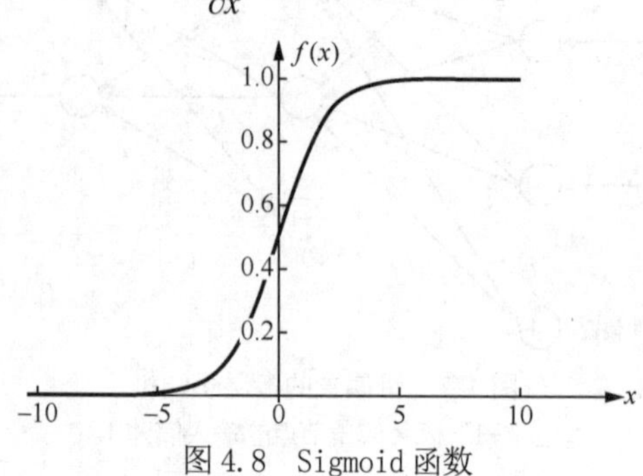

图 4.8　Sigmoid 函数

2. 确定网络模型结构和参数

仅有一个隐藏层的人工神经网络如图 4.9 所示。

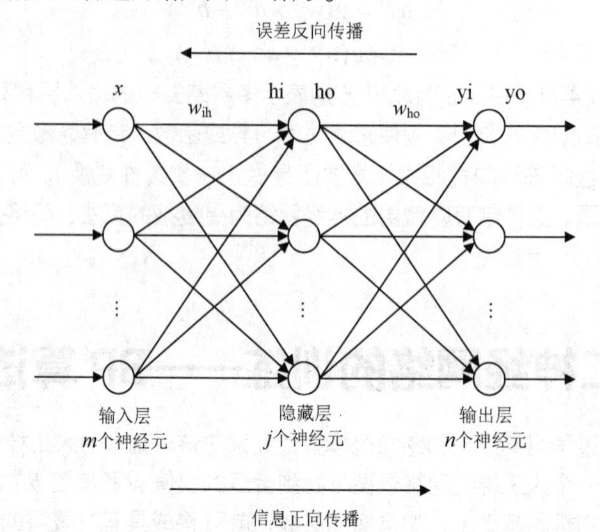

图 4.9　仅有一个隐藏层的人工神经网络

假设输入层有 m 个神经元，隐藏层有 j 个神经元，输出层有 n 个神经元，则网络模型相关参数如下。

输入层输入　　$x=(x_1,x_2,\cdots,x_m)$

隐藏层输入　　$\mathrm{hi}=(\mathrm{hi}_1,\mathrm{hi}_2,\cdots,\mathrm{hi}_j)$

隐藏层输出　　$\mathrm{ho}=(\mathrm{ho}_1,\mathrm{ho}_2,\cdots,\mathrm{ho}_j)$

输出层输入　　$\mathrm{yi}=(\mathrm{yi}_1,\mathrm{yi}_2,\cdots,\mathrm{yi}_n)$

输出层输出　　$\mathrm{yo}=(\mathrm{yo}_1,\mathrm{yo}_2,\cdots,\mathrm{yo}_n)$

期望输出　　　$d_o=(d_1,d_2,\cdots,d_n)$

输入层与隐藏层、隐藏层与输出层的权值分别为 w_{ih}（其中ih表示权值序号）和w_{ho}，隐藏层、输出层的神经元偏置分别为 b_h（其中 h 表示隐藏层神经元）和b_o。

3. 隐藏层和输出层的计算

隐藏层第 h 个神经元的输入

$$\mathrm{hi}_h(k)=\sum_{i=1}^{m}w_{\mathrm{ih}}x_i(k)+b_h \qquad h=1,2,\cdots,j \tag{4-14}$$

隐藏层第 h 个神经元的输出

$$\mathrm{ho}_h(k)=f[\mathrm{hi}_h(k)] \qquad h=1,2,\cdots,j \tag{4-15}$$

输出层第 o 个神经元的输入

$$\mathrm{yi}_o(k)=\sum_{h=1}^{j}w_{\mathrm{ho}}\mathrm{ho}_h(k)+b_o \qquad o=1,2,\cdots,n \tag{4-16}$$

输出层第 o 个神经元的输出

$$\mathrm{yo}_o(k)=f[\mathrm{yi}_o(k)] \qquad o=1,2,\cdots,n \tag{4-17}$$

上述式（4-14）～式（4-17）中的k为 BP 算法训练的迭代次数，$k=1,2,\cdots,N$，N为迭代总次数。

4. 损失函数 P的计算

我们需要找到一组权值w，让系统的实际输出 yo 等于或接近期望输出d_o。式（4-18）用损失函数 P 来计算实际输出和期望输出的差距，这是一种常用的误差计算办法（均方误差）。基于该方法可将求权值w问题变为求P的极小值问题。

$$P=\frac{1}{2}\sum_{o=1}^{n}[d_o(k)-\mathrm{yo}_o(k)]^2 \tag{4-18}$$

采用梯度下降法找到损失函数P的局部极小值。

$$\begin{aligned}\frac{\partial P}{\partial w_{\mathrm{ho}}}&=\frac{\partial P}{\partial \mathrm{yi}_o}\cdot\frac{\partial \mathrm{yi}_o}{\partial w_{\mathrm{ho}}}\\&=-\underbrace{[d_o(k)-\mathrm{yo}_o(k)]f'[\mathrm{yi}_o(k)]}_{\delta_o(k)}\mathrm{ho}_h(k)\\&=-\delta_o(k)\mathrm{ho}_h(k)\end{aligned} \tag{4-19}$$

其中，

$$\delta_o(k)=[d_o(k)-\mathrm{yo}_o(k)]f'[\mathrm{yi}_o(k)] \tag{4-20}$$

$$\begin{aligned}\frac{\partial P}{\partial w_{\mathrm{ih}}}&=\frac{\partial P}{\partial \mathrm{hi}_h(k)}\cdot\frac{\partial \mathrm{hi}_h(k)}{\partial w_{\mathrm{ih}}}\\&=-\underbrace{\left[\sum_{o=1}^{n}\delta_o(k)w_{\mathrm{ho}}\right]f'[\mathrm{hi}_h(k)]}_{\delta_h(k)}x_i(k)\\&=-\delta_h(k)x_i(k)\end{aligned} \tag{4-21}$$

其中，

$$\delta_h(k)=\sum_{o=1}^{n}\delta_o(k)w_{\mathrm{ho}}f'[\mathrm{hi}_h(k)] \tag{4-22}$$

这里省略式（4-19）和式（4-21）的详细推导过程。由式（4-22）可以看到，误差项$\delta_h(k)$可以由误差项$\delta_o(k)$计算得到，即使存在多个隐藏层，这个特性也依然成立，即某一层的一个神经元的误差项是所有与该神经元相连的一层的神经元的误差项乘以权值再求和，然后乘该神经元激活函数的梯度。这就是误差的反向传播。

5. 调整权值参数

$$w_{\mathrm{ho}}^{N+1}=w_{\mathrm{ho}}^{N}+\eta\delta_o(k)\mathrm{ho}_h(k) \tag{4-23}$$

$$w_{\text{ih}}^{N+1} = w_{\text{ih}}^{N} + \eta \delta_h(k) x_i(k) \quad (4\text{-}24)$$

式（4-23）和式（4-24）中，η 为控制权值调整速度的常数，又称为学习率，$0 < \eta < 1$；N 是算法迭代次数，w_{ho}^{N} 和 w_{ho}^{N+1} 分别表示采用梯度下降法调整前和调整后隐藏层和输出层之间的权值参数；w_{ih}^{N} 和 w_{ih}^{N+1} 分别表示采用梯度下降法调整前和调整后输入层和隐藏层之间的权值参数。

可见，BP 算法的训练结果取决于输出的误差和相邻的权值，误差是从最后一层到第一层反向传播的。将"误差修正型"的学习规则与梯度下降法结合使用，是训练人工神经网络的一种常见方法。该方法会对网络中的所有权值计算损失函数的梯度，这个梯度可用于更新权值以获得最小化损失函数。多层神经网络的训练（学习），除了权值的参数调整，偏置也可利用梯度下降法进行调整。

BP 算法的训练过程如算例 4.2 所示，这是一个反复迭代以修正权值参数的过程。BP 算法训练过程分为以下两个阶段。

第一阶段，将输入信号通过整个神经网络正向（向前）传播，直到最后一层。这个过程称为前馈。

第二阶段，该算法会计算一个误差，然后从最后一层到第一层反向传播该误差，并采用梯度下降法找到损失函数的局部极小值，以调整权值和偏置。

BP 算法的终止条件是迭代次数达到设定的最大迭代次数 N，也可以通过设置全局误差来制订终止条件，在不满足终止条件时，算法会不停地迭代，直到得出最优的模型。

算例 4.2　BP 算法的训练

输入：训练集 $(x^{(i)}, y^{(i)})$，$i = 1, \cdots, N$，N 是最大迭代次数。

输出：w, b（w 是权值，b 是偏置）。

初始化 w, b：

　　for $t = 1 \cdots N$ do

　　　for $i = 1 \cdots N$ do

（1）式（4-14）和式（4-16）前馈计算隐藏层和输出层的状态，式（4-15）和式（4-17）前馈计算隐藏层和输出层的激活值，直到最后一层。

（2）式（4-20）和式（4-22）反向计算每一层的误差 $\delta^{(l)}$，l 为网络的层数。

（3）式（4-19）和式（4-21）计算每一层参数的偏导，k 为算法迭代运算的次数。

$$\frac{\partial P}{\partial w_{\text{ho}}^{(l)}} = -\delta_o^{(l)}(k)\text{ho}_h^{(l)}(k) \quad (4\text{-}25)$$

$$\frac{\partial P}{\partial w_{\text{ih}}^{(l)}} = -\delta_h^{(l)}(k) x_i^{(l)}(k) \quad (4\text{-}26)$$

（4）更新参数。

$$w_{\text{ho}}^{(l)} = w_{\text{ho}}^{(l)} + \eta \frac{\partial P}{\partial w_{\text{ho}}^{(l)}} \quad (4\text{-}27)$$

$$w_{\text{ih}}^{(l)} = w_{\text{ih}}^{(l)} + \eta \frac{\partial P}{\partial w_{\text{ih}}^{(l)}} \quad (4\text{-}28)$$

偏置也采用上述梯度下降法进行调整。

η 为控制权值调整速度的常数，$0 < \eta < 1$。

　　end

end

注意，BP 算法作为传统多层感知机的训练方法，对 5 层以上的神经网络训练的结果很不理想。对于具有多隐藏层的深度网络，基于梯度下降法的 BP 算法很容易在训练网络参数时收敛于局部极小值。此外，BP 算法训练网络参数还存在很多实际问题，例如，需要大量的标签样本来训练网络的权值，多隐藏层的权值的训练速度很慢，权值的调整（修正）效果会随反向传播层数的增加而逐渐削弱等。

1974 年，保罗·韦伯斯提出采用 BP 算法来训练一般的人工神经网络，如只有两个隐藏层的网络。由于早期多层神经网络很罕见，因此该算法直到进一步被辛顿和杨立昆等人应用于训练具有深度结构的神经网络后，才真正受到重视并发展起来。BP 算法不仅适用于前馈神经网络，还适用于其他类型的神经网络，如典型的递归神经网络。

4.3 卷积神经网络原理

卷积神经网络（CNN）是人工神经网络中的一种经典模型，它是受到 3.3 节中所介绍的脑的视觉机制的启发而发展出来的一种模型。基于 CNN 设计的深度神经网络对于大尺寸图像处理有很好的表现，已经在图像处理、人脸识别等计算机视觉方面得到了广泛应用。它的核心思想是通过深层网络对图像的低级特征进行提取，随着网络层数的加深，将低级特征不断地向高级特征映射，在最后的高级映射特征中完成分类识别等工作。CNN 图像识别的效果如图 4.10 所示，通过深度神经网络多层卷积，可以将简单模式组合成复杂模式。深度神经网络在浅层学到的特征为简单的边缘、角点、纹理、几何形状、表面等，在深层学到的特征则更为复杂抽象，如狗、人脸、键盘等。

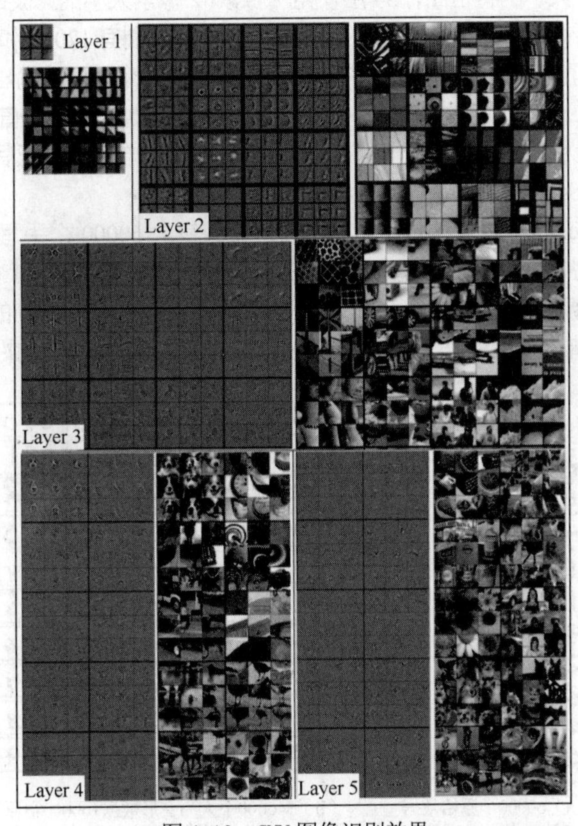

图 4.10　CNN 图像识别效果

1998 年，杨立昆提出了一种基于 CNN 的模型，即 LeNet-5 模型，用在邮局中识别手写体数字，这是早期具有代表性的神经网络模型。虽然 LeNet-5 模型的规模较小，但它包含卷积层、

池化层、全连接层等，这些都是之后构建深度神经网络的基本组件。LeNet-5 模型如图 4.11 所示，其采用 7 层网络结构（不含输入层），由 C1 和 C3 两个卷积层、S2 和 S4 两个池化层（也称为下采样层）、C5 和 F6 两个全连接层及一个输出层构成，输入为一张 32 像素×32 像素大小的灰度图像。

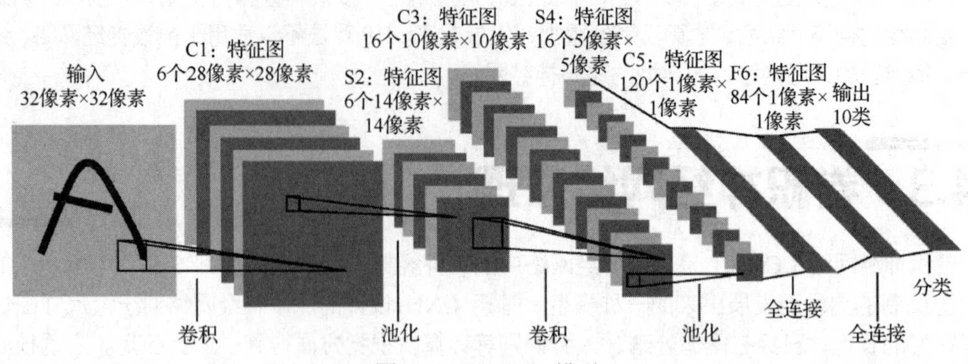

图 4.11　LeNet-5 模型

C1 层用了 6 个 5 像素×5 像素大小的滤波器，步长为 1，C1 卷积后得到 6 个 28 像素×28 像素大小的特征图，特征图中每个神经元与输入中 5 像素×5 像素的邻域相连；S2 层使用 2 像素×2 像素大小的滤波器，步长为 2，平均池化后得到 6 个 14 像素×14 像素大小的特征图；C3 卷积后得到 16 个 10 像素×10 像素大小的特征图，S4 层使用 2 像素×2 像素大小的滤波器，步长为 2，平均池化后得到 16 个 5 像素×5 像素大小的特征图；C5 层和 F6 层分别有 120 个和 84 个特征图，在输出层中进行分类，分为了 10 类（数字 0~9 的概率），每类由 1 个神经元输出，每个神经元连接来自 F6 层的 84 个输入。随着网络越来越深，图像的宽度和高度越来越小。值得注意的是，由于 C5 层用了 5 像素×5 像素大小的滤波器，与 S4 层特征图的大小一样，C5 卷积后的特征图为 1 像素×1 像素大小，这构成了 S4 层和 C5 层之间的全连接。

图 4.12 所示是 LeNet-5 模型的数字识别效果，使用包含 60000 个手写数字的原始数据集[见图 4.12（a）]测试模型，所得测试错误率为 0.95%；在原始数据集的基础上，加入 540000 个经人为变形的数字构成的新的数据集[见图 4.12（b）]，对模型进行测试，得到的测试错误率为 0.8%。研究表明，随着训练样本规模的增大，深度神经网络会表现出近乎线性的性能提升。

（a）60000个原始数据
测试错误率：0.95%

（b）540000个人为变形数据+60000个原始数据
测试错误率：0.8%

图 4.12　LeNet-5 模型的数字识别效果

4.3.1 稀疏连接与全连接

CNN 的神经元之间的连接模式类似于视觉皮层组织，个体皮层神经元仅在被称为感受野的视野受限区域中对刺激做出反应。不同神经元的感受野会部分重叠，从而实现覆盖整个视野。

传统人工神经网络通常在各层之间采用全连接，全连接的形式如图 4.13（a）所示，连接层中的每个节点都与上一层的所有节点相连；图 4.13（b）所示是一种稀疏连接（sparse connectivity），连接层中的每个节点仅与上一层的某几个节点相连。

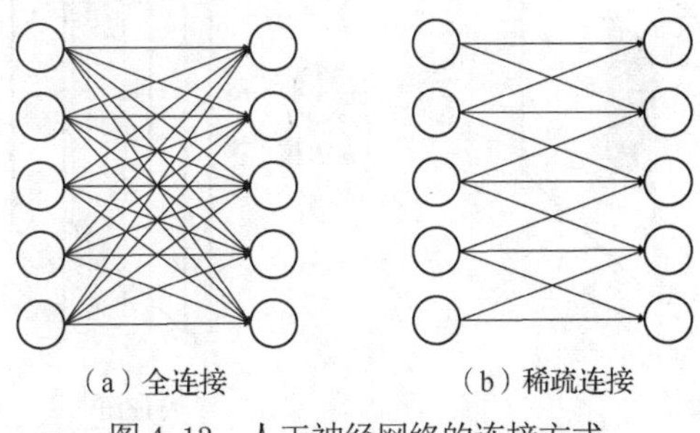

图 4.13　人工神经网络的连接方式

全连接会造成权值参数的冗余，而 CNN 采用稀疏连接的网络形式，可以很大程度上降低权值参数的规模，使网络模型更加容易被训练。稀疏连接也因此成为 CNN 的一种重要思想。

4.3.2 权值共享与特征提取

除了稀疏连接，权值共享也是 CNN 的重要思想。通过感受野和权值共享可以减少神经网络需要训练的参数的个数。如图 4.14 所示，输入层读入经过规则化（统一大小）的图像，在神经网络的全连接中，一幅1000 像素 ×1000 像素的图像可以被看作一个1000 像素 ×1000 像素的方阵排列的神经元，每个像素对应 1 个神经元；局部连接将图像的一组小的局部近邻的神经元作为输入，即局部感受野。

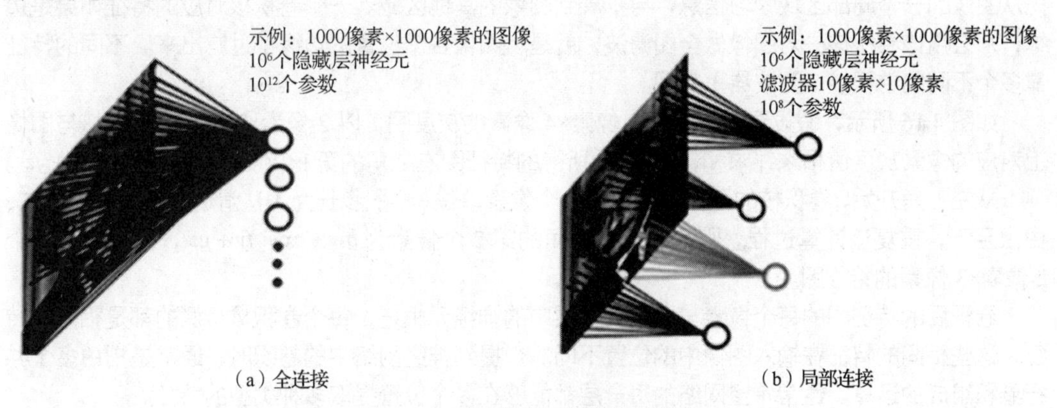

图 4.14　卷积神经网络的权值共享

如图 4.14 所示，全连接为 10^3×10^3×1024×1024（约为 10^{12}）个参数，而局部连接中应该说明每个神经元仅与图形中 10 像素×10 像素的局部图像连接，故权值参数数量为 10×10×1024×1024（约为 10^8）个。

在全连接情况下，图像的每个输入像素都与神经网络隐藏层的神经元相连；而在局部连接情况下，图像的像素通过感受野与神经网络隐藏层的神经元相连。由于图像的空间联系是局部的，因此每个神经元不需要对全部的图像做感受，只需要感受局部特征，然后在更高层将这些感受得到的不同的局部神经元综合起来即可得到全局信息，这样的方式可以减少权值的数量。

如图 4.15 所示，输入信号是 32 像素×32 像素×3 像素的图像，利用卷积核提取输入图像的局部特征，实现权值共享，相比全连接的参数数量 $32\times32\times3=3072$ 个，卷积后得到参数数量为 5×5×3=75 个的卷积核，参数数量降低了很多。通过卷积核进一步得到特征图，具体算法见 4.3.3 小节。

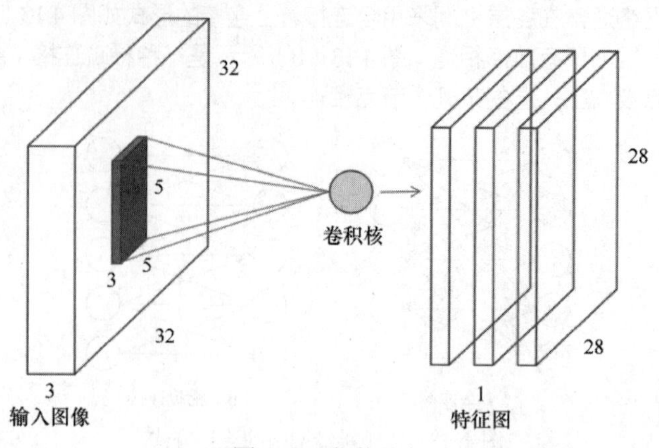

图 4.15 权值共享

从输入层到隐藏层的这种映射为特征映射，共享权值和共享偏置就是定义在特征图上的权值和偏置。神经元感受野的值越大，表示其能接触到的原始图像范围就越大，也意味着其可能蕴含更为全局、语义层次更高的特征；值越小，表示其所包含的特征越趋向于局部和细节。

4.3.3 卷积层

一般的神经网络是基于向量表达数据、用纵向排列的神经元来描述神经网络的输入的。当利用 CNN 处理图像时，图像经预处理所获得的数据（用矩阵表达）会被输入 CNN 中，由卷积层对其进行卷积操作。用一个相同的“卷积核”去卷积整幅图像，相当于对图像做一个全图滤波，即先从图像的一个局部区域学习信息，再扩展到图像的其他区域。一个卷积核对应的特征如果是边缘，那么用该卷积核去对图像做全图滤波，就是将图像各个位置的边缘都过滤出来。不同的特征靠多个不同的卷积核（滤波器）实现。

如图 4.16 所示，假设图像是一个 3 像素×4 像素的灰度图，以 2 像素×2 像素的卷积核与图像上对应的像素灰度值相乘并求和，则卷积后所得的特征图左上角的第 1 个像素为 $aw+bx+ey+fz$ 。

从左上角开始，卷积核的计算每次滑动 1 个像素单位（卷积步长为 1），滑动顺序为由左至右、由上至下，重复该计算过程，则特征图左上角的第 2 个像素为 $bw+cx+fy+gz$ ，最终输出一个 2 像素×3 像素的特征图。

卷积后的特征图的每个像素与网络隐藏层中的神经元相连，每个卷积核检测的都是相同的特征，这些相同的特征在输入图像中的位置不同。当提到神经网络中的卷积时，通常是指由多个并行卷积组成的运算。通常希望网络的每一层都能够在多个位置提取多种类型的特征。

此外，图像输入通常也不仅是实值的网格，也可能是由一系列观测数据的向量构成的网格。例如，一幅彩色图像在每个像素点处都会有红、绿、蓝 3 种颜色的亮度。在多层卷积网络中，第二层的输入是第一层的输出，通常在每个位置包含多个不同卷积的输出。当处理图像时，通常把卷积的输入与输出都看作三维的张量。

如图 4.17 所示，假设输入的是一个 7 像素×7 像素×3 像素（高度×宽度×通道）的图像，如果用 3 像素×3 像素×3 像素的卷积核对其进行特征提取，卷积核移动步长为 1 个像素，那么能获得一个 5 像素×5 像素×1 像素的局部特征图。

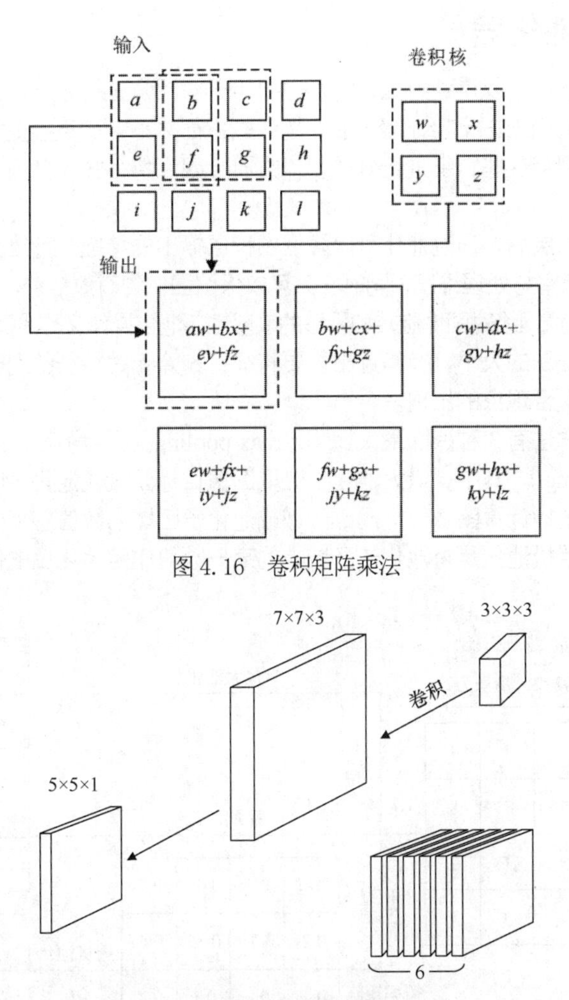

图 4.16　卷积矩阵乘法

图 4.17　卷积过程

图 4.17 中使用了 6 个卷积核分别卷积以提取特征，最终得到了 6 个特征图，将这 6 个特征图叠在一起就得到了卷积层输出的结果。卷积操作利用了权值共享，这意味着第一个隐藏层的所有神经元能检测到处于图像不同位置的同一类型的特征，因此，卷积神经网络能很好地适应图像小范围的平移，具有较好的平移不变性。

除了常规卷积，常用的卷积操作还包括空洞卷积、转置卷积、可分离卷积等，不同卷积的示意如图 4.18 所示。在计算机视觉领域，卷积操作是一种使用广泛的操作，在多个方面（图像预处理、特征提取、边缘检测等）均得到广泛应用。

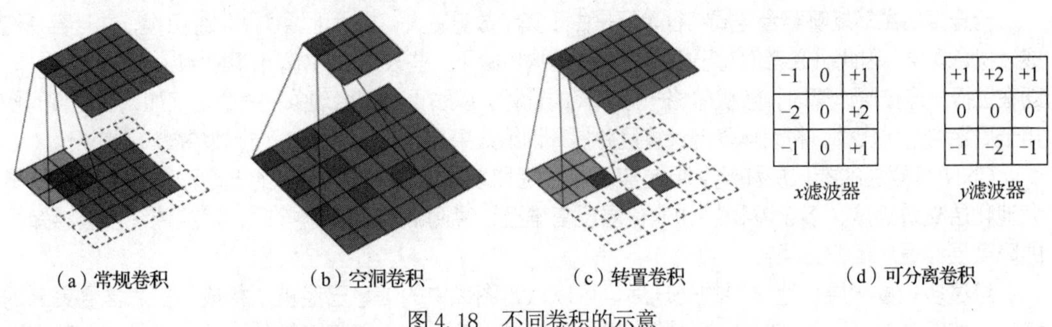

（a）常规卷积　（b）空洞卷积　（c）转置卷积　（d）可分离卷积

图 4.18　不同卷积的示意

4.3.4 池化层

图像通过卷积处理后可以得到特征，特征主要用于对图像进行分类，分类是机器学习中的重要方法（第5章将对该方法进行详细介绍）。但是这些特征并不会被直接提供给典型的分类器以用于分类。原因是直接利用这些特征进行分类，一方面会因为特征数太多而导致计算量过大，另一方面容易导致过拟合。

池化层一般在卷积层后，通过池化可以降低卷积层输出的特征向量维数。池化过程可以最大程度地降低图像的分辨率与处理维度，同时它又可以保留图像的有效信息，降低后面卷积层处理的复杂度，从而大幅度降低网络对图像旋转和平移的敏感性。池化操作又称为降采样（downsampling），主要用于降低输出特征图的大小，在筛选出主要特征、剔除无关特征的同时，减少网络整体的参数数量，从而避免过拟合现象的出现。

一般采用的池化方法有3种，即最大池化（max pooling）、平均池化（average pooling）和随机池化（random pooling）。其中，最大池化是选取图像目标区域或池化子区域中的最大值作为池化后的值；平均池化是指计算图像目标局部区域或池化子区域内数值总和的平均值，并将其作为池化后该区域的值；随机池化是将池化子区域内的某一数值作为池化后的值。3 种池化过程示意如图4.19所示。

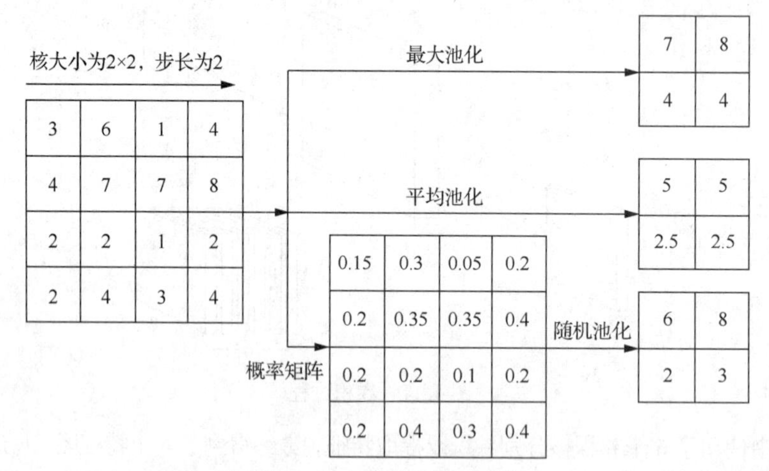

图4.19 3种池化过程示意

4.3.5 全连接层

在一个CNN模型中，如果说前面的卷积层负责不断地提取和迭代局部特征的话，那么后边的全连接层就是负责整合全局特征的。在模型的后端，往往会将最后输出的特征图拉直成一个一维向量进行计算，此时可以通过全连接层对得到的一维向量进行升维或降维，将特征进一步进行整合。

全连接层虽然能够整合全局特征，但是由于其参数量巨大，极大地增加了训练负担，并且容易造成过拟合现象，因此研究者们对于模型后端的结构也做了一些改进。例如，使用丢弃（dropout）操作，即在进行全连接层计算时，随机忽略一些节点的计算，以防止过拟合现象的发生。又如，在拉直时使用全局平均池化代替，将大幅降低计算量并提升训练效果，这在现在的许多模型中被广泛使用。

CNN隐藏层的卷积层和池化层是实现特征提取功能的核心模块。它的低隐藏层由卷积层和最大池化层交替组成，多个卷积层和池化层反复堆叠；高隐藏层是全连接层，对应传统多层感知机的隐藏层和逻辑回归分类器。

经过多轮卷积层和池化层的处理后，可以认为图像中的信息已经被抽象成了信息含量更高的特征。如图 4.19 所示，CNN 会先将多维的数据进行扁平化，即把多维的数据压缩成一维数组，然后使其与全连接层连接。在 CNN 中一般会由 1～2 个全连接层来给出最后的分类结果。

从图 4.20（a）中可以看到，随着卷积层 C、池化层 S 反复堆叠次数的增加，以及网络连接深度的增大，代表特征图的长方体横截面面积越来越小，但是长度越来越长。

如图 4.20（b）所示，全连接层 FC 的作用是分类。全连接层中每个节点都与上一层的所有节点相连，用于把前边提取到的特征综合起来。由于全相连的特性，全连接层的参数通常是最多的。全连接层可以整合卷积层或者池化层中具有类别区分性的局部信息。第一个全连接层的输入是由卷积层和子采样层进行特征提取得到的特征图，最后一层输出层是一个分类器，可以采用逻辑回归、Softmax 回归甚至是 SVM 对输入图像进行分类。详细的分类方法将在第 5 章进行介绍。

这里要强调的是，CNN 本身并不等价于深度学习，它是一种人工神经网络，也是深度神经网络的重要方法，当被用作机器学习技术时，才成为一种深度学习方法。

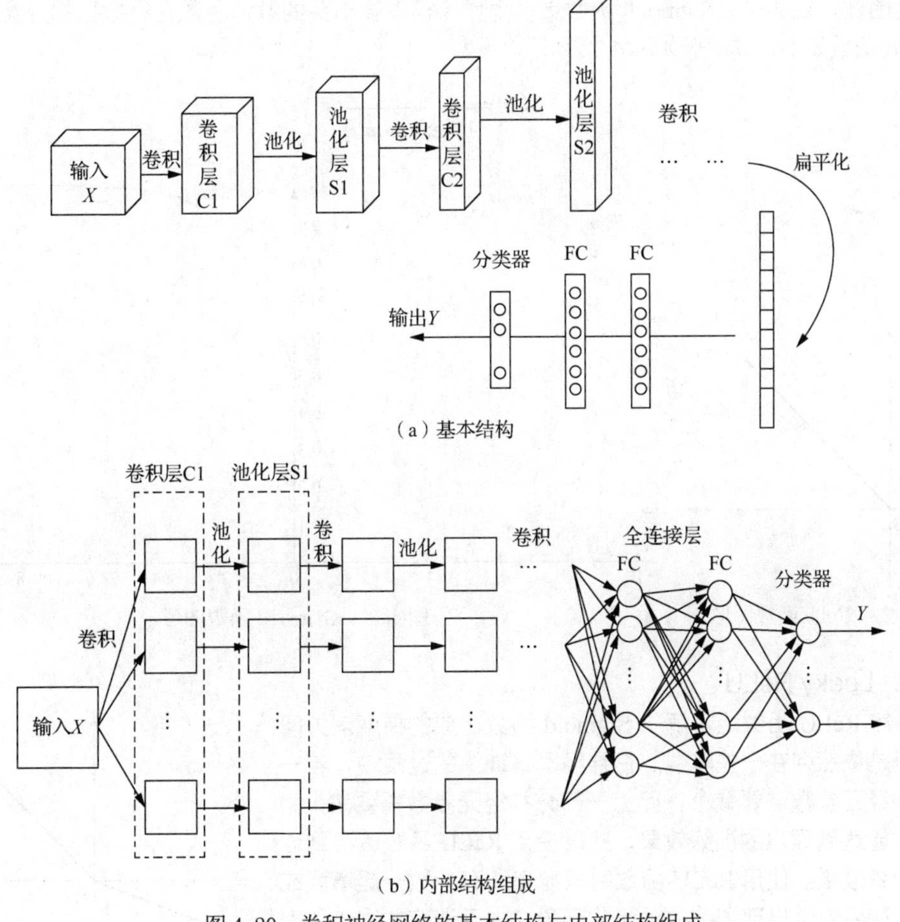

图 4.20　卷积神经网络的基本结构与内部结构组成

4.3.6　激活函数层

激活函数层能够赋予模型更强的特征提取能力，若不使用激活函数，有可能会导致模型只能学习一些简单的任务，对于语音、视频、图像等复杂数据将不能进行很好的学习。在模型搭建过程中，经常使用的激活函数有 ReLU、Sigmoid、Leaky ReLU 等。下面将分别介绍这几种常用激活函数。

1. ReLU

ReLU 作为最常使用的激活函数，正被广泛使用。在 ReLU 推广之前，人们会将 Sigmoid 函数作为模型中主要的激活函数进行运算。但是由于 Sigmoid 函数的导数取值范围为[0,0.25]，这将导致模型随着深度的增加，会出现梯度消失的问题。ReLU 函数的出现解决了这个问题。ReLU 函数的导数为 0 或 1，这使模型梯度始终维持在一个恒定的值，不会产生梯度消失问题。ReLU 函数如下，其图形如图 4.21 所示。

$$\mathrm{ReLU}(x)=\begin{cases}x, & x\geqslant 0\\ 0, & x<0\end{cases}=\max(0,x) \tag{4-29}$$

2. Sigmoid

Sigmoid 函数最初在 LeNet 中作为主要激活层函数使用，由于其导数的取值范围为[0, 0.25]，容易造成梯度消失问题。因此，在后续提出的 AlexNet 中，使用 ReLU 函数代替 Sigmoid 函数作为激活函数。现如今，Sigmoid 函数更多地作为模型输出头的激活函数进行数据的分类任务。Sigmoid 函数如下，其图形如图 4.22 所示。

$$\delta(v)=\frac{1}{1+\exp(-m^{v})} \tag{4-30}$$

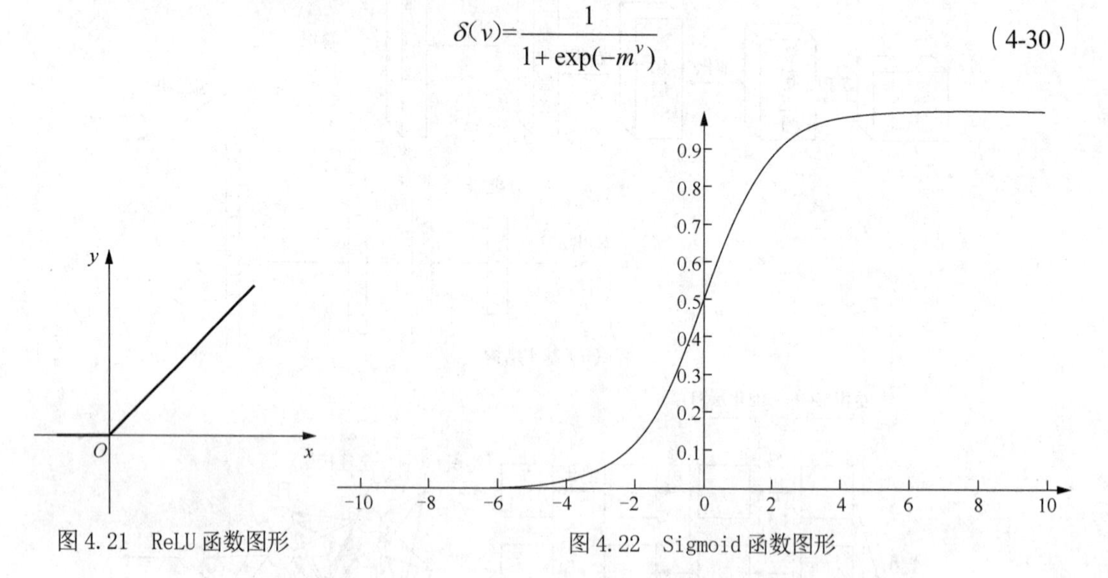

图 4.21　ReLU 函数图形

图 4.22　Sigmoid 函数图形

3. Leaky ReLU

虽然 ReLU 函数能够解决 Sigmoid 函数造成的梯度消失问题，但是依然存在一些弊端。在神经网络训练的过程中，若一部分神经元参数需要减小，而另一部分神经元参数需要增大，这样才能达到理想的训练效果，此时使用 ReLU 函数达不到理想的训练效果。使用 ReLU 函数时只能使所有参数一起增大或减小，这将导致出现训练的锯齿化现象。由于训练的锯齿化现象，研究者们提出了 Leaky ReLU 函数。通过 Leaky ReLU 函数的改进，模型在更新神经元参数时能够满足一部分参数增大而另一部分参数减小的要求。Leaky ReLU 函数如下，其图形如图 4.23 所示。

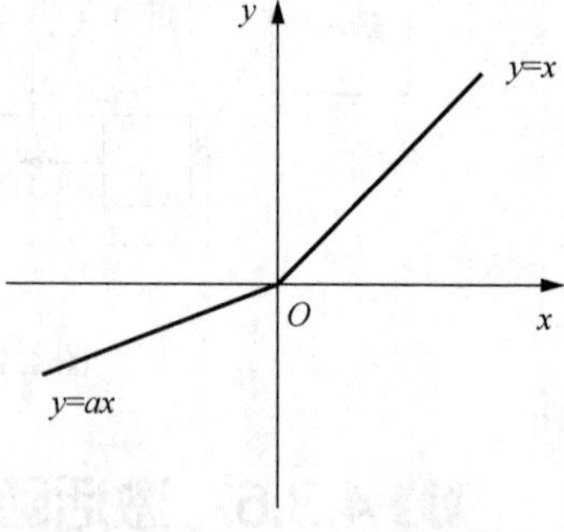

图 4.23　Leaky ReLU 函数图形

$$\text{Leaky ReLU}(x)=\begin{cases}x, & x\geqslant 0\\ ax, & x<0\end{cases} \tag{4-31}$$

4.3.7 损失函数

卷积神经网络常用于分类等任务。在分类任务中，损失函数至关重要。损失函数是用来估计模型预测值与实际值差距的函数，是整个分类网络中的枢纽，决定分类网络的目标任务。通常使用 $L[Y,f(x)]$ 表示损失函数，其中 Y 表示实际值；$f(x)$ 表示模型预测值，是一个非负函数。在模型训练过程中，验证集或测试集的损失越小，通常认为模型的训练效果及鲁棒性越好。

常见的损失函数如下。

（1）0-1 损失函数

$$L[Y,f(x)]=\begin{cases}1, & Y \neq f(x)\\0, & Y=f(x)\end{cases} \tag{4-32}$$

在该损失函数中，若预测值与实际值相等，则输出 0，否则输出 1。然而在实际应用中，我们允许模型的预测值存在一些误差，因此会对条件进行一定的放松，公式如下所示。

$$L[Y,f(x)]=\begin{cases}1, & |Y-f(x)| \geqslant T\\0, & |Y-f(x)|<T\end{cases} \tag{4-33}$$

其中，T 为预设的误差阈值。

（2）绝对值损失函数

在 0-1 损失函数中，虽然对条件进行了一定的放松，但是由于该损失函数的输出值只能为 0 或 1，对训练效果的表示过于刻板，因此出现了类似于绝对值损失函数的软损失函数，公式如下所示。

$$L[Y,f(x)]=|Y-f(x)| \tag{4-34}$$

（3）平方损失函数

平方损失函数是从最小二乘法角度考虑，目的是使所有的模型预测点拟合真实标签曲线，公式如下所示。

$$L[Y,f(x)]=\sum_{N}[Y-f(x)]^{2} \tag{4-35}$$

（4）对数损失函数

在分类任务中，常使用对数损失函数。该函数假设样本服从伯努利分布（0-1 分布），进而利用最大似然函数求取该分布的似然函数，从形式上看等价于交叉熵损失函数，公式如下所示。

$$L[Y,P(Y \mid X)]=-\log P[(Y \mid X)]=\frac{1}{N}\sum_{i=1}^{N}\sum_{j=1}^{M} y_{ij}\log(p_{ij}) \tag{4-36}$$

式中，Y 为输出变量；X 为输入变量；L 为损失函数；N 为输入样本量；M 为可能的类别数；y_{ij} 是一个二值指标，表示类别 j 是否输入实例 x_i 的真实类别；p_{ij} 为模型或分类器预测输入实例 x_i 属于类别 j 的概率。

4.3.8 CNN 算法

CNN 算法的训练过程主要包括前向传播和反向传播两步，前向传播由左至右，传播数据信息；反向传播由右至左，传播误差。CNN 算法的训练见算例 4.3。

算例 4.3　CNN 算法的训练

初始化

步骤 1：前向传播。

前向传播是数据经过 CNN 模型不断提取特征进行分类的过程。

① 输入层输入数据，对数据进行预处理，如进行去均值和归一化等操作，然后将其送入卷积层中。

② 在卷积层实现权值共享，减少模型参数，并有效地检测出图像中的特征。

③ 使用激活函数对卷积层的输出做非线性映射，经过激活函数处理后，将图像输入池化层。激活函数对卷积层的输出做非线性映射，常用的激活函数有 Sigmoid、tanh 和 ReLU 等。卷积层的卷积操作仅是线性运算，无法形成复杂的模型。激活函数为模型加入非线性元素，可以提高模型的表达能力。

④ 通过池化操作，对数据进行向下采样，减少模型参数，降低模型的复杂度，减轻过拟合。

⑤ 卷积层和池化层重复堆叠（重复②～④的操作），堆叠的层数是根据所处理数据的规模而确定的，模型提取到的特征逐渐由低维特征变成高维特征。浅层的卷积层只能提取到一些低级的图像特征，如边缘、角等；随着层数的加深，卷积层不断对低级特征组合迭代，进而可以提取到复杂的特征。

⑥ 通过全连接层将高维特征经过整理组合输出到输出层。

⑦ 输出层通常也是一个全连接层，在输出层用 Softmax 分类器对图像进行分类。

步骤 2：反向传播。

利用损失函数计算最后一个全连接层的输出值与数据的真实值之间的误差，使用类似 BP 梯度下降法，通过误差反向传播，不断调整网络的权值和偏置，以降低输出值与真实值之间的误差。

损失函数层的作用是估算模型的预测值 $f(x)$ 与实际值 Y 的差距。该函数通常用 $L[Y, f(x)]$ 表示，是一个非负的实数值函数，其值越小，表明该网络的数据拟合性能越好。

步骤 3：不断地循环算法。

重复步骤 1 和步骤 2，直至损失函数降低到设定的值，模型达到理想的效果，训练过程结束。

4.4　循环神经网络

循环神经网络（recurrent neural network，RNN）与递归神经网络（recursive neural network，RNN）略有差别。从广义上说，递归神经网络分为结构递归神经网络和时间递归神经网络。从狭义上说，通常，递归神经网络是指结构递归神经网络，而时间递归神经网络则称为循环神经网络。两者最主要的差别就在于循环神经网络在时间维度展开，递归神经网络在空间维度展开。循环神经网络可以归类到递归神经网络。循环神经网络从 20 世纪 90 年代以后开始发展，为了使该模型可以更好地处理序列数据，研究者在结构中加入循环的概念以将信息持久化。

循环神经网络算法独有的循环结构使网络可以对早先输入的信息进行记忆，并将该记忆中的有用信息应用到后续输出的计算过程中，一般用于处理文本、音频、视频等序列数据，也可用于股票数据等具有“序列”特点的数据建模问题。该模型已经在语音识别、自然语言处理、机器翻译等众多时序分析领域中取得了巨大的成就，它与 CNN 并称为当下最热门的两大深度学习算法。

一个最基本的循环神经网络结构如图 4.24 所示。循环神经网络与 CNN 的不同之处在于：它不但考虑前一时刻的输入，而且赋予网络一种针对前面内容的“记忆”功能，即一个序列当前的输出与之前的输出有关，具体表现形式为网络会对前面的信息进行记忆，并将记忆中的有用信息应用于当前输出的计算中，即隐藏层之间的节点不再是无连接的；此外，隐藏层的输入不仅包括输入层的输出，还包括前一时刻隐藏层的输出，因此历史信息可以被循环神经网络记住，并能与输入特征共同决定输出。

循环神经网络的这种记忆特性使其特别善于处理序列数据。图 4.25 所示为循环神经网络在单个信息传输通道上的基本结构。循环神经网络模型在每个时间状态下的网络拓扑结构相同，均由 3 部分组成，即输入单元、输出单元和隐藏单元，分别使用 x_t 、 o_t 、 h_t （ $t = 0,1,2,\cdots,n$， n 为各单元总数）表示。循环神经网络的隐藏层的输出一分为二，一部分传给输出层，另一部分与下一时刻输入层的输出一起作为隐藏层的输入。

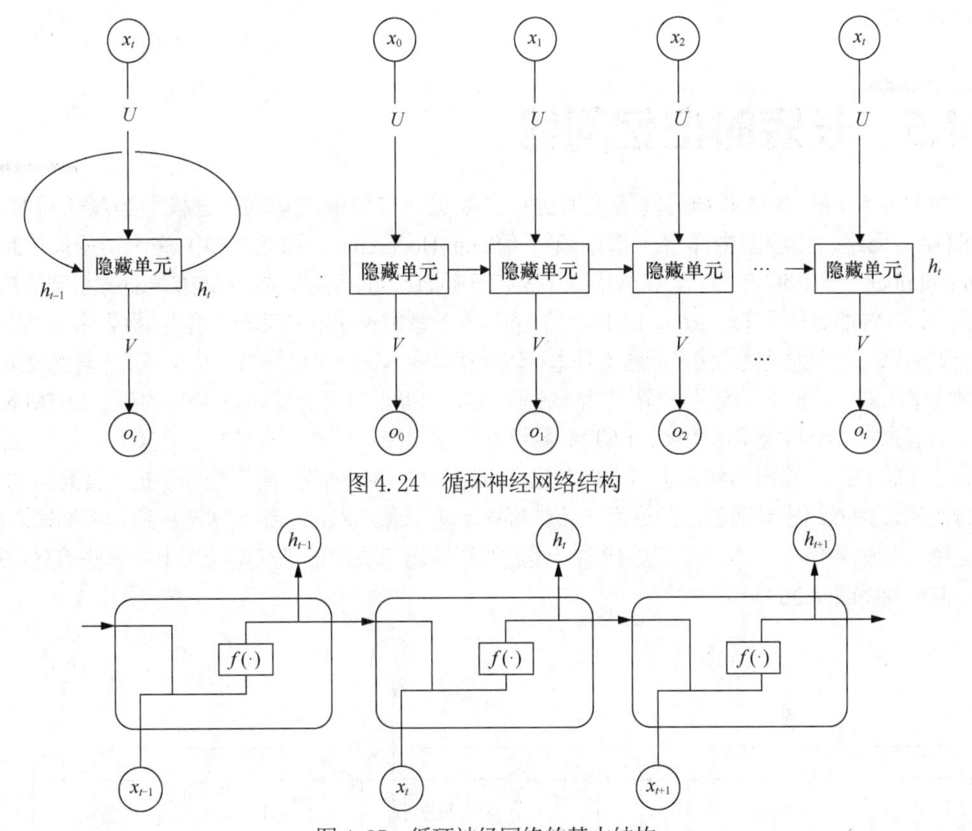

图 4.24　循环神经网络结构

图 4.25　循环神经网络的基本结构

在循环神经网络的展开形式中，当前时间步的隐藏状态 h_t 是由上一时间步的隐藏状态 h_{t-1} 和当前时间步的输入值 x_t 共同决定的，t 表示时间；输出值 o_t 由隐藏状态 h_t 决定。它们之间的关系如下。

$$h_t = f(Ux_t + Wh_{t-1}) \tag{4-37}$$

$$o_t = g(Vh_t) \tag{4-38}$$

其中，式（4-37）是隐藏层的计算式，隐藏层是一个循环层；式（4-38）是输出层的计算式，输出层是一个全连接层，也就是说，它的每个节点都和隐藏层的每个节点相连；参数 U 、V 、W 分别对应输入到隐藏单元的权值、隐藏单元到输出的权值、前一时间步的隐藏单元到当前时间步的隐藏单元的权值；f 和 g 分别是隐藏单元和输出的激活函数，隐藏单元一般使用非线性激活函数，如 tanh 或 ReLU，输出层常将 Softmax 函数作为激活函数。

时间反向传播（back propagation through time，BPTT）算法是常用的循环神经网络训练方法，其本质还是 BP 算法，只不过循环神经网络处理的是时间序列数据，要基于时间反向传播，故称为时间反向传播。BPTT 算法主要应用梯度下降法，因此，求 U、V、W 这 3 个参数的梯度是该算法的核心。算例 4.4 是循环神经网络的训练过程。

算例 4.4　循环神经网络的训练过程

步骤 1： 前向计算每个神经元的输出值。

步骤 2： 反向计算每个神经元的误差项值。

步骤 3： 计算每个权值 U 、V 、W 的梯度。

步骤 4： 用梯度下降法更新权值 U 、V 、W 。

普通循环神经网络在处理问答系统、语言建模和文本生成等任务中能够取得显著的效果，但当其对长序列数据进行建模时，容易出现梯度消失和梯度爆炸等问题，因此不能够有效地处理长期依赖问题。

4.5 长短时记忆网络

大量学者对基本循环神经网络模型进行了改进，其中最成功的改进模型当属长短时记忆（LSTM）网络，该模型由泽普·霍赫赖特（Sepp Hochreiter）和尤尔根·施米德胡贝（Jürgen Schmidhuber）于1997年提出，部分借鉴了3.4节中所介绍的有关脑的记忆与信息处理机制的知识，将语音识别性能提升了将近50%。LSTM网络可以有效缓解长期依赖问题，可以捕捉到序列中的长距离历史信息，在序列建模的诸多问题上基本可以代替普通的循环神经网络，并取得了显著的效果。在图像描述问题上，基于“编码—解码”结构的图像描述模型的编码器基本上使用的都是LSTM网络。

与普通的循环神经网络相比，LSTM网络除了使用隐藏状态保存信息，还增加了记忆细胞，并设立了输入门、输出门和遗忘门来控制记忆细胞。LSTM网络利用门控单元控制信息流动：记忆细胞通过输入门控制遗忘门，进而决定让哪些历史信息加入记忆细胞状态；通过控制输入门决定让哪些新输入信息加入记忆细胞状态；通过控制输出门决定记忆细胞状态中的哪些信息用于输出。其结构如图4.26所示。

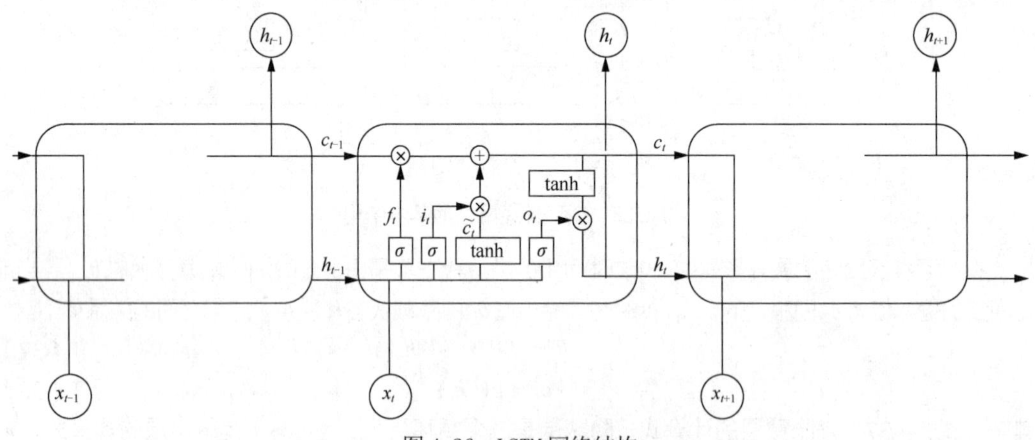

图4.26 LSTM网络结构

LSTM网络可以通过“门”的精细结构向记忆细胞状态添加或移除信息，门可以选择性地让信息通过或者不通过，它们由S形神经网络层和逐点乘法运算组成。S形神经网络层的输出值介于0到1，0值表示“没有信息通过”，1值表示“所有信息通过”。假设f、i、o分别表示遗忘门、输入门、输出门；c和h分别表示记忆细胞状态和隐藏状态；W和b分别表示门的权值和偏置；x表示输入；t表示时间；σ为门限激励（控制）函数。

LSTM网络要决定从记忆细胞状态中所要舍弃的信息。这一决定由“遗忘门层”S形网络层做出，它接收h_{t-1}和x_t，并且需要在记忆细胞状态c_{t-1}中决定所需要保存的新信息。

$$f_t = \sigma(W_f[h_{t-1}, x_t] + b_f) \tag{4-39}$$

输入门的信息为

$$i_t = \sigma(W_i[h_{t-1}, x_t] + b_i) \tag{4-40}$$

tanh形神经网络层创建了一个新的备选值向量$\tilde{c}_t$，可以添加到记忆细胞状态。

$$\tilde{c}_t = \tanh(W_c[h_{t-1}, x_t] + b_c) \tag{4-41}$$

将旧的记忆细胞状态 c_{t-1} 更新到新的状态 c_t 。

$$c_t = f_t c_{t-1} + i_t \tilde{c}_t \tag{4-42}$$

旧的状态 c_{t-1} 乘 f_t ，可用于决定是否保存或保存哪些新信息。$i_t\tilde{c}_t$ 是新的候选值，根据每个状态确定新的更新。

最后，依赖于当前细胞状态，运行 S 形神经网络层，确定记忆细胞状态中的哪些部分可以输出。把记忆细胞状态输入 tanh（把数值调整到–1～1）函数，再和 S 神经形网络层的输出值相乘，就可以实现有目的的输出。

$$o_t = \sigma(W_o[h_{t-1}, x_t] + b_o) \tag{4-43}$$

$$h_t = o_t \tanh(c_t) \tag{4-44}$$

在 LSTM 网络按时间步展开的形式中，记忆细胞状态是各时间步记忆细胞传递信息的通道，记忆细胞通过门控单元控制历史信息的遗忘和新信息的加入，并为从记忆细胞状态中输出选择信息。这样就可以捕捉到长距离的历史信息，并对其进行更新和利用，从而在一定程度上缓解长期依赖问题。

循环神经网络还有很多其他的变种，包括深度循环神经网络结合多层感知机、循环 CNN、多维循环神经网络、记忆网络、结构受限循环神经网络、门控正交循环单元、层级子采样循环神经网络等。

4.6 受限玻尔兹曼机

生成模型（generative model）是指一类概率生成模型。根据一些可观测的样本 $x(1), x(2), \cdots, x(N)$ 学习一个参数化的模型来近似未知分布，并可以用这个模型来生成一些样本，使“生成”的样本和“真实”的样本尽可能相似，是概率统计和机器学习中的一类重要方法。这类方法建立在统计学和贝叶斯理论的基础之上，通过样本的联合概率分布 $P(x, y)$ 和先验概率分布 $P(x)$ ，求出条件概率 $P(y|x)$ 分布，并将其作为预测的模型。目前使用比较多的包括深度玻尔兹曼机（deep Boltzmann machine，DBM）、深度置信网络（deep belief network，DBN）、生成对抗网络（generative adversarial network，GAN）和变分自编码器（variational autoencoder，VAE）。基于受限玻尔兹曼机（restricted Boltzmann machine，RBM）的生成模型是一种典型的生成网络模型。

RBM 是玻尔兹曼机（Boltzmann machine，BM）的一种特殊拓扑结构。BM 的原理起源于统计物理学，在经典的 Hopfied 人工神经网络中，霍普菲尔德构造了一种能量函数，能量收敛到最小后，热平衡趋于稳定。任何概率分布都可以转变成基于能量的模型，要寻找一个变量使整个网络的能量最小，跟传统的神经网络类似，问题可转变成用梯度下降法求使能量函数（相当于 BP 算法里的损失函数 P）值最小的权值和偏置，以使算法收敛到一个解（可能是局部最优解）。

RBM 本质上是一个基于能量的概率分布模型，由二值神经元构成，每个神经元只取 1 或 0 两种状态，状态 1 代表该神经元处于激活状态，状态 0 代表该神经元处于非激活状态。图 4.27 所示的 RBM 本身很简单，只是一个两层的神经网络，包含可视层（输入层）v 和隐藏层 h ，可视层和隐藏层的节点是双向连接的，但每一层节点之间没有连接。这种双向连接使 RBM 训练及使用时信息会在两个方向上流动，而且两个方向上的权值是相同的，用矩阵 $\boldsymbol{W}$ 表示，但是偏置系数是不同的。

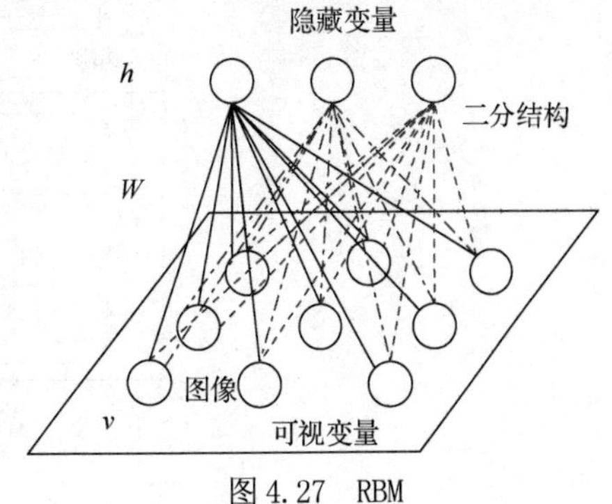

图 4.27　RBM

RBM 当前状态的能量函数可以表示为

$$E(v,h) = -a^{\mathrm{T}}v - b^{\mathrm{T}}h - h^{\mathrm{T}}\boldsymbol{W}v \tag{4-45}$$

式中，a、b 分别是可视层和隐藏层的偏置；v、h 分别表示可视层和隐藏层的神经元（节点）的状态；$\boldsymbol{W}$ 是连接可视层和隐藏层神经元的权值矩阵。v 与 h 的联合概率分布为

$$P(v,h)=\frac{1}{Z}\mathrm{e}^{-E(v,h)} \tag{4-46}$$

式中，Z 被称为配分函数的归一化常数，概率输出一般要做归一化。从联合分布中可以导出隐藏层和可视层的完全条件分布，见式（4-47）和式（4-48）。

RBM 的训练过程实际上是求出一个最可能产生训练样本的概率分布的过程。由于这个概率（生成 0 还是 1）分布的决定性因素在于偏置 a 与 b 和权值矩阵 $\boldsymbol{W}$，因此训练 RBM 的目标就是寻找最佳的 a、b、$\boldsymbol{W}$ 参数值，以拟合给定的训练数据，最终确定输出的网络结构。

给定可视层 v，隐藏层第 j 个神经元为 1 的概率为

$$P(h_j=1|v)=\mathrm{Sigmoid}[-(b_j+\boldsymbol{W}_{:,j}v_j)] \tag{4-47}$$

式中，b_j 和 $\boldsymbol{W}_{:,j}$ 分别为隐藏层第 j 个神经元的偏置和权值参数；v_j 为可视层第 j 个神经元的状态。

给定隐藏层 h，可视层第 j 个节点为 1 的概率为

$$P(v_j=1\,|\,h)=\mathrm{Sigmoid}(a_j+\boldsymbol{W}_{:,j}h_j) \tag{4-48}$$

式中，a_j 和 $\boldsymbol{W}_{:,j}$ 分别为可视层第 j 个神经元的偏置和权值参数；h_j 为隐藏层第 j 个神经元的状态。

4.7 深度置信网络

在深度生成模型中，更多的是对 RBM 进行堆叠，将 RBM 堆叠起来就得到了 DBM。如果加上一个分类器，就得到了 DBN。

如图 4.28 所示，虚线方框里的是 RBM，DBN 由多个 RBM 层组成，每个低层 RBM 的隐藏层 h 又是高层 RBM 的可视层 v。DBN 是一个基于概率的“生成模型”，训练过程可分为预训练和微调两步。DBN 算法的训练见算例 4.5。

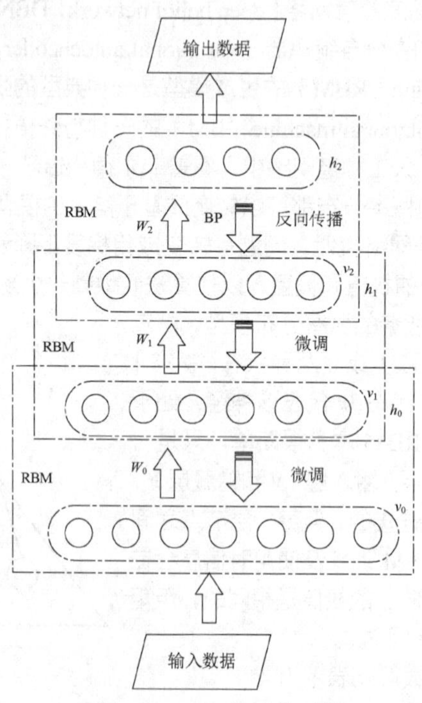

图 4.28 DBN 算法的训练

算例 4.5　DBN 算法的训练

步骤 1：预训练。

由下至上的无监督训练过程，采用无标定数据（或有标定数据）分层训练各层参数。

首先，可视层 v 会随机产生一个向量，通过它将值传递到隐藏层 h；反过来，可视层的输入也会被随机地选择，以尝试重构原始的输入信号。这些新的可视的神经元激活单元将前向传递重构隐藏层激活单元，这个过程称为吉布斯采样，以确保自身层内的权值参数 W 对该层特征向量的映射达到最优，并不是对整个 DBN 的特征向量的映射达到最优，每次只训练一层网络。

由于每个低层 RBM 的隐藏层 h 输出是高层 RBM 的可视层 v 输入，因此当所有 RBM 由低到高地训练完毕，数据会输出到网络最后一个 RBM 的隐藏层（见图 4.28 中的 h_2）。

步骤 2：微调。

由上至下的有监督训练过程，通过带标签的数据调节各层参数。

一个标签集将被附加到顶层，误差自上向下传输，通过传统的全局学习算法[BP 算法或醒—睡（认知—生成）算法]更新权值参数，对网络进行微调。基于步骤 1 得到的各层参数，步骤 2 进一步微调整个多层模型的参数，从而使模型收敛到一个局部最优点上。

步骤 1 类似神经网络的随机初始化过程，由于 DBN 算法的第一步不是随机初始化，而是学习输入数据的结构，因此这个初值更接近于全局最优，从而能够取得更好的效果。可见，DBN 算法效果的优秀表现很大程度上归功于步骤 1 的特征学习过程。

DBN 算法主要擅长处理语音之类的一维数据，在语音识别等方面有很多应用。

4.8　关键知识梳理

本章主要介绍了人工神经网络的基本原理，包括神经元模型、感知机模型、BP 算法，以及 CNN、循环神经网络等深度神经网络模型。深度神经网络是从传统的浅层人工神经网络基础上发展而来的，也是联结主义的重要成果。目前，深度神经网络已成为人工智能领域的重要技术，在实际应用中取得了许多前所未有的成果，但在理论上还有待突破。深度神经网络已成为机器学习中的重要方法，即深度学习。读者通过学习本章的内容，可以为自己理解机器学习，尤其是拥有多种深度学习方法的深度神经网络的原理及其在各方面的应用奠定基础。

4.9　问题与实践

（1）什么是人工神经网络？人工神经网络与生物神经网络有什么区别与联系？

（2）从简单的人工神经元数学模型到复杂的多层神经网络，最关键的要素是什么？

（3）感知机模型存在的缺陷有哪些？

（4）感知器与前馈式神经网络有何联系和区别？

（5）查阅有关资料，了解 BP 算法的实现程序与方法，利用 BP 算法训练前馈神经网络以进行手写字符的识别。

（6）人工神经网络有什么特点？不同的人工神经网络模型各有什么作用？

（7）什么是深度神经网络？浅层神经网络与深度神经网络有什么区别与联系？

（8）深度神经网络与人脑神经网络的哪些区域有一定的联系？

（9）深度神经网络有哪些主要模型？它们各自的优势和功能是什么？

（10）人工神经网络还可以从哪些方面受到生物神经网络的启发，进而可能产生新的模型？

05

机器学习

本章学习目标：

（1）理解并掌握机器学习的基本原理；

（2）理解并掌握监督学习的原理及主要的分类方法；

（3）理解并掌握深度学习的基本原理。

5.0 学习导言

人类智能重要且显著的能力是学习能力。无论是幼小的孩子还是成人，都具备学习能力。人类的学习能力也是随着年龄的增长而不断增强的。如果机器也能像人一样通过学习掌握知识，那么这种机器产生类人智能的可能性就会更大。机器能像人一样具备学习能力吗？如果能，那么机器将如何做到呢？如果机器具备了学习能力，是否就具有了智能或类人的智能，甚至产生完全不同于人类的智能呢？这 3 个问题的答案都取决于机器如何才能具有学习能力。本章主要从机器如何具有学习能力的角度来介绍一些基本的原理和方法，从经典的分类算法到目前流行的深度学习方法，读者可以大概了解机器学习的优势与劣势，为开发更先进的机器学习技术奠定基础。

5.1 机器学习能否实现机器智能

塞缪尔在设计出的机器跳棋程序的基础上，给出了“机器学习”的定义：不需要确定性编程就可以赋予机器某项技能。

一般来说，机器学习就是指计算机算法能够像人一样，从数据中找到信息，从而学习一些规律，也就是“利用经验来改善系统自身的性能”。因为在计算机系统中“经验”通常以数据的形式存在，所以机器学习要利用经验，就必须对数据进行分析。与传统的为解决特定任务而实现的各种软件程序不同，机器学习是用数据来训练，并通过各种算法从数据中学习如何完成任务。因此，机器学习理论主要是设计和分析一些让计算机可以自动“学习”的算法，通过机器学习算法从数据中自动分析规律，并利用规律对未知数据进行分类和预测。在如今的大数据时代，大数据相当于“矿山”，想得到数据中蕴含的“矿藏”必定离不开有效的数据分析技术，机器学习正是这样的技术。

从实现机器智能的角度，机器学习是一种试图使机器具备像人一样的学习能力而实现智能的方式。机器要通过学习达到人类智能的水平，就必须满足以下条件。

首先，它必须具备自主或主动获取和处理知识的能力。主动获取知识是机器智能的瓶颈问题。

机器学习的理想目标是让机器能够通过阅览书本、与人谈话、观察环境等自然方式获取知识。

其次，它必须具备主动识别事物和模式分类能力。更重要的是，它还必须具备通过少量数据、样本进行抽象、概括、归纳，并从中发现关系、规律、模式等的能力。

最后，它必须具备常识学习能力。也就是说，机器必须像人一样掌握常识进而形成知识。

如果能够满足上述条件，机器就可以达到人类的智能程度。

机器学习的目的就是专门研究机器（主要是计算机）怎样模拟或实现学习能力，以获取新的知识或技能，重新组织已有的知识结构，不断改善自身的性能，从而实现机器智能。机器学习是使计算机等机器具有智能的重要途径。机器学习与人类思考的对比如图 5.1 所示。

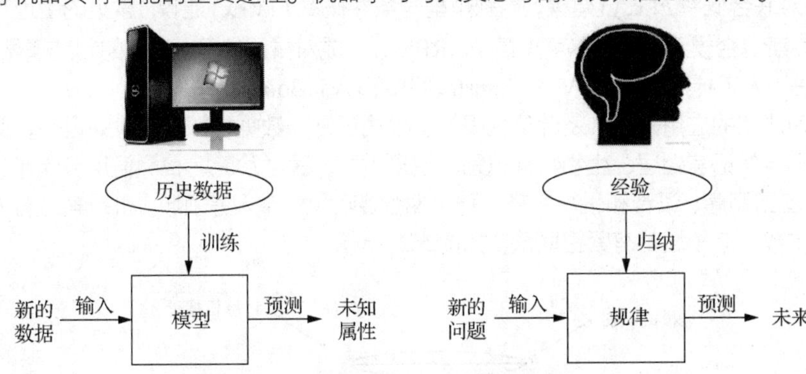

图 5.1　机器学习与人类思考的对比

人类在成长、生活过程中积累了很多经验，通过定期地对这些经验进行“归纳”，掌握了一些生活的“规律”。当人类遇到未知的问题或者需要对未来进行“预测”时，就会使用这些“规律”指导自己的生活和工作。

机器学习中的“训练”与“预测”过程可以对应到人类的“归纳”与“预测”过程。通过这样的对应可以发现，机器学习仅仅是对人类在生活中学习成长的模拟。由于机器学习不是基于编程形成的结果，因此它的处理过程不是依靠简单的因果逻辑，而是通过归纳得出相关性结论的。

现实中，机器基于大数据和深度学习算法形成的数据或算法智能已经超越了人类智能，因为人类大脑并不善于进行大规模数据的计算和分析。对人类来说，一个人一生中的大部分知识不是从父母和老师处学到的，而是自己通过对外部世界的不断探索得到的。人类在成长的过程中能够不断学习，进而建立多维度、多层次的智能，但机器的学习能力现在还达不到这种程度。

5.2　机器学习模型的类型和应用

机器学习拥有庞大的家族体系，涉及众多算法和学习理论。根据不同的学习路径，机器学习模型的类型主要有以下 4 种划分方式。

1．按方法划分

按所用方法，可以将机器学习模型分为线性模型和非线性模型。线性模型较为简单，但作用不可忽视，它是非线性模型的基础，很多非线性模型都是在其基础上变化而来的；非线性模型又可以分为传统机器学习模型（如 SVM、*k*-最近邻、决策树等）和深度学习模型。

2．按学习理论划分

按学习理论，可以将机器学习模型分为有监督学习、半监督学习、无监督学习、迁移学习和强化学习等。

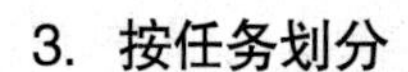

3. 按任务划分

按任务，可以将机器学习模型分为回归模型、分类模型和结构化学习模型。回归模型又称为预测模型，输出是一个不能枚举的数值；分类模型又可分为二分类模型和多分类模型，常见的二分类问题是垃圾邮件过滤问题，常见的多分类问题是文档自动归类问题；结构化学习模型的输出不再是一个固定长度的值，如图片语义分析输出的是对图片的文字描述。

4. 按求解的算法划分

按求解的算法，可以将机器学习模型分为生成模型和判别模型。给定特定的向量 $\boldsymbol{x}$ 与标签值 y，生成模型对联合概率 $P(\boldsymbol{x}, y)$ 建模，判别模型对条件概率 $P(y \mid \boldsymbol{x})$ 建模。常见的生成模型有贝叶斯分类器、高斯混合模型、隐马尔可夫模型、RBM、生成对抗网络等；典型的判别模型有决策树、k-最近邻算法、人工神经网络、SVM、logistic 回归和 AdaBoost 算法等。

机器学习成功的应用领域涉及计算机视觉、模式识别、数据挖掘、图像处理等，此外，它还被广泛应用于自然语言处理、生物特征识别、搜索引擎、医学诊断、检测信用卡欺诈、证券市场分析、DNA 基因测序、语音和手写字符识别、战略游戏和机器人等领域。机器学习与人工智能的一些重要分支或研究领域都有紧密联系，如图 5.2 所示。

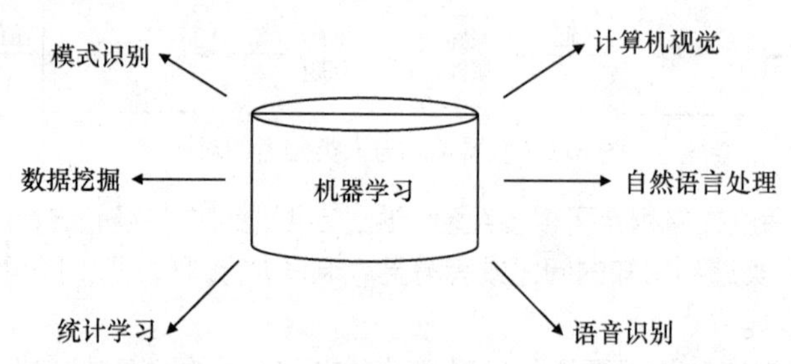

图 5.2　机器学习与人工智能的重要分支或研究领域的关系

（1）模式识别

模式识别是从工业界发展起来的，而机器学习来自计算机学科，可以将二者视为人工智能的两个方面。模式识别的主要方法都是机器学习的主要方法。

（2）数据挖掘

数据挖掘属于利用机器学习等方法在数据中寻找规律和知识的领域，因此可以认为：数据挖掘=机器学习+数据库。

（3）统计学习

统计学习是与机器学习高度重叠的学科，因为机器学习中的大多数方法都来自统计学，甚至可以说，统计学的发展促进了机器学习的兴盛。二者的区别在于，统计学习重点关注的是统计模型的发展与优化，侧重于数学；而机器学习重点关注的是如何解决问题，侧重于实践。

（4）计算机视觉

图像处理技术用于将图像处理为适合进入机器学习模型的输入，机器学习则负责从图像中识别出相关的模式。手写字符、车牌、人脸等的识别都是计算机视觉和模式识别的应用。计算机视觉的主要基础是图像处理和机器学习。

（5）自然语言处理

自然语言处理是让机器理解人类语言的一门技术。在自然语言处理中，大量使用与编译原理相关的技术，如语法分析等。除此之外，在理解层面，其使用了语义理解、机器学习等技术，因此，自然语言处理的基础是文本处理和机器学习。

（6）语音识别

语音识别是利用自然语言处理、机器学习等的相关技术实现对人类语音识别的技术。语音识别的主要基础是自然语言处理和机器学习。

事实上，很多机器学习方法与人类真正的学习方式没有关系，如统计学习。统计学习是基于数学统计学发展而来的一种机器学习方法，因为其中涉及大量的统计学理论，所以也被称为统计学习理论。其目的在于采用经典统计学中大量久经考验的技术和操作方法，如贝叶斯网络（Bayesian network）等，并借助先前的知识概念等实现机器智能。

5.3 监督学习与无监督学习

机器学习中的监督学习，主要是指须对用于训练学习模型的样本进行人工标注或打标签，即须事先通过人工方式把数据分成不同的类别。人类大脑的模式识别能力一部分是与生俱来的，另一部分是经过后天学习训练而获得的。但机器不具备这样的能力，因此必须对输入的数据进行标注，并将这种标注好的数据输入机器学习算法或系统，这样才能使系统具备一定的学习能力，以完成分类、预测等任务。通俗地说，监督学习就是首先拿已经分好类的样本对机器学习模型（如神经网络）进行训练，即确定模型参数（神经网络的连接权值和偏置等参数），然后把待分类的样本输入经过训练的机器学习模型中进行分类。

在实际应用中，机器学习主要以监督学习为主，另外还有无监督学习、半监督学习、小样本和弱标注等技术。无监督学习与监督学习相比，最大的区别就是其数据训练集没有人为标注，常见的无监督学习算法称为聚类。半监督学习介于监督学习与无监督学习之间，是结合（少量的）标注训练数据和（大量的）未标注训练数据来进行学习的。第 4 章中介绍的单层感知机、CNN 和循环神经网络的网络模型训练都属于监督学习，而 DBN 是基于概率的“生成模型”，预训练过程是无监督学习，依靠无监督的“逐层初始化”训练每层的 RBM。

监督学习的实现主要依靠各种分类方法。机器要处理的所有数据都要先由人定义好相应的类别，再对分类算法进行训练，最后得到可以使用的分类器。由于分类方法不同，因此各种分类器的性能也有差异。

5.3.1 *k*-最近邻分类

较简单的多分类技术之一是 *k*-最近邻（*k*-nearest neighbor，*k*-nn）分类。对于给定的训练数据，通过搜索整个数据集中 *k* 个最相似的实例（邻居），并汇总这 *k* 个实例的输出变量，就可以预测新的数据点。对于回归问题，它可能输出的是变量的平均值；对于分类问题，它可能输出的是模式类别值。使用 *k*-最近邻分类的关键在于确定数据实例之间的相似性。

如图 5.3（a）所示，其中的点属于两种类别（白色或黑色），灰色的点是需要分类的新数据点。在图 5.3（b）中，当 k=3 时，*k*-最近邻分类将灰色的点分类为白色，其主要过程如下：

（1）计算训练样本和测试样本中每个样本点与灰色的点的距离（常见的距离度量有欧氏距离、曼哈顿距离、明氏距离、切氏距离等）；

（2）对计算所得所有距离进行排序；

（3）选取前 *k* 个最小距离的样本；

（4）根据这 *k* 个样本的标签进行投票，选择出现频率最高的类别，并将其作为测试数据的预测分类结果。

在图 5.3（b）中，当 k=3 时，可以看出距离灰色的点最近的 3 个点为 2 个白色 1 个黑色，因此灰色的点被分类为白色。

k 值的选取非常重要，当 *k* 的取值过小时，如 k=1，灰色的点就会被分类为黑色，分类结果

出现偏差；当 k 的取值过大时，与输入目标点较远的实例就会对预测起作用，也有可能会使预测发生错误。此外，k 的数值须尽量取奇数，因为如果取偶数可能会产生数量相等的情况，不利于预测。

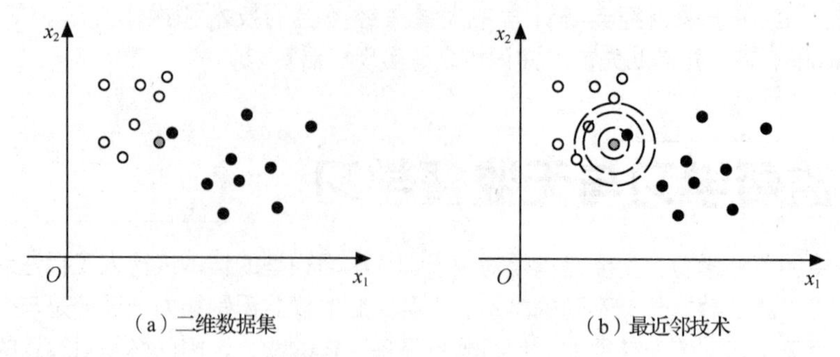

（a）二维数据集　　（b）最近邻技术

图 5.3　k-最近邻分类

5.3.2　SVM

SVM 是最受欢迎、讨论最为广泛的机器学习分类方法，它实际上是一种线性分类器。在二维空间内，超平面可被视为一条直线，假设所有的输入点都可以被该直线完全分开，两类边界由超平面式（5-1）决定。

$$g(\boldsymbol{x}) = \boldsymbol{w}^{\mathrm{T}}\boldsymbol{x} + w_0 = 0 \tag{5-1}$$

式中，法向量 $\boldsymbol{w}$ 和阈值 w_0 由标记的训练数据决定。SVM 的目标是找到一组分割系数，也就是法向量 $\boldsymbol{w}$，使一个超平面能够对不同类别的数据 $\boldsymbol{x}(x_1, x_2)$ 进行最佳分割，即能将两类正确分开（训练错误率为 0），且分类间隔最大。

图 5.4 所示两条虚线上的圆点为支持向量，它们距离分类超平面最近。分类超平面的确定仅取决于支持向量，所有非支持向量的数据都可以从训练数据集中去掉而不影响问题解的结果。两条虚线之间的间隔距离为 r，支持向量到分类超平面的距离则为 $r/2$，这个值为分类间隔。所以 SVM 超平面分类问题就转化成了找到一组分割系数 $\boldsymbol{w}$，使 $r/2$ 最大，这样问题就回到了我们熟悉的求函数极值。

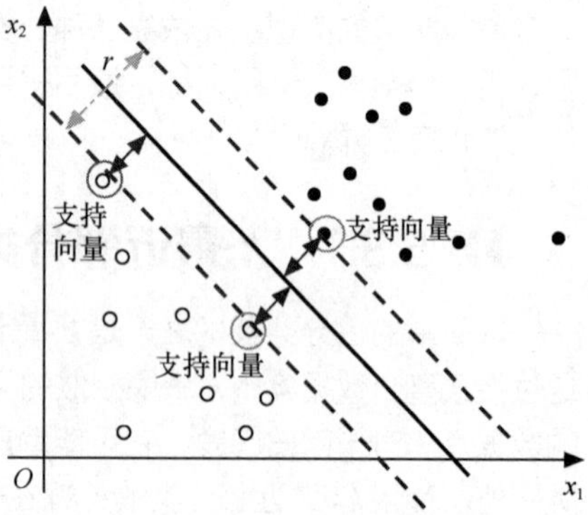

图 5.4　SVM 最优超平面

4.1.2 小节中所介绍的单层感知机算法，以及 4.2 节 BP 算法中使用的损失函数 P、梯度下降法等，都是对 SVM 进行训练的常用算法。

SVM 的主要优点是可以解决高维问题，即大型特征空间；可以解决小样本下的机器学习问题；能够处理非线性特征的相互作用，克服局部极小值问题；无须依赖整个数据；泛化能力比较强等。其缺点是当观测样本很多时，效率并不是很高；对非线性问题没有通用的解决方案。SVM 已成功应用于文本分类、图像识别等领域，尤其在二分类领域最为常用。

5.3.3　朴素贝叶斯分类器

朴素贝叶斯也称为简单贝叶斯，是一种十分简单的分类算法。朴素贝叶斯分类器的基础是贝叶斯定理。基于贝叶斯定理来估计后验概率的主要困难：条件概率难以从有限的训练样本中直接估计而得。因此，朴素贝叶斯分类器会针对已知类别假设所有属性相互独立。

$$P(y_k \mid x_i) = \frac{P(x_i \mid y_k)P(y_k)}{P(x_i)} = \frac{P(x_i, y_k)}{P(x_i)} = \frac{P(y_k)}{P(x_i)}\prod_{i=1}^{d}P(x_i \mid y_k) \tag{5-2}$$

对式（5-2）也可如式（5-3）这样来理解。

$$P(类别|特征) = \frac{P(特征|类别)P(类别)}{P(特征)} = \frac{P(特征,类别)}{P(特征)} \tag{5-3}$$

式（5-2）中，x_i（i=1,2,3,…,n，n 为样本特征个数）表示样本的特征；y_k（k=1,2,3, …,m，其中，k 为类别数，m 为类别总数）表示样本的类别；$P(y_k)$是类别的先验概率；$P(y_k|x_i)$表示不同特征相应的类别概率。当朴素贝叶斯用作分类器时，可以通过训练集数据计算出所有的$P(y_k)$，以及以类别为条件时的特征的条件概率$P(x_i \mid y_k)$。对类别y_k来说，$P(x_i)$相同。所以，可以直接利用朴素贝叶斯分类器判定准则式对$P(y_k \mid x_i)$进行判别。

$$h_{y_k}(x) = \arg\max_{y_k \in y} P(y_k)\prod_{i=1}^{n}P(x_i \mid y_k) \tag{5-4}$$

式中，$h_{y_k}(x)$表示判别函数，与$h_{y_k}(x)$中最大值相对应的类别就是样本$x(x_1,x_2,\cdots,x_n)$的所属类别。

【**例 5.1**】将表 5.2 中的生鲜进行准确分类。已知表 5.1 为训练集的特征值定义，其中对西瓜、绿苹果、紫葡萄、豆角、紫茄子和紫洋葱 6 个生鲜样本进行了准确分类；表 5.2 为待分类样本的特征值定义，绿葡萄和黄瓜为 2 个待分类的生鲜样本。y_1=1 代表水果，y_2=−1 代表蔬菜。x_1、x_2、x_3、x_4分别代表样本特征：绿色、圆形、紫色、条形。

表 5.1　训练集特征值定义

生鲜	特征 x_i		类别 y_k
	颜色	形状	
西瓜	x_1	x_2	y_1
绿苹果	x_1	x_2	y_1
紫葡萄	x_3	x_2	y_1
豆角	x_1	x_4	y_2
紫茄子	x_3	x_4	y_2
紫洋葱	x_3	x_2	y_2

表 5.2　待分类样本特征值定义

生鲜	特征		类别
	颜色	形状	
绿葡萄	x_1	x_2	?
黄瓜	x_1	x_4	?

解：我们先用表 5.1 的训练集生成朴素贝叶斯分类器模型，然后对表 5.2 中的生鲜进行分类。

先验概率：$P(y_1) = P(水果) = \frac{3}{6} = \frac{1}{2}$　　　$P(y_2) = P(蔬菜) = \frac{3}{6} = \frac{1}{2}$

条件概率：$P(x_1 \mid y_1) = P(绿色|水果) = \frac{2}{3}$　　　$P(x_1 \mid y_2) = P(绿色|蔬菜) = \frac{1}{3}$

$P(x_2 \mid y_1) = P(圆形 \mid 水果) = 1$　　　$P(x_2 \mid y_2) = P(圆形|蔬菜) = \frac{1}{3}$

用式（5-2）计算表 5.2 中的绿葡萄为水果的概率：

$$P(y_1 \mid \text{绿葡萄}) = P(y_1)P(x_1 \mid y_1)P(x_2 \mid y_1) = \frac{1}{2} \times \frac{2}{3} \times 1 = \frac{1}{3}$$

用式（5-2）计算表 5.2 中的绿葡萄为蔬菜的概率：

$$P(y_2 \mid \text{绿葡萄}) = P(y_2)P(x_1 \mid y_2)P(x_2 \mid y_2) = \frac{1}{2} \times \frac{1}{3} \times \frac{1}{3} = \frac{1}{18}$$

因为 $P(y_1|\text{绿葡萄}) > P(y_2|\text{绿葡萄})$，所以利用式（5-4）可以判定绿葡萄的分类为 y_1(水果)。

同理，可以计算出 $P(y_1|\text{黄瓜}) = 0$，$P(y_2|\text{黄瓜}) = \frac{1}{9}$。因为 $P(y_1|\text{黄瓜}) < P(y_2|\text{黄瓜})$，所以把黄瓜分类为 y_2（蔬菜）。

朴素贝叶斯自 20 世纪 60 年代起就被应用到文本信息检索中，如今它依然是文本分类的一种基础方法，在如垃圾邮件过滤、自动医疗诊断、检查一段文本表达的是积极情绪还是消极情绪、客户分类等方面都有应用。朴素贝叶斯模型与其他分类方法相比具有较小的误差率，但实际应用效果并不理想，这是因为朴素贝叶斯模型假设特征之间相互独立，而这个假设在实际应用中往往是不成立的，当特征个数比较多或者特征之间相关性较大时，分类效果就会不好。

半朴素贝叶斯算法考虑部分关联性，"独依赖估计"（one-dependent estimator，ODE）是其最常用的一种策略，即假设每个特征在类别之外最多依赖于一个其他特征，并进行了适度改进。

5.3.4 *k*-均值聚类算法

到目前为止，所讨论的分类器都采用的是监督学习，而在很多实际应用中，无监督学习也很常见。无监督学习从给定的数据中寻找隐藏的结构，即从无标记的训练数据中推断结论。最典型的无监督学习是聚类分析，它可以在探索性的数据分析阶段发现隐藏的模式或者对数据进行分组。

在聚类这种模型中，算法会根据数据的一个或多个特征将一组特征向量组织成聚类。图 5.5 所示是一种简单的 *k*-均值聚类算法（*k*-means clustering algorithm，KCA）。该算法将 n 个对象根据它们的特征分为 k 个部分，$k < n$。其中，k 表示为样本分配的聚类的数量；x 表示待分类样本。可以使用一个随机特征向量来对一个聚类进行初始化，然后将其他样本添加到其最近邻的聚类中（假定每个样本都能表示一个特征向量，并且可以使用常规的欧氏距离式来计算距离）。随着一个聚类所添加的样本越来越多，其形心（即聚类的中心）会重新计算，然后该算法会重新检查一次样本，以确保它们都在最近邻的聚类中，直到没有样本需要改变所属聚类为止。

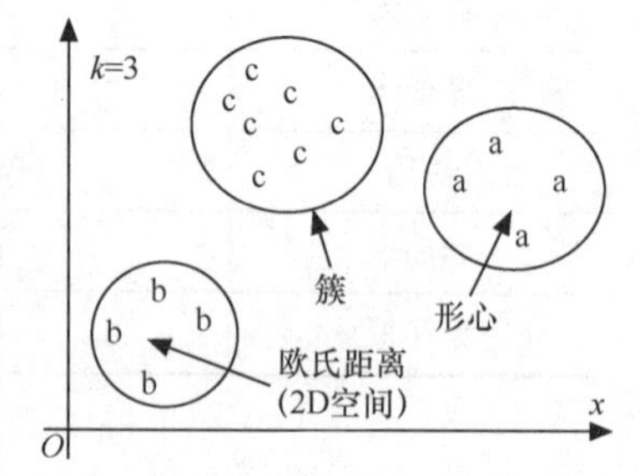

图 5.5　一个二维特征空间中的聚类

k-均值聚类算法操作简单、容易实现、速度很快，对处理大数据集是相对可伸缩的和高效率的，因此，它是所有聚类算法中使用最为广泛的。该算法的缺点包括对数据类型要求较高、适合数值型数据、可能会收敛到局部最小值、在大规模数据上收敛较慢等。

目前上述算法已通过多种编程语言进行了实现，比较知名的有 Weka 3 等。

5.3.5 随机森林算法

随机森林算法是一种套袋集成技术，由许多被称为决策树的分类器组成，并利用套袋（Bagging）算法进行训练（5.3.6 小节介绍）。构成随机森林算法的决策树（decision tree，DT）是一种经典的机器学习分类方法。如图 5.6 所示，决策树是一种树形结构，每个节点表示一个特征分类测试，且仅能存放一个类别，分支代表输出，从决策树的根节点开始，选择树的其中一个分支，并沿着选择的分支一路向下直到树叶，将叶节点存放的类别作为决策结果。

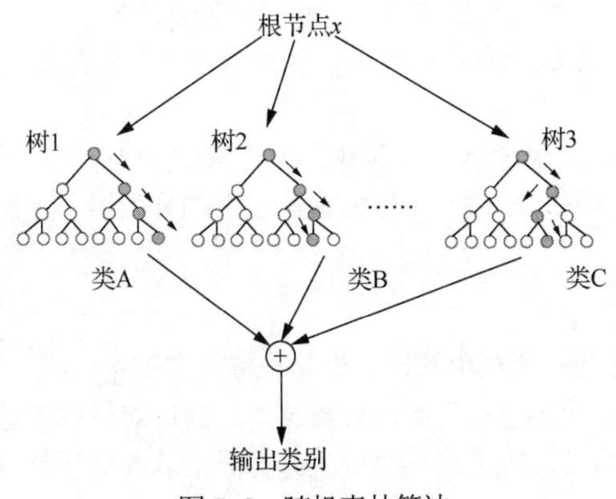

图 5.6　随机森林算法

在随机森林算法中，首先，输入变量穿过森林中的每棵树。然后，每棵树会预测出一个输出类别，即树为输出类别“投票”。最后，森林选择获得树投票最多的类别作为它的输出。

在训练过程中，通过以下方式获得随机森林中的每棵树。

① 对原始训练数据集进行 n 次有放回的采样以获得样本，并构建 n 个决策树。

② 使用样本数据集生成决策树：从根节点开始，在后续的各个节点处，随机选择一个由 m 个输入变量构成的子集，在对这 m 个输入变量进行测试的过程中，将样本分为两个单独类别，对每棵树都进行这样的分类，直到该决策树的所有训练样本都属于同一类。

③ 将生成的多棵分类树组成随机森林，用随机森林分类器对新的数据进行分类，通过多棵树分类器投票决定最终的分类结果。

由于随机森林在具有大量输入变量的大数据集上表现良好、运行高效，因此近年来它更加流行，并且经常会成为很多分类问题的首选解决方法。它训练快速并且可调，同时不必像 SVM 那样调整很多参数，所以在深度学习出现之前一直比较流行。

5.3.6　集成学习

集成学习是将多个分类器集成在一起的技术，该技术通过从训练数据中选择不同的子集来训练不同的分类器，然后使用某种投票方式综合各分类器的输出，最终输出基于所有分类器的加权和。主要的集成分类技术包括套袋算法、随机森林算法和提升算法。

1. 套袋算法

套袋算法是一种最简单的集成学习方法，如图 5.7 所示。

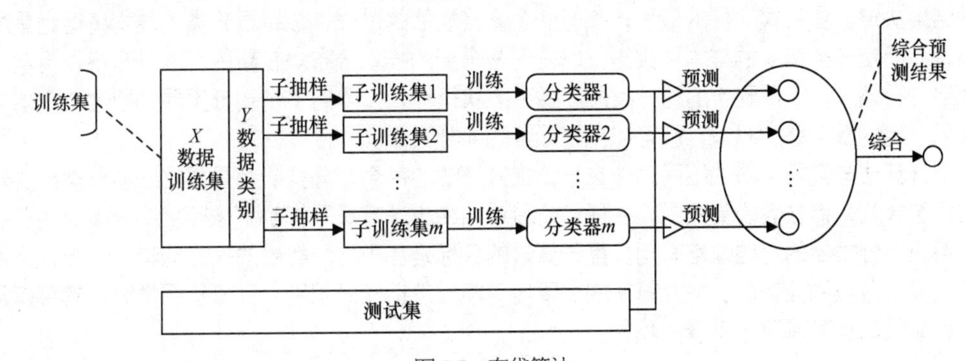

图 5.7　套袋算法

其中，X是给定数据集，Y是类别，套袋算法的具体流程介绍如下。

① 对给定数据集进行有放回抽样，产生 m 个子训练集；

② 训练 m 个分类器，每个分类器对应一个新产生的训练集；

③ 通过 m 个分类器对新的输入进行分类，选择获得“投票”最多的类别，即大多数分类器选择的类别。

套袋算法的分类器可以选用 SVM、决策树、深度神经网络等，其思想就是将各种分类算法或方法通过一定的方式组合起来，形成一个性能更加强大的分类器。这是一种将弱分类器组装成强分类器的方法。

2. 提升算法

提升（Boosting）算法是一种框架算法，也是一种重要的集成机器学习技术，如图 5.8 所示。它首先会在对训练集进行转化后重新训练出分类器，即通过对样本集进行操作获得样本子集，然后用弱分类算法在样本子集上训练生成一系列的分类器，从而对当前分类器不能很好分类的数据点实现更好地分类。

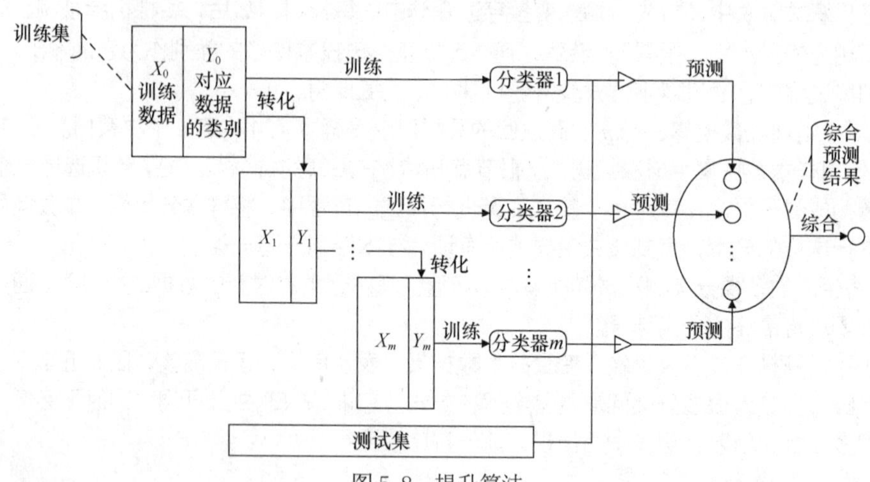

图 5.8　提升算法

1995 年，约夫 • 弗洛因德（Yoav Freund）和罗伯特 • 沙皮尔（Robert Schapire）提出的 AdaBoost 算法，是对 Boosting 算法的一大提升。AdaBoost 算法根据弱学习的结果反馈适当地调整假设的错误率，不但不需要任何关于弱分类器性能的先验知识，而且和 Boosting 算法具有同样的效率，所以它在被提出之后得到了广泛应用。

AdaBoost 是一种迭代算法。初始时，所有训练样本的权值都被设为相等，在此样本分布下训练出一个弱分类器。在第 n（n=1,2,3,…,T，T 为迭代次数）次迭代中，样本的权值由第 n–1 次迭代的结果决定。在每次迭代的最后，都有一个调整权值的过程，被错误分类的样本将得到更高的权值，从而使分类错误的样本被突出，以得到一个新的样本分布。在新的样本分布下，再次对弱分类器进行训练，以得到新的弱分类器。经过 T 次循环，会得到 T 个弱分类器，把这 T 个弱分类器按照一定的权值叠加起来，就可以得到最终的强分类器。

提升算法与套袋算法的不同之处在于，提升算法的每个新分类器都是根据之前分类器的表现而进行选择的，而在套袋算法中，在任何阶段对训练集进行重采样都不依赖之前分类器的表现，这对解决弱分类器的问题非常有用。提升算法的目标是基于弱分类器的输出构建一个强分类器，以提高算法分类的准确度。提升算法的主要应用领域包括模式识别、计算机视觉等，其可以用于二分类场景，也可以用于多分类场景。

5.4 深度学习

5.4.1 浅层学习与深度学习

传统机器学习一般善于处理小规模数据问题，对于大规模数据，尤其对于图像类型的数据，需要获得数据特征以用于对图像进行分类，而特征往往需要通过人工的方式进行标记，这是非常烦琐的工作。因此，长期以来，机器学习产生的机器智能是十分有限的，这种局面直到深度学习出现之后才得以改观。

从结构简单的浅层网络进化到结构复杂的深层网络，这在过去 30 多年一直是少数人坚持的方向。以辛顿和杨立昆等人为代表的学者们从 20 世纪 90 年代开始不懈研究深层的人工神经网络。近些年，由于大数据技术的发展和计算机效率的大幅提升，深层人工神经网络作为一种新的机器学习方法得以展示其巨大的潜力。

以4.3 节中介绍的CNN 为代表的人工神经网络组成的深层神经网络一般称为“深度神经网络”（deep neural network，DNN）。在传统多层神经网络中，隐藏层的层数一般根据需要而设定，并没有明确的理论支持解决某个问题所需要选用的层数。通常当隐藏层的层数多于 5 层时，就可以将对应的多层传统神经网络认为是深度神经网络了。也就是说，“深度” 取决于隐藏层的数量，少则 5 层以上，多则可以达到成百上千层。深度神经网络于 1986 年被研究人员引入机器学习领域。此后，其一直作为一种机器学习方法被使用，直到 2005 年，辛顿在 *Science* 发表了关于深度学习的论文，才使其受到关注。

在传统的机器学习方法中，多层感知机实际是只含有一层隐藏层节点的浅层学习模型，其他机器学习方法都是带有一层隐藏层节点或没有隐藏层节点的浅层学习模型。浅层学习模型的局限性在于在样本和计算单元有限的情况下对复杂函数的表示能力有限，即针对复杂分类问题其泛化能力受限。

深度学习是一种非常强大的可以让计算机执行某些任务的学习方式。深度学习克服了浅层学习的局限性，通过构建多隐藏层的模型和海量训练数据（可为无标签数据）来学习更有用的特征，最终提升分类或预测的准确性。“深度模型” 是手段，“特征学习” 是目的。图 5.9 展示了浅层学习网络与深度学习网络的区别，从图 5.9（a）中可以看出，浅层学习网络有 3 层（包含一个隐藏层），图 5.9（b）的深度学习网络则有 7 层（包含 5 个隐藏层）。

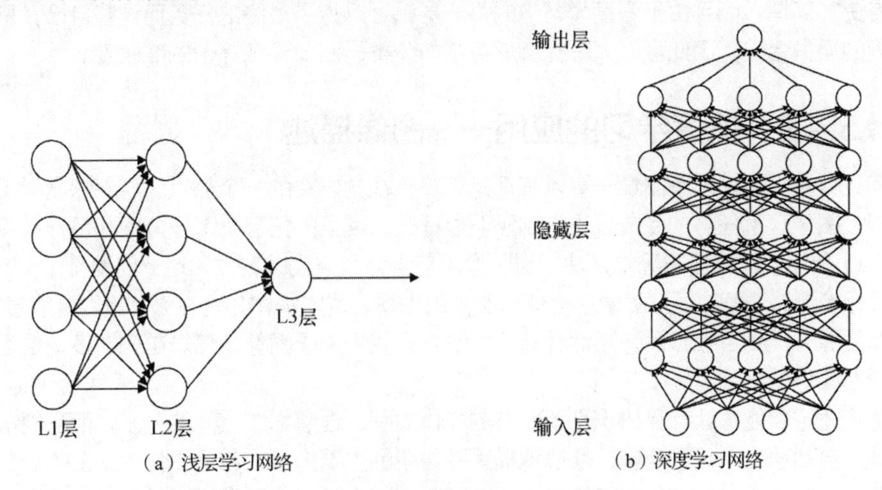

（a）浅层学习网络　　（b）深度学习网络

图 5.9　浅层学习网络与深度学习网络的区别

深度学习与浅层学习的主要区别有以下两点。

（1）深度学习强调模型结构的深度，通常有多层隐藏层节点；“深度”一词没有特指，就是要求隐藏层多（如10层、几百层，甚至几千层）。

（2）深度学习明确突出了特征学习的重要性，通过逐层特征变换，将样本在原空间的特征表示变换到一个新特征空间，从而使分类或预测更加容易。

深度学习算法不需要给计算机制订规则，只要在深层人工神经网络中输入训练数据，并对其权值参数进行调整，就可以使其产生预期的结果。通过使用适当的神经网络架构（具体指层数、神经元数量、非线性函数等）以及足够大的数据，深度神经网络可以学习从一个向量空间到另一个向量空间的任何映射。深度学习本质是对数据进行分层特征表示，实现将低级特征通过神经网络来进一步抽象成高级特征，是一种基于数据进行表征学习的方法。这就是让深度学习成为任何机器学习任务的强大工具的原因。

经过足够的训练，深度学习系统可以在数据中发现细微和抽象的模式。从智能手机的人脸识别到医学中的图像预测疾病，这项技术被越来越多地应用到实际任务中。

深度学习与机器学习、大数据、人工神经网络、深度神经网络的关系比较紧密。如图5.10所示，机器学习和人工神经网络是实现人工智能的两大主要方法。深度学习代表机器学习和人工智能现阶段的最高水平，也是模拟脑神经网络结构的联结主义在与符号主义的几十年较量中取得的重大胜利。

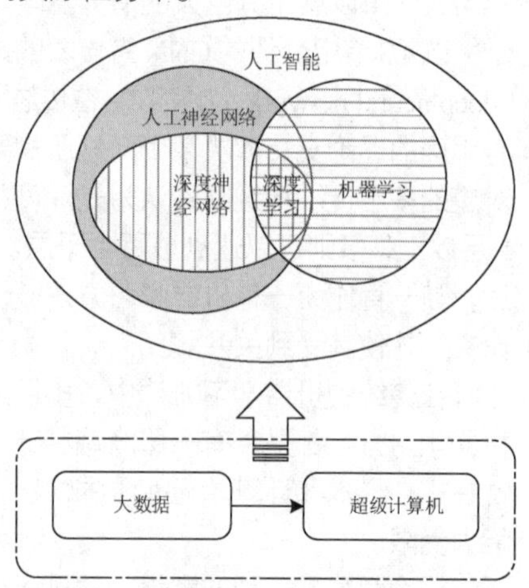

图5.10　现阶段人工智能的重要技术

大数据的核心是利用数据的价值，而深度学习是利用数据价值的关键技术。大数据和深度学习利用数据价值离不开超级计算机或高性能计算机的硬件系统支撑。

对大数据而言，深度学习是不可或缺的；相反，对深度学习而言，数据越多越能提升模型的精确性，同时，复杂的深度学习算法也需要超级计算机等关键技术。尽管深度学习与大数据结合在很多情况下能够产生较好的结果，但这并不代表深度学习是大数据唯一的分析方法。

深度学习颠覆了语音识别、图像分类、文本理解等众多领域的传统算法的设计思路，渐渐形成了一种从训练数据出发，经过一个端到端的模型，然后直接输出最终结果的新模式。这不但让一切变得更加简单，而且由于深度学习中的每一层都可以为了最终的任务而调整自己，最终实现各层之间的通力合作，因此可以大幅提高任务（如分类、回归预测等）的准确度。

5.4.2　深度学习的应用——图像描述

如何让计算机能够理解图像一直以来都是计算机视觉研究的一个热点。随着深度学习的快速发展，很多图像理解任务的完成效果得到了明显提升，常见的任务有图像分类和目标检测等。如图5.11（a）所示，图像分类算法解决了“图像中包含什么类别的物体”这一问题；如图5.11（b）所示，目标检测算法解决了“图像中有什么类别的物体，这些物体分别在哪儿（位置信息）”这一问题。从图像分类到目标检测，虽然计算机能够告诉我们关于图像的信息越来越多，但远没有达到人类理解图像的水平。

图像描述不但能够让计算机识别图像中的物体类别，理解物体之间的关系，而且能够让计算机“生成”自然语言，用于流畅、准确地描述图像中的主要内容，包括图像中主要的场景、场景中的对象、对象的状态及对象之间的关系，如图5.11（c）所示。图像描述是计算机视觉与自然语言处理交叉的研究课题。

鸟
（a）图像分类

斑马、斑马、长颈鹿
（b）目标检测

一架飞机穿越云层
（c）图像描述

图 5. 11　图像理解任务

图像描述是近年来人工智能领域的一个研究热点，旨在让机器变得更智能，即像人一样看懂并理解图像，从而实现基于视觉的人机交互，提高人与机器的交流效率。图像描述在人机交互、图像检索、智能监控等诸多领域具有广阔的应用前景。

随着深度学习的发展，基于编码—解码结构的方法快速崛起，并占据了主导地位。受编码—解码结构在机器翻译中成功应用的启发，图像描述开始使用基于编码—解码结构的模型，该模型主要包括用于提取图像特征的编码器和用于将图像特征转换成自然语言的解码器。一般情况下，编码器使用 CNN 提取图像特征，并将它们组成固定长度的特征向量；解码器使用改进的循环神经网络。如图 5.12 所示，图像描述模型采用 LSTM 将图像特征向量转换成了图像对应描述的词语序列。图 5.12 中，首先通过一个 CNN 算法提取熊猫图片中的特征，该特征被 n 个 LSTM 网络组成的解码器进行处理，解码器对 two pandas other 等词汇组成的向量进行解码，经过训练后的 n 个 LSTM 解码器可以将词汇与图像特征对应，完成对熊猫图像的描述 two pandas are…

图 5.12 中<S>、<E>分别为起始和结束标识。

h_0、h_1、h_2 等表示对应 LSTM 的输出；W_1O_1、W_2O_2、…、W_nO_n 表示对应 LSTM 的训练或获得的一组参数；$p(y_1)$、$p(y_2)$、…、$p(y_n)$ 表示对应 LSTM 网络输出某个图像特征描述的词汇的概率；T 为 LSTM 网络的序列；n 为 LSTM 网络总个数。

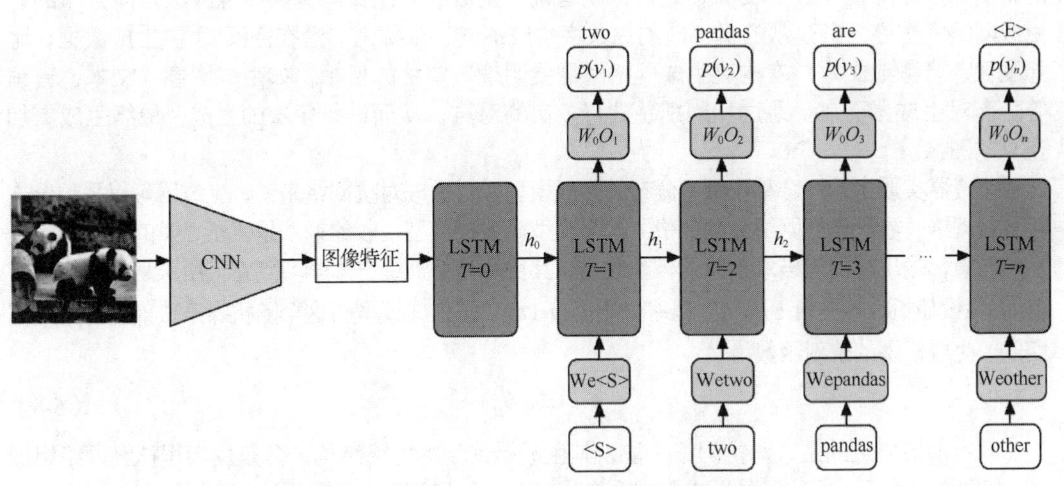

图 5. 12　基于编码—解码结构的图像描述模型

算法训练的最终结果是找到一组参数，在该组参数下图像描述的“生成模型”选用适合的词语（或词组）去描述图像特征，最终生成描述文本。基于编码—解码结构的方法将图像描述看成一个广义的翻译任务，将图像翻译成自然语言。图 5.13（a）和图 5.13（b）的标题就是图像描述模型的实验结果，即自动生成一个对图片内容的描述。

（a）一群小朋友在野外踢球

（b）两只熊猫在玩耍

图 5.13　图像描述结果

5.5　生成对抗网络

生成对抗网络是一种由生成网络和判别网络组成的深度神经网络。通过在生成网络和判别网络之间进行多次循环，使两个网络进行相互对抗，生成网络尝试生成与真实图像相似且同分布的假图像，判别网络试图区分生成的假图像和真实图像。

5.5.1　生成网络

目前，生成网络和判别网络一般使用生成器和判别器。基于神经网络的生成器就是一种典型的生成网络模型。

生成器是一类使用现有数据生成新数据的模型，比如使用真实图像来生成新图像。生成的新图像应该尽量与真实图像相近，也就是说，生成的新图像与真实图像应该是同分布的。生成网络的核心任务是从随机生成的由数字构成的向量（称为“潜在空间”）中生成数据，比如图像、音频或文本。在构建生成网络时需要明确该网络的目标，如生成图像、文本、音频等。而对生成器而言，通过和判别器进行多次的对抗，从而进行多次的生成，最终生成更加逼真的图像。

生成器实质上是一个基于概率分布的生成模型，对生成对抗网络来说，生成器可以采用全连接神经网络、卷积神经网络或其他机器学习模型。生成模型接收的输入是类别之类的随机噪声或随机向量，输出与训练样本相似的样本数据。其目标是从训练样本学习到它们所服从的概率分布 p_g，假设随机噪声向量 $\boldsymbol{z}$ 服从的概率分布为 $p_z(\boldsymbol{z})$，则生成模型将这个随机噪声映射到样本数据空间。生成模型的映射函数为

$$G(z,\theta_g) \tag{5-5}$$

对目前最先进的生成对抗网络来说，其生成器使用的网络结构大多是由卷积神经网络组成的。如图 5.14 所示，假定设置生成器的输入噪声为一个 100 维的向量，通过全连接加卷积的方法，将噪声向量转化为 4×4×1024 的特征图，中间会通过 4 层反卷积层，每层反卷积层的卷积核都为 4×4。因此，通过计算，每通过一个卷积层，特征图的通道数减半（通过 4 次反卷积，通道数由 1024 最终减小到 3），长、宽扩大一倍（通过 4 次 4×4 的反卷积，长、宽由 4 最终增大到 64），最终产生一个 64×64×3 大小的图片输出，即 $G(z)$。我们称这样的生成器的网络架构为深度卷积神经网络，它可以被看作一种改进型的卷积神经网络。

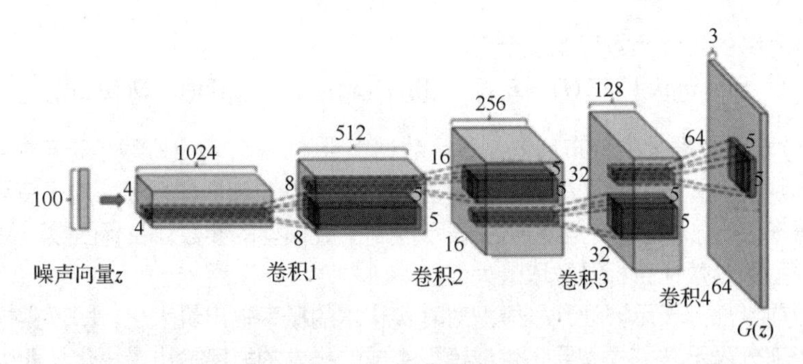

图 5.14 生成器网络结构

对生成对抗网络来说，生成模型要尽量让判别模型将自己生成的样本判定为真实样本，因此对生成模型而言，它需要最小化如下目标函数。

$$\ln(1-D(G(z))) \tag{5-6}$$

5.5.2 判别网络

生成对抗网络的判别网络是与生成网络相对应的，我们将生成对抗网络中具有判别作用的判别网络称为判别器。判别器是一类对输入的图像进行判别的模型，比如根据生成器生成的假图像和真实图像，得出一个概率值 p， p 可用式（5-7）表示。

$$p = D(G(z),i) \tag{5-7}$$

式中，z 是生成器的输入随机噪声向量；G 是生成器；D 是判别器；i 是真实图像；p 值介于 0 和 1 之间，它表示生成器生成的图像和真实图像之间的相似度。

一般判别器的结构是一个用于分类问题的神经网络，用于区分样本是生成模型产生的还是真实样本，这是一个二分类问题。当这个样本被判定为真实数据时标记为 1，判定为来自生成模型时标记为 0。判别模型的映射函数为

$$D(x,\theta_d) \tag{5-8}$$

式中，x 是模型的输入，是真实样本或生成模型产生的样本；θ_d 是模型的参数；这个函数的输出值是分类结果，是一个标量。标量值 $D(x)$ 表示 x 来自真实样本而不是生成器生成的样本的概率，是（0,1）区间的实数，这类似于逻辑回归预测函数的输出值。

判别器是一种基于概率分布的判别模型，对生成对抗网络来说，判别器的网络结构与生成器的网络结构恰恰是相反的。因为生成器的输入是噪声向量，输出是图像，而判别器的输入是图像，输出是噪声向量，所以这就决定了它们两者结构的对称性。判别器的网络结构如图 5.15 所示，其输入是 64×64 的 3 通道 RGB 图像，输出是一个数字，即概率值。其通过 4 次卷积，最终得到生成图像和真实图像概率的相似值。

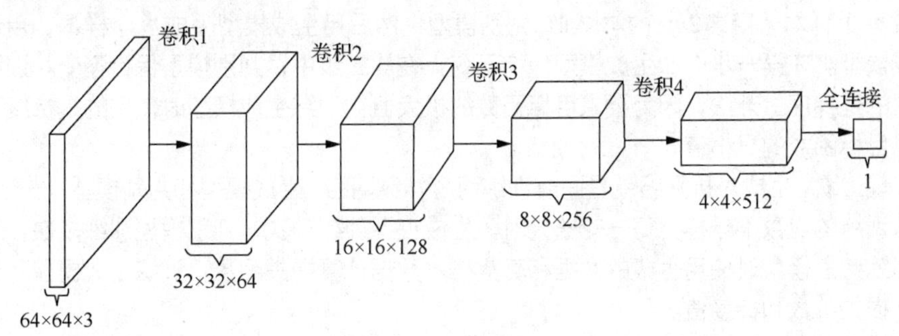

图 5.15 判别器网络结构

生成对抗网络的目标函数可以表示为

$$\min_G \max_D V(D,G) = E_{x \sim p_{\text{data}}(x)}[\ln D(\boldsymbol{x})] + E_{z \sim p_z(z)}[\ln(1 - D(G(\boldsymbol{z})))] \tag{5-9}$$

式中，$p_{\text{data}}(\boldsymbol{x})$ 表示数据 $\boldsymbol{x}$ 的分布；p_{data} 表示数据集合的分布；$p_z(\boldsymbol{z})$ 表示噪声向量 $\boldsymbol{z}$ 的分布。

在这里判别模型和生成模型的参数是要优化的变量。E 为数学期望，对于有限的训练样本，按照样本的概率进行加权和。这里的 min 表示控制生成模型的参数让目标函数取最小值，max 表示控制判别模型的参数让目标函数取最大值。

目标函数前半部分表示要让判别模型对真实样本的概率输出最大化，即真实样本要被判别为真实类；后半部分表示判别模型要将生成模型生成的样本的概率输出最小化，即生成模型生成的样本要尽可能被正确分类，输出值接近于 0。综合起来，两部分相加要最大化。

控制生成模型时，目标函数前半部分与生成模型无关，可以当作常数，后半部分的取值要尽可能小，即 $\ln(1 - D(G(\boldsymbol{z})))$ 要尽可能小，这意味着 $D(G(\boldsymbol{z}))$ 要尽可能大，即生成模型生成的样本要尽可能被判别成真实样本。因此，通过这种二元博弈策略，我们可以训练生成对抗网络以生成符合预期的数据。

生成对抗网络训练时采用分阶段优化策略进行优化，交替地优化生成模型和判别模型，最终达到平衡状态，训练终止。完整的训练算法如算例 5.1 所示。

算例 5.1　训练算法

循环，对 $t = 1, 2, \cdots, \text{max\_iter}$

　第一阶段：训练判别模型

　　循环，　$i = 1, 2, \cdots, k$

　　　根据噪声服从的概率分布 $p_g(z)$ 产生 m 个真实样本 $z_1, z_2, \cdots, z_m$

　　　根据样本数据服从的概率分布 $p_{\text{data}}(x)$ 采样出 m 个样本 $x_1, x_2, \cdots, x_m$

　　　用随机梯度上升法更新判别模型，判别模型参数传递的计算公式为

$$\nabla_{\theta_d} \frac{1}{m} \sum_{i=1}^{m} \left[\ln\left(D\left(\boldsymbol{x}_i\right)\right) + \ln(1 - D(G(\boldsymbol{z}))) \right]$$

　　　结束循环

　第二阶段：训练生成模型

　　根据噪声分布产生 m 个样本 $z_1, z_2, \cdots, z_m$

　　用随机梯度下降法更新生成模型，生成模型参数的梯度计算公式为

$$\nabla_{\theta_g} \frac{1}{m} \sum_{i=1}^{m} \ln(1 - D(G(\boldsymbol{z})))$$

结束循环

其中，max_iter 为最大循环次数；k 为迭代次数；m 是人工设定的参数，即网络训练中使用的梯度下降法中的批量大小。外层循环里所做的工作分为两步：首先获取 m 个真实样本，用生成模型生成 m 个样本，用这 $2m$ 个样本训练判别模型；然后用生成模型生成 m 个样本，用这些样本训练生成模型。在第一步中，生成模型保持不变；在第二步中，判别模型保持不变。训练判别模型时采用的是梯度上升法，因为要求目标函数的极大值；训练生成模型时使用的是梯度下降法，因为要求目标函数的极小值。

从实现上看，生成对抗网络就是同时训练两个神经网络。生成模型和判别模型是一起训练的，但是二者训练的次数不一样，每一轮迭代时，生成模型训练一次，判别模型训练多次，对应内层循环。训练判别模型时使用生成的数据和真实样本数据计算损失函数，训练生成模型时要用判别模型计算损失函数和梯度值。

图 5.16 和图 5.17 所示分别是用生成对抗网络生成的各种动物图像、猫脸图像。

图 5.16　生成对抗网络生成的各种动物图像

图 5.17　生成对抗网络生成的猫脸图像

5.6　深度学习大模型

近两年，国内外大型科研机构和企业纷纷投入巨量算力进行研发工作，将算力规模推升至万亿规模，探索模型的参数、性能和通用任务能力边界。目前，国内外多家机构和企业相继推出深度学习大模型，比较典型的有以下几个。

5.6.1　DALL・E 和 CLIP

OpenAI 同时发布了两个大规模多模态预训练模型——DALL・E 和 CLIP。DALL・E 可以基于短文本提示（如一句话或一段文字）生成对应的图像，CLIP 则可以基于文本提示对图像进行分类。OpenAI 表示，研发多模态大模型的目标是突破自然语言处理和计算机视觉的界限，实现多模态智能系统。DALL・E 生成的“牛油果形状的椅子”如图 5.18 所示。

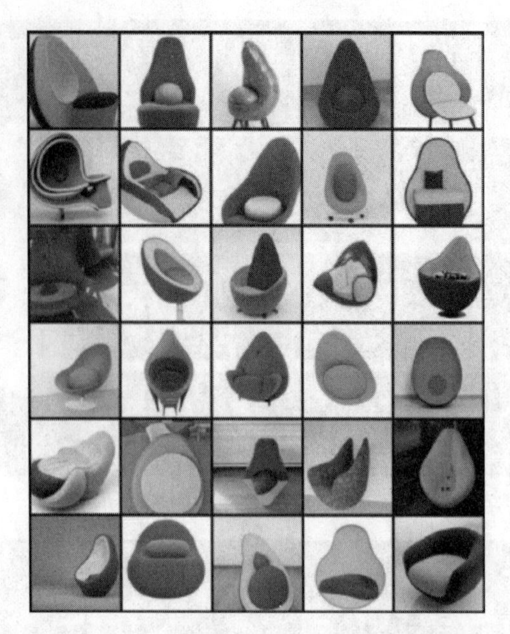

图 5.18　DALL·E 生成的“牛油果形状的椅子”

5.6.2　悟道 1.0 和悟道 2.0

北京智源人工智能研究院发布了我国首个超大规模智能信息模型“悟道 1.0”，训练出包括中文、多模态、认知、蛋白质预测在内的系列模型，并在模型预训练范式、规模和性能扩增技术、训练语料数据库建设等方面取得了多项国际领先的技术突破。北京智源人工智能研究院在“悟道 1.0”基础上推出的“悟道 2.0”模型，其基本组成如图 5.19 所示，其参数规模达到 1.75 万亿，是我国首个万亿级模型。

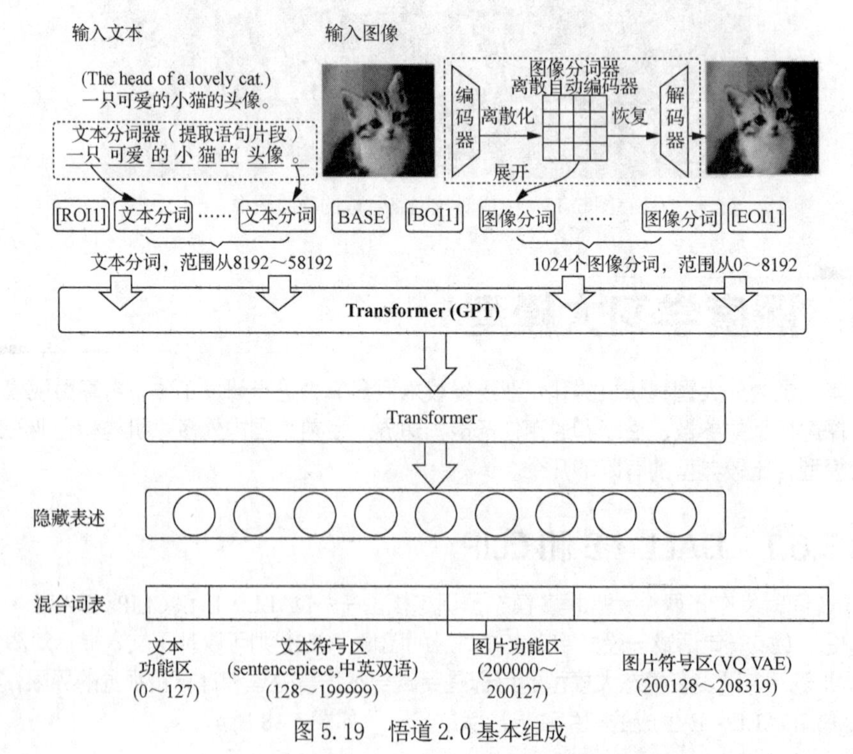

图 5.19　悟道 2.0 基本组成

5.6.3 女娲

微软亚洲研究院、北大研究者提出统一多模态预训练模型“女娲”，其架构如图 5.20 所示。该模型采用 3DTransformer 架构，能够生成视觉（图像或视频）信息。通过将该模型在 8 个下游任务上进行试验，女娲模型在文生图、文生视频、视频预测等任务上能实现其最佳性能。

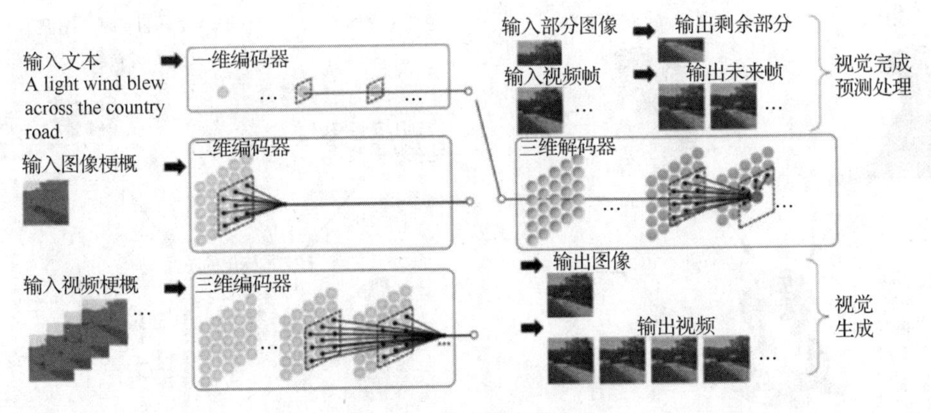

图 5.20　女娲模型的架构

5.7 迁移学习

迁移学习（transfer learning，TL）是指利用数据、任务或模型之间的相似性，将在旧领域学习过的模型应用于新领域的一种学习过程。人类的迁移学习能力是与生俱来的。例如，如果已经会打乒乓球了，就可以类比着学习打网球；如果已经会下中国象棋了，就可以类比着学习下国际象棋。因为这些活动之间往往有极高的相似性。生活中常用的“举一反三”“照猫画虎”就很好地体现了迁移学习的思想。

根据目前较流行的方法，人们对迁移学习的研究领域进行了大致的划分。按照学习方法的分类方式，可以将迁移学习分为基于样本的迁移学习方法、基于特征的迁移学习方法、基于模型的迁移学习方法和基于关系的迁移学习方法。

1. 基于样本的迁移学习方法

基于样本的迁移学习方法（instance based transfer learning，IBTL）是指根据一定的权值生成规则，对数据样本进行重用，以实现迁移学习的方法。例如，源域中存在不同种类的动物，有大象、鳄鱼、猫、狗等，目标域只有狗这一种类别。在迁移时，为了最大限度地和目标域相似，我们可以人为地提高源域中狗这个类别的样本权值，如图 5.21 所示。

图 5.21　基于样本的迁移学习方法

2. 基于特征的迁移学习方法

基于特征的迁移学习方法（feature based transfer learning，FBTL）是指将通过特征变换的方式互相迁移，来减少源域和目标域之间的差距，或者将源域和目标域的数据特征变换到统一特征空间中，然后利用传统的机器学习方法进行分类识别，以实现迁移学习的方法。其基本过程如图 5.22 所示。

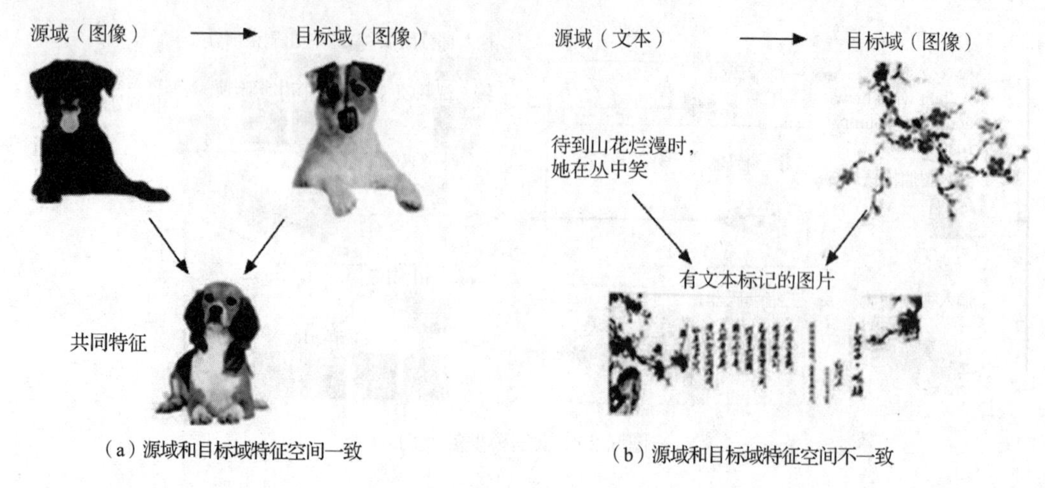

图 5.22　基于特征的迁移学习方法

3. 基于模型的迁移学习方法

基于模型的迁移学习方法（model based transfer learning，MBTL）是指从源域和目标域中找到它们之间共享的参数信息，以实现迁移学习的方法。例如，利用上千万个图像来训练好一个图像识别系统，当我们遇到一个新的图像领域问题时，就无须再用几千万个图像进行训练，把原来训练好的模型迁移到新的领域即可。在新的领域往往只需几万张图片就可以得到很高的精度。其基本过程如图 5.23 所示。

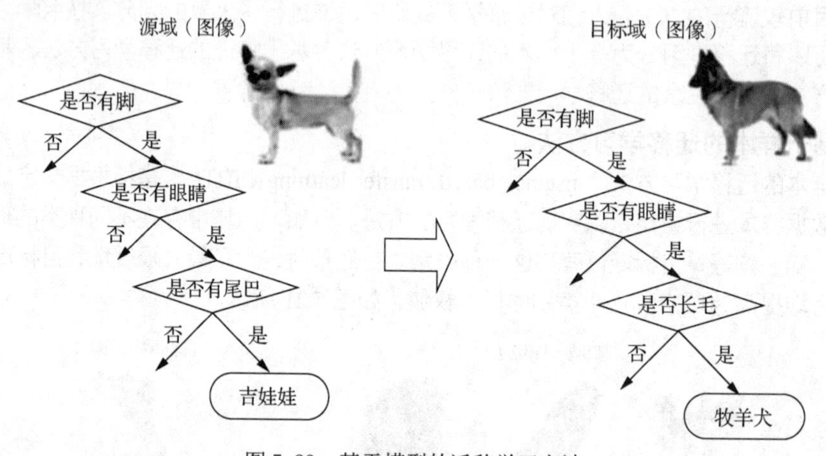

图 5. 23　基于模型的迁移学习方法

4. 基于关系的迁移学习方法

基于关系的迁移学习方法（relation based transfer learning，RBTL）与上述 3 种方法具有截然不同的思路。这种方法比较关注源域和目标域样本之间的关系。假设两个域是相似的，那么它们之间会共享某种相似的关系，这样就可以将源域中的逻辑关系应用到目标域上来进行迁移，如生物病毒传播与计算机病毒传播之间存在相似的逻辑关系，如图 5.24 所示，可以利用这种关系形成一种迁移学习思想，即将生物病毒传播和处理机制借鉴用于计算机病毒处理机制。

生物病毒

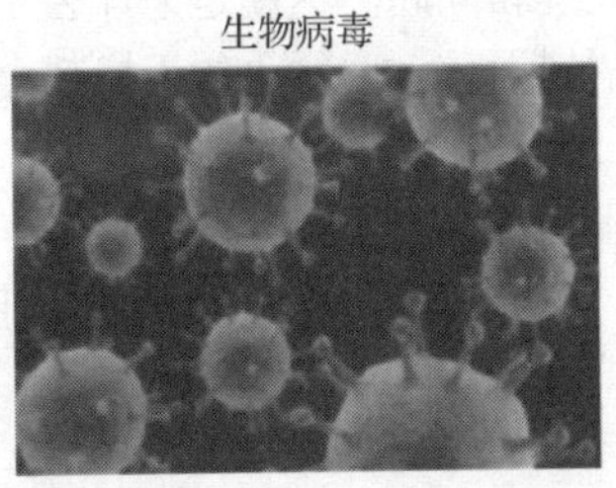

计算机病毒

图 5.24 基于关系的迁移学习方法

快速风格迁移是迁移算法的众多应用中非常有趣的一种，可以使用这种方法把图 5.25（a）的风格“迁移到”图 5.25（b）的图像上。

（a）被迁移风格

（b）风格迁移后所得的图像

图 5.25 利用迁移算法实现的图像风格迁移

迁移学习作为机器学习领域的一个重要分支，其应用并不局限于特定的领域。凡是满足迁移学习问题情景的应用，迁移学习都可以在其中发挥作用。这些领域包括但不限于计算机视觉、文本分类、行为识别、自然语言处理、室内定位、视频监控、舆情分析、人机交互等。

5.8 深度学习缺陷与因果学习

5.8.1 深度学习缺陷

人类从很小的时候开始，就可以在没有人明确指导的情况下，通过观察和学习世界形成理解世界的因果预测能力。但对在围棋、国际象棋等复杂任务中的深度学习等算法来说，对因果关系的预测仍是一个挑战。机器学习算法擅长从大量数据中找出精巧的模型，尤其是深度神经网络。它们可以实现实时地转录音频、每秒标记数千张图像和视频帧，或者检查 X 光和核磁共振扫描结果中是否有癌症病灶。但它们很难像人类一样，自然地推断出图像或者视频中存在的某些简单或复杂的因果关系。

假设有足够多的样本去训练，机器学习模型就能够将问题的一般分布规律编码到模型参数中。但现实情况中，由于无法考虑和控制训练数据中的所有因素，因此分布往往会发生变化。例如，已经训练识别了数百万张图像的卷积神经网络，当图像中物体遇到了新的光照条件、从略微不同的角度或新的背景下进行测试时，就很可能会识别失败。

包括深度学习在内的机器学习算法解决上述问题的主要方法是在更多的样本上训练机器学习

模型，但随着环境越来越复杂，通过增加训练样本的方法也很难覆盖整个样本分布。尤其是在机器人、无人驾驶汽车等人工智能必须与世界进行互动的领域，面对的挑战更加严峻。无法对因果关系进行理解的机器学习模型，很难准确地预测或者处理新问题。这就是为什么无人驾驶汽车在经过数百万千米的训练后，仍然会犯一些奇怪和危险的错误。一些微小的干扰都会让机器学习系统以意想不到的方式失败。

在图 5.26 中，给熊猫图像上添加一层难以察觉的噪声，卷积神经网络就会错判其为长臂猿。机器学习算法的鲁棒性机制与人类智慧还有很大差距。研究人员指出，因果关系可能可以防御对抗性攻击。

+.007×

=

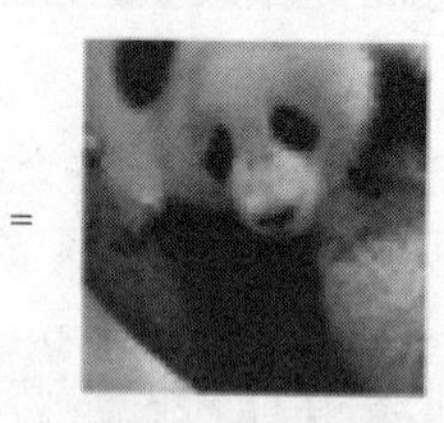

图 5.26　对抗性攻击的目标是机器学习对 IID 的敏感性

动物经常使用的信息，在机器学习的过程中却常被忽略，比如对世界的干预、地域转移或者时间结构。因为机器学习认为这些因素是无用的，并试图将它们丢掉。据此，目前大多数机器学习都比较成功，归结于对适当收集的独立同分布（independent identically distributed，IID）数据进行大量的模式识别。IID 假设在问题空间中的随机观测之间不相互依赖，并且发生的概率是恒定的。最简单的例子就是抛硬币或掷骰子，每一次的结果都独立于之前的结果，并且每一种结果的概率保持不变。

对于更复杂的计算机视觉等领域，机器学习工程师试图通过在非常大的样本集上训练模型，从而将问题转变到 IID 领域。也就是基于这样的假设——训练样本的分布代表推理过程中必须处理的内容，在现实生活的使用中存在重大缺陷。尤其在遇到训练数据集采样稀疏，甚至缺乏样本的情况时，深度学习模型就会受到挑战。

除此之外，迁移学习和小样本推理方面取得的结果也不尽如人意。模型的低效扩展性使人工智能无法扩展到数据集和数据科学家缺乏的许多领域。此外，深度学习还非常容易受到数据变化的影响，产生低信度分类，但这一问题可以通过提高模型的稳健性和可扩展性得到解决。

最后，在大多数情况下，基于深度神经网络的深度学习技术缺乏可解释性，缺乏认知机制，无法进行抽象、上下文语境、因果关系、可解释性和可理解性的推理。

因此，机器学习模型如果要在 IID 领域之外也起作用，其不仅需要学习变量之间的统计关联，还需要学习潜在的因果模型。

5.8.2 因果学习概念及其作用

因果关系及其推理是一种从因果关系模型得出结论的过程，与概率论中推理随机实验结果的方式类似。虽然在一个因果关系模型中通常蕴含概率模型，但是，因果关系模型包含的信息比概率模型包含的信息更多，从而使人们能够更深入地分析数据中可能包含的规律或知识。因果关系是一个有吸引力的研究领域。它的数学理论研究才刚刚起步，许多概念问题仍然存在争论，且通常争论比较激烈。研究者认为因果关系是最基本的，也是最不现实的。这就是因果效应问题，在这个问题上，被分析的系统只包含两个可观测变量。

在机器学习中考虑或加入因果关系或者用机器学习模型表示因果关系，就形成了一种新的机器学习方法——因果学习。研究者们认为，用机器学习模型表示因果关系还有很多挑战，但如何构建能够学习表示因果关系的人工智能系统，已经有了一些方向。

因果学习允许人们将以前获得的知识应用到新的领域。例如，当一个游戏玩家学会玩《魔兽争霸》这种即时战略游戏后，就可以快速地将知识应用到《星际争霸》和《帝国时代》等其他类似的游戏中。然而，机器学习算法中的迁移学习只能起到非常简单的作用，比如将图像分类器参数微调以检测新类型的对象。而要想将机器学习模型应用在电子游戏等更复杂的任务中，则需要长时间的游戏训练，并且很难对微小的环境变化（更换新地图或对规则进行微调）做出适当的调整。

因果关系在应对对抗性攻击时也很重要。大部分机器学习算法采用统计相关性来学习数据信息，并利用确定值进行预测。但这样的学习需要大量的数据，且没有顾及底层模型数据生成过程的细节，容易受到未观测的混淆因子的影响。因果关系模型可以弥补机器学习的一些问题，其目标是通过因果探索底层数据的生成机制。

从广义上来说，因果关系可以增强机器学习的泛化能力。事实上，当前大多数为了解决 IID 基准问题的实验和大多数在 IID 设置中进行泛化的理论结果，都不能完成跨问题泛化这个严峻挑战。

5.8.3 结构因果模型

研究者们已经整合了一些对于构建因果机器学习模型至关重要的概念和原则。其中两个概念是“结构因果模型”和“独立因果机制”，它们表明人工智能系统不应该只是寻找表面的统计相关性，而是应该能够识别因果变量，并去除它们对环境的影响。

这种机制可以使模型在不同的视角、背景、光线和噪声下都能够正确检测对象。理清这些因果变量将有助于人工智能系统更加稳健地应对不可预测的变化和干预。因此，基于因果关系的人工智能模型就不需要庞大的训练数据集了。

研究者们将结构因果模型（structural causal model，SCM）和表示学习相结合，将 SCM 嵌入输入和输出是高维非结构化的大型机器学习模型中，使模型中至少有一部分工作是由神经网络调整过参数的 SCM 完成的。最终获得的模型可能具有模块化的架构，不同的模块可以单独调整用于不同的新任务。这些概念就更接近于人类思维的模块化方法，因为人类大脑的不同领域和区域会联系和使用不同的知识和技能。SCM 的定义如下。

SCM：一个 C 和 E 所表示的 SCM 中包含以下两个赋值。

$$C := N_C$$

$$E := f_E(C, N_E)$$

以上定义中，$N_E \perp N_C$，即 N_C 与 N_E 相互独立；:=表示赋值。

在上述模型中，称随机变量 C 为原因变量，E 为效果变量。此外，将 C 称为 E 的直接原因，将 $C \to E$ 称为因果图。当讨论干预时，这个表示法比较清晰并符合读者的直觉。

如果同时给定函数 f_E 和噪声分布 p_{N_C} 和 p_{N_E}，可以按照以下方式从这种模型中采样数据：对噪声值 N_C 与 N_E 进行采样，然后依次估算 C 和 E。因此，SCM 引入一个关于 C 和 E 的联合分布 $p_{C,E}$。

结构因果模型结合了图形建模、结构方程、反事实和介入逻辑，是联系因果和概率表述的重要工具。人们可以使用这些工具正式表达因果问题，以图解和代数形式编纂我们现有的知识，然后利用数据来估计答案。此外，当现有知识状态或现有数据不足以回答我们的问题时，这些工具会警告我们，然后建议我们使用其他知识或数据来源，让问题变得可回答。

如图 5.27 所示，SCM 推理引擎将假设（以图形模型的形式）、数据和查询作为输入。

例如，图 5.28 显示的是 X（如服用药物）对 Y（如恢复）具有因果效应，第三变量 Z（如性别）会影响 X 和 Y。

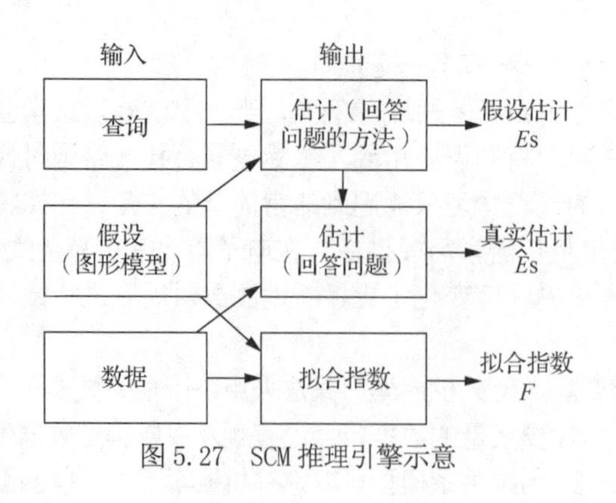

图 5.27　SCM 推理引擎示意

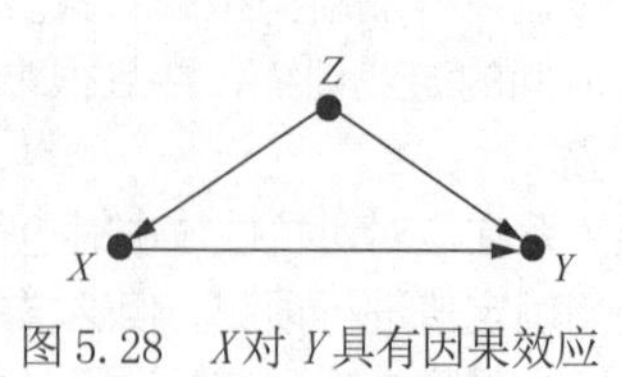

图 5.28　X对 Y具有因果效应

5.9　强化学习

强化学习（reinforcement learning，RL）是一种通过模拟大脑神经细胞中的奖励信号来改善行为的机器学习方法，其计算模型也已经应用于机器人、分析预测等人工智能领域。强化学习的目标是学习一个最优策略，以使智能体（人、动物或机器人）通过接收奖励信号并将其作为回报（一般这个过程是将状态映射为动作），进而获得一个整体度量的最大化奖励。

5.9.1　能够自适应学习的机器人

工业机器人的手是为要装配的物料而特殊定制的，如果我们把这台机器人搬去抓取其他物体，就得重写机器人的控制程序，甚至需要更换机器人的手。理想情况下，我们希望机器人能够适应抓取物体过程中物体位置和抓取的手的不确定性或者变化。那么应该怎样让机器人有一定的适应性，以及这种适应性来自什么样的程序、表达方式和数学工具？

加利福尼亚大学研究人员一直在寻找让机器人自适应学习的方法。利用强化学习技术，从 2010 年起，用于解决繁杂任务的伯克利机器人（Berkeley robot for the elimination of tedious tasks，BRETT）可以拿起不同大小的毛巾、弄清楚毛巾的形状并将毛巾整齐叠好，如今其已发展成了可以完成叠衣服、拼积木、整理玩具及餐具等工作的机器人，如图 5.29 所示。

图 5.29　BRETT 叠衣服、整理玩具及餐具等

为了让 BRETT 学习到更多技能，研究人员认为应该让 BRETT 在不同的环境中学习，类似于小孩子玩耍和探索，而不是在给定的单一环境中学习单个任务。为了实现这一点，他们采用了强化学习方法，让机器人随机采样各种物体，包括玩具和杯子等刚性物体，以及布和毛巾等可变形物体，并同时收集机器人的传感器数据。与传统机器人不同，彼得·阿贝尔采用的方法不再对机器人的模型和被抓取的物体模型进行建模，也不对抓取的过程做任何受力分析。例如，让 BRETT 拼积木，原理很简单，即让机器人用一个相机看着自己的手，手在胡乱移动的过程中如果碰巧能把积木拼起来就可以得到“奖励”，拼不起来则只能得到“惩罚”。这里的奖励和惩罚是对“选择调整神经网络权值的梯度方向”的一个形象表达，神经网络的输入是图像和机械臂关节的位置，输出是当前这个状态下应该给关节施加的控制量，每个时刻的输入都对应一个输出，所有时刻的输出就构成了机器人的动作序列。机器人得

到足够的“奖励”后，也就学会了拼积木的动作序列。

图 5.30 所示的强化学习过程中，S_t 为 t 时刻机器人的状态；R_t 为 t 时刻机器人得到的奖励；S_{t+1} 为 $t+1$ 时刻机器人的状态；R_{t+1} 为 $t+1$ 时刻机器人得到的奖励。由环境提供的强化信号会对机器人所产生动作的好坏做一种评价，但是不告诉机器人如何去产生正确的动作。由于外部环境提供了很少的信息，因此机器人必须靠自身的经历进行学习，并通过这种方式在环境中获得知识，通过改进行动方案以适应环境。

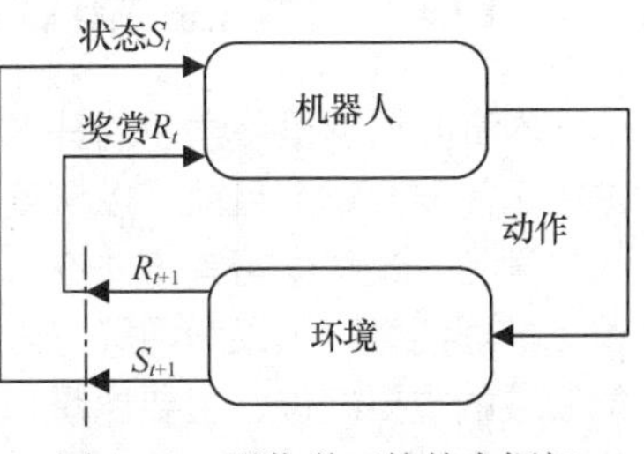

图 5.30　强化学习的基本框架

5.9.2　强化学习的应用

1. AlphaGo 及 AlphaGo Zero

强化学习智能体必须平衡其对环境的探索，以找到获得奖励的最佳策略，并利用发现的最佳策略来实现预期目标。2016 年年初，AlphaGo 战胜世界围棋冠军李世石，强化学习也因此受到了人们的广泛关注和研究。后期，DeepMind 公司又结合深度学习和强化学习的优势，进一步研发出了算法形式更为简洁的 AlphaGo Zero，它采用完全不基于人类经验的自学习算法，可以在复杂高维的状态动作空间中进行端到端的感知决策，并战胜了 AlphaGo。

2. 游戏训练

早在 2013 年之前，如果要采用同一个智能体来玩所有的雅达利（Atari）游戏，是不可能实现的。2013 年以后，DeepMind 公司结合了深度学习和强化学习的优势，用同一个算法（不改一行代码）就能够实现玩遍所有的 Atari 游戏。也就是说，在每一个游戏里，让这个算法自主学习，该过程中不加入任何的人为干预，它不知道游戏的规则，只能完全靠自行探索。训练完成之后，算法学会的策略比某些人类玩家的还要强大。从 2016 年开始每年都会举办一个名为视觉末日（VizDoom）的人工智能比赛，强化学习在该比赛的游戏训练中不断取得巨大成果和突破。

3. 机器人控制中的应用

以 KUKA LBR iiwa 14 R820 机器人为例，该机器人为 7 轴协作机器人，负载为 14kg，精度为 0.15mm。通过设置自身的目标，机器人就可以在没有人类干预的情况下自动地训练，训练过程如图 5.31 所示。

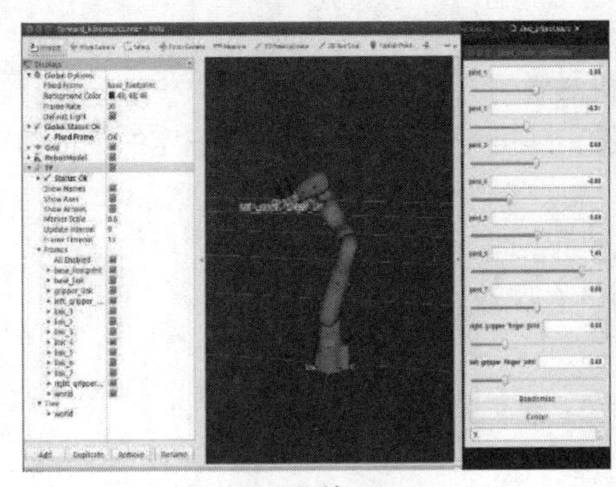

（a）训练 1

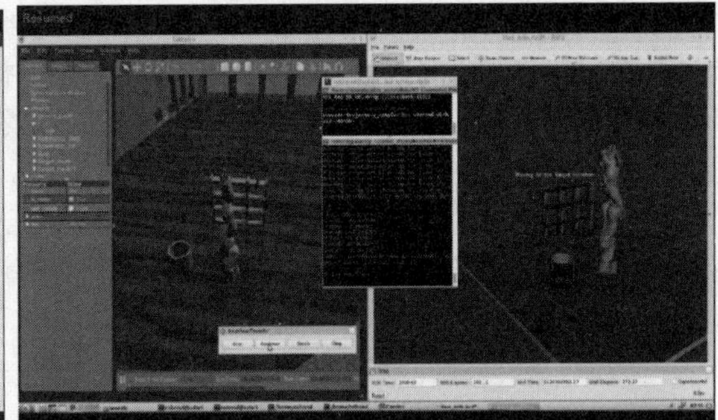

（b）训练 2

图 5.31　训练机器人抵达目标点并抓取目标

训练机械臂将物体放置到指定位置，采用强化学习的算法训练只需要 1h 就可以抵达目标点位置，只需要 4.5h 就可以将物体放置到货架上的指定位置（需要与环境交互），同时可以达到比较高的精度。

5.10 关键知识梳理

本章介绍了机器学习的基本概念、类型及主要的监督学习方法，并对目前流行的深度学习进行了简要介绍。目前，以深度学习为代表的机器学习占据了学术和应用的主流地位。同时，强化学习、迁移学习等方法在很多方面具有深度学习不具备的能力和优势。由于深度学习缺少逻辑推理能力，因果学习等方法日益受到重视。本章的内容有助于读者理解机器学习在人工智能领域的重要地位、主要思想和方法，可为后续理解深度学习等技术在模拟感知智能等方面的作用奠定基础。

5.11 问题与实践

（1）什么是机器学习?

（2）机器学习的主要方法和类型有哪些?

（3）机器学习对形成机器智能可以起到什么作用?

（4）什么是分类？主要的分类算法有哪些?

（5）基于 Python 语言提供的算法库，分别利用 *k*-最近邻算法和 *k*-均值算法处理 UCI Machine Learning Repository 官网提供的 Iris 数据集，并解释其结果差异。

iris.data 为 Iris 数据文件，内容如下。

```
5.1,3.5,1.4,0.2,Iris-setosa
4.9,3.0,1.4,0.2,Iris-setosa
4.7,3.2,1.3,0.2,Iris-setosa
……
7.0,3.2,4.7,1.4,Iris-versicolor
6.9,3.1,4.9,1.5,Iris-versicolor
……
6.3,3.3,6.0,2.5,Iris-virginica
6.4,3.2,4.5,1.5,Iris-versicolor
5.8,2.7,5.1,1.9,Iris-virginica
7.1,3.0,5.9,2.1,Iris-virginica
```

（6）论述贝叶斯分类器的基本概念。

（7）深度学习与人工神经网络有什么联系和区别?

（8）从任务角度划分，深度学习属于哪种类型的机器学习?

（9）如何认识人工智能具有创造力？从哪些方面看，深度学习使机器具备了一定的创造力？机器的创造力与人类的创造力相比有什么差距?

（10）简要说明 5.4.2 小节介绍的深度学习图像描述的原理。

（11）支持深度学习的主要框架有哪些？它们各有什么优缺点?

第 3 部分 重点方向与领域（机器智能）

06 感知智能

本章学习目标：

（1）熟悉感知智能的基本概念，以及图像处理技术与方法；

（2）理解计算机视觉与机器视觉；

（3）掌握模式识别与图像分类的方法；

（4）了解基于深度学习的目标检测与识别；

（5）了解无人驾驶汽车的环境感知技术。

6.0 学习导言

感知智能是从机器智能角度来刻画机器对外界的感知能力的。机器可以通过摄像头、话筒或者激光雷达、超声波传感器等其他传感器设备采集物理世界的信号，对人或者动物的听觉、触觉、力觉、味觉、嗅觉等功能进行模拟，再借助特征识别等技术，将感知到的信号映射成数字信息。数字信息进一步提升至可认知的层次，如记忆、理解、规划、决策等，就将成为认知智能。因此，与人类类似，机器的感知智能也是其认知智能的基础。对人类或多数哺乳动物来说，其通过视觉输入的信息占据各种感官信息的 80%，其次是来自听觉和触觉的信息。但机器可感知的范围可以远远超越人类，例如，机器可以感知红外线，可以利用激光雷达感知距离，也可以用毫米波去感知细微的距离或很低的速度。这些都表明机器可感知的物理世界信号或模态比人类更丰富。

如今，机器感知智能技术在机器视觉、指纹识别、目标识别、人脸识别、视网膜识别、虹膜识别、掌纹识别、态势感知、无人驾驶等方面都取得了很大突破。目前，感知智能的应用主要侧重于机器视觉方面，这是因为机器的其他感知能力不像视觉智能一样有广泛的应用前景。因此，实际的感知智能以图像处理、机器视觉、计算机视觉为主，包括从指纹识别到人脸识别等不同的生物特征识别技术。

感知智能需要模仿人或动物的多种功能。人和动物认识客观对象的多种信息处理机制还远没有被完全揭示，但人类大脑信息处理的部分机制已经被初步理解，尤其是大脑皮层的视觉信息处理机制。目前，机器感知智能主要是受到人类视觉的启发而发展的，实际上，机器已经形成了不同于人类的视觉智能。广义的机器视觉与计算机视觉并没有很大区别，泛指使用计算机和图像处理技术实现对客观事物图像的识别与理解。在人工智能领域，图像处理技术已经成为机器感知智能特别是机器视觉智能的基础。

6.1 图像处理技术

图像处理，也称为数字图像处理或计算机图像处理，是指对图像信号进行分析、加工和处理以将其转换成数字信号，也就是利用计算机对图像信号进行分析的过程。图像处理包括空域法和频域法两种方法。在空域法中，通常把图像看作平面中的一个集合，并用一个二维的函数来表示，集合中的每一个元素都是图像中的一个像素，图像在计算机内部被表示为一个数字矩阵。在频域法中，必须先对原始图像进行傅里叶变换，以将图像从空域变换到频域，然后进行滤波等处理。图像的频率是表征图像中灰度变化剧烈程度的指标。

如图 6.1 所示，如果图像二维矩阵的每一个像素（元素）取值仅有 0 和 1 两种，“0”代表黑色，“1”代表白色，那么这样的图像就是二值图像。如图 6.2 所示，灰度图像二维矩阵元素的取值范围通常为[0, 255]，“0”表示纯黑色，“255”表示纯白色，中间的数字从小到大表示由黑到白的过渡色。灰度图像也可以用双精度数据类型表示，像素的值域为[0,1]，“0”代表黑色，“1”代表白色，0 和 1 之间的小数表示不同的灰度等级，因此，二值图像可以看成灰度图像的一个特例。RGB 彩色图像分别用红（R）、绿（G）、蓝（B）三原色的组合来表示每个像素的相对亮度，并通过 3 个颜色通道的变化及它们相互之间的叠加来得到各式各样的颜色。在进行图像处理时，很多情况下都需要把彩色图像转换成灰度图像，再进行相关的计算与识别。

图 6.1　二值图像

图 6.2　灰度图像

6.1.1 灰度直方图

图像中灰度的分布情况是该图像的一个重要特征。灰度直方图是一种对数字图像中的所有像素，按照灰度值的大小，统计它们出现频率的图。灰度直方图校正具有增强图像、调节对比度等作用。

设变量 l 代表图像中像素的灰度级，l 为 $[0,255]$ 中的任一整数。在图像处理过程中，通常要对像素的灰度级进行归一化，使 $l \in [0,1]$。假定在任意时刻这些灰度级都是连续的，那么可以用概率密度函数 $p_l(l)$ 来表示原始图像中灰度级的分布，如图 6.3 所示。

在离散形式下，用 l 代表离散灰度级，$p_l(l)$ 代表灰度级 l 出现的频率。在直角坐标系下画出的 l 与 $p_l(l)$ 的对应关系图如图 6.4 所示，该图形称为灰度级直方图。

如果指定图像的灰度级分布在[0,1]，则可以对该区间内的任意灰度级 l 进行变换。直方图均衡化是一种直方图校正法。该方法通常以累积分布函数为变换函数，对图像的灰度级进行变换。图 6.5 所示为直方图均衡化的效果，和原灰度图相比图像变得更清晰了。虽然直方图均衡化可以有效地增强图像的对比度，使图像变得更清晰，但它只能产生近似均匀的直方图。在实际应用中，并非总是要把整幅图像的灰度级变换为均匀分布的，有时需要具有特定形状的直方图的图像，以便能增强图像中特定的灰度级像素，即直方图规定化。图 6.6 所示是直方图规定化的效果，和原灰度图相比，图像整体变得更亮。

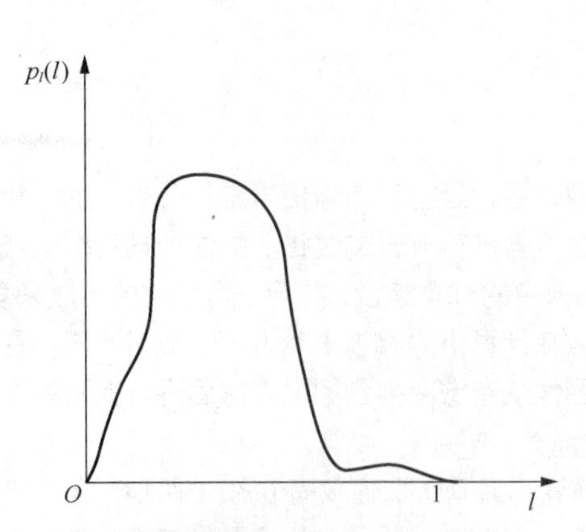

图 6.3　图像灰度分布的概率密度曲线

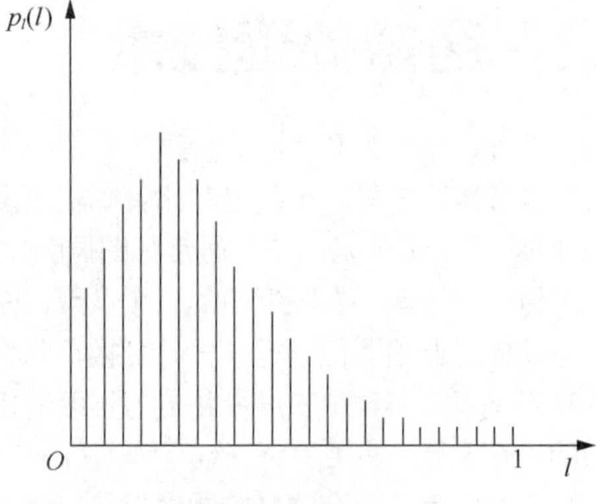

图 6.4　灰度级直方图

图 6.5　直方图均衡化

图 6.6　直方图规定化

6.1.2　图像平滑处理

实际应用中的图像常会受到一些“噪声”影响而发生退化。在图像的获取、传输、量化等过程中都有可能引入噪声。噪声可能与图像内容相关，也可能与图像内容无关，但它的存在将影响后续图像处理的结果。

从信号处理的角度看，图像平滑就是对图像实施低通滤波，去除其中的高频信息，保留低频信息。低通滤波可以去除图像中的噪声（图像中变化比较大的区域，即高频信息），模糊图像。常用的图像平滑的方法主要有邻域平均法、中值滤波法、高斯滤波法等。

图 6.7 所示是采用中值滤波法对含有随机噪声的图像进行滤波的效果，图像细节被去除，但是并没有有效地滤除随机噪声；图 6.8 所示是采用中值滤波对含有椒盐噪声的图像进行滤波的效果，有效地滤除了椒盐噪声。图像平滑处理以牺牲图像清晰度为代价，在实际应用中，为了能够有效地去除噪声，可以结合不同的算法，分步骤地进行图像平滑。

图 6.7　随机噪声的中值滤波

图 6.8　椒盐噪声的中值滤波

6.1.3 图像边缘检测

图像中突变的位置对于图像的感知很重要，在某种程度上，边缘不随光照和视角的变化而变化。如果只考虑那些强度大的边缘像素，则对图像内容的理解来说是足够的，且这会大大减少图像的数据量。并且在很多情况下，这种数据量的减少并不会阻碍我们对图像内容的理解。边缘检测提供了图像数据的合适概括。

边缘检测是进行高层图像分析前极为重要的一步。大部分的边缘检测技术都基于求导数的方法，除此之外还有一些结合了模糊逻辑、神经网络、小波变换等方法的边缘检测技术。选择一个合适的边缘检测技术是很困难的，经典的边缘检测技术有 Roberts 算子、Sobel 算子、Laplace 算子、LoG 算子和 Canny 算子等。

其中，Canny 算子是由约翰·坎尼（John Canny）于 1986 年提出的。图 6.9 和图 6.10 分别展示的是 Canny 算子检测突出边缘图像和背景特定图像的效果。

图 6.9　Canny 算子检测突出边缘图像

图 6.10　Canny 算子检测背景特定图像

6.1.4 图像锐化

一般来说，图像的能量主要集中在低频部分，噪声所在的频段主要是高频段，同时图像的边缘信息也主要集中在高频部分，这将导致原始图像经过平滑处理（去噪声）后，图像的边缘和轮廓变得模糊。图像边缘锐化处理主要用于增强图像的边缘及灰度变化剧烈的位置，以增加图像的清晰度。常用的图像锐化方法有高通滤波法和空域微分法。采用高通滤波法可以让高频分量通过，适当抑制中低频分量，使图像的细节变清楚；而空域微分法可以利用方向导数在边缘法线方向上取得局部极大值。

图 6.11 和图 6.12 分别展示的是突出边缘的锐化和背景为固定值的锐化的效果。

图 6.11　突出边缘的锐化

图 6.12　背景为固定值的锐化

6.1.5 图像分割

图像分割是指根据灰度、颜色、纹理和形状等特征，把图像划分成若干互不重叠的区域，并使这些特征在同一区域内呈现出相似性，在不同区域内呈现出明显的差异性，从而将图像中有意义的特征部分（如图像中的边缘、区域等）提取出来。它是进行图像识别、分析和理解的基础。

图像分割主要有两种方法：一种是根据各图像像素之间的不同灰度或不同颜色分量来进行分割，这称为基于像素的分割方法；另一种是基于不同类型的区域在图像中的不连续性来进行分割。每一区域都是像素的一个连续集，通常采用把像素分入特定区域的区域法和寻求区域之间边界的境界法进行图像分割。

如果图像中的目标物体是连接在一起的，则一般分割起来会更困难，为此人们经常采用一种称为分水岭算法（watershed algorithm）的方法来处理这类问题，能够取得比较好的效果。分水岭算法把图像看作测地学上的拓扑地貌，其原理示意如图 6.13 所示。

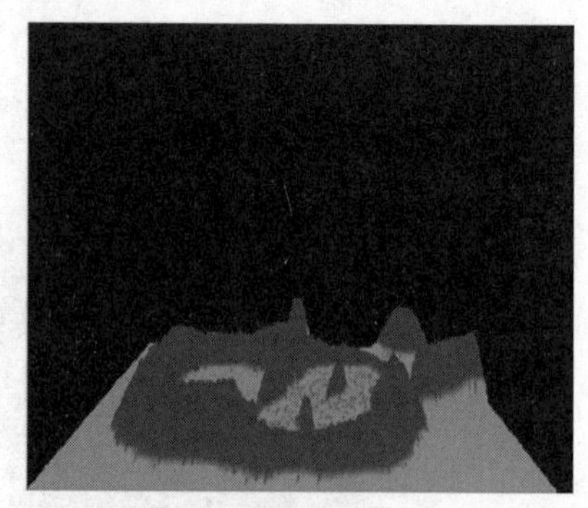
图 6.13　分水岭算法原理示意

图像中每一点像素的灰度值表示该点的海拔，每一个局部极小值及其影响区域称为集水盆，而集水盆的边界则会形成分水岭。因此，为了得到图像的边缘信息，通常把梯度图像作为输入图像。分水岭算法对微弱边缘具有良好的响应，图像中的噪声、物体表面细微的灰度变化，都会产生过度分割的现象。采用分水岭算法的分割效果如图 6.14 所示。

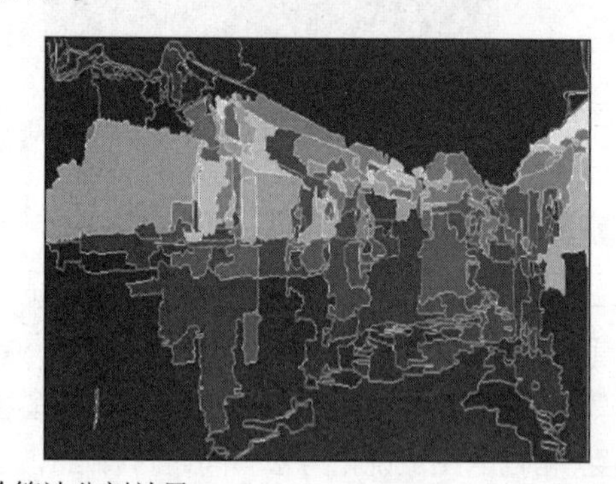
图 6.14　分水岭算法分割效果

6.1.6 图像特征提取

图像特征提取是指使用一定的算法提取图像的信息，进而决定每个图像的像素是否属于一个图像特征。特征提取的结果是把图像上的像素分到不同的子集，这些子集往往分为孤立的像素、连续的曲线或者连续的区域。对于特征，并没有万能的和精确的定义。在不同尺度下，特征是不同的。特征提取最重要的特性是“可重复性”，即算法通过检查图像的每个像素来确定该像素是否代表一个特征。

不同的特征提取算法提取的特征各不相同，它们的计算复杂性和可重复性也不同。例如，边缘、角、区域等都可以作为特征，常用的图像特征有颜色特征、纹理特征、形状特征、空间关系特征等。

图 6.15 所示为 Haar 特征模板，其通常和 AdaBoost 分类器组合使用。基于 Haar 特征模板实现的 Haar 算法是用于人脸检测与识别的经典算法。

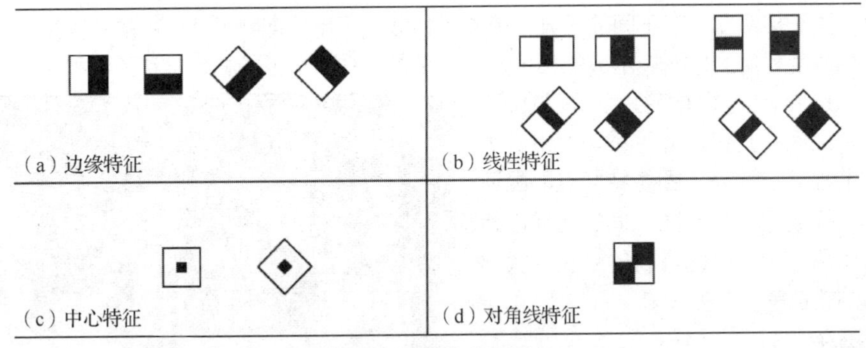

图 6. 15 Haar 特征模板

Haar 特征分为 4 种，即边缘特征、线性特征、中心特征和对角线特征，色块矩阵姿态包括水平、垂直、斜 45°。在计算 Haar 特征值时，会用白色区域的像素数值之和减去黑色区域的像素数值之和，也就是说，白色区域的权值为正值，黑色区域的权值为负值，而且权值与矩形区域的面积成反比，以此抵消两种矩形区域面积不等造成的影响，从而保证 Haar 特征值在灰度分布均匀的区域趋近于 0。

Haar 特征在一定程度上反映了图像灰度的局部变化。在人脸检测中，脸部的一些特征可由矩形特征简单刻画，但矩形特征只对一些简单的图形结构（如边缘、线段等）较敏感，所以只能用于描述特定走向（水平、垂直、对角）的结构，例如，眼睛的颜色比周围区域的颜色要深，鼻梁比两侧的肤色要浅等。

图 6.16 所示为采用 Harr 特征模板提取人脸特征。利用积分图可以提取 Haar 矩形特征，积分图是一种快速计算矩形特征的方法，其主要思想是将图像起始像素点到每一个像素点之间的矩形区域的像素数值之和作为一个元素保存下来，也就是将原始图像转换为积分图，这样在求某一矩形区域的像素和时，只需索引矩形区域 4 个角点在积分图中的取值，进行普通的加减运算，即可求得 Haar 特征值。

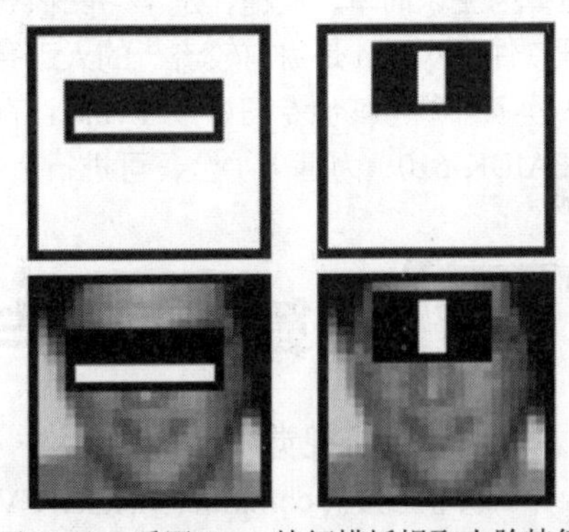

图 6. 16 采用 Harr 特征模板提取人脸特征

不同于人脸特征检测方法，用于物体检测的特征提取方法还有基于边缘、颜色、纹理等不同特征的特征提取方法，以及基于方向梯度直方图（histogram of oriented gradient，HOG）、局部二值模式（local binary pattern，LBP）、尺度不变特征变换（scale-invariant feature transform，SIFT）等的特征提取方法。

6.1.7 图像分析

图像分析是从图像中抽取某些有用的度量、数据或信息，以得到某种数值结果，其目的并不是产生另一个图像。图像分析不仅要把图像中的特定区域按固定数目的类别加以分类，还要提供关于被分析图像的一种描述（解释）。图像分析的主要技术方法包括但不局限于图像处理的各种技术。

图像分析的主要过程介绍如下。

1. 分割

先把图像分割成一些互不重叠的区域，每个区域均是像素的一个连续集，并从中抽取出图像的特征，包括不同特征的物体和背景，其中可能包含长方形、圆、曲线及任意形状的区域等。

2. 识别或分类

以特征为基础进行识别或分类是计算机理解物体的基础。识别或分类主要利用的是图像之间的相似度。关于相似度也有不同的区分：简单的相似度可用区域特征空间中的距离来定义；基于像素值的相似度利用的是图像函数的相关性；定义在关系结构上的相似度称为结构相似度。

如图 6.17 所示，图像特征点匹配试图建立两张图片之间的几何对应关系，度量其类似或不同的程度。此外，图像特征点匹配还用于图片之间或图片与地图之间的配准，检测不同时间所拍图片之间景物的变化，找出运动物体的轨迹等。

图 6. 17　图像特征点匹配

3. 描述

用数据、符号或形式语言来表示具有不同特征的图像区域，这个过程就是图像描述。描述可以分为对区域本身的描述和对区域之间的关系、结构的描述。对线、曲线、区域、几何特征等各种形式的描述，是图像处理的基础技术。简单的二值图像，可采用几何特性来描述其中物体的特性。一般图像的描述方法为二维形状描述，它又可分为边界描述和区域描述两类。特殊的纹理图像可采用二维纹理特征描述。随着图像处理研究的深入发展，研究人员已经开始进行三维物体描述的研究，提出了体积描述、表面描述、广义圆柱体描述等方法。

图像处理常用的软件和编程语言包括 MATLAB、OpenCV 及 Python 等。MATLAB 以矩阵式运算为主，简单、便捷，是学习图像处理的理想工具；OpenCV 是以 C++语言为主的开源图像处理软件；Python 是目前较流行的人工智能编程语言，也是图像处理的有效工具。对 Python 感兴趣的读者可参考其他专门讲授 Python 的书籍进行学习。以 ARM 公司的嵌入式人工智能开发套件（EAIDK-610）为基础平台，可进行上述图像处理的操作实践。

6.2 计算机视觉与机器视觉

1. 计算机视觉

计算机视觉（computer vision，CV）是一门研究如何让计算机能够像人类那样“看”的技术。更准确地说，它是利用摄像机等图像传感器或光学传感器代替“人眼”，使所构成的计算机视觉系统拥有类似于人类对目标进行感知、识别和理解的功能，其是对生物视觉的一种模拟。计算机视觉以图像处理、信号处理、概率统计分析、计算几何、神经网络、机器学习和计算机信息处理等技术为基础，借助几何、物理和学习技术来构建模型，用统计的方法处理数据，具有通过二维图像认知三维环境信息的能力。

如图 6.18 所示，计算机视觉系统中信息的处理过程大致可以分为两个阶段。

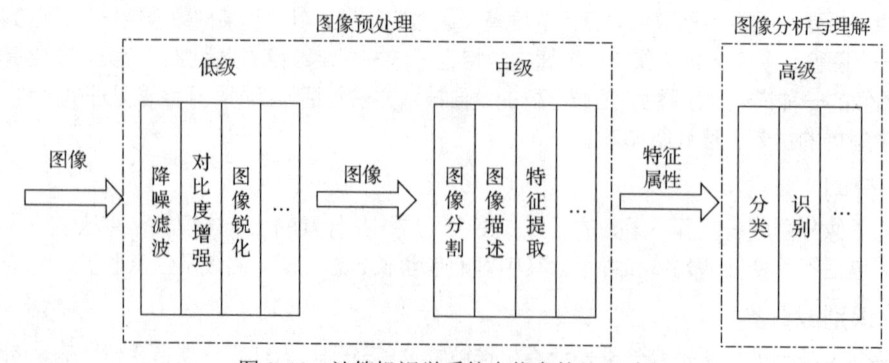

图 6. 18　计算机视觉系统中信息的处理过程

（1）图像预处理

这一阶段是计算机视觉信息处理的中低级阶段，主要是依靠降噪滤波、灰度变换或直方图均衡化、对比度增强、图像锐化、图像分割、图像描述和特征提取等图像处理技术，使输出图像的质量得到改善。这样既改善了图像的视觉效果，又便于计算机后续对图像进行识别和分类。

（2）图像分析与理解

这一阶段是计算机视觉信息处理的高级阶段，其离不开图像的分类和识别等技术。图像理解实际上属于认知层面，正确地理解（认知）必须有强大的知识库作为支撑，操作的主要对象是符号和数据库。

尽管目前的计算机视觉系统越来越强大，但它们都是面向特定任务的。计算机视觉识别所见内容的能力受到人类对系统的训练和编程程度的限制。即使是当今最好的计算机视觉系统，在只看到物体的某些部分之后，也无法创建出物体的全貌，并且在不熟悉的环境中观看物体，会使系统产生错觉。当然，计算机更不会解释照片中的对象隐含的信息。一般的计算机视觉系统不能像人类那样构建内部图像或学习对象的常识性模型，这是因为其并不具备自主学习的能力，而必须通过数千幅图像进行准确的学习（训练）。

为了突破上述局限，研究人员开发了一种计算机视觉系统。该系统可以基于人类的视觉学习方法发现并识别它“看到”的现实世界中的物体，如图 6.19 所示。

图 6.19　一种像人类一样学习的计算机视觉系统识别的现实世界中的物体

应用该计算机视觉系统必须进行 3 个主要的操作：首先，该系统将图像分割成小块；其次，计算机会学习如何将这些小块组合在一起以形成有问题的对象；最后，它会查看周围区域的其他对象，以及这些对象的信息是否与描述和标识的对象相关。研究人员利用描绘了相同类型的对象的大量图像和视频，帮助这个由大脑启发的计算机视觉系统以人类的方式学习。研究人员用大约 9000 幅图像测试了这个系统，每幅图像都展示了人和其他物体，该系统能够在没有外部引导和图像标记的情况下建立人体的详细模型。

研究人员还从认知心理学和神经科学中借鉴了一些成果用以完善这个计算机视觉系统。这些借鉴使计算机视觉系统能够读取和识别视觉图像，这是迈向通用人工智能系统的重要一步。计算机可以自学，可以凭直觉、基于推理做出决策，并以更接近人类的方式与人类互动。

2. 机器视觉

面向工业生产应用的计算机视觉系统与技术称为机器视觉。计算机视觉系统与机器视觉系统有相同的理论基础，没有很清晰的界限，只是在实际应用中有所侧重。相对于计算机视觉，机器视觉更偏重于产品生产、自动化等行业和工程应用。例如，在工业生产中，机器视觉可以代替人类视觉自动检测产品的外形特征，实现 100%在线全检，这已成为解决各行业制造商大批量、高速、高精度产品检测问题的主要趋势，图 6.20 所示为机器视觉检测。由于在工业中用机器代替人眼做测量与判断，因此机器视觉又称为工业机器视觉。

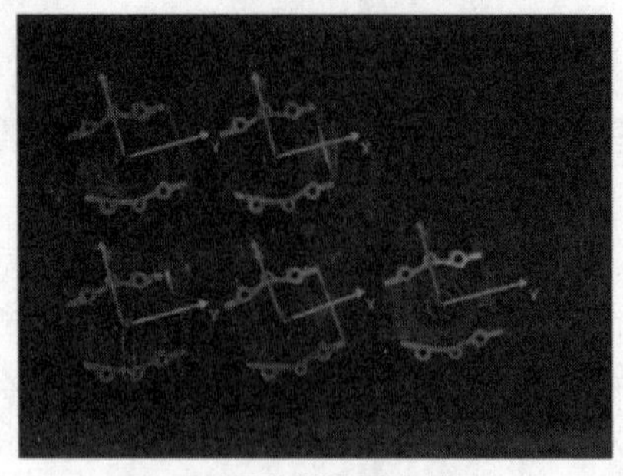

（a）对零配件位置进行检测

（b）对包装袋进行检测

图 6. 20　机器视觉检测

除了工业现场的很多种机器需要视觉外，还有一种特殊的机器——机器人也需要视觉。机器人视觉是机器视觉研究的一个重要方向，它的任务是为机器人建立视觉系统，使机器人能更灵活、更自主地适应所处的环境，以满足如航天、军事、工业生产中日益增长的需要。图 6.21 所示为带有视觉的机器人正在执行焊接任务。

图 6. 21　机器人焊接

工业机器视觉与机器人视觉都是计算机视觉在特定领域或方向的应用，都在模拟人类感知智能中的视觉信息处理机制。

6.3 模式识别

模式识别是一种从大量信息和数据出发，在专家经验和已有认识的基础上，利用计算机和数学推理的方法对形状、信号、数字、字符、文字和图形自动完成识别的过程。模式识别包括相互关联的两个阶段，即学习阶段和实现阶段。前者是指对样本进行特征选择并寻找分类的规律，后者是指根据分类规律对未知样本集进行分类和识别。

广义的模式识别属于计算机科学中智能模拟的研究范畴，其内容非常广泛，包括声音识别、图像识别、文字识别、符号识别、地震信号分析、化学模式识别和生物特征识别等。计算机模式识别实现了人类部分脑力劳动的自动化。对机器感知智能而言，其主要是利用模拟人类视觉的模式识别对图像、视频等进行分析和分类处理。经过几十年的发展，模式识别已经被广泛应用于各个领域。

6.3.1 模式识别方法

模式识别中的技术主要是机器学习中常用的一些算法，如 SVM、决策树、随机森林等。模式识别方法主要有以下 5 种类型。

1. 统计模式识别

统计模式识别是模式的统计分类方法。结合统计概率论的贝叶斯决策规则进行模式识别的技术，又称为决策理论识别方法。该方法识别时会从模式中提取一组特性的度量，构成特征向量，然后采用划分特征空间的方式进行分类。统计模式识别主要是利用贝叶斯决策规则来解决最优分类器问题的。

2. 结构模式识别

对于较复杂的模式，在对其进行描述时需要用到很多数值特征，从而增加其复杂度。结构模式识别通过采用一些比较简单的子模式组成多级结构来描述一个复杂的模式。其基本思路是先将模式分为若干个子模式，再将子模式分解成简单的子模式，又将简单的子模式继续分解，直到满足研究的需要（达到无须继续细分的程度）。因此，结构模式识别就是利用模式与子模式分层结构的树状信息来完成模式识别工作的。

3. 模糊模式识别

模糊模式识别是以模糊理论和模糊集合数学为支撑的一种模式识别方法。它通过隶属度来描述元素的集合程度，主要用于解决不确定性问题。

在物理世界中，由于噪声、扰动、测量误差等因素的影响，不同模式类的边界并不明确，而这种不明确有模糊集合的性质，因此在模式识别中可以把模式类当作模糊集合，利用模糊理论的方法对其进行分类，从而解决问题。

4. 人工神经网络模式识别

人工神经网络侧重于模拟和实现人认知过程中的感知、视觉、自学习、自组织过程实现模式识别。人工神经网络特别适用于处理需要同时考虑许多因素和条件的模糊模式信息，以及图像、语音等识别对象隐含的模式信息。

5. 集成学习模式识别

集成学习模式识别就是一种利用多分类器融合或多分类器集成实现模式识别的方法。这种方法融合了多个分类器提供的信息，得到的识别和分类结果更加精确。

作为实现机器感知智能的重要手段，模式识别与图像处理相交叉的部分是图像分类。目前，图像分类方法以深度学习为主，其在各个图像分类方面都取得了很好的效果。

6.3.2 模式识别过程

一般来说，一个完整的模式识别过程包括学习模块、测试模块和验证模块 3 个主要部分，如图 6.22 所示。其中，学习模块主要完成对模型的构建和训练，验证模块主要完成对模型的验证，测试模块主要完成模型性能的测试。模式识别的具体实现过程：首先构建模型，同时将样本按照一定的比例分成训练集、验证集以及测试集；然后采用训练集中的训练样本对模型进行训练，每次训练完成一轮后再在验证集上测试一轮，一直到所有样本均训练完成；最后在测试集上测试模型的准确率和误差变化。

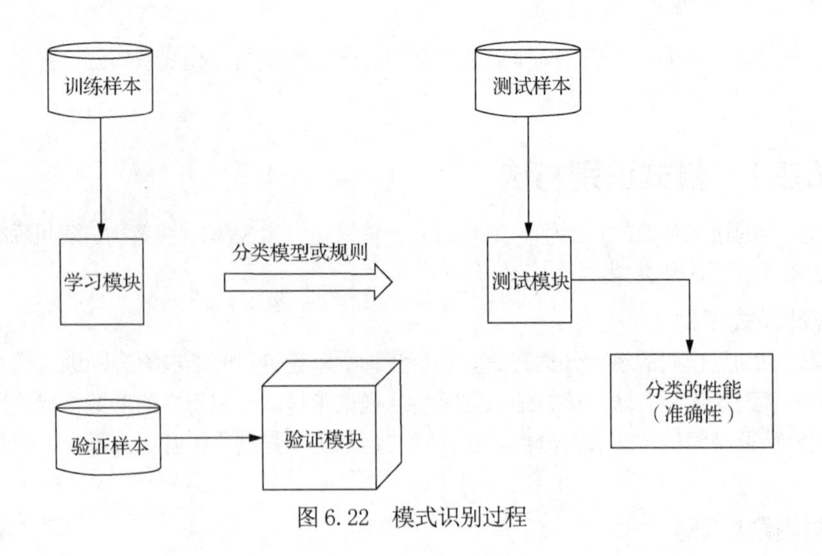

图 6.22　模式识别过程

6.4　图像分类

6.4.1　图像分类的概念

图像分类是指根据一定的分类规则将图像自动分到一组预定义类别中的过程。图像分类通常会采用经典的模式识别方法，如统计模式识别和结构模式识别等。这类方法可能对于一些简单的图像分类是有效的，但由于实际情况往往非常复杂，因此其分类效果不一定好。根据图像语义内容的不同层次，可以将图像分类划分为对象分类、场景分类、事件分类、情感分类等。

图像分类的基本过程一般是首先进行图像内容的描述，然后利用机器学习方法学习图像类别，最后利用学习得到的模型对未知图像进行分类。一般的图像分类系统如图 6.23 所示。

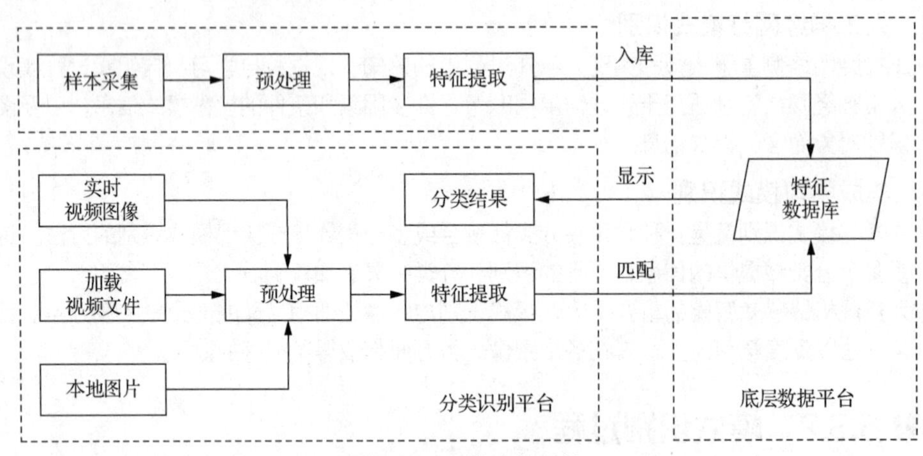

图 6.23　图像分类系统

图像分类主要分为两个阶段。

（1）将采集到的样本经过预处理后进行特征提取，把符合条件的样本归到特征数据库中（入库）。

（2）对新的视频图像或本地图片进行分类。

待分类的视频图像或本地图片同样要进行预处理和特征提取，然后与特征数据库中的样本进行匹配，匹配完成后经过分类识别平台显示分类结果。

在多数的模式识别场景下，合适的特征表达是关键环节，直接影响整个分类系统的性能。

图像分类性能主要与图像特征提取和分类方法密切相关。图像特征提取是图像分类的基础，提取的图像特征应能代表各种不同的图像属性；分类方法是图像分类的核心，最终的分类准确性与分类方法密切相关。

近年来新发展起来的深度学习模式分类方法在图像识别中已经取得了前所未有的进展，它可以直接从海量数据中学习复杂特征表达，实现图像特征自动提取。而传统的机器学习分类算法则更多地用于分类器设计。利用深度学习自动提取特征的优势，并与分类器相结合，可以有效地解决各种图像识别和分类问题。

6.4.2 深度学习与图像分类

深度学习在图像分类方面已经广泛应用，并成为一种取代传统机器学习图像分类算法的主流技术。深度学习用于图像分类的主要是卷积神经网络构成的深度神经网络，以及 2017 年开始兴起的 Transformer 网络。下面分别介绍这两种深度神经网络学习及其分类方法。

1. 深度卷积神经网络及其图像分类方法

在图像分类算法中，卷积神经网络正被广泛使用。随着计算能力的进步及研究者们的研究，卷积神经网络的发展也达到了前所未有的高峰。本小节介绍几个比较经典的卷积神经网络模型，包括 ResNet、Xception、EfficientNet。

（1）ResNet

2015 年，何恺明针对网络的退化问题提出了 ResNet。在 ResNet 被提出之前，人们尝试使用更多层的网络进行图片特征提取，因为他们认为在仅使用十几层网络的情况下图像分类、分割、检测等任务已经取得了比较优秀的效果，那么如果将网络深度加深，即使新增加的网络层“什么都不做”，其网络的精度也不会下降。

但是，随着网络深度的增加，深层网络出现了一种退化的现象。为了回避这种退化现象，何恺明等人提出了一种残差连接结构，如图 6.24 所示。

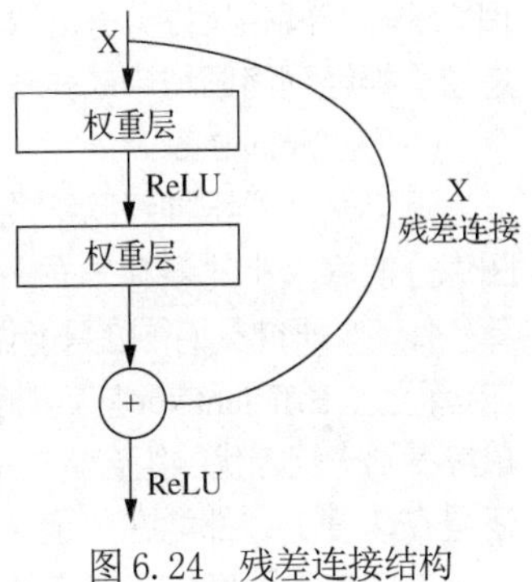

图 6.24　残差连接结构

在加入残差连接结构之后，网络的深度大大增加，从原来的一二十层跨越到了上百层，这也是卷积神经网络发展的重要节点。探究残差连接解决模型退化问题的原因，有一个较为妥当的解释是，在没有添加残差连接的网络中，每一层的输出都为 $F(x)$，随着网络深度的增加，每一次的前向传播过程都是一次不可逆的信息损失过程，很难将网络从深层反推到浅层，这使深层网络学习到的 $F(x)$成了一种白噪声，导致模型的效果不升反降。而残差连接的加入使每层的输出都变成了 $F(x)+x$，即保留了输入，这样做就实现了新增加的网络层“什么都不做”。实际上经过实验证实，ResNet 的效果好过“什么都不做”的情况，它是卷积神经网络在图像识别领域发展的重要里程碑，至今仍被广泛应用。

（2）Xception

Xception 的提出是基于 Inception 模块的。Inception 的核心思想是将模型中卷积核的通道数分为多个卷积核，这样做不仅能够在同一层获得不同的感受野，更能大幅度降低参数量。图 6.25 为一个简易的 Inception 模块。

Inception 的操作是将原先 3×3 的卷积核分为 3 组，而 Xception 的思想更为极端，它将 3×3 的卷积核中的每一个频道都进行分离，即若原先的 3×3 卷积核频道数为 C，那么将得到 C 个 3×3 的卷积核。这样最终模型的参数量为原来的 $1/C$，而这种极端的 Inception 模块称为 Xception，其结构如图 6.26 所示。

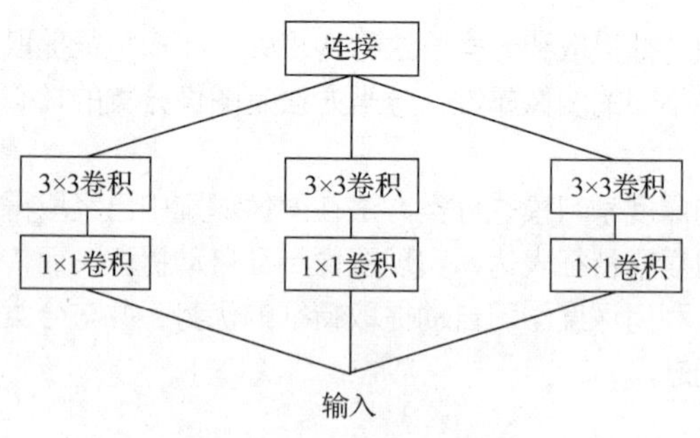

图 6.25　Inception 模块

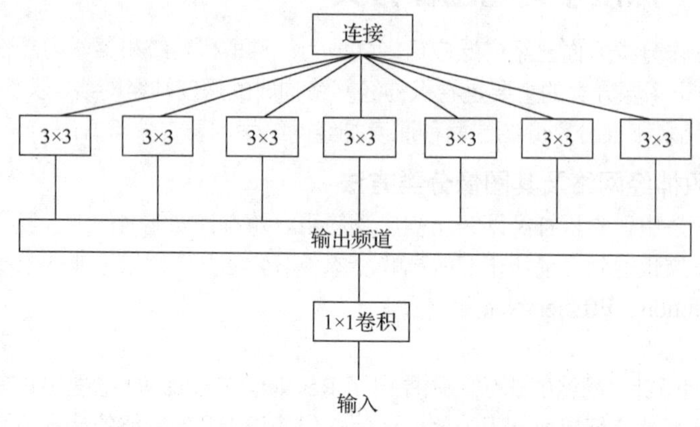

图 6.26　Xception 的结构

Xception 采用一种深度可分离卷积方式（Depthwise Separable Convolution），通道之间的相关性与空间相关性分开处理。Xception 在大幅度降低参数量的基础上，精度也有一定的提升，是卷积神经网络领域中较先进的网络。

（3）EfficientNet

近年来，卷积神经网络的发展十分迅速，其发展大多数体现在网络的深度、宽度，以及输入图像分辨率大小的调整方面。然而，通过人工调整网络的深度、宽度是十分困难的，在有限的计算条件下，研究员们往往只能做有限的实验，很难尝试所有的组合方式。基于上述背景，EfficientNet 应运而生。EfficientNet 应用神经结构搜索技术直接探索最优的网络深度、网络宽度及输入分辨率，最终得到一组最优的组合构成的 EfficientNet 系列网络 B0～B7。EfficientNet 网络无论是在精度上，还是在速度上，都能在一定程度上超过其他卷积神经网络。

在之前的研究中，研究员们往往只对网络深度、宽度或输入分辨率当中的一个进行放大或缩小，这样做往往会遇到瓶颈，深度神经网络的精度增益在达到 80%以后就会迅速饱和。EfficientNet 基于上述背景，提出了复合扩张方法，通过神经结构搜索找到模型深度、宽度及图片分别率的最佳组合。在该方法中，定义了一组求解的参数（α, β, γ），其公式如下。

$$L\begin{cases}\text{depth}: d = a^{\phi} \\ \text{width}: w = \beta^{\phi} \\ \text{resolution}: \gamma^{\phi}\end{cases} \quad 约束条件\begin{cases}\alpha \cdot \beta^2 \cdot \gamma^2 \approx 2 \\ \alpha \geqslant 1, \beta \geqslant 1, \gamma \geqslant 1\end{cases} \tag{6-1}$$

式中，depth 表示网络深度；width 表示网络宽度；resolution 表示网络精度。在求解过程中，首先固定ϕ参数，之后通过神经结构搜索方法对最优的α, β, γ值进行求解。得出上述三个参数的最优值后便得到最基础的 EfficientNet B0。最终固定α、β、γ的值，根据参数ϕ的取值依次得到 EfficientNet B1 到 EfficientNet B7 系列网络。EfficientNet B1～B7 都是在 EfficientNet B0 基础上进行的缩放。

2. Transformer 网络及其图像分类方法

Transformer 是首先应用于自然语言处理领域（见第 8 章）的一种深度学习方法，2021 年开始应用于图像领域。在图像识别领域，Transformer 的兴起打破了之前卷积神经网络称霸的局面，进一步促进了人工智能在图像领域的发展。

（1）注意力机制

注意力机制是 Transformer 网络的核心模块。注意力机制通常由 3 种结构组成，分别为 Key、Value 和 Query，各自发挥不同的作用。在注意力机制中，它们代表输入分别经过 3 个线性层得到的 3 个向量，图 6.27 所示是注意力机制的计算流程。

如图 6.27 所示，在注意力机制中，主要包括以下 4 个阶段。

第一阶段，将输入 x^1、x^2、x^3 分别与权值 a^1、a^2、a^3 相乘后映射到 3 个子空间 Query（q^1,q^2,q^3）、Key(k^1,k^2,k^3)、Value(v^1,v^2,v^3)组合而成的新空间（q^1,k^1,v^1）（q^2,k^2,v^2）（q^3,k^3,v^3）。

第二阶段，根据某个 Query 和所有的 Key，计算两者的相似性或者相关性。

第三阶段，得到 Q 和 K 的相关性之后，会经过一个 Softmax 函数将数据归一化并将数据间的差异拉大，增强注意力。

第四阶段，将权重系数与 Value 进行加权求和，得到注意力数值。

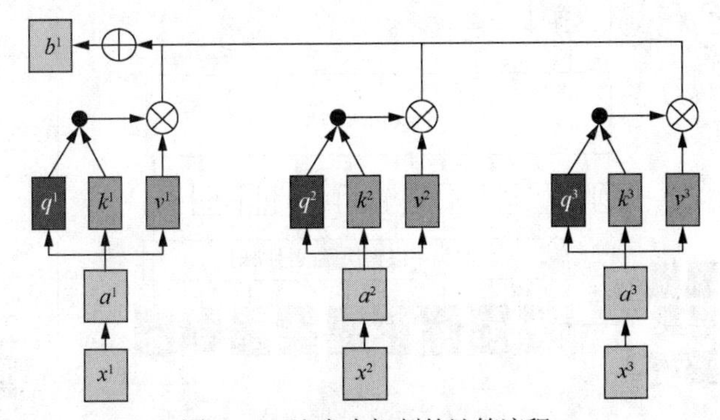

图 6.27 注意力机制的计算流程

关于注意力机制，比较通俗易懂的理解：通过注意力机制完成下游任务的训练，特征图中与下游任务关联度较大的特征点就是训练目标，赋予它们更大的权重，这也就是 Query 向量；在明确训练目标后，还应该知道我们要找的特征点在哪个位置，这就是 Key 向量，它能够帮助模型找到目标特征点；最后的 Value 向量则表示特征图中所有的特征点。简言之，注意力机制完成的任务是根据 Key 向量从 Value 向量中找到 Query 向量所代表的目标特征点，就像人们从图书馆中找到某一个题材的书籍一样。

注意力机制实际上就是由多个线性层组成的一个模块，其计算方式决定了它能够提取到相对于卷积层更加全局的特征，因为无论卷积层的深度有多么深，在不添加任何额外模块的基础上，卷积层得到的输出的感受野始终是局部的，而在卷积神经网络中，也只是在网络的最后对全局特征进行整合。反观 Transformer 网络，它以注意力模块作为特征提取器进行特征提取，网络在特征提取阶段就已经开始提取全局特征，从全局寻找解决下游任务的特征点，这显然效果更好。

注意力机制的“大局观”使 Transformer 网络需要比卷积神经网络更大的数据集，以及更多的训练轮数才能达到与卷积神经网络相似的结果。

（2）Transformer 网络模型

① Vision Transformer

Vision Transformer（ViT）是一种使用 Transformer 网络完全代替卷积层的网络。

首先，ViT 通过划分像素块的操作，将图片尺寸划分为 $N \times N$，其中每一个像素块包含 $P \times P$ 个像素点，公式如下。

$$\begin{cases} H \times W \to N \\ N = (HW)/P^2 \end{cases} \tag{6-2}$$

式中，W 和 H 表示图片的宽和高；N 表示图片划分后的宽高，同时也表示图片经过划分后像素块的数量；P 表示划分的像素块的宽高。在经过像素块的划分后，能够得到 $N \times (P^2 \cdot C)$ 格式的图片数据，其中 C 为频道数。为了能够符合注意力模块向量的格式，并且得到预期的向量维度，ViT 通过一次线性变换将输入向量进行维度压缩，最终得到的向量维度为(N, D)，其中 D 为预期的向量维度。

为了保证图片变换成向量后，每一个像素块的位置信息不会丢失，ViT 仿照 Tansformer 在自然语言处理领域的应用，在输入向量中增加了位置信息向量，以确保每一个像素块位置信息不会丢失。

经过上述变换后，输入数据的尺寸大幅下降了，整个网络的计算量也大幅下降了。为了保证输入、输出的尺度不变，随着网络深度的增加，ViT 中 patch 的数量不会变化，这样解决了本节开头的两个问题。图 6.28 所示为 ViT 计算流程示意。

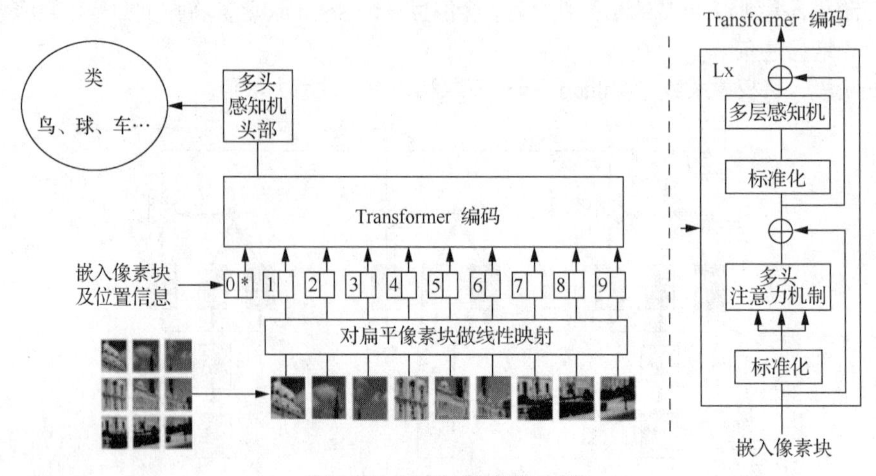

图 6.28　ViT 计算流程示意

② Swin Transformer

Swin Transformer 是基于 ViT 的改进网络，相较于 ViT，Swin Transformer 网络要求的参数量更小，特征提取能力也有了进一步的增强，最终在目标检测和图像分割的公开数据集中都得到了最先进的结果。下面介绍该网络相对于 ViT 所做的改进。

在划分像素块的操作上，Swin Transformer 与 ViT 一致，但在像素块划分的基础上，又对图片进行窗口的划分。默认是将划分好像素块的图片分成 2×2 的窗口图片，每个窗口包含像素块的 1/4，在特征提取的过程中，多头注意力机制以窗口为单位进行特征提取。在先前 ViT 的操作中，虽然通过划分像素块的操作大幅降低了参数量，但是由于图片的尺寸过大，即使经过了像素块对图片的缩放，对整张图片进行注意力特征提取仍然是一个很难解决的问题，窗口的划分很好地解决了这个问题。

虽然窗口的划分能够解决上面的问题，但是同时又引出了一个新的问题，那就是不同窗口之间的特征没有交互，这样可能会导致模型提取到的特征不够全面。因此，Swin Transformer 在原来的多头注意力机制的基础上加了一种窗口滑动机制，帮助不同窗口的特征进行交互，图 6.29 所示为窗口平移示意，背景为一种眼科仪器拍摄的眼底血管图片。

由图 6.29 可以看出，在经过窗口平移后，原先 2×2 的窗口图片平移为了 3×3 的窗口图片，这种新添加的平移注意力模块在模型中与原先的注意力模块是交替使用的。除去窗口的划分，随着网络深度的增加，Swin Transformer 像素块数量是逐渐减少的，而 ViT 中是固定不变的，这一点 Swin Transformer 与卷积神经网络对图片的处理过程更加相似。

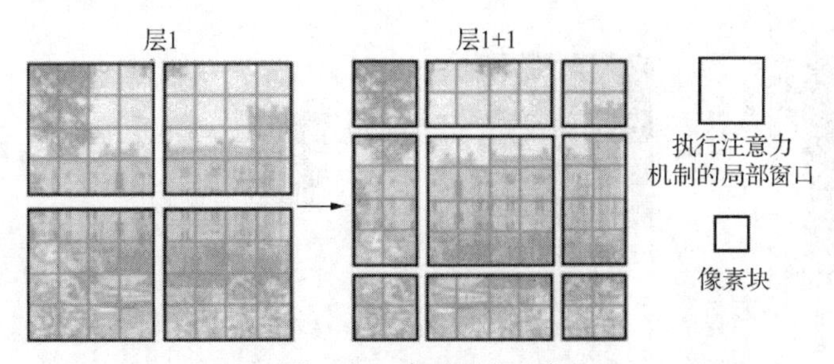

图 6.29　窗口平移示意

Swin Transformer 在模型中采用像素块聚合的下采样方式代替卷积神经网络中的池化操作，通过线性层整合在图片层奇偶采样的向量对图片进行下采样操作，其中线性层的加入增加了下采样层的可训练性，同时整合了通过奇偶采样得到的特征，使下采样过程更加注重全局过程。下采样过程示意如图 6.30 所示。

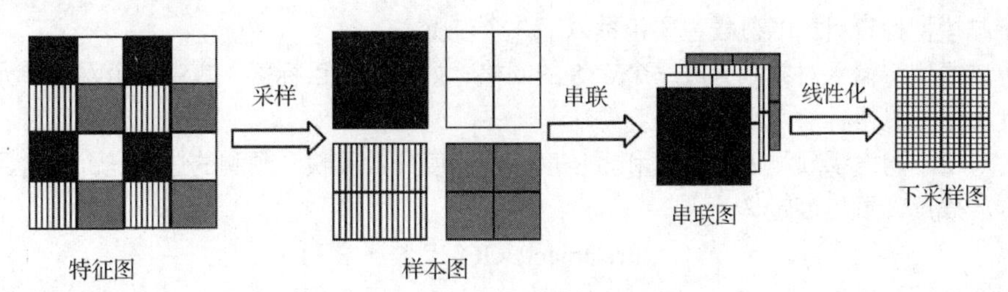

图 6.30　下采样过程示意

Swin Transformer 模型共 4 个阶段，每一个阶段的结构相同，类似于 ResNet 中的残差块，最终通过全局平均池化拉直，连接分类头进行分类。

6.5　目标检测与识别

目标检测与识别是计算机视觉的一个重要组成部分，也称为物体检测与识别，主要是为了让机器具备像人一样的视觉功能，并进一步利用一系列的视觉算法让机器通过图像或视频获得感知周围的能力。例如，让计算机分析一张图片或者一段视频流中的物体或目标，并将物体或目标标记出来再进行识别，该过程包含检测、目标分割与提取、目标跟踪、图像分类等。

对人类来说，目标检测是一件非常容易的事情。然而在计算机中，图片是用一些在一定范围内的数值进行表示的对象，所以计算机很难判断图片中有何物体（此为高层的语义概念），也无法知道目标在图片中的具体位置。目标可能会出现在图片中的任何位置，并且目标形态和目标背景千差万别，这些因素使目标检测与识别成为一项非常困难的工作。

我们在 4.3 节中曾介绍过利用卷积核在图像上滑动以提取图像特征的方法。如图 6.31 所示，输入一幅 16 像素×16 像素大小的图片，经过一系列卷积操作，获得了 2×2 大小的特征图，在 2×2 大小的图像上，元素位置是和原图相对应的，这就相当于在原图上进行步长为 2 的 14×14 大小的窗口滑动。图像最终输出的通道数为 4，可以将其看成 4 个类别的预测概率值，这样一次 CNN 计算就可以实现窗口滑动的所有子区域的分类预测。CNN 可以实现这样的效果，是因为卷积操作能够记录图像的空间位置信息，尽管在卷积过程中图像的像素大小在减少，但是其位置对应关系还是被保存下来了。

YOLO（you only look once）是一个用于目标检测的神经网络。人类视觉系统快速且精准，只需瞄一眼即可识别图像中的物品及其位置。YOLO 是一种新的目标检测方法，其特点是能够在实现快速检测目标的同时达到较高的准确率。

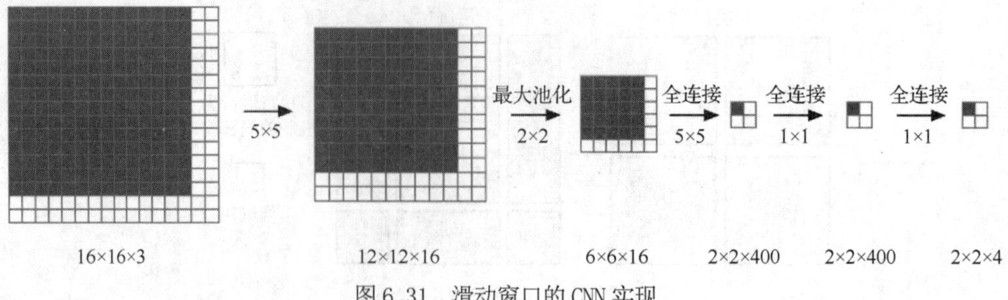

图 6.31　滑动窗口的 CNN 实现

YOLO 算法直接将原始图片分割成互不重叠的小方块，然后通过卷积操作获得 2×2 大小的特征图像，特征图像上的每个元素对应原始图片中的一个小方格，用这些元素可以预测那些中心点在该小方格内的目标。这就是 YOLO 算法的思想。

YOLO 目标检测模型的速度非常快，基础网络在 Titan X GPU 上以 45 帧/s 的速度运行。使用该目标检测模型检查目标的过程主要包括以下 3 个步骤。

（1）该模型将输入对象划分成一个 $S \times S$ 的网格，如果一个目标落入其中一个网格单元中，则该网格就负责检测目标。

（2）对每个网格都预测 B 个边框和置信度，置信度分数反映了预测的边框是否包含目标和预测边框的准确度，置信度定义为

$$\Pr(\text{Object}) \times \text{IOU}_{\text{pred}}^{\text{truth}} \tag{6-3}$$

如果该网格中不存在目标，则置信度分数为 0；否则，我们希望置信度分数等于预测边框和真实边框之间的交集（intersection over union，IOU）。每个边框包含 5 个预测值，即 x、y、w、h、confidence，其中，x、y 表示框的中心点坐标，与网格的边界有关；w、h 表示框的宽度和高度，与整个图片有关；confidence 表示预测框和标签框的 IOU。每个网格还会预测 c 个物体的类别（类别表示为 Class_i）概率，即

$$\Pr(\text{Class}_i \mid \text{Object}) \tag{6-4}$$

在测试时，置信度分数为

$$\text{Conf} = \Pr(\text{Class}_i \mid \text{Object}) \times \Pr(\text{Object}) \times \text{IOU}_{\text{pred}}^{\text{truth}} = \Pr(\text{Class}_i) \times \text{IOU}_{\text{pred}}^{\text{truth}} \tag{6-5}$$

（3）该网络可以预测出 7×7×30 大小的目标窗口，然后根据阈值去除可能性较低的目标窗口，利用非极大值抑制，选取置信度较高的边界框作为最终选取的检测结果。YOLO 目标检测过程示意如图 6.32 所示。

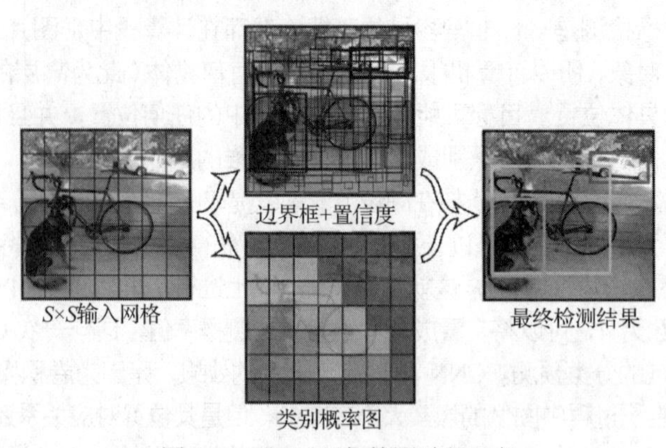

图 6.32　YOLO 目标检测过程示意

YOLO 的网络结构参考了 GoogLeNet 模型，这是克里斯蒂安·塞盖迪（Christian Szegedy）提出的一种全新的深度学习模型，获得了 2014 年 ImageNet 挑战赛的冠军。该模型采用 24 个卷积层，最后面 2 个为全连接层，使用 1×1 大小的卷积核进行降维。该模型的网络结构如图 6.33 所示。

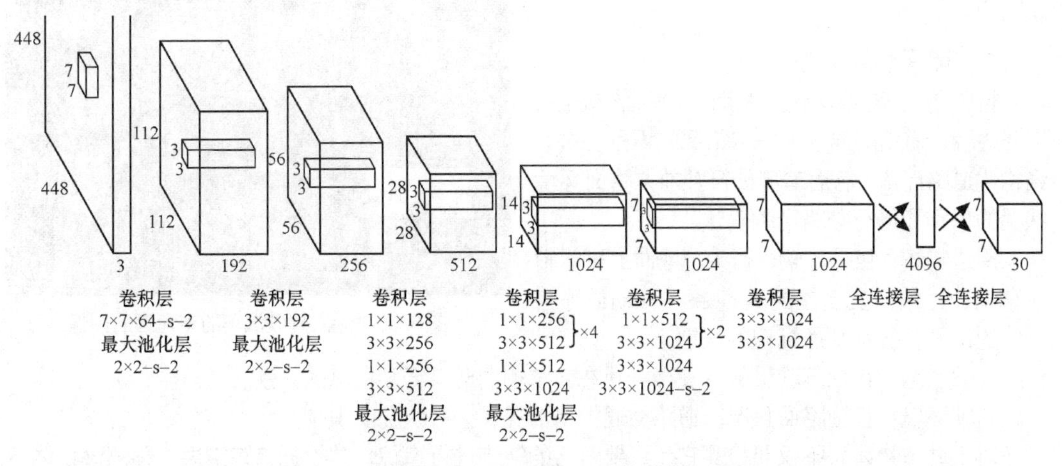

图 6.33　GoogLeNet 网络结构

YOLO 算法首先均匀地在不同尺度的图片的不同位置上进行密集的抽样，然后利用 CNN 提取特征后直接进行分类和回归，将目标检测中候选区域的选择和目标预测边框回归集成到一个网络中。该算法的整个过程只需要一步，相较于其他深度卷积网络模型在检测速度上有明显的提高。YOLO 第一次实现将物体检测作为回归问题求解，基于一个单独的端对端的网络，完成从原始图像的输入物体位置和类别，以及相应的置信概率的输出，极大地提升了检测速度。YOLO 每秒能够处理 45 张图片，而且每个网格在检测目标时采用的是全局信息。

采用 YOLO v3 算法对周围环境中的物体进行实时检测与识别，实验场景选取为办公室环境，检测效果如图 6.34 所示，办公室中常见的桌子、椅子、显示器、水杯、盆栽等物体都能被检测识别。

图 6.34　YOLO v3 检测效果

YOLO 算法已经进化到了 YOLO v7，其性能也在不断提升，是目前效果优良的开源目标检测算法之一，它在保持良好的实时性的同时，还能获得很好的检测精度。

6.6　无人驾驶汽车的环境感知

无人驾驶汽车也可以被视为一种机器人。它利用车载传感器来感知车辆周围环境，并根据感知所获得的道路、车辆位置和障碍物信息，控制车辆的转向和速度，从而使车辆能够安全、可靠地在道路上行驶。在无人驾驶汽车的环境感知、精确定位、路径规划、线控执行四大核心技术中，环境感知是其最重要，也是最复杂的一部分。

图 6.35 所示是一幅无人驾驶汽车的定速巡航图像。

图 6.35　无人驾驶汽车的定速巡航图像

1. 环境感知对象

行驶路径：对结构化道路而言，包括行车线、道路边缘、道路隔离物、恶劣路况的识别；对非结构化道路而言，包括车辆预行驶前方路面环境状况的识别和可行驶路径的确认。

周边物体：包括车辆、行人、地面上可能影响车辆通过性与安全性的其他各种移动或静止物体的识别，各种交通标识的识别。

驾驶状态：包括驾驶员的驾驶精神状态、车辆的自身行驶状态的识别。

驾驶环境：包括路面状况、道路交通拥堵情况、天气状况的识别。

对于动态物体，不仅要检测它，还要对它的轨迹进行追踪，并根据追踪结果，预测该物体下一时刻的位置。例如，人类驾驶员会根据行人的移动轨迹大概评估其下一步的位置，然后根据车速，计算出安全空间（即规划路径）。这是无人驾驶同样要能做到的，涉及多个运动物体的检测与跟踪（moving object detection and tracking，MODAT），是无人驾驶较有难度的技术。

2. 环境感知方法

（1）视觉传感

视觉传感是指基于摄像头采集车辆周边环境的二维或三维图像信息，使用视觉相关算法进行处理，通过图像分析识别技术对行驶环境进行感知的一种方法。视觉传感器获取的信息丰富、实时性好、体积小、能耗低，其缺点是易受光照环境影响、三维信息测量精度较低。

（2）激光传感

激光传感是指基于激光雷达采集点云数据，获取车辆周边环境的二维或三维距离信息，通过距离分析识别技术对行驶环境进行感知的一种方法。激光传感器能够直接获取物体的三维距离信息，测量精度高，对光照环境变化不敏感。车载雷达可以弥补激光传感器的一些盲点，可以准确地得到汽车运行的相对速度，其缺点是无法感知无距离差异的平面内目标信息，体积较大、价格较高、不便于车载集成。

（3）微波传感

微波传感是指基于微波雷达获取车辆周边环境的二维或三维距离信息，通过距离分析识别技术对行驶环境进行感知的一种方法。微波传感器能够以较高精度直接获取物体的三维距离信息，对光照环境变化不敏感，实时性好，体积较小，其缺点是无法感知无距离差异的平面内目标信息。

（4）通信传感

通信传感是指基于无线、网络等近、远程通信技术获取车辆行驶周边环境信息的一种方法。这种方法能够获取其他传感手段难以实现的宏观行驶环境信息，可实现车辆间信息共享，对环境干扰不敏感，其缺点是可用于车辆自主导航控制的信息不够直接，实时性不高，无法感知除周边车辆外其他物体的信息。

无人驾驶汽车通过上述传感器对道路、行人、交通信号等进行检测，进而通过信息技术形成较为完备的二维或三维图像。根据各类传感器技术的特点，在不同应用场景和系统功能的需求下，可以选用不同的传感器技术。例如，在高速公路环境下，由于车辆速度较快，因此通常选用检测距离较大的微波传感技术；在城市环境中，由于环境复杂，因此通常选择检测角度较大、信息丰富的激光、视觉传感技术。

3. 多传感器信息融合技术

传感器探测环境信息，只是将探测到的物理量进行有序排列与存储。此时计算机并不知道这些数据映射到真实环境中所具有的物理含义，因此需要通过适当的算法从探测得到的数据中挖掘出我们关注的数据并赋予其物理含义，从而达到感知环境的目的。例如，我们在驾驶车辆时眼睛看前方，就可以从环境中分辨出当前行驶的车道线；而若要让机器获取车道线信息，则需要靠摄像头获取环境影像，影像本身并不具备映射到真实环境中的物理含义，此时还需要通过算法从该影像中找到能映射到真实车道线的影像部分，并赋予其车道线的含义。

针对不同的传感器，采用的感知算法会有所区别，这与传感器感知环境的机理是有关系的。例如，基于视觉传感的车辆检测，通过对相机图像进行处理可以将环境中的车辆检测出来。为了保证图像中任意尺寸的车辆都能被检测到，可以采用滑动窗口的目标检测。具体而言，就是在输入图像的多尺度空间中，对图像进行放缩，然后在每一个尺度上，滑动搜索窗口，就可以获得不同尺度和不同坐标位置的子框图；再对所获得子框图的类别进行判别，整合各个子框图的类别信息，就可以输出检测得到的结果。上述检测算法采用类 Haar 特征描述算子和 AdaBoost 级联分类器。而视觉传感与激光传感的结合，可以避免机器视觉受光照影响和激光雷达数据不足的问题，实现传感器信息的互补，通过建立激光雷达、相机和车体之间的坐标转换模型，可将激光雷达数据与图像像素数据统一到同一坐标中进行识别处理。结合激光雷达的数据特点选取合适的聚类方法，对聚类后的激光雷达数据进行形状匹配和模板匹配，确定感兴趣区域，通过结合类 Haar 特征和 AdaBoost 算法以在感兴趣区域进行车辆检测，然后通过分析车辆在激光雷达中的数据特征即可实现卡尔曼（Kalman）预估跟踪。

各种传感器感知环境的能力和受环境的影响程度各不相同。例如，摄像头在物体识别方面有优势，但是在距离信息获取方面存在不足，基于它的识别算法受天气、光线等的影响非常明显；激光扫描仪与毫米波雷达能精确测得物体的距离，但是在识别物体方面远弱于摄像头。同一种传感器因其规格参数不一样，也会呈现出不同的特性。长距离毫米波雷达的探测距离长达 200m，但是角度范围（±10°）较小；中距离毫米波雷达的探测距离仅为 60m，但是角度范围（±45°）较大。

为了发挥不同传感器的优势，弥补它们的不足，保证它们在任何时刻都能为车辆的安全运行提供完全可靠的环境信息，发展多传感器信息融合技术成为未来的一大趋势。利用多传感器信息融合技术对检测到的数据进行分析、综合、平衡，根据各个传感器互补特性进行容错处理，可以扩大系统的时频覆盖范围，增加信息维数，回避单个传感器的工作盲区，从而得到所需要的环境信息。

随着多传感器信息融合技术的快速发展，不同传感器信息在时间和空间维度上的高精度数据融合成为可能，多传感器信息融合技术趋于成熟。利用该技术可以更精确地获取目标信息，完成障碍物的检测，该技术是未来研发和应用的趋势。

6.7 关键知识梳理

感知智能主要以图像处理、机器视觉、计算机视觉为主，通过计算机视觉模拟人类视觉感知功能，利用模式识别方法进行图像分类等。本章首先介绍了图像处理的基本知识，以及计算机视觉与机器视觉的概念和区别；其次介绍了深度学习在图像检测与分类方面的应用；最后介绍无人驾驶汽车环境感知与多传感器信息融合技术等。通过对本章内容的学习，读者可以理解机器是如何实现感知智能的，通过与认知智能对比学习，读者还可以体会机器在模拟人类不同智能时使用技术的区别。

6.8 问题与实践

（1）什么是图像处理？图像处理对于机器感知智能有什么用？

（2）什么是图像直方图？直方图均衡化有什么用？

（3）什么是图像分割？最基本的图像分割方法有哪些？

（4）什么是机器视觉技术？试论述其基本概念与目的。

（5）一个典型的工业机器视觉系统应包含哪些组成部分？请简述其工作原理。

（6）图像处理包含哪几个层次？每个层次都包含哪些内容？

（7）边缘检测过程有几个步骤？常用的边缘检测算子有哪些？

（8）怎样理解模式识别？一个完整的模式识别过程一般包括哪几个步骤？模式识别一般应用于哪些领域？

（9）试着区分“模式”与“模式类”的含义。如果一位姓高的先生是个中年人，请问“高先生”和“中年人”哪个是模式，哪个是模式类？

（10）Transformer 注意力机制的原理是什么？它有哪些方面的应用？

（11）什么是目标检测？根据目标检测原理开展目标检测方法操作实践。

（12）简述无人驾驶汽车的几种环境感知方法。

07 认知智能

本章学习目标：

（1）理解并掌握认知智能的基本概念，以及机器认知智能与人类认知智能的区别和联系；

（2）学习并理解实现机器认知的基本方法，包括逻辑推理、知识表示、知识图谱等；

（3）学习并理解经典的搜索技术，了解蒙特卡罗规划方法；

（4）学习并理解初级认知智能技术的实际发展和应用现状。

7.0 学习导言

目前，虽然以深度学习为代表的人工智能技术在监督学习方面表现出了强大的能力，甚至在图像分类、语音识别、机器翻译等方面接近或超过人类的表现水平，但这些都还停留在对数据内容的归纳和感知层面。它们还缺乏基于复杂背景知识的认知、推理与理解能力。例如，以机器目前的智能水平，它无论如何是不可能理解“抽刀断水水更流，举杯消愁愁更愁”和“大漠孤烟直，长河落日圆”这类诗歌所表达的人类情感及自然意境的。因此，机器需要借助更高级的技术来提升其认知能力，其中，知识图谱是一种比较有前景的机器认知智能技术。

认知智能（cognitive intelligence，CI）即通过对人类深思熟虑的行为进行模拟而实现的机器智能，包括记忆、常识、知识、学习、推理、规划、决策、意图、动机与思考等高级智能行为。现阶段人工智能以机器感知智能为主，但已开始迈入从感知智能到认知智能的变迁阶段。机器虽然可以通过传感器获得对外界的感知，具备一定的感知智能，但现在的计算机或智能机器并不具备理性认识能力，即通过逻辑推理有意识地理解、思考和认识世界的能力。深度学习在认知方面的缺陷使研究人员重新考虑传统认知学派的价值，将推理、逻辑等符号主义方法与现代机器学习方法相结合，提升机器的认知智能水平。人们希望在浅层次的感知智能和初级符号处理认知智能的基础上，发展出能够在一定情况和环境下进行思考、理解、反馈、适应的深层次、交互式、高级认知智能。

让机器具备感知能力只是让机器具备了一般动物所具备的能力，而认知能力是人类独有的能力。认知智能是比感知智能更先进的人工智能，相较于感知能力，认知能力的实现难度更大，对人类所能贡献的价值也更大。机器认知智能的核心在于机器的主动学习、辨识、理解和思考。一旦机器具备了认知能力，人工智能技术将会给人类社会带来颠覆性的革命，同时也将释放出巨大的产业能量，所以彻底实现机器的认知能力将是人工智能发展进程中具有里程碑意义的重大事件。传统的符号主义人工智能可以概括为符号表达、逻辑推理、启发式编程或者称之为对“深思熟虑”的思维的模拟，这就是实现初级机器认知智能的方法。人们在此基础上发展出了知识图谱、认知计算等新型、高级认知智能技术。尽管这些理论和技术都没有使机器实现类人的高级认知智能，但有助于形成机器自身的、独特的、不同于人类的初级认知智能。

7.1 逻辑推理

人类的任何具体思维都有它的内容，以及其相应的形式。任何具体思维，都涉及一些特定的对象。例如，数学中的具体思维，就涉及数量与图形等特定对象；物理学中的具体思维，就涉及声、光、电、力等特定的对象。各个不同领域中的具体思维所涉及的对象是不相同的。但是，在各个不同领域的具体思维中，又存在一些共同的因素。例如，在各个不同领域的具体思维中，都会应用到“所有……都是……”“如果……那么……”等思维因素。各个不同领域的具体思维都需要应用的共同思维因素，就是具体思维的形式。各个不同领域的具体思维所涉及的特定对象，就是具体思维的内容。从人类思维的模拟来看，机器所完成的一些工作，可以说是对人的逻辑思维的模拟与复制，其中最具有代表性的是“一般问题求解”，推理在问题求解中起到核心作用，而推理中采用的搜索过程一般是启发式的。

7.1.1 命题与推理

逻辑推理论证广泛地渗透在人们的认知思维活动之中。逻辑学是研究人类内在逻辑推理能力的学科，其中数理逻辑将人类逻辑推理形式化，使人们可以借助计算机模拟人类的逻辑推理过程，这就是初级机器认知智能的基本原理。

在逻辑学中，描述逻辑推理的一个基本概念是命题。命题是描述事件的陈述句，只有陈述句才能表达命题，一个推理就是一个陈述句集合。对命题内容的判断分为真、假两种。一个命题所描述的事件如果符合事实，它就是真的；如果不符合事实，它就是假的。无所谓真假的语句不表达命题。

如果用一个陈述句集合来表达推理，那么可以把作为该集合元素的语句区分为两部分，即前提和结论。凡是不能做出这种区分的陈述句集合就不是推理。如下是两个不同的陈述句集合。

（1）张珊是中国公民，张珊已年满 18 周岁，凡是年满 18 周岁的中国公民都有选举权，所以，张珊有选举权。

（2）张珊是中国公民，张珊已年满 18 周岁，张珊有选举权。

这里的（1）表达一个推理，它的前 3 个语句是前提，因为它们都出现在词语“所以”前面；最后一个语句则是结论，因为它出现在词语“所以”后面。也就是说，凡是表达推理的陈述句集合中一定包含特殊的词语，如“所以”“因为”“因此”等。根据这些词语可以区分前提与结论。而（2）中没有这样的词语，它仅是一个陈述句集合，而不是一个推理。因此，推理实际上描述的是作为前提的命题同作为结论的命题之间的一种逻辑关联性。

命题表达为一个陈述句，推理则表达为一个陈述句集合，因此所有命题和推理都是借助语言载体表达出来的。然而命题和推理又不仅是语言形态的东西，因为它们都是有所表述的。命题表述的是事件，推理则表述的是前提语句和结论语句之间的推导关系，或者说是结论语句的可靠性与前提语句的依赖关系。

因此，从表达形式上看，命题和推理是具有特定结构的语言形态的东西，但是从所表述的内容来看，它们是完全不同于语言甚至也不依赖于主体的东西。因此，我们对命题和推理的分析研究，既可以从内容的角度进行，也可以从形式的角度进行。

内容，是指命题和推理所具体表述的东西；形式，则是指命题和推理表达所具有的特定语言结构。以下是两个推理。

（1）所有金属都是导电的，所有橡胶不是金属，所以，所有橡胶不是导电的。

（2）所有贪污都是犯罪行为，所有抢劫不是贪污，所以，所有抢劫不是犯罪行为。

从表达的内容看，推理（1）和（2）是两个完全不同的推理，因为它们的前提和结论描述的是完全不同的事件，推理（1）是关于自然现象的，推理（2）是关于人的行为规范的。但是这两个推理具有完全相同的形式。两个推理中，结论的主项（设为 S ）都是第二个前提的主项，结论的谓项（设为 P ）都是第一个前提的谓项，并且在相同位置出现的前提以及作为结论出现的命题都具有相同的表达形式：第一个前提的表达形式是“所有……是……”，第二个前提的表达形式是“所有……不是……”，结论的表述形式则都是“所有……不是……”。

设在两个前提中都出现的主项为 M ，那么推理（1）和（2）具有的形式如下。

所有 M 是 P ，所有 S 不是 M ，所以，所有 S 不是 P 。

在具体的推理或命题中形式与内容是有机联系在一起的，但形式与内容又是不同的。以上是对人的思维规律从逻辑概念的角度进行的概括。

7.1.2 推理类型

从不同角度看，推理的类型有很多。例如，按照逻辑基础分类，推理可分为演绎推理、归纳推理和默认推理；按照所用知识的确定性分类，推理可分为确定性推理和不确定性推理；按照所推出的结论是否单调地递增，或者说所得到的结论是否越来越接近最终目标，推理可分为单调推理和非单调推理。下面主要介绍前两种分类的类型。

1. 按照逻辑基础分类

（1）演绎推理

演绎推理是从已知的一般性知识出发，推理出适合于某种个别情况的结论的过程。它是一种由一般到个别的推理方法。

最常用的演绎推理形式是三段论，包括大前提、小前提和结论 3 个部分。其中，大前提是已知的一般性知识或推理过程得到的判断；小前提是关于某种具体情况或某个具体实例的判断；结论是由大前提推出的、适合小前提的判断。下面给出一个三段论推理的例子：

① 计算机系的学生都会编程序（一般性知识）；

② 程强是计算机系的一名学生（具体实例的判断）；

③ 程强会编程序（结论）。

这就是一个典型的三段论推理。利用大前提（一般性知识）和小前提（具体实例的判断）经过推理得到结论。从这个例子可以看出，“程强会编程序”这一结论是蕴含在“计算机系的学生都会编程序”这个大前提中的。

在任何情况下，由演绎推理所得出的结论总是蕴含在大前提所给出的一般性知识之中。只要大前提和小前提是正确的，那么由它们推出的结论也必然是正确的。

（2）归纳推理

归纳推理是从大量特殊事例出发，归纳出一般性结论的推理过程。它是一种由个别到一般的推理方法。其基本思想：首先从已知事实中猜测出一个结论，然后对这个结论的正确性加以证明确认。数学归纳法就是归纳推理的一种典型例子。归纳推理从特殊事例考察范围看，又可分为完全归纳推理、不完全归纳推理；从使用的方法看，又可分为枚举归纳推理、类比归纳推理等。

完全归纳推理是指在进行归纳时需要考察相应事物的全部对象，并根据这些对象是否都具有某种属性来推出该类事物是否具有此种属性。例如，某公司购进一批计算机，如果对每台机器都进行了质量检验，并且都合格，则可得出结论：这批计算机的质量是合格的。

不完全归纳推理是指在进行归纳时只考察相应事物的部分对象，即可得出关于该事物的结论。

例如，某公司购进一批机器，如果只是随机地抽查了其中的部分机器，则也可根据这些被抽查机器的质量推出整批机器的质量。

枚举归纳推理是指在进行归纳时，如果已知某类事物的有限个具体事物都具有某种属性，则可推出该类事物都具有此种属性。设 $a_1, a_2, \cdots, a_n$ 是某类事物 A 中的 n 个具体事物，若已知 $a_1, a_2, \cdots, a_n$ 都具有某种属性 B，且并没有发现反例，那么当 n 足够大时，就可得出“A 中所有的事物都具有属性 B”这一结论。

类比归纳推理是指在两个或两类事物有许多属性都相同或相似的基础上，推出它们在其他属性上也相同或相似的一种归纳推理。例如，设 C、D 分别是两类事物的集合，$C=\{c_1, c_2, \cdots\}$，$D=\{d_1, d_2, \cdots\}$，并且 c_i 与 d_i 总是成对出现，且当 c_i 有属性 P 时，d_i 就有属性 Q 与之对应，即 $P(c_i) \rightarrow Q(d_i), i=1,2,\cdots,n$，则当 C 与 D 中有一新的元素对 (c', d') 出现时，若已知 c' 有属性 P，则可推理出 d' 有属性 Q，即 $P(c') \rightarrow Q(d')$。

（3）默认推理

默认推理又称为缺省推理，是在知识不完全的情况下假设某些条件已经具备所进行的推理。也就是说，在进行推理时，如果对于某些证据不能证明它们不成立，就先假设它们是成立的，并将它们作为推理的依据进行推理，但在推理过程中，当新加入的知识或所推出的中间结论与已有知识发生矛盾时，就说明前面有关证据的假设是不正确的，这时就要撤销原来的假设及由此假设所推出的所有结论，并重新按新情况进行推理。

例如，在条件 M 已成立的情况下，如果没有足够的证据能证明条件 N 不成立，则默认条件 N 是成立的，并在此默认的前提下进行推理，推导出某个结论。

由于这种推理允许默认某些条件是成立的，因此摆脱了需要知道全部有关事实才能进行推理的束缚，使在知识不完全的情况下也能进行推理。

2. 按照所用知识的确定性分类

（1）确定性推理

确定性推理是指推理所用的知识是精确的，推出的结论也是精确的，其真值要么为真，要么为假，不会有第三种情况出现。演绎推理和归纳推理是两种经典的确定性推理，它们以数理逻辑的有关理论、方法和技术为理论基础，是可在计算机上加以实现的一种机械化推理方法。

（2）不确定性推理

在现实世界中，人类所遇到的问题往往信息不够完善、不够精确，客观上存在随机性、模糊性，即具有一定程度的不确定性。同时，在人类的知识和思维行为中，精确性是相对的，不精确性才是绝对的，因而相对确定性推理，不确定性推理的应用更为广泛、研究更为深入。不确定性推理是指推理时所用的知识不都是精确的，推出的结论也不完全是肯定的，其真值会位于真与假之间。由于现实世界中的大多数事物都是不精确的，并且这些不精确的事物是很难用精确的数学模型来进行表示与处理的，因此不确定性推理也就成了人工智能的一个重要研究课题。

不确定性推理方法的分类如图 7.1 所示，分为模型方法和控制方法两大类。控制方法通过识别领域中引起不确定性的某些特征及相应的控制策略来限制或减少不确定性系统产生的影响，控制方法又可分为启发式搜索和相关性制导回溯两种方法；模型方法把不确定的证据和不确定的知识分别与某种度量标准对应起来，并给出更新结论不确定性的合适算法，构成相应的不确定性推理模型，模型方法又可分为数值方法和非数值方法（如逻辑法）两类。数值方法是对不确定性的一种定量表示和处理方法，按照所依据的理论（概率论、模糊理论）又可细分为基于概率推理的方法和模糊推理方法。

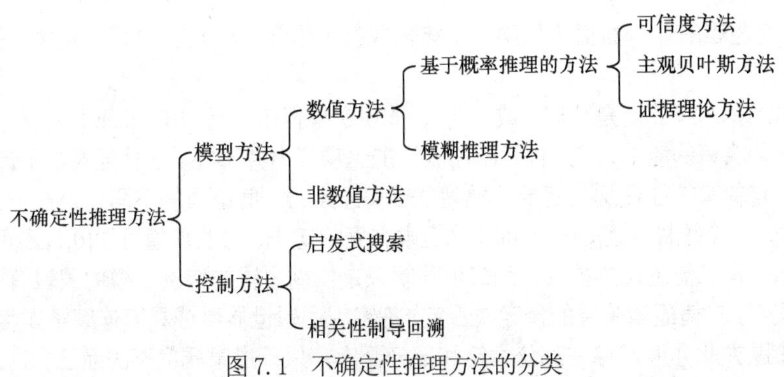

图 7.1　不确定性推理方法的分类

经典概率方法要求给出在证据 E 出现的情况下结论 $H_i\ (i=1,2,\cdots,n)$ 的条件概率 $P(H_i\mid E)$，这在实际应用中是相当困难的。逆概率方法根据贝叶斯定理，用逆概率来求原概率 $P(H_i\mid E)$。虽然确定逆概率比确定原概率要容易，但是直接使用逆概率方法不仅需要已知 H_i 的先验概率 $P(H_i)$，还需要知道结论 H_i 成立的情况下证据 E 出现的条件概率 $P(E\mid H_i)$，这在实际应用中是相当困难的。因此，人们在概率论的基础上，发展了可信度方法、主观贝叶斯方法、证据理论方法等新的处理不确定性问题的推理方法，即新概率论推理方法。

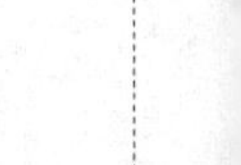

7.1.3 模糊推理

模糊性是指事物具有的不明确类属特征，对其只能区别程度和等级等。模糊性的本质是指对象资格程度的渐变性和事物类属的不明确性。例如，当人们面对一座山或一个人时，只能根据自己模糊的标准或感觉来判定该座山是否算高山或者该是否人算高个子，但无法说出到底高到什么程度才算是高山，或具体多高的人才算是高个子。这类事物的类属是逐步过渡的，即从不属于某类别到属于某类别，或者从属于某类别到不属于某类别，不同的类别之间不存在明了的界限，所以在不同的情况下，分类的结论也可能是不同的。

模糊集合可以采用如下描述：设 X 是论域，μ_A 表示 X 上的一个实值函数，$\mu_A: X\to[0,1]$，对于 $x\in A$，$A(x)$ 称为 x 对 A 的隶属度，μ_A 称为隶属函数。一般，用 $A(x)$ 来代替 $\mu_A(x)$，X 上的模糊集合的全体记作 $F(X)$。这样，对于论域 X 上的某个模糊子集 A 和某个元素 x，隶属度 $A(x)$ 就表示 x 属于 A 的程度。

若 $A(x)=0$，则表示 x 完全不属于 A。

若 $A(x)=1$，则表示 x 完全属于 A。

若 $0<A(x)<1$，则表示 x 在 $A(x)$ 的程度上属于 A。

此时，在完全不属于 A 与完全属于 A 的元素之间，出现了连续变化状态，或称为中间过渡状态。A 的外延呈现出了不分明的变化层次，即模糊性。

布尔数值就是 0 和 1，即是和非，它们是计算机逻辑的基础。布尔逻辑能够很好地处理那种是非很清晰的场景，例如，用计算机可以轻松编写“如果下雨就提醒我出门带伞”这样的程序，因为下不下雨是一个清晰的是非逻辑。然而人在实际决定带不带伞出门时通常还会考虑雨的大小、雨会下多久等。那么多大的雨算大雨、需要带伞，多小的雨算小雨、不用带伞呢？对人类的决策来说，往往没有一个清晰的雨量的门槛，模糊逻辑就是用来解决这样的分类和决策难题的。

在模糊逻辑的眼中，大雨、小雨和中雨之间是没有严格界限的，也就是说，某一种雨量的大小并不完全归属于某一个类，而是用隶属度来衡量的。例如，对于降雨量 x，假设 $x=10\text{mm}$，降小雨的隶属度为 $A(x)=0.5$，降中雨的隶属度 $A(x)=0.4$，降大雨的隶属度为 $A(x)=0.1$；$x=100\text{mm}$，降小雨的隶属度为 $A(x)=0$，降中雨的隶属度为 $A(x)=0.3$，降大雨的隶属度为

$A(x)=0.7$ 。将逻辑的输入数值（降雨量）转化成各个集合（小雨、中雨、大雨）的隶属度的过程就称为模糊化。

布尔逻辑的基本运算就是“与、或、非”，体现在编程中就是“If···then···”，布尔逻辑赋予计算机自动判断和决策的能力，但是计算机所获得的这项能力并不完美，甚至限制了计算机的能力，因为人类判断和决策往往没那么简单。模糊逻辑和经典的二值逻辑的不同之处在于：模糊逻辑是一种连续逻辑。一个模糊命题是一个可以确定隶属度的句子，它的真值可取[0,1]区间中的任何数。模糊逻辑实际上是二值逻辑的扩展，而二值逻辑只是模糊逻辑的特例。模糊逻辑有更加普遍的实际意义，它摒弃了二值逻辑简单的肯定或否定，把客观逻辑世界看成具有连续隶属度等级变化的，它允许一个命题亦此亦彼，存在部分肯定和部分否定，只不过隶属度不同而已。这为计算机模仿人的思维方式来处理普遍存在的语言信息提供了可能。

7.2 知识表示

人工智能系统要有效地解决其应用领域的问题，就必须拥有该领域特有的知识。知识在人脑中的表示、存储和使用机理仍是一个尚待解开的谜，尽管在智能系统中，让机器给出一个清晰简洁的、有关知识的描述是很困难的，但以形式化的方式表示知识并提供给计算机自动处理，已发展成了一种比较成熟的技术。

无论想要应用人工智能技术解决何种问题，首先会遇到的问题就是对所涉及的各类知识如何加以表示。只有有了合适的知识表示方法，机器才能利用所设计的推理技术完成一定的符号处理任务，产生一定程度的机器智能。不同的知识有不同的表示方法，研究知识的表示方法，不单是解决如何将知识存储在计算机中的问题，更重要的是要使计算机能够方便、正确地使用知识。因此，合适的知识方法使机器能对人类各种知识进行处理，并帮助人类解决各种复杂的问题。

知识表示就是按照人类对概念的分类、对知识的定义，以及对各种知识的归纳，以一定的方式或规则将知识表示成适合机器处理的数据结构。知识表示的目的是使机器能够识别与理解人类的知识。知识表示技术既要考虑知识的表示与存储，又要考虑知识的使用与计算，是经典人工智能的研究内容。

人类从事社会活动的过程，实际上也是对知识的获取和使用的过程。就知识库而言，其大致包括两类：一类是常识知识库；另一类是百科类知识库。在人的头脑中有关知识内容与结构的表示既包括感觉、知觉、表象等形式，又包括概念、命题、图式等形式，它们分别标志着人们对事物反映的不同广度和深度。对于不同的知识内容可以有不同的表示或表征方式，知识表示技术可以分成符号主义和联结主义。符号主义的基础是纽厄尔和西蒙提出的物理符号系统假设，该假设认为人类认知和思维的基本单元是符号，而认知过程就是在符号表示上的运算。联结主义认为，人的认知就是相互联系的、具有一定活性值的神经单元所构成的网络的整体活动，知识信息不存在于特定的点，而是在神经网络的联结或者权值中。一般的知识表示方法有谓词逻辑表示法、产生式表示法、状态空间表示法、框架表示法、语义网络表示法、脚本表示法及本体表示法等。这里简单介绍其中的谓词逻辑表示法和语义网络表示法。

7.2.1 谓词逻辑表示法

谓词逻辑表示法是指各种基于形式逻辑的知识表示方式，适合表示事物的状态、属性、概念等事实性知识，也可以用来表示事物间具有确定因果关系的规则性知识。它是人工智能领域中使用较早和较广泛的知识表示方法。其根本目的在于把教学中的逻辑论证符号化，根据对象和对象上的谓词（即对象的属性和对象之间的关系），通过使用连接词和量词来表示世界。

1. 基本组成

谓词逻辑的基本组成部分是谓词符号、变量符号、函数符号和常量符号，它们之间用圆括号、方括号、花括号和逗号分隔，以表示论域内的关系。原子公式是由若干谓词符号和项组成的，只有当其对应的语句在定义域内为真时，它才具有值真（T）；而当其对应的语句在定义域内为假时，它具有值假（F）。

例如，要表示“a 在 1 号房间（ROOM1）内”，可用简单的原子公式描述，即

$$\mathrm{INROOM}(a, r_1)$$

其中，个体符号 a, r_1 为常量符号。一般用英文小写字母 a, b, c, d 等表示个体常量；用小写字母 x, y, z 等表示个体变量。某个体变量的值域称为该个体的个体域，或称为论域。

谓词符号是代表思维对象属性或多个对象间关系的符号，如 INROOM。通常，用大写字母 P, Q, R 等表示谓词符号。谓词符号及其相连的个体符号一起组成谓词。

一般的原子公式由谓词符号和项组成。项除了可以是常量符号，也可以是变量符号，还可以是构成函数符号的项（函数符号表示论域中的函数），如：

```
MARRIED[father(TOM), mother(TOM)]
```

其表示 TOM 的父亲和 TOM 的母亲结婚这一关系，其中 father 和 mother 为函数符号。

2. 量词

原子公式是谓词演算的基本积木块，通过连词可将原子公式组合成由多个原子公式构成的比较复杂的合式公式。这些连词有∧（与）、∨（或）、→（蕴涵）等，它们的意义与数字逻辑中的相同。连词∧用来表示复合句子，例如，“我喜欢音乐和绘画”可表示为

$$\mathrm{LIKE(I,MUSIC)} \wedge \mathrm{LIKE(I,PAINTING)}$$

此外，某些简单的句子也可写成复合形式，例如，“李住在一幢黄色的房子里”，可表示为

$$\mathrm{LIVES(LI,HOUSE\_1)} \wedge \mathrm{COLOR(HOUSE\_1,YELLOW)}$$

这样，就可以用上面所介绍的方法构成句子，把其中谓词演算的子集称为命题演算。为了增强命题演算的能力，需要使公式中的命题带有变量。为此引入全称量词（$\forall x$）和存在量词（$\exists x$），用这些量词对变量进行量化，能表达更为丰富的内容。

例如，“所有机器人都是灰色的”可表示为

$$(\forall x)[\mathrm{ROBOT}(x) \rightarrow \mathrm{COLOR}(x, \mathrm{GRAY})]$$

而句子“1 号房间内有个物体”可表示为

$$(\exists x)\mathrm{INROOM}(x, r_1)$$

3. 谓词公式

若谓词符号 P 中包含的个体数目为 n，则称 P 为 n 元谓词符号。

例如，father(x)是一元函数，less(x,y)是二元谓词。

如果谓词 P 中的所有个体都是个体常量、变量或函数，则称 P 为一阶谓词。如果谓词 P 中某个个体本身又是一个一阶谓词，则称 P 为二阶谓词。一般一元谓词表达个体的性质，而多元谓词表达个体之间的关系。

对于事实性知识，可以使用由析取符号与合取符号连接起来的谓词公式来表示。例如，“张三是一名计算机系的学生，他喜欢编程序”可以表示为

$$\mathrm{Computer}(张三) \wedge \mathrm{Like}(张三, \mathrm{program})$$

其中，Computer(x)表示 x 是计算机系的学生；Like(x,y)表示 x 喜欢 y。

对规则性知识，通常使用由蕴涵符号连接起来的谓词公式来表示。

例如，“如果 x，则 y”可以表示为

$$x \rightarrow y$$

又如，“自然数都是大于零的整数”可表示为

$$(\forall x)[N(x) \rightarrow GZ(x) \cap l(x)]$$

其中，$N(x)$ 表示“x 是自然数”，$l(x)$ 表示“x 是整数”，$GZ(x)$ 表示“x 是大于零的数”。

4. 一阶谓词逻辑表示

下面介绍一个简单的一阶谓词逻辑表示的例子。

【例 7.1】机器人搬弄积木块问题。

设在一个房间里，有一个机器人 ROBOT、一个壁橱 ALCOVE、一个积木块 BOX、两个桌子 A 和 B。机器人可把积木块 BOX 从一种状态变换成另一种状态。

定义以下常量。

机器人：ROBOT。

壁橱：ALCOVE。

积木块：BOX。

桌子：A。

桌子：B。

定义以下谓词。

TABLE(x)：x 是桌子。

EMPTYHANDED(x)：x 双手是空的。

AT(x,y)：x 在 y 的旁边。

HOLDS(y,ω)：y 拿着 ω。

ON(ω,x)：ω 在 x 上。

初始状态用谓词公式表示：

AT(ROBOT, ALCOVE) ∧ EMPTYHANDED(ROBOT) ∧ ON(BOX, A) ∧ TABLE(A) ∧ TABLE(B)

目标状态用谓词公式表示：

AT(ROBOT, ALCOVE) ∧ EMPTYHANDED(ROBOT) ∧ ON(BOX, B) ∧ TABLE(A) ∧ TABLE(B)

问题是依机器人可进行的操作，实现一个由初始状态到目标状态的机器人操作过程。

机器人的每个操作的结果所引起的状态变化，可用对原状态的增添表和删除表来表示。例如，机器人由初始状态把 BOX 从 A 桌上移到 B 桌上，然后扔回到壁橱，这时同初始状态相比有如下变化。

增添表：

ON(BOX,B)

删除表：

ON(BOX,A)

又如，机器人由初始状态走近 A 桌，然后拿起 BOX。这时同初始状态相比有如下变化。

增添表：

AT(ROBOT,A) ∧ HOLDS(ROBOT,BOX)

删除表：

AT(ROBOT,ALCOVE) ∧ EMPTYHANDED(ROBOT) ∧ ON(BOX,A)

进一步说，机器人的每个操作还必须有先决条件。如机器人拿起 A 桌上的 BOX 这个操作的先决条件是

ON(BOX,A) ∧ AT(ROBOT,A) ∧ EMPTYHANDED(ROBOT)

从初始状态出发，实现机器人的每个操作都会验证先决条件，并建立相应的增添表和删除表，从而逐步达到目标状态。

7.2.2 语义网络表示法

语义网络是一种通过概念及其语义联系（或语义关系）来表示知识的有向图，节点和弧必须带有标注。其中，有向图的各节点用来表示各种事物、概念、情况、属性、状态、事件和动作等，节点上的标注用来区分各节点所表示的不同对象，各节点可以带有多个属性，以表征其所代表的对象的特性。在语义网络中，节点还可以是一个语义子网络。弧是有方向的、有标注的。方向表示节点间的主次关系且不能随意调换。标注用来表示各种语义联系，指明它所连接的节点间的某种语义关系。

从结构上来看，语义网络一般由一些基本的语义单元组成。这些基本的语义单元称为语义基元，可用三元组表示为节点 1、弧、节点 2，如图 7.2（a）所示。其中，A 和 B 分别代表节点，而 R 则表示 A 和 B 之间的某种语义联系。当把多个语义基元用相应的语义联系关联在一起的时候，就形成了一个语义网络，如图 7.2（b）所示。

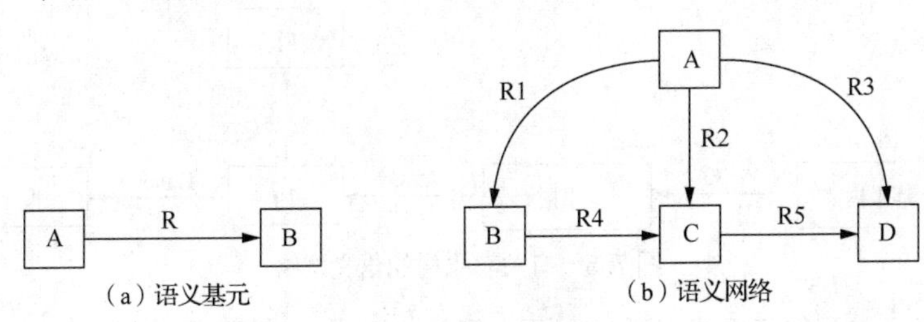

（a）语义基元　（b）语义网络

图 7.2　语义结构

语义网络除了可以描述事物本身，还可以描述事物之间错综复杂的关系，如类属关系、聚类关系、属性关系等。基本语义联系是构成复杂语义联系的基本单元，也是语义网络表示知识的基础，因此用一些基本的语义联系组合成任意复杂的语义联系是可以实现的。这里只给出一些经常使用的基本的语义关系。

类属关系是指具有共同属性的不同事物间的分类关系、成员关系或实例关系，是最常用的一种语义关系，常用的类属关系介绍如下。

ISA（Is-a）：表示一个事物是另一个事物的实例。

AKO（A-Kind-of）：表示一个事物是另一个事物的一种类型。

AMO（A-Member-of）：表示一个事物是另一个事物的成员。

例如，“李华是一名中学生”可以表示为图 7.3 所示的语义网络。

李华　ISA　中学生

图 7.3　ISA 联系实例

一个实例节点可以通过 ISA 与多个类节点相连接，多个实例节点也可以通过 ISA 与一个类节点相连接，从而将分立的知识片段组织成语义丰富的知识网络结构。

例如，“生物的分类”可以表示为图 7.4 所示的语义网络。

在图 7.4 中，通过 AKO 将生物分类问题领域中的所有类节点组成一个 AKO 层次网络，给出生物分类系统中的部分概念类型之间的 AKO 联系描述。

又如，“苹果树是一种果树，果树又是树的一种，树有根、有叶而且是一种植物”，其对应的语义网络如图 7.5 所示。

在图 7.5 中，涉及“苹果树”“果树”和“树”这 3 个对象，树的两个属性为“有根”“有叶”。首先，建立“苹果树”节点，为了说明苹果树是一种树，增加一个“果树”节点，并用 AKO 联系连接这两个节点。为了说明果树是树的一种，增加一个“树”节点，并用 AKO 联系连接这两个节点。为了进一步描述树“有根”“有叶”，引入“根”节点和“叶”节点，并均用 Have 联系使它们与“树”节点连接。

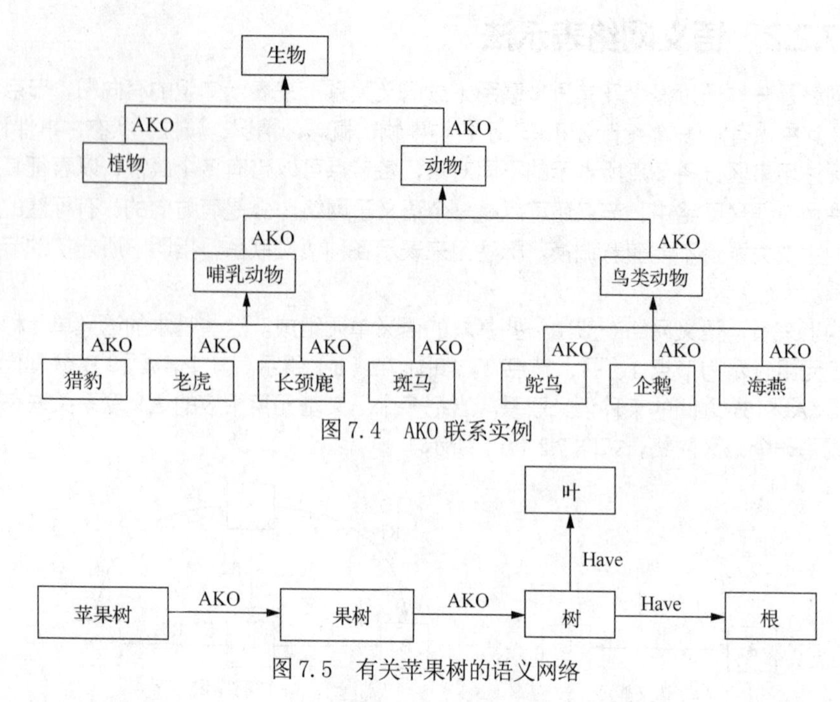

图 7.4　AKO 联系实例

图 7.5　有关苹果树的语义网络

语义网络表示知识的问题求解系统主要由两部分组成，一部分是由语义网络构成的知识库，另一部分是用于求解问题的推理机。语义网络的推理过程主要有两种，一种是继承，另一种是匹配。

（1）继承推理

继承是指把对事物的描述从抽象节点传递到具体节点。通过继承可以得到所需节点的一些属性值，它通常是沿着 ISA、AKO、AMO 等继承弧进行的。继承的一般过程如下。

① 建立节点表，存放待求节点和所有以 ISA、AKO、AMO 等继承弧与此节点相连的那些节点。初始情况下，节点表中只有待求节点。

② 检查节点表中的第一个节点是否有继承弧。如果有，就将该弧所指的所有节点放入节点表的末尾，记录这些节点的所有属性，并从节点表中删除第一个节点。如果没有，仅从节点表中删除第一个节点。

③ 重复检查节点表中的第一个节点是否有继承弧，直到节点表为空。记录下来的属性就是待求节点的所有属性。

（2）匹配推理

语义网络问题的求解一般是通过匹配来实现的。匹配就是在知识库的语义网络中寻找与待求解问题相符的语义网络模式。其主要过程如下。

① 根据问题的要求构造网络片段（该网络片段中有些节点或弧为空），并标记待求解的问题（询问处）。

② 根据该语义网络片段在知识库中寻找相应的信息。

③ 若待求解的语义网络片段和知识库中的语义网络片段相匹配，则与询问处（待求解的地方）相匹配的事实就是问题的解。

大多数语义网络系统所采用的推理机制都是以网络结构的匹配为基础的。

已知的网络知识库如图 7.6（a）所示。假设希望回答的问题：TEACHER-1 学习的专业是什么？根据这个问题可以构造图 7.6（b）所示的网络。

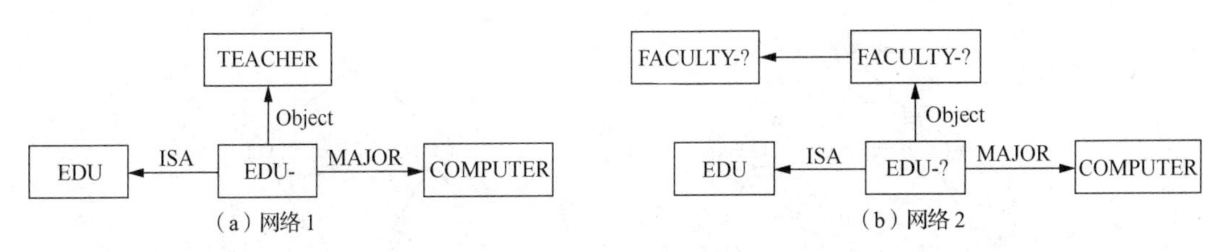

图 7.6 语义网络

图 7.6 代表 EDU 的一个以 TEACHER 为主的实例。当 EDU-?与图 7.6（b）所示的网络匹配后，其 MAJOR 弧所指向的节点就会被局部匹配所约束，从而得到问题的解答，即“TEACHER-1 学习的专业是计算机”。

在语义网络表示知识中没有形式语义（即和谓词逻辑不同），对所给定的表达，其表示什么语义没有统一的规则和定义。如何赋予网络结构含义完全取决于管理这个网络的过程的特性。以语义网络为基础的不同系统采用的推理过程一般也不相同，但推理的核心思想就是继承和匹配。

互联网信息的描述主要包括基于标签的半结构置标语言（extensible markup language，XML）、基于万维网的资源描述框架（resource description framework，RDF）和基于描述逻辑的本体网络语言（ontology web language，OWL）等，这些都是语义网络知识表示的拓展和具体应用。XML 可为内容置标，便于数据交换；RDF 通过三元组（主体、谓词、客体）描述互联网资源之间的语义关系；OWL 构建在 RDF 之上，是具有更强表达与解释能力的语言。通过这些技术可以将机器处理的语义信息表示在万维网上。当前在工业界大规模应用的方法是基于 RDF 三元组的表示方法。基于语义网络的互联网信息描述技术发展而来的知识图谱技术是未来机器认知智能的重要基础。

7.3 搜索技术

计算机并不具备通过逻辑推理有意识地理解世界的能力。在一个智能系统中，让计算机给出一个清晰简洁的有关知识的描述是很困难的。以形式化的方式表示知识或者查找知识并将其提供给计算机进行自动处理，是目前智能系统主要的实现方式。人对自己大脑中所记忆的知识的查找方式是联想的、即刻的，头脑中并不存在固定位置的知识库或经验信息物理空间。计算机解决问题或查找有用信息时需要利用各种搜索技术，搜索和推理都是计算机解决问题的基本方法。

搜索方法主要有盲目搜索和启发式搜索两种。前者只会按预先规定的搜索控制策略进行搜索，后者则会根据问题本身的特性或搜索过程中产生的一些信息来不断改变和调整搜索的方向。

7.3.1 盲目搜索

盲目搜索又称为无信息搜索，一般只适用于求解比较简单的问题。盲目搜索方法主要有广度优先搜索和深度优先搜索。

广度优先搜索（breadth first search，BFS）如图 7.7（a）所示，它是较简便的图搜索算法，最初用于解决迷宫最短路径和网络路由等问题。整个广度优先搜索过程可以看作一个树的结构，这种搜索方法是以接近起始节点的程度依次扩展节点、逐层进行搜索的，在对下一层的任一节点进行搜索之前，必须搜索完本层的所有节点。

深度优先搜索（depth first search，DFS）如图 7.7（b）所示，它是一种用于遍历搜索树或图的算法。算法先给出一个节点扩展的最大深度——深度界限。其过程是沿着一条路径搜索下去，直到深度界限为止，然后考虑只有最后一步有差别的相同深度或较浅深度可供选择的路径，接着再考虑最后两步有差别的路径。

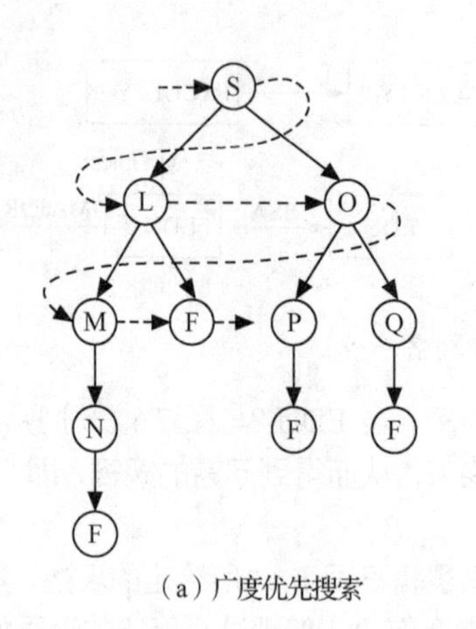

（a）广度优先搜索

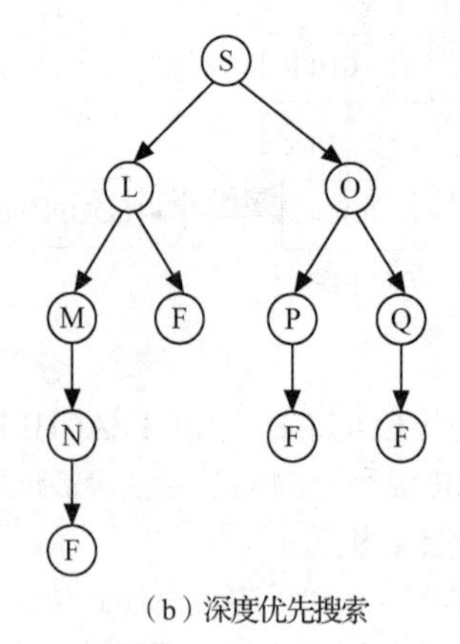

（b）深度优先搜索

图 7.7　广度优先搜索与深度优先搜索

7.3.2　启发式搜索

盲目搜索不但效率低，而且会耗费过多的计算空间与时间。人们试图找到一种方法用于排列待扩展节点的顺序，即选择最有希望的节点加以扩展，从而使搜索效率大幅提高。启发式搜索在搜索过程中加入了与问题有关的启发性信息，用于指导搜索将最有希望的节点作为下一个被扩展的节点，因此这种搜索也被称为有序搜索。启发式搜索又称为最好优先搜索，它总是选择最有希望的节点并将其作为下一个要扩展的节点。

1. A^*算法

估价函数 f 是从起始节点 S 通过节点 n 到达目标节点的最小代价路径的一个估算代价。一个节点的希望程度越大，则其 f 值越小。为此，被选为扩展的节点应是估价函数值最小的节点。从估价函数的角度看，广度优先搜索和深度优先搜索均是启发式搜索技术的特例。对于广度优先搜索，选择 f 作为节点的深度。A^*算法是一种经典的启发式搜索算法，其特点在于估价函数的定义。其估价函数 f 被定义为

$$f(n)=g(n)+h(n)$$

其中，$g(n)$ 是到目前为止用搜索算法找到的从 S 到 n 的最小路径代价；$h(n)$ 是依赖于有关问题的领域的启发信息。估价函数 f 表示从节点 n 到目标节点的一条最佳路径的代价估计。

【例 7.2】八数码难题。

该问题是一个经典的搜索问题，如图 7.8 所示，将处于随机初始状态的 8 个数字按照一定步骤移动为从 1 到 8 的顺序位置。

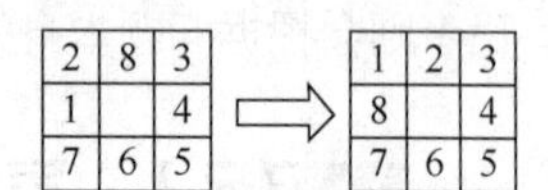

图 7.8　八数码难题

解： 采用估价函数 $f(n)=g(n)+h(n)$，其中 $g(n)$ 表示搜索树中节点 n 的深度，$h(n)$ 用于计算对应于节点 n 的数据库中错放的棋子个数。如图 7.8 所示，八数码数据库左侧的数字是随机设置的 8 个数字，因此起始节点处的 $f=0+3=3$。由起始节点 S_0 到目标节点 S_g，每次搜索都会选择一条代价最小的路径，搜索结果如图 7.9 所示。

2. 爬山算法

爬山（hill climbing）算法又称为贪婪局部搜索算法，该算法每次都会从当前解的临近解空间中选择一个最优解并将其作为当前解，直至获得一个局部最优解。如图 7.10 所示，算法要搜索的解在山峰（数值）升高的方向上连续移动，以找到峰顶（最佳解决问题的方法）为目的，在达到峰顶时终止。爬山算法不一定能找到最高的峰顶，当找到一个相对高的峰顶时算法就会停止搜索。此时，在这个局部最高的峰顶无论向哪个方向小幅度移动都不能得到更优的解。

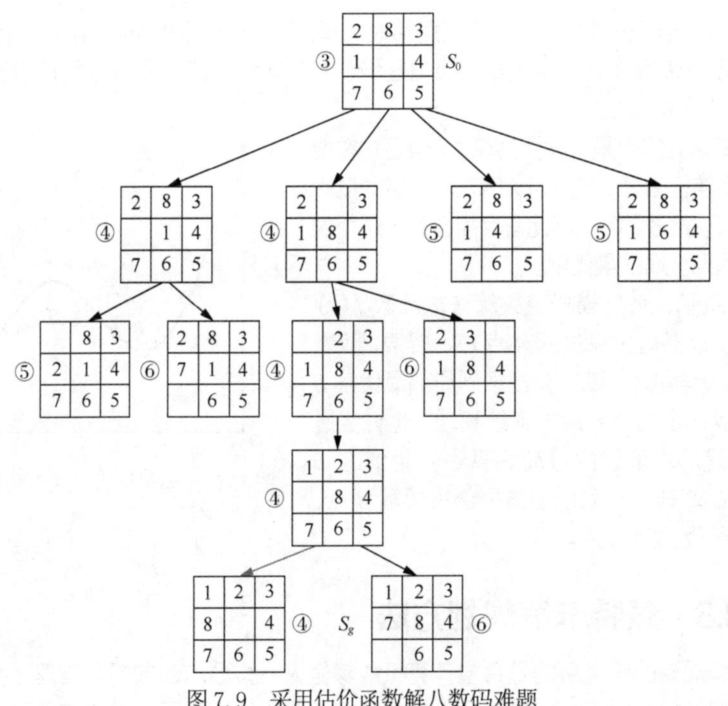

图 7.9　采用估价函数解八数码难题

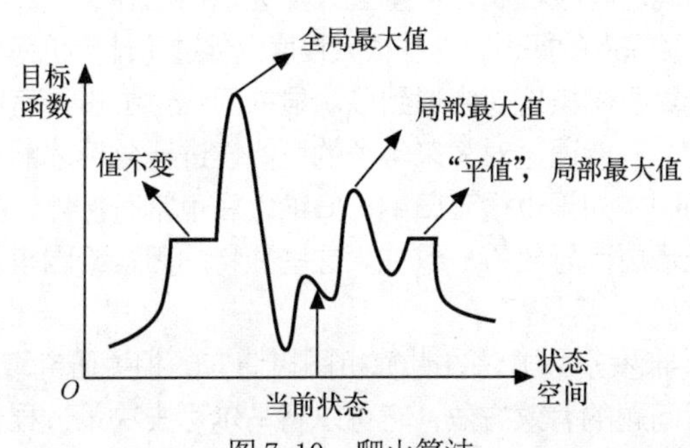

图 7.10　爬山算法

爬山算法是一种局部搜索算法，它总是选择相邻状态中最好的一个，在搜索过程中可能会遇到以下问题。

（1）解是局部极值，而不是全局极值。

（2）在平坦的局部极值区域中，搜索一旦到达了一个平顶，就无法确定要继续搜索的最佳方向，此时会产生随机走动。

（3）在山脊处可能有陡峭的斜面，搜索可以很容易地到达山脊的顶部，但山脊顶部与山峰之间的倾斜度很平缓，易造成一系列的局部极值；搜索可能沿着山脊顶部来回移动，搜索的步伐会很小，无法跳出去搜索山峰。

3. 模拟退火算法

在热力学上，退火（annealing）现象指物体逐渐降温的物理现象，温度越低，物体的能量状态就会越低；温度足够低后，液体开始冷凝与结晶，在结晶状态下，物体的能量状态最低。大自然在缓慢降温（即退火）时，可以找到最低能量状态——结晶，但是如果降温过程过急过快，即快速降温（淬炼），则会导致不是最低能态的非晶形出现。

继续讨论爬山算法，当搜索到局部极值点时算法就会停止搜索，原因是这个峰顶周围点的值均小于它。模拟退火算法解决没有找到最优解之前搜索就停止的办法是以一定的概率选择这个峰

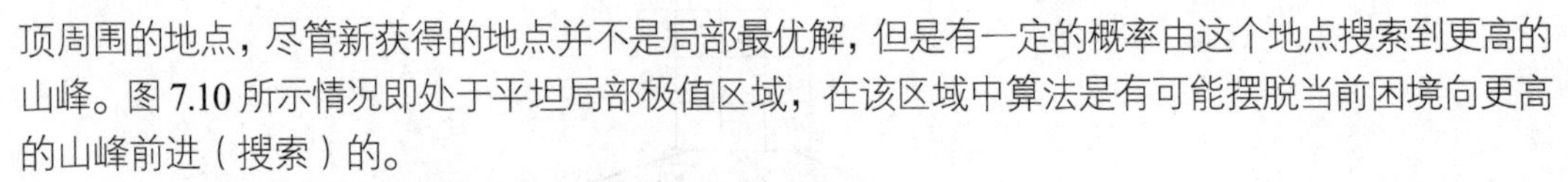

顶周围的地点，尽管新获得的地点并不是局部最优解，但是有一定的概率由这个地点搜索到更高的山峰。图 7.10 所示情况即处于平坦局部极值区域，在该区域中算法是有可能摆脱当前困境向更高的山峰前进（搜索）的。

模拟退火算法其实也是一种贪婪算法，但是它在搜索过程中引入了随机因素。模拟退火算法以一定的概率来接受一个比当前解差的解，因此有可能会跳出这个局部的最优解，达到全局的最优解。

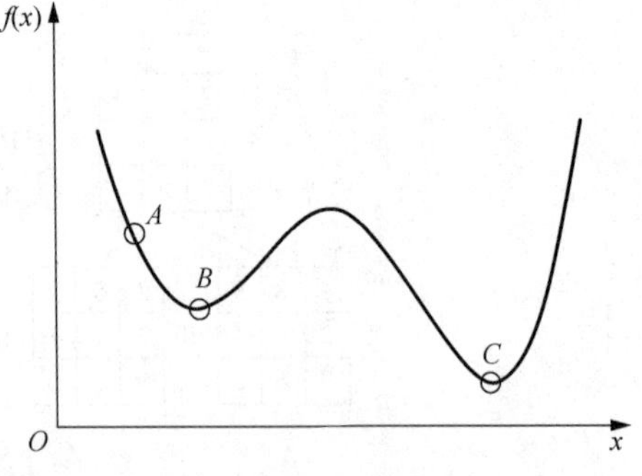

图 7.11 模拟退火算法求函数的全局最小值

如图 7.11 所示，采用模拟退火算法求函数 $f(x)$ 的全局最小值。模拟退火算法从 A 点开始搜索，随着函数 $f(x)$ 的值持续减小，算法会搜索到局部最优解 B 点，此时它会以一定的概率向右继续移动，也许经过几次这样的不是局部最优的移动后算法就会到达 B 点和 C 点之间的峰顶，就可以跳出局部最优解 B 点，最终搜索到全局最优解 C 点。

7.3.3 蒙特卡罗规划方法

计算机博弈理论的研究目的是希望计算机能够像人一样思考、判断和推理，并能够做出理性的决策。棋类博弈规则明确、竞技性高，再加上人类选手往往胜于计算机等原因，人们对棋类博弈一直比较关注，并进行了深入的探讨，这在很大程度上促进了计算机博弈理论的发展。

传统的博弈理论在计算机围棋博弈中遇到了明显的困难：围棋具有巨大的搜索空间。盘面评估与博弈树搜索紧密相关，只能通过对将来落子的可能性进行分析才能准确地确定棋子之间的关系；与此同时，高层次的围棋知识也很难归纳，归纳之后也常有例外，并且在手工构建围棋知识和规则的过程中常会出现矛盾而导致不一致性。这些独特的因素给围棋及拥有类似性质的计算机博弈问题的研究带来了挑战。

从 2006 年开始，蒙特卡罗规划方法在计算机围棋博弈的相关研究取得了重大突破。蒙特卡罗规划是解决马尔可夫决策问题的有效方法，它可以将马尔可夫决策过程中可能出现的状态转移过程用状态树建立并表示出来。不同于普通搜索树方法，蒙特卡罗规划方法先从初始状态开始重复给出随机模拟事件，并逐步扩展搜索树中的每个节点，而每一次模拟事件都是"状态—行为—回报"的三元序列。因此，相对于在评估之初就将（隐含）博弈树进行展开的静态方法而言，蒙特卡罗规划的过程是一种动态搜索过程。更具体来说，蒙特卡罗规划共包含 4 个基本步骤，分别为选择（selection）、扩展（expansion）、模拟（simulation）和回溯（back propagation），如图 7.12 所示。图中的每个节点表示博弈过程中的一个盘面状态，每一条边表示在父节点上采取一个行动，并得到子节点所对应的状态。这 4 个基本步骤依次执行，从而完成一次搜索。

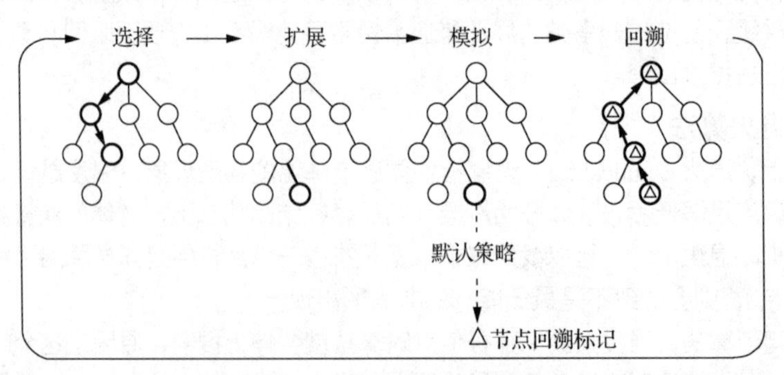

图 7.12 蒙特卡罗规划流程

（1）选择。从根节点出发，在搜索树上自上而下迭代式地执行一个子节点选择策略，直至找到当前最为紧迫的可扩展节点为止。当且仅当所对应的状态是非停止状态且拥有未被访问过的子状态时，一个节点才是可扩展的。

（2）扩展。根据当前可执行的行动，在选定的节点上添加一个（或多个）子节点以扩展搜索树。

（3）模拟。根据默认策略在扩展出来的一个（或多个）子节点上执行蒙特卡罗棋局模拟，并确定节点的估计值。

（4）回溯。根据模拟结果依次向上更新祖先节点的估计值，并更新其状态。

机器围棋采用蒙特卡罗规划的一个重要原因是它可以保证在从始至终的每一次随机模拟中都能随时得到行为的评价。因此，如果在模拟过程中某个状态被再次访问，则可以将之前的“行为—回报”信息作为下一步选择的参考，借此便可以加速评价的收敛速度。一方面，如果被重复访问到的状态很少，那么蒙特卡罗规划就退化成非选择性的蒙特卡罗方法；另一方面，如果被重复访问到的后续状态在很大程度上都集中在少数几个状态上，那么相对于其他算法而言，蒙特卡罗规划就具有明显的优势。

具体到围棋问题中，所面临的就属于上面谈到的第二类情况。在每个当前状态下，可选择的点最多不超过361个，而在这些可选点中基本可以找到一些明显偏好的点。因此，当模拟次数达到几万次甚至几十万次、上百万次的时候，在这些较好的点上必然会聚集大量的模拟。

AlphaGo在蒙特卡罗规划框架下，利用深度学习和强化学习技术进行训练和评估，其中用到了人类棋手以往的16万盘棋谱和AlphaGo自己左右互搏产生的3000万盘棋谱，以及人类总结的几万个模式。AlphaGo综合运用这些技术，实现了高水平的围棋程序，并于2016年3月以4∶1的成绩战胜了韩国围棋职业高手李世石。这些技术创新之处主要体现在两个方面：一是发展了强化学习技术；二是在围棋这个平台上将传统的搜索技术与深度学习很好地结合在了一起，实现了理性与感性的良好融合。

7.4 知识图谱

当前的人工智能缺少信息进入“大脑”后的加工、理解和思考等，做的只是相对简单的比对和识别，仅仅停留在“感知”阶段，而非“认知”，以感知智能技术为主的人工智能还与人类智能相差甚远。究其原因在于，机器认知智能技术正面临制约其向前发展的瓶颈：大规模人类常识知识库与基于因果关系的逻辑推理。而基于知识图谱、认知推理、逻辑表达的认知图谱，则被越来越多的国内外学者和产业领袖认为是目前可以突破这一技术瓶颈的可行解决方案之一。

知识图谱是一种描述客观世界的概念、实体、事件及其相互之间的关系的方法。概念是指人们在认识世界过程中形成的对客观事物的概念化表示，如人、动物、组织机构等；实体是指客观世界中的具体事物；事件是指客观世界的活动，如地震、买卖行为等。关系描述概念、实体、事件之间客观存在的关联，如毕业院校描述了个人与其所在院校的关系，运动员和篮球运动员之间为概念和子概念的关系等。因此，知识图谱本质上是一种大规模语义网络。从人工智能视角看，知识图谱是一种理解人类语言的知识库，因此，其可以作为发展认知智能的技术；从数据库视角看，知识图谱是一种新型的知识存储结构；从知识表示视角看，知识图谱是计算机理解知识的一种方法；从计算机网络视角看，知识图谱是知识数据之间的一种语义互联。

知识图谱有两大类主要的应用场景：一类是搜索和问答类型的场景；另一类是自然语言处理类的场景。目前，知识图谱在金融、教育、旅游、司法等领域中进行了大规模的运用。基于知识图谱的智能问答、深蓝机器人、网页搜索知识图谱、百度搜索引擎，以及很多企业图谱等，都显示出了知识图谱的强大生命力。知识图谱智能化搜索在现有搜索结果的基础上额外提供更详细的结构化信息，使用户仅通过一步搜索就可以得到想获取的所有知识，从而减少浏览其他网站的麻烦。未来的搜索应该是当用户查询“世界十个淡水湖”时，搜索引擎不但能理解这个查询问题，而且能理解湖是水的一种形态，告诉用户每个湖的深度、表面积、温度及盐度等。有了知识图谱，网络搜索引擎可以更好地理解用户的查询词，从而搜索出与该查询词更相关的内容。例如，当用户在搜索引擎中搜索某历史人物时，不仅可以看到与该查询词相关的网页，还可以看到该人物的成长经历。

7.4.1 知识图谱与认知智能

知识图谱是实现认知智能的知识库，是认知智能机器人的大脑，这是知识图谱与认知智能的本质联系。知识图谱与以深度神经网络为代表的连接主义不同，作为符号主义的新方法，它从一开始就在知识表示、知识描述、知识计算与推理等方面不断发展。如图 7.13 所示，传统专家系统时代主要依靠专家手工获取知识，现代知识图谱的显著特点是规模巨大，人工众包是获取高质量知识图谱的重要手段，此外，还需要文本、图像等多种媒体数据的语义标注工具辅助人工进行知识获取，知识图谱在一定程度上实现了“知识互联”。

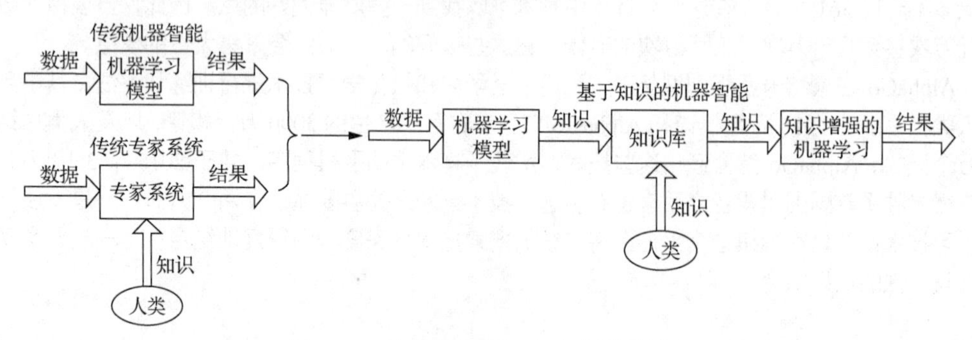

图 7. 13 传统专家系统到知识图谱的转变

知识图谱可以实现机器认知智能的两个核心能力：“理解”和“解释”。机器理解数据的本质是建立起从数据到知识库中的知识要素（包括实体、概念和关系）的映射。例如，如果我们说理解了“2022 年的全国五一劳动奖章获得者水庆霞”这句话，那是因为我们把“水庆霞”这个词关联到了脑中的实体“水庆霞”，把“全国五一劳动奖章”这个词映射到了脑中的实体“全国五一劳动奖章”，把“获得者”这个词映射到了“获得奖项”这个事件，如图 7.14 所示。文本理解过程的本质是建立从文本、图片、语音、视频等数据到知识库中的实体、概念、属性的映射。下面介绍人类是如何“解释”的。例如，对于“水庆霞为什么很受球迷关注”这一问题，可以通过知识库中的“中国女子足球队获得了女足亚洲杯”及“女足亚洲杯是影响力较大的足球奖项之一”这两条关系来解释。这一过程的本质就是将知识库中的知识与问题或者数据加以关联的过程。有了知识图谱，机器完全可以重现人的这种理解与解释过程。

知识图谱对于认知智能的另一个重要意义在于：知识图谱让可解释人工智能成为可能。“解释”这件事情一定是跟符号化知识图谱密切相关的。因为解释的对象是人，人只能通过文字符号理解语义，而不能通过数值理解语义，所以一定要利用符号知识开展可解释人工智能的研究。可解释性是不能回避符号知识的。这里列举几个解释的具体例子。例如，“中国女子足球队获得过什么奖项？”可能解释说，它获得了亚洲杯冠军，这实质上是用概念在解释。又如，“中国女子足球队为什么能赢得女足亚洲杯？”可能解释说，因为她们是足球运动员，这实质上是用属性在解释。人类倾向于利用概念、属性、关系这些认知的基本元素去解释现象与事实。但对机器而言，概念、属性和关系都表达在知识图谱里面。因此，机器的解释离不开知识图谱。

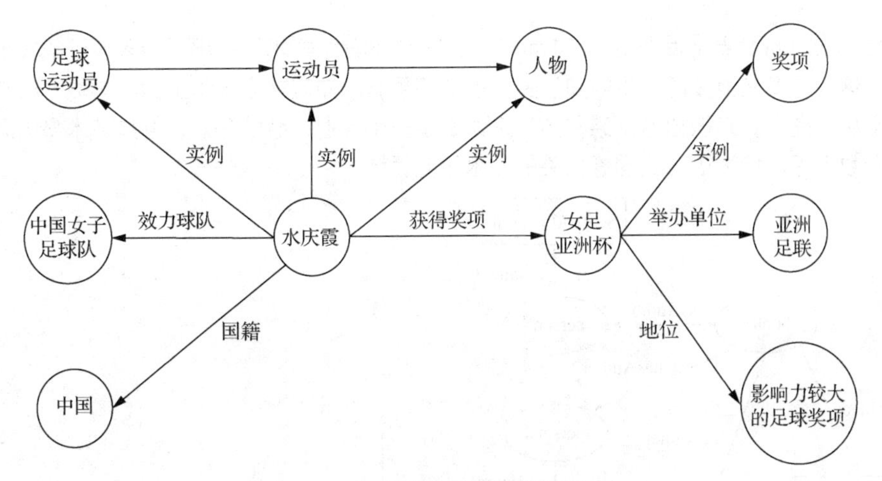

图 7.14　知识显著增强机器学习能力

7.4.2　知识图谱基本技术

实体、概念、关系之间的示例如图 7.15 所示，如果两个节点之间存在关系，且用一条无向边连接在一起，那么这两个节点就称为实体（entity），它们之间的无向边称为关系（relationship）。

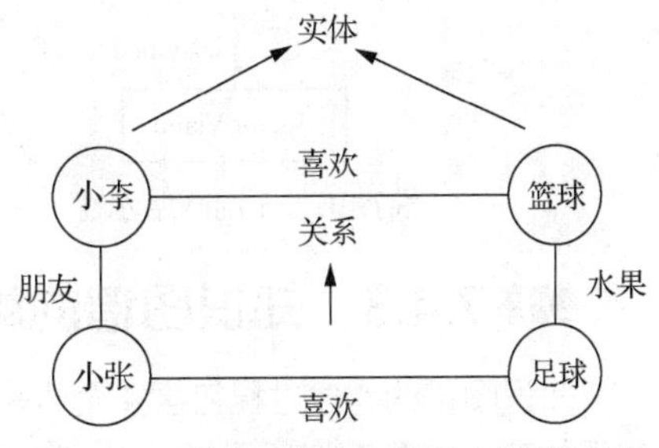

图 7.15　实体、概念、关系之间的示例

知识图谱的基本单位，就是“实体—关系—实体”构成的三元组，这就是知识图谱技术的核心。一般来说，知识图谱的原始数据类型包括结构化、半结构化、非结构化 3 类。大多数知识图谱用资源描述框架表示实体和实体的关系，该关系有两类：一类是属性关系，即一个实体是另一个实体的属性；另一类是外部关系，表明两个实体之间存在外部关联。RDF 在形式上表示为主题预测目标（subject predicate object，SPO）三元组，因此，实体会通过关系连接成无向的网络，如表 7.1 和图 7.16 所示。

表 7.1　三元组表（S,P,O）

S	P	O
person1	isNamed	Serge Abiteboul
person2	isNamed	Richard Hull
person3	isNamed	Victor Vianu
book1	hasAuthor	person1
book1	hasAuthor	person2
book1	hasAuthor	person3
book1	isTitled	Foundations of Databases

RDF 也可作为一种规范存储格式来存储知识图谱数据，比较常用的有 Jena 等。还有一种存储方法是使用图数据库存储知识图谱数据，常用的有 Neo4j 等。

面向知识图谱的“表示学习”也是机器学习的一种新方法，其中较具代表性的研究工作之一是 TransE 模型。给定一个知识图谱，将知识图谱三元组中的每个主语、谓词和宾语都映射成一个高维向量，其优化目标可以表示为将图 7.17 所示的三元组关系最小化。这个三元组关系的基本含义是存在于知识图谱 G 中的任何一个三元组，其中主语、谓词和宾语的向量分别表示为 $\boldsymbol{s}$、$\boldsymbol{p}$ 和 $\boldsymbol{o}$，我们要求主语、谓词的向量和$(\boldsymbol{s}+\boldsymbol{p})$距离宾语的向量（$\boldsymbol{o}$）要尽量近；不存在于知识图谱 G 中的三元组，则相互的距离要尽量远。TransE 模型的基本含义是谓词相同的两个三元组，它们的主语与宾语的向量差是近似的。在TransE模型的基础上，学术界提出了很多改进的知识图谱嵌入方案。这些方案在很多任务（如知识图谱的谓词预测、知识补全等）上比以前的方法在准确度上都有不小的提升。知识图谱从某种角度来说，是一个商业包装的词汇，但是其本身来源于语义网络、图数据库、自然语言处理等相关的学术研究领域。

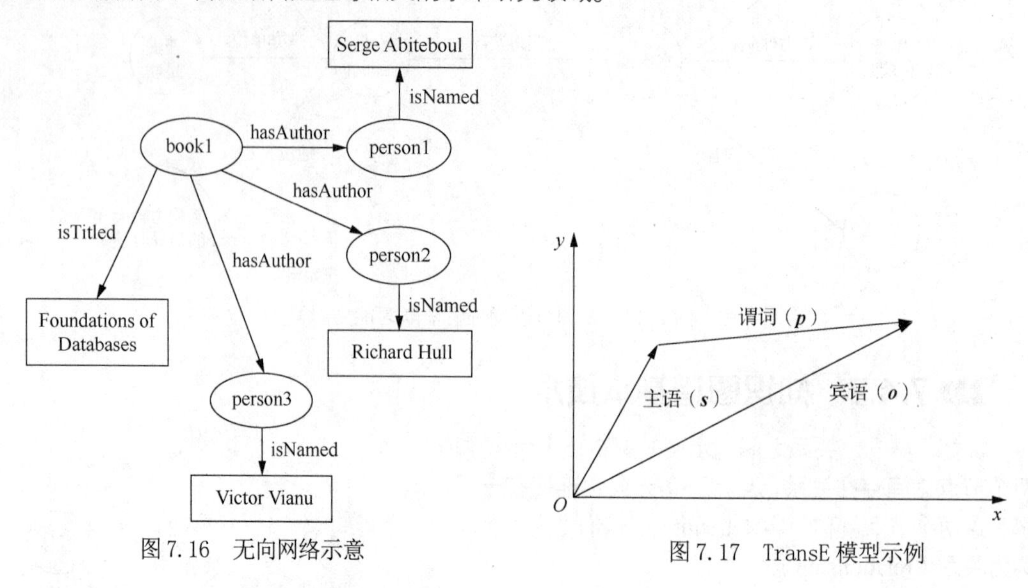

图 7.16　无向网络示意

图 7.17　TransE 模型示例

7.4.3 知识图谱的构建

知识图谱的构建过程包含4个步骤，即数据获取（或采集）、信息（或知识）抽取、知识融合、知识加工，如图7.18所示。

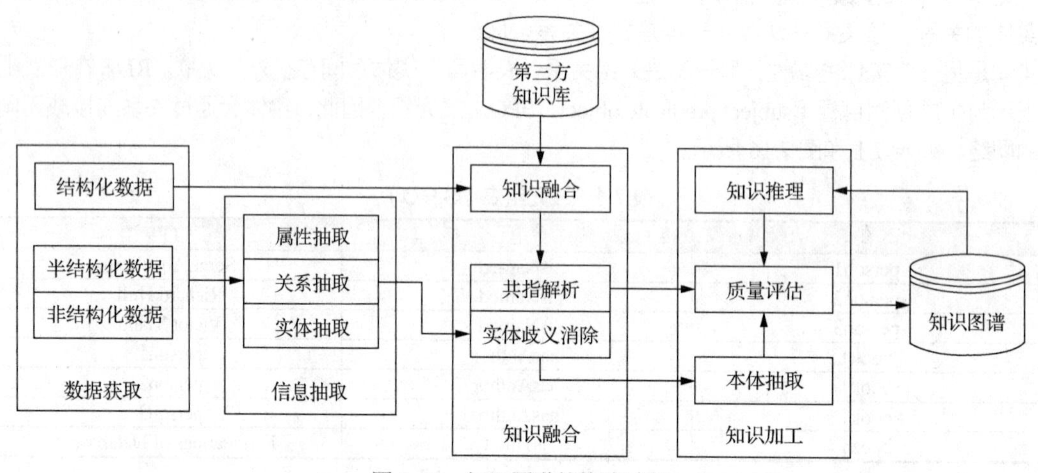

图 7.18　知识图谱的构建过程

1. 数据获取

构建知识图谱是以大量的数据为基础的，需要进行大规模的数据采集。采集的数据来源一般是网络上的公开数据、学术领域已整理的开放数据、商业领域的共享与合作数据等，这些数据可能是结构化的、半结构化的或者非结构化的，数据采集器要适应不同类型的数据。

2. 信息抽取

信息抽取是指对数据进行粗加工，将数据提取成“实体—关系—实体”三元组。根据数据所在的领域，抽取方法可分为开放支持抽取和专有领域知识抽取。通过从各种类型的数据源中提取出实体、属性及实体间的相互关系，就可以在此基础上形成本体化的知识表达。

3. 知识融合

由于表征知识的“实体—关系—实体”三元组抽取自不同来源的数据，不同的实体也可以进一步通过共指解析、歧义消除融合成新的实体，实现抽象层面的融合；利用融合之后的新实体，三元组集合可以进一步学习和推理，将表达相同或相似含义的不同关系合并成相同关系，检测相同实体对之间的关系冲突等。在获得新知识之后，需要对其进行整合，以消除矛盾和歧义，例如，某些实体可能有多种表达，某个特定称谓也许对应于多个不同的实体等。

4. 知识加工

对于经过融合的新知识，需要经过质量评估（部分需要人工参与甄别）之后才能将其合格的部分加入知识库，以确保知识库的质量。

知识图谱构建完成之后，即可形成一个无向图网络，可以运用一些图论方法进行网络关联分析，将其用于文档检索及智能决策等领域。例如，一般电子商务公司的知识图谱以商品、标准产品、标准品牌、标准条码、标准分类为核心，利用实体识别、实体链接和语义分析技术，整合关联如舆情、百科、国家行业标准等 9 大类一级本体，包含百亿级别数量的三元组，形成巨大的知识网，然后将商品知识图谱广泛地应用于搜索、前端导购、平台治理、智能问答、品牌商运营等核心与创新业务。

在实际应用中，知识图谱的构建有两种方法：如果知识领域比较贴近开放领域，则可以先从网络上找一个开放知识图谱，然后以此为基础进行扩充；如果知识领域属于某个专有行业，如信息安全领域，则开放知识图谱中可直接使用的知识表示相对较少，这时需要花更多的精力去构建专业的知识图谱。构建知识图谱的一个典型工具是 DeepDive，它允许通过机器学习和人工参与的方式不断迭代提升知识图谱。

无论构建哪类知识图谱，都要经历数据收集、信息抽取、知识融合、知识加工等过程。中文开放知识图谱是目前一个非常好的开放知识图谱共享网站，如图 7.19 所示。“数据”栏目里给出了开源知识图谱或者用于构建知识图谱的专业数据集；“工具”栏目里给出了如自然语言处理、知识抽取、知识存储、知识表示、知识链接、知识推理、知识查询、对话系统等几十种用于构建知识图谱和应用知识图谱的工具；“成员”栏目里列出了参与的科研机构和知识图谱从业单位。

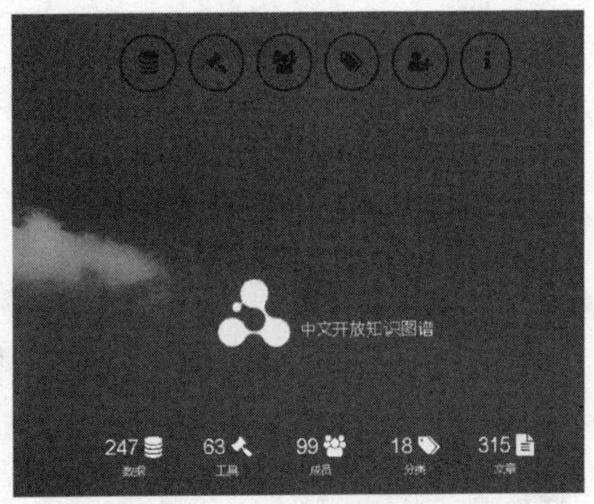

图 7.19　中文开放知识图谱共享网站

中文开放知识图谱中提供的数据集和工具可以帮助我们构建知识图谱。数据集可以帮助我们建立一个知识图谱的初始版本，即从里面获得初始的知识表示——SPO 三元组，然后根据我们收集的真实的业务数据进行知识抽取和知识推理。构建知识图谱的前提是收集数据，收集的数据越全面，可供提取的知识表示越丰富，知识图谱的用处越大。

7.5 认知计算

认知计算是一种运用认知科学中的知识来构建能够模拟人类思维过程的系统方法。它的目标是在人类心智能力的启发下，发展一种连贯、统一和普遍的计算机制。认知科学试图实现一种统一的心智计算理论，而不是简单地将按不同的认知过程和独立的解法单独构造出来的零碎解决方案拼凑在一起。人工智能领域的先驱者纽厄尔将这种计算理论描述为“针对所有行为的一组单一机制。我们的最终目标是一种关于人类认知的统一理论。”

认知计算在不同领域以不同的方式被使用。认知计算覆盖很多学科，如机器学习、自然语言处理、机器视觉及人机交互等。

“沃森”超级计算机（简称“沃森”）就是认知计算的一个典型例子。2011年，沃森在《危险边缘》智力竞赛节目中取得胜利，此后，认知计算开始受到重视。与早期的专家系统不同，其不是先将解决问题所需要的知识转换为计算机所能理解的规则，而是使用大量的网页资源和数据库资源试图对竞赛中可能会被问到的许多事物进行直接推理。该竞赛的一大特点在于，提出的问题就是答案，而参赛选手必须构思出合适的问题。例如，给定一个简单答案“人们下雨天把它们带在身上以防止被淋湿”，正确的问题应当是“雨伞是什么”。图7.20展示的是沃森回答“危险边缘”问题的过程。相比以前的人工智能系统使用逻辑推理或概率模型来推算以得到答案，沃森使用的方法完全不同。

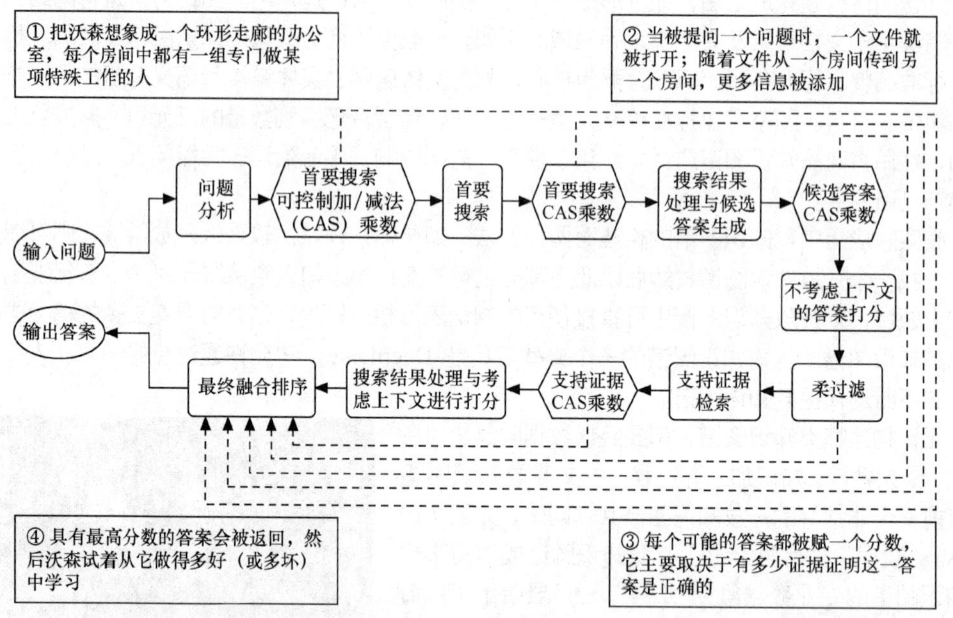

图7.20　沃森回答“危险边缘”问题的过程

首先，沃森尝试使用语言工具来分析问题，主要分析是关于哪方面的问题。关于沃森性能的一个至关重要的体现：针对被问及的事物猜测其所属“类型”的能力。如果一个关于珠穆朗玛峰的问题以“这座山是……”这样的描述开头，则沃森需要识别出这一问题的答案应当是一座山。这似乎很简单，但是实际上人类语言的运作方式并非表面上那么简单。例如，在一个更贴近实际的例子中，如果主持人说“这座山是地球上最高的，且它的藏语名字广为人知”。这个问题是关于山的，但它的常用名字不是问题的正确答案，而是需要回答“珠穆朗玛峰是什么”。事实上，这个问题可以是山脉、人、词汇或其他任何事物，找出问题类型并不是一件简单的工作。因此，沃森的第一个任务便是判定一个或多个“词法的类型”，这是表明搜索答案类型的一个词。“危险边缘”游戏的另外一种复杂性来源于它的问题可能并没有一个明确的答案（LAT），因为游戏会使用“这个”“它”“这些”等词汇。例如，在之前提到的线索“人们下雨天把它们带在身上以防止被淋湿”，答案的类型并不明确。这些例子中，沃森只是使用了一个默认的LAT，称为“NA”，并且允许任何事物与之匹配。

沃森用于搜索LAT的一项重要技术，基于一个称为DBpedia的系统，该系统本质上是一个机器可读的网络百科内部关系的呈现。DBpedia的特征之一是它包含这样的信息：网页上所描述的实体是如何相互关联或如何被关联到其他主题上去。

沃森采用了100多项与自然语言处理、知识问答相关的技术，这些技术不仅可用于问答，还可以在很多其他应用领域发挥作用，这些相关技术称为认知计算。认知计算是一种非结构化数据认知能力。认知计算是比人工智能更宽泛的概念，如它会用到深度学习算法等。如果说人工智能关注的是“读懂人的世界”，那么可以说认知计算更关注“读懂大数据的世界”。沃森实质上是融合了自然语言处理、认知技术、自动推理、机器学习、信息检索等技术，并能够给予假设认知和大规模的证据搜集、分析、评价的人工智能系统。

7.6　认知智能的兴起

学者本吉奥将深度学习的功能等同于他所描述的“系统 1”的特点——直觉的、快速的、无意识的、习惯性并完全处于自主控制状态的。与此相反，他指出，人工智能系统的下一个挑战在于实现“系统 2”的功能——缓慢的、有逻辑的、有序列的、有意识和算法化的，如实现计划和推理所需的功能。

其他学者以类似的方式探讨了可能适应更广泛领域的未知事件的人工智能技术。实现具备功能的人工智能系统的一种可能途径是将深度学习与符号推理和人类更广泛的知识领域结合起来，而这些都指向以认知为核心的机器智能技术。因此，“认知智能”将代表人工智能发展的新阶段。

在人工智能领域，有些人认为可以通过进一步发展深度学习来实现更高级别的机器智能，其他学者认为这需要合并其他基本机制。在“The Rise of Cognitive AI”这篇文章中，研究人员认为深度学习掌握了从嵌入空间中的多维结构的输入到预测输出的基于统计的映射。这让它在区分宽数据和浅数据（如图像中的单词或像素/体元序列）方面表现出色。此外，深度学习在索引资源和从语料库中最匹配的地方检索答案方面同样有效——正如在NaturalQA或EffiicentQA等基准测试中所表现的那样。根据本吉奥的定义，系统1的任务依赖于训练期间创建的统计映射功能，而深度学习可以为完成这些任务提供帮助。

相比之下，结构化、显性和可理解的知识可以为实现更高级机器智能或系统2的功能提供途径。一种基本的知识构建就是能够捕获有关元素和概念的声明性知识并编码抽象概念（如类之间的分层属性遗传）。例如，有关鸟类的知识，加上有关雀形目鸟类的信息，再加上有关麻雀的详细信息，即使没有特别的说明，也能提供大量有关栗麻雀的隐含信息。除此之外，其他知识构建还包括因果模型和预测模型。

这样的构建依赖于显性的概念和定义明确的关系，而不是潜在空间中的嵌入式机器，并且因此所得模型将具有更广泛的解释和预测潜力，远超统计映射的功能。

人类大脑有想象、模拟和评估潜在未来事件的能力，这些能力是经验或观察都无法企及的。同时，这些能力为人类智能提供了进化优势。在不受明确规则限制的环境中，对未来可能发生事件进行心理模拟是基于世界动力的基本模型，这在计划和解决问题方面具有很大的适应性价值。

过程建模机制基于隐式的数学、物理或心理原理，而不是从输入到输出的可观察的统计相关性，这对于实现更高的认知能力至关重要。例如，物理模型可以捕获水滑现象，并对各种条件下汽车的运动进行简单预测。这样的过程模型可以与基于深度学习的方法结合使用以扩展当前人工智能的功能。

知识库可以捕获常识性假设和底层逻辑，这些假设和逻辑并不总是公开地呈现在深度学习系统的训练数据中。这表明，对世界及其动力的理解有助于完成更高级机器智能的任务。最后，合理的结构化知识可以在上下文语境和聚合内容方面消除歧义。

在未来的几年中，随着浅层映射功能变得更加丰富，计算处理变得更加经济和快捷，基于深度学习的系统1有望取得重大进展。认知人工智能也将带来更多更高级的功能。

深度学习使人工智能系统在识别、感知、翻译和推荐系统任务方面成果卓越。尽管短期内人们无望实现开放式通用人工智能，但具有较高认知能力的人工智能也能在技术和商业领域中发挥更大的作用。下一次机器学习和人工智能技术的兴起，将创造出一种拥有更强理解力和认知力的新型人工智能，从而为人类的生活带来更大便利。

总而言之，未来将出现一批新的认知人工智能，它们不仅具有更强的解释力，而且比当前基于深度学习的系统更接近人类的自主推理水平。一旦人工智能可以在不可预测的环境中做出可靠的决策，它将获得更大的自主权，并在机器人技术、自动运输和物流、工业和金融体系的控制点等领域中发挥重要作用。

7.7 关键知识梳理

本章介绍了认知智能的基本含义；介绍了机器认知的主要方法，包括经典符号主义的逻辑推理、知识表示、搜索技术，以及在知识表示方法语义网络的基础上发展而来的知识图谱技术；介绍了以沃森为代表的认知计算技术的基本原理与应用。人类的认知智能是在长期的生存竞争中进化而来的。目前，利用人工智能感知或认知的技术方法所开发的机器都缺乏对语义的理解，这是因为人类对概念的理解或认知是通过千百万年的进化与大脑智能共同形成的，人类可以隐喻性地理解各种事物。计算机通过计算处理符号只是一个机械的过程，相对于感知智能而言，机器认知智能总体上还处于初级阶段。本章内容主要表明了人工智能与人类智能的巨大差距及其局限性，从而使人们能够理解为什么要发展本书后面章节介绍的混合智能、类脑智能等人工智能技术。

7.8 问题与实践

（1）什么是认知智能？认知智能对于人工智能有什么意义？

（2）机器具备认知智能吗？为什么？

（3）机器要实现初级认知智能，其基本方法有哪些？

（4）设有下列语句，请用相应的谓词公式把它们表示出来。

① 人人爱劳动。

② 自然数都是大于零的整数。

③ 西安市的夏天既干燥又炎热。

④ 喜欢读《三国演义》的人必读《水浒传》。

⑤ 有的人喜欢梅花，有的人喜欢菊花，有的人既喜欢梅花又喜欢菊花。

⑥ 他每天下午都去打篮球。

（5）用一个语义网络表示下列命题。

① 树和草都是植物。

② 树和草是有根有叶的。

③ 水草是草，且长在水中。

④ 果树是树，且会结果。

⑤ 苹果树是果树中的一种，它结苹果。

（6）什么是搜索技术？搜索技术有哪些应用？

（7）搜索引擎里面采用的搜索技术与围棋程序里面采用的搜索技术有什么关系？

（8）什么是知识图谱？知识图谱对机器实现认知智能有什么作用？

（9）什么是认知计算？认知计算对人工智能有什么作用？

08

语言智能

本章学习目标：

（1）理解语言智能的含义，以及语言与认知的关系；

（2）掌握自然语言处理的基本原理与方法；

（3）了解语言智能在实现机器智能方面的应用，包括智能问答系统、聊天机器人、语音识别、机器翻译等。

8.0 学习导言

人类的语言及其意义十分复杂，不同的文化、种族、地域所形成的语言及其意义有很大差别。蒙古语中与“马”相关的词有几十个，因纽特人用于表示“雪”的词也有几十个，而不生活在有马和雪的地区的人用于描绘“马”和“雪”的词很少。是语言造就了概念，还是概念造就了语言？语言是如何形成的？它与人类的智能有什么关系？语言的机制是什么？语言与大脑功能区域有什么关系？这些问题不仅对于探寻人类的语言秘密很重要，而且对于使机器具有基于语言的认知智能更加重要。

对人类而言，利用语言进行日常交流、思想表达和文化传承是人类智能的重要体现，这体现的就是一种语言智能。对机器而言，其优势在于拥有更强的记忆能力，但欠缺语义理解能力，包括对口语不规范的用语识别和认知等。目前还没有出现能像人一样与人正常交流的机器，也不存在能理解人类语言含义的机器。为了让机器与人类交流，研究人员开发了许多使机器能够处理人类语言信息的方法，利用这些方法，在一定程度上能使机器依靠算法和计算机与人类进行交流，这主要是利用自然语言处理技术来实现的。机器通过自然语言处理技术对人类语言包含的信息进行解析并做出相应的反应，就表现出了一定程度的语言智能。本章主要介绍机器实现语言智能的一些初级方法和技术。

8.1 语言与认知

世界顶尖语言学家和认知心理学家，哈佛大学名誉教授史蒂芬·平克说：“语言是洞察人类天性之窗。”在人类进化过程中，语言的使用使大脑两半球的功能分化。语言半球的出现使人类明显有别于其他灵长类动物。一些研究表明，人脑左半球同串行的、时序的、逻辑分析的信息处理有关，而人脑右半球与并行的、形象的、非时序的信息处理有关。

人类的语言文字是客观世界中具体信号（如铃声、灯光等第一信号）的抽象信号，称为第二信号，凡是以词语为信号而建立的大脑神经联系就是第二信号系统。第二信号系统是在第一信号系统（即巴普洛夫发现的生物条件反射现象）的基础上发展与完善起来的，是人类大脑特有的产物。语言作为抽象信号对人类具有条件刺激作用，是人类高级神经活动的特征。语言活动不仅是单纯的信息交流，更是一种具有积极作用的认知功能，作为语言功能单元的词汇本身已是对客观事物的抽象和概括，具有概念性质，它已经是抽象思维和认识事物本质的开端。脑科学与心理学的交叉结合产生了以实验为基础的另一些新兴学科，如神经心理学和神经语言学等。

在人类认知的5个层级中，语言认知处于非常特殊的位置，原因如下。其一，语言区分了人类认知和动物认知。语言的发明是人类进化的关键一步。自从开始使用表意的符号语言和文字，人类的经验就可以形成知识、积淀为文化，人类的进化就不再是动物基因层次的进化，而是语言、知识和文化层次的进化。其二，语言使思维成为可能。人类的语言能力表现在：主要通过隐喻的方法产生和使用抽象概念，并在抽象概念的基础上形成判断、进行推理。应用判断和推理，人类可以进行决策并拥有丰富多彩的思维，包括数学思维、物理学思维、哲学思维、文学思维、历史思维、艺术思维等。

20世纪重要的语言和思维关系的理论假说"沃尔夫假说"表达了语言形成思维的观点，它由两部分构成：一是语言决定论，是指语言决定非语言过程，即学习一种语言会改变一个人的思维方式；二是语言相对论，是指被决定的认知过程因语言不同而不同，因此不同语言的说话人有不同方式的思维。语言和思维形成知识，知识积淀为文化，非人类的动物则只能由每一代和每一个个体重新开始积累经验，其进化只能是基因层次的进化。人类知识绝大部分来源于前人的创造和积累，其进化不仅仅是基因层次的进化，更主要的是知识与文化层次的进化。自人类发明和使用语言文字以来，人类文明可以说是日新月异。而在此之前，人类的进化与其他动物一样，是以千年、万年为单位的。语言的出现和使用极大地拓展了人类认识世界的能力，创造了丰富多彩的文明社会。

8.2 自然语言处理

语言学关注的是计算机和人类（自然）语言之间相互作用的领域。自然语言处理是指用计算机来处理、理解及运用人类语言（如中文、英文等），它属于人工智能的一个分支，该分支是计算机科学与语言学的交叉学科，常被称为计算语言学。由于自然语言是人类区别于其他动物的根本标志，没有语言，人类的思维就无从谈起，所以对机器而言，能够处理自然语言的智能机器才真正体现了人工智能的最高能力与境界，也就是说，只有当机器具备了处理自然语言的能力时，它们才算实现了真正的类人智能。

自然语言处理的目标在于让计算机实现与人类语言有关的各种任务，例如，使人与计算机之间的通信成为可能，改进人与人之间的通信，或者简单地让计算机进行文本或语音的自动处理等，因此，自然语言处理是与人机交互的领域有关的。从研究内容看，自然语言处理包括语法分析、语义分析、篇章理解等；从应用角度看，自然语言处理的应用包罗万象，如机器翻译、手写体与印刷体字符识别、语音识别、信息检索、信息抽取与过滤、文本分类与聚类、舆情分析、观点挖掘等；从技术角度看，自然语言处理涉及数据挖掘、机器学习、知识获取、知识工程、形式逻辑和统计学等领域的技术和方法。

8.2.1 自然语言处理源起

自然语言处理的兴起与机器翻译这一具体任务有密切联系。20世纪50年代，当电子计算机还在"襁褓"中时，利用计算机处理人类语言的想法就已经出现。研究者从对军事密码的破译这一行为中得到启示，认为不同的语言只不过是对"同一语义"的不同编码而已，从而想当然地认为可以采用译码技术像破译密码一样“破译”这些语言。而事实上，理解人类语言远比破译密码要复杂得多，存在很多困难和挑战，因此，最早的自然语言处理方面的研究是机器翻译。

从 21 世纪初开始，自然语言处理一直平稳发展。2012 年，深度学习在语音识别上取得了重大突破，使自然语言处理技术的发展突飞猛进。今天，无论是语音识别，还是机器翻译都取得了丰硕成果，并且可以实现大规模应用。2017 年，强大的机器翻译模型 Transformer 被开发出来，在机器翻译及其他语言理解任务上的表现远远超越过去的算法。2018 年 8 月，该模型的 Universal Transformer 版本发布，该版本不但在大规模语言理解上的通用效果更加优越，而且具有更强的语言推理能力，甚至已经被广泛用于机器视觉及图像分析领域。

一个高级智能系统能够实现的前提是它能理解人的意图，而其实现的一个重要桥梁就是语言。1.1.2 小节中介绍的图灵测试实际上就是要通过对话（也就是语言）来判断那个隐藏在不可见的位置跟你对话的到底是人还是机器。塞尔的“中文屋”虽然是对强人工智能的否定，但也说明了机器要达到人类的智能水平，语言理解是必不可少的功能。

无论是实现自然语言处理，还是自然语言生成，都远没有人们原来想象的那么简单，反而是十分困难的。从现有的理论和技术看，开发通用的、高质量的自然语言处理系统，仍然是人们较长期的努力目标。目前，针对一定应用场景，具有相当自然语言处理能力的实用系统已经出现，有些已商品化甚至开始产业化，典型的有：多语种数据库和专家系统的自然语言接口、各种机器翻译系统、全文信息检索系统、自动文摘系统等。

从微观上讲，自然语言处理是指从自然语言到机器（计算机系统）内部的一种映射。从宏观上讲，自然语言处理是指机器能够执行人类所期望的以下语言功能。

（1）回答有关提问，即计算机正确地回答用自然语言输入的有关问题。

（2）提取材料摘要，即机器能产生输入文本的摘要同词语叙述，机器能用不同的词语和句型来复述输入的自然语言信息。

（3）不同语言的翻译，即机器能把一种语言翻译成另一种语言。

现阶段，人工智能在认知智能上面的做法大多停留在纯文字层面，然而语言只是人类智慧的载体和表现，如果纯粹地在文字层面做认知智能，就会在机器智能及人机交互方面遇到瓶颈。若想在认知智能发展的道路上走得更远，就需要关注语言之下的智慧本质。

8.2.2 自然语言处理应用

自然语言处理是计算机科学、人工智能、语言学关注计算机和人类（自然）语言相互作用的领域。现代自然语言处理算法基于机器学习，特别是统计机器学习。许多种机器学习算法已被应用于自然语言处理任务中。自然语言处理研究逐渐从词汇语义成分的语义理解转移到叙事的理解。自然语言处理研究的内容十分广泛，美国认知心理学家奥尔森（Olson）提出了语言理解的判别标准，具体如下。

（1）能成功地回答语言材料中的有关问题，也就是说，回答问题的能力是理解语言的一个标准。

（2）在给予大量材料之后，有产生摘要的能力。

（3）能够用自己的语言，即用不同的词语来复述材料。

（4）能将一种语言翻译为另一种语言。

如果能达到上述标准，机器就能实现以下功能和应用。

（1）机器翻译，即实现从一种语言到多种语言的自动翻译。

（2）自动摘要，即将原文档的主要内容和含义自动归纳、提炼出来，形成摘要或缩写。

（3）信息检索。信息检索也称情报检索，就是利用计算机系统从海量文档中找到符合用户需要的相关文档。

（4）文本分类，其目的就是利用计算机系统对大量的文本按照一定的分类标准（如根据主题或内容划分等）实现自动分类。

（5）问答系统，即通过计算机系统对用户提出的问题进行理解，然后利用自动推理等手段，在有关的知识资源中自动求解答案，并做出相应的回答。问答技术有时与语音技术和多模态输入输出技术及人机交互技术等相结合，可构成人机对话系统。

（6）信息过滤，即通过计算机系统自动识别和过滤那些满足特定条件的文档信息。

（7）信息抽取，即从文本中抽取出特定的事件或事实信息，有时候又称为事件抽取。例如，从时事新闻报道中抽取出某一灾害事件的基本信息，包括时间、地点、受害人数等；从经济新闻中抽取出某些公司发布的产品信息，包括公司名称、产品名称、开发时间、某些性能指标等。

（8）文本挖掘，即从文本中获取高质量信息。文本挖掘技术一般涉及文本分类、文本聚类、概念或实体抽取、粒度分类、情感分析、自动文摘和实体关系建模等多种技术。

（9）舆情分析。舆情是指在一定的社会空间内，围绕中介性社会事件的发生、发展和变化，民众对社会管理者产生和持有的社会政治态度。舆情分析是一项十分复杂、涉及问题众多的综合性技术，它涉及网络文本挖掘、观点挖掘等各方面的问题。

（10）隐喻计算。"隐喻"就是用乙事物或其某些特征来描述甲事物的一种语言现象。简要地讲，隐喻计算就是研究自然语言语句或篇章中隐喻修辞的理解方法。

（11）文字编辑和自动校对，即对文字拼写、用词甚至语法、文档格式等进行自动检查、校对和编排。

（12）字符识别。通过计算机系统对印刷体或手写体等文字进行自动识别，将其转换成计算机可以处理的电子文本，简称字符识别或文字识别。

（13）语音识别，即对输入计算机的语音信号进行识别并将其转换成书面文字的形式表示出来。

（14）文语转换，即将书面文本自动转化成对应的语音表征，又称为语音合成。

（15）说话人识别、认证、验证，即对一个说话人的言语样本做声学分析，并依此判断（确定或验证）说话人的身份。

（16）自然语言生成，即利用机器通过自然语言处理生成像人类语言一样的自然语言。

事实上，上述功能和应用已在工业中成功地得到了推广，从搜索到在线广告匹配，从自动、辅助翻译到市场营销或金融、交易的情绪分析，从语音识别到聊天机器人、对话代理（自动化客户支持、控制设备、订购商品）等，其应用范围十分广泛。近年来，深度学习方法在语音识别和计算机视觉等领域不断取得突破，在许多不同的自然语言处理任务中表现出了非常高的性能。

8.2.3 自然语言处理技术

一般的自然语言处理技术包括词法分析、句法分析、语义分析、语用分析和语境分析等。

1. 词法分析

词法分析的主要目的是从句子中切分出单词，找出单词的各个词素，并确定其词义。词法分析包括词形和词汇两方面。一般来讲，词形主要表现在对单词的词头、词尾等的分析，而词汇则表现在对整个词汇系统的控制。在中文全文检索系统中，词法分析主要表现在对汉语信息的词语切分上，即汉语自动分词技术。通过这种技术，机器能够比较准确地分析用户输入信息的特征，从而完成准确的搜索过程。汉语自动分词技术是中文全文检索技术的一个重要发展方向。

不同的语言对词法分析有不同的要求，如英语和汉语在词的切分上就有较大的差距。

汉语中的每个字都是一个词素，所以要找出各个词素是相当容易的，但要切分出各个词非常困难。

例如，“我们研究所有东西”，可以是“我们—研究所—有—东西”，也可以是“我们—研究—所有—东西”。

英语等语言的单词之间是用空格自然分开的，很容易切分出单词，因而可以很方便地找出句子的每个单词，不过英语单词有词性、数、时态、派生、变形等变化，因而要找出各个词素就复杂得多，需要对词尾和词头进行分析。例如，uncomfortable 可以是 un-comfort-able，也可以是 uncomfort-able，因为 un、comfort、able 都是词素。

2. 句法分析

句法分析是对用户输入的自然语言进行词汇短语分析，目的是识别句子的句法结构，实现自动句法分析过程。其基本方法有线图分析、短语结构分析、完全句法分析、局部句法分析、依存句法分析等。

句法分析的目的就是找出词、短语等的相互关系及它们各自在句子中的作用等，并以一种层次结构来加以表达。这种层次结构可以是从属关系、直接成分关系，也可以是语法功能关系。句法分析是由专门设计的分析器实现的，其分析过程就是构造句法树的过程，即将每个输入的合法语句转换为一棵句法分析树。

一个句子是由各种不同的句子成分组成的，这些成分可以是单词、词组或从句，也可以是主语、谓语、宾语、宾语补语、定语、状语等。

图 8.1 所示为例句“事实证明张三是正确的”的句法树。

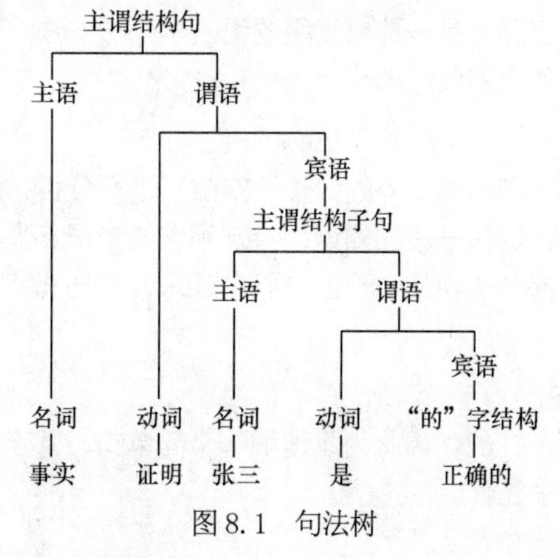

图 8.1 句法树

例句句法结构的表示有以下几种形式。

①（主谓结构句）（主语“事实”）

②（谓语“证明”）

③（宾语（主谓结构子句（（主语“张三”）（谓语“是”）（宾语（“的”字结构（“正确的”）））））。

考虑到一些句法歧义的句子的存在，并且许多词在不同的语境中往往可以充当不同的词类，所以单纯依靠句法分析通常还不能获得正确的句法结构信息。因此有必要借助于某种形式的语义学进行分析。语义学考虑的是词义及由词组成的短语、子句和语句所表达的概念。

示例如下。

他在家。（“在”是动词。）

他在家睡觉。（“在”是介词。）

他在吃饭。（“在”是副词。）

同一个“在”字，在不同的语境中可以分别充当不同的词类，而且含义也不同。这些例子可以说明即使是在句法分析的过程中，为了尽快地获得正确的分析，也往往需要某些语义信息，甚至是外部世界知识的干预。

从语言学和认知学的观念出发，建立一组语言学规则，使机器可以按照这组规则来正确理解它面对的自然语言是很有必要的。基于规则的方法是一种理论化的方法，在理想条件下，规则形成的完备系统能够覆盖所有的语言现象，于是利用基于规则的方法就可以使计算机解释和理解一切语言问题。

自然语言处理系统都会不同程度地涉及句法、语义学和语用学。句法是把词联结成短语、子句和句子的规则，句法分析是上述 3 个领域中迄今为止发展得最好的一个。大多数自然语言处理系统都包含一个句法分析程序，用于生成句法树一类的表示来反映输入语句的句法结构，以备进一步分析。

3. 语义分析

语义分析是基于自然语言语义信息的一种分析方法，其不仅会涉及词法分析和句法分析这种语法水平上的分析，还会涉及单词、词组、句子、段落等所包含的意义分析。其目的是以句子的语义结构表示语言的结构。中文语义分析方法是基于语义网络的一种分析方法。语义网络则是一种结构化的、灵活的、明确的、简洁的表达方式。

语义分析其实就是要识别一句话所表达的实际意义，例如，弄清楚“干什么了”“谁干的”“这个行为的原因和结果是什么”，以及“这个行为发生的时间、地点及行为人所用的工具或方法”等。

4. 语用分析

语用分析相对于语义分析增加了对上下文、语言背景、环境等的分析，需要从文章的结构中提取意象、人际关系等附加信息，是一种更高级的语言学分析方法。它将语句中的内容与现实生活的细节相关联，从而形成动态的表意结构。

5. 语境分析

语境分析主要是指对原查询语篇以外的大量“空隙”进行分析，从而更为正确地解释所要查询语言的技术。这些“空隙”包括一般的知识、特定领域的知识及查询用户的需要等。语境分析将自然语言与客观的物理世界及主观的心理世界联系起来，补充和完善词法分析、语义分析、语用分析的不足。

6. 简单句的理解方法

由于简单句是可以独立存在的，因此为了理解一个简单句，即建立起一个与该简单句相对应的机内表达，需要做以下两项工作。

第一，理解语句中的每一个词。

第二，以这些词为基础组成一个可以表达整个语句意义的结构。

第一项工作看起来很容易，似乎只是查一下字典就可以完成，但实际上由于许多单词有不止一种含义，因此它们在句中的确切含义只由单词本身往往不能确定，还需要通过语法分析和结合上下文等才能确定。

第二项工作也是比较困难的。因为要联合词语来构成表示一个句子意义的结构，需要依赖各种信息源，其中包括所用语言的知识、语句所涉及领域的知识，以及有关该语言使用者应共同遵守的习惯用法的知识等。由于这个解释过程极为复杂，因此常将这项工作分成以下 3 个步骤来进行。

① 句法分析：将单词之间的线性次序变换成一个显示单词如何与其他单词相关联的结构。

② 语义分析：各种意义被赋予由句法分析程序所建立的结构，即在句法结构和任务领域对象之间进行映射变换。

③ 语用分析：为确定真正含义，对表达的结构重新加以解释。

实际上这 3 个步骤是相互关联、相互影响的。尽管在某种程度上，对一个简单句进行分析时把它们分开是有效的，但要把它们绝对分开是不可能的。

最简单的自然语言处理方法也许就是关键字匹配法了，该方法在一些特定场合是有效的。该方法简单归纳起来是这样的：首先在程序中规定匹配和动作两种类型的样本；然后建立一种由匹配样本到动作样本的映射；当输入语句与匹配样本相匹配时，就去执行样本所规定的相应动作。这样从表面上看似乎真正实现了让机器能理解用户问话的目的。

例如，在一个列车运行数据库系统中，规定了以下几个匹配样本。

a．从<处所>到<处所>有<车种>吗?

b．从<处所>到<处所>有<? 数量><车种>?

c．从<处所>到<处所>有<? 车次><车种>?

其中，<…>可与任何具有规定特性的词匹配，如<处所>可以和“北京”“上海”等表示地点的词匹配；<车种>可以和“特快”“直快”等匹配；<? 数量>可与“几趟”等匹配；<? 车次>可与“哪几趟”等匹配。

例如，输入：从北京到上海有特快吗?

该语句刚好与第一个匹配样本相匹配，从而使系统“理解”了问话，并去检索数据库，查看从北京到上海是否有特快，然后给出回答。这种关键字匹配的方法，在类似的数据库咨询系统中作为自然语言接口时显得特别有效，不过它不具有任何意义下的理解。

事实上，自然语言处理技术的发展，已经不再局限于采用从中文分词、词性分析、改写到机器翻译、篇章分析、语义理解、对话系统等传统技术，而是形成了一个以大量需求为导向的、多粒度级的、新技术与传统技术综合应用的研究格局，如下面所介绍的某搜索引擎自然语言处理的两项典型技术。

（1）情感倾向分析技术

情感倾向分析技术能帮助企业理解用户消费习惯、分析热点话题和监控危机舆情，为企业提供有力的决策支持。针对带有主观描述的中文文本，可自动判断该文本的情感极性类别，并给出相应的置信度。情感极性分为积极、消极、中性。传统的情感倾向分析方法有两类：一类是利用情感词典进行规则匹配的方法；另一类是基于情感词典和文本特征建立二分类任务的方法。新的情感倾向分析技术依托于评论大数据、深度学习、语义理解等基础技术，分别建立句子级、实体级、篇章级等不同层次的完整的分析任务，形成一套完整的情感分类技术。情感倾向分析技术对于及时发现网络上某个事件或某个人的观点、态度及情感倾向有重要意义。

（2）评论观点抽取技术

评论观点抽取技术能自动分析评论关注点和评论观点，并输出评论观点标签及评论观点极性。它还支持多类产品用户评论的观点抽取，包括美食、酒店、汽车、景点等，可帮助商家进行产品分析，辅助用户进行消费决策。观点挖掘方面，通过情感搭配知识自动构建技术和观点计算技术，能有效地进行文本数据的观点抽取。例如，根据用户的评论“这家旅店的服务还不错，但是房间比较简陋”，可以把“服务不错、房间简陋”这样的关键观点信息抽取出来。评论观点抽取技术在当前互联网产品中应用十分广泛。评论观点抽取技术将任务从应用需求进行细致分析拆解，通过基于情感搭配的方法、基于语义计算的方法、基于维度预测的方法，以及基于维度预测情感极性分类的方法，解决应用中的各种问题，这是一个技术和应用完美结合的经典案例。

8.3 智能问答系统

随着大数据和深度学习技术的发展，创建一个自动的人机对话系统作为我们的私人助理或聊天伙伴，将不再是一个幻想。当前，对话系统在各领域越来越受到人们的重视，深度学习技术的不断进步极大地推动了问答系统的发展。具体来说，对话系统大致可分为两种：任务导向型对话系统和非任务导向型对话系统（也称为聊天机器人）。

任务导向型对话系统旨在帮助用户完成实际具体的任务，如帮助用户寻找商品、预订酒店与餐厅等。

非任务导向型对话系统旨在与人类进行交互，提供合理的回复和娱乐消遣功能，通常情况下主要集中在开放的领域与人交谈。虽然非任务导向的系统似乎是在与人聊天，但是它在许多实际应用程序中都发挥了作用。有调查数据显示，在网上购物场景中，近 80%的话语是聊天信息，处理这些信息的方式与用户体验密切相关。任务导向型智能问答系统的典型结构包括如下 4 个关键组成部分。

1. 自然语言处理

在智能问答系统中，自然语言处理的目的是将用户的输入映射到预先根据不同场景定义的语义槽中。通常包括领域检测、意图识别和语义槽填充三个任务。领域检测和意图识别属于文本分类任务，其根据当前用户的输入推断出用户的意图和涉及的领域。语义槽填充本质上属于序列标注问题，目的是识别句子中的语义槽和其对应的值。语义槽主要作用是预先定义一个关键字的集合，用来在用户说法中引用，以增强说法的扩展能力。比如“我要去上海”，语义槽就是“地址”，取值为“上海”。语义槽经常与词库一起使用，一个语义槽只能绑定一个词库，而一个词库可以同时对应多个语义槽。

问答系统的自然语言有两种典型的表示类型：一种是话语层次类别，如用户的意图和话语类别；另一种是文字信息提取，如命名实体识别和槽值填充。对话意图检测是为了检测用户的意图，它将话语划分为一个预先定义的意图。

表 8.1 所示为一个对机器输入一段英文“show restaurant at New York tomorrow”的自然语言表示示例，其中，“New York”是指定为语义槽值的位置，并且分别指定了领域和意图。意图为 Find restaurant，领域为 Order（这里是“预定”的意思）。

表 8.1 中，“I-×××”表示该词属于槽×××，但不是槽×××中第一个词；“O”表示该词不属于任何语义槽；“B-×××”表示该词属于槽×××，并且位于槽×××的首位。

表 8.1　自然语言表示示例

<table>
<tr><th>句子</th><th>槽值</th><th>意图</th><th>领域</th></tr>
<tr><td>show</td><td>O</td><td rowspan="6">Find restaurant</td><td rowspan="6">Order</td></tr>
<tr><td>restaurant</td><td>O</td></tr>
<tr><td>at</td><td>O</td></tr>
<tr><td>New</td><td>B-desti</td></tr>
<tr><td>York</td><td>I-desti</td></tr>
<tr><td>tomorrow</td><td>B-date</td></tr>
</table>

2. 对话状态跟踪

对话状态跟踪是确保对话系统正常运行的核心组件。它会在对话的每一轮次对用户的目标进行预估，管理每个回合的输入和对话历史，并输出当前的对话状态。这种典型的状态结构通常称为槽填充或语义框架。基于规则的系统等传统方法已经在大多数商业中得到了广泛应用，通常采用手工规则来选择最有可能的输出结果。然而，这些基于规则的系统容易频繁出现错误，因此结果并不总是理想的。目前，普遍采用深度学习和迁移学习方法实现对话状态跟踪，效果基本能够达到人们能够接受的程度。

3. 对话策略学习

根据状态跟踪器的状态表示，对话策略学习会生成下一个可用的系统操作。无论是监督学习还是强化学习，都可以用来优化对话策略学习。监督学习是针对规则产生的行为进行的，在在线购物场景中，如果对话状态是“推荐”，那么触发“推荐”操作，此时系统将从产品数据库中检索产品。利用强化学习方法可以对对话策略进行进一步的训练，以引导系统制订最终的策略。在实际实验中，强化学习方法的效果超过了基于规则和监督的方法。

4. 自然语言生成

它是指将选择操作进行映射并生成回复。一个好的生成器通常依赖于适当性、流畅性、可读性和变化性等因素。传统的自然语言处理方法通常是执行句子计划，它将输入的语义符号映射到代表语言的中介形式，如树状或模板结构，然后通过表面实现将中间结构转换为最终响应；它利用深度学习长短时记忆网络的编码器—解码器形式，将问题信息、语义槽值和对话行为类型结合起来生成正确的答案；同时它还利用注意力机制来处理解码器当前解码状态的关键信息，并根据不同的行为类型生成不同的回复。

8.4 聊天机器人

聊天机器人是一种通过自然语言模拟人类进行对话的程序，是一种非任务导向型智能交互式问答对话系统。它通常运行在特定的软件平台上，如 PC 平台或移动终端设备平台。

由人工智能的发展历史可知，关于聊天机器人的构想实际上源于图灵测试。最早的聊天机器人程序 Eliza 诞生于 1966 年，由麻省理工学院的约瑟夫·魏泽鲍姆（Joseph Weizenbaum）开发，用于在临床治疗中模仿心理医生。1988 年，加州大学伯克利分校的罗伯特·威林斯基（Robert Wilensky）等人开发了名为 UC（UNIX consultant）的聊天机器人系统。UC 是一款帮助用户学习使用 UNIX 操作系统的聊天机器人。近年来，聊天机器人受到了学术界和工业界的广泛关注。现代聊天机器人系统可以看作“互联网+自然语言处理”的结合。

2022 年 12 月，OpenAI 推出一款基于大规模语言模型的聊天机器人——ChatGPT。ChatGPT 是一种专注于对话生成的语言模型。它能够根据用户的文本输入，产生相应的智能回答。这个回答可以是简短的词语，也可以是长篇大论。其中，GPT 是 generative pre-trained transformer（生成式预训练变换模型）的缩写。通过学习大量现成文本和对话集合（如 Wiki），ChatGPT 能够像人类一样即时对话，流畅地回答各种问题。从回答历史问题，到写故事、编程序，甚至是撰写商业计划书和行业分析，其“几乎”无所不能。

从 2018 年起，OpenAI 就开始发布 GPT，可用于生成文章、代码、机器翻译、问答等各类内容。每一代 GPT 的参数量都呈爆炸式增长。2019 年 2 月发布的 GPT-2 参数量为 15 亿，而 2020 年 5 月发布的 GPT-3 参数量达到 1750 亿。ChatGPT 是基于 GPT-3.5 的架构开发的对话 AI 模型。在 ChatGPT 的系统构建中，起重要作用的技术如图 8.2 所示。正是这些技术的共同作用，才诞生了 ChatGPT。ChatGPT 的模型骨架：基于 Transformer 神经网络架构的自回归语言模型（language model），基于微调（finetuning）的技术，基于 Prompt（提示）的技术，情景学习（in-context learning），从人类反馈中强化学习技术，逐步发展并最终促成了 ChatGPT 的诞生。ChatGPT 也可以与其他人工智能内容生成模型联合使用，获得更加炫酷、实用的功能。这极大地加强了聊天机器人利用自然语言与人类交互的能力，使人类看到了继机器视觉智能技术之后，机器语言智能技术大规模落地的曙光。

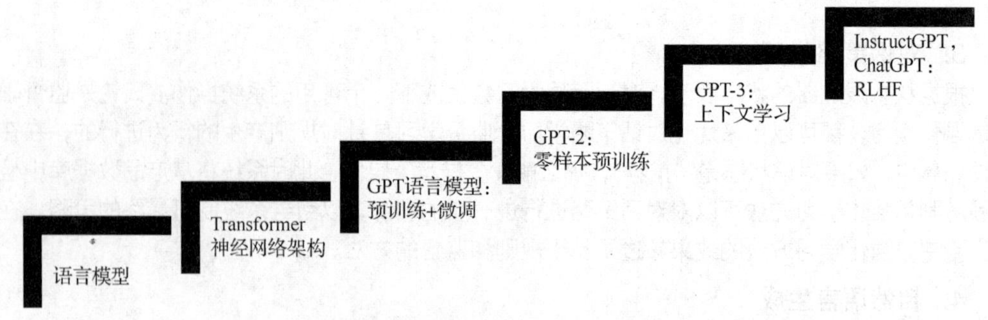

图 8.2　ChatGPT 的主要技术

8.4.1　聊天机器人类型

1. 按功能分类

聊天机器人按功能分类，可分为问答型聊天机器人、任务型聊天机器人和闲聊型聊天机器人。不同功能的聊天机器人的实现技术也不尽相同，例如，在实现问答型聊天机器人时，需要提取问句中的焦点词汇，以此到三元组或知识图谱中检索，为了提高检索的精度，通常还需要对问句和关系进行分类操作；对于闲聊型聊天机器人，则可以直接将问句作为序列标注问题处理，将高质量的数据输入深度学习模型中进行训练，最终得到目标模型。

2. 按模式分类

聊天机器人按模式分类，可分为基于检索模式的机器人和生成式模式机器人。

基于检索模式的机器人使用预定义响应的数据库和某种启发式推理来根据输入及上下文选择适当的响应，也就是构建常见的问题项目与对应问题的解答，存储成"问题—答案"对，之后用检索的方式从"问题—答案"对中返回句子的答案。这些系统不会产生任何新的文本，只是会从固定的"问题—答案"对中选择一个响应。这些系统虽然使用手工打造的存储库，基于检索模式的方法不会产生语法错误，但无法应对没有预定义响应的场景，也不能引用上下文实体信息。

生成式模式机器人的实现要更难一些，因为它不依赖于预定义的响应，完全从零开始生成新的响应。生成式模式机器人通常基于机器翻译技术，但该技术不是用于将一种语言翻译为另一种语言，而是完成从输入到输出（响应）的"翻译"。生成式模式的好处是可以引用输入中的实体，因此会让使用这种聊天机器人的人们感觉是在与人交谈。但这些模型很难训练，而且很可能会有语法错误（特别是在较长的句子上），并且通常需要大量的训练数据。

3. 按领域分类

聊天机器人按领域分类，可分为开放领域聊天机器人和封闭领域聊天机器人。从系统功能上讲，自动问答分为开放域自动问答和限定域自动问答。开放域是指不限定问题领域，用户可以随意提问，系统会根据提问从海量数据中寻找答案；限定域是指系统事先声明只能回答某一个领域的问题，无法回答其他领域的问题。

相对来说，开放领域的聊天机器人更难实现，因为用户不一定有明确的目标或意图。一些大型社交媒体网站上的对话通常是开放领域的，它们可以针对任何方向的任何话题。无数的话题和生成合理的反应所需要的知识规模，使开放领域的聊天机器人的实现相当困难。同时由于需要开放域的知识库作为其知识储备，加大了信息检索的难度。封闭领域的聊天机器人比较容易实现，因为可能的输入和输出的空间是有限的，系统仅需实现一个非常特定的目标。技术支持或购物助理之类的聊天机器人都是封闭领域聊天机器人的实例。这些系统只需要尽可能有效地完成具体任务，不需要解答除了任务以外的其他问题。

4. 按应用场景分类

聊天机器人按应用场景分类，可以分为在线客服、娱乐、教育、个人助理聊天机器人。

在线客服聊天机器人系统的主要功能是与用户进行基本沟通，并自动回复用户有关产品或服务的问题，以实现降低企业客服运营成本、提升用户体验的目的。其应用场景通常为网站首页和手机终端。

娱乐场景下的聊天机器人系统的主要功能是与用户进行开放主题的对话，从而实现对用户进行精神陪伴、情感慰藉和心理疏导等目的。其应用场景通常为社交媒体、儿童玩具等，代表性的系统如微软“小冰”、腾讯“小微”等，“小冰”和“小微”除了能够与用户进行开放主题的聊天外，还能提供特定主题的服务，如天气预报和生活常识讲解等。

应用于教育场景下的聊天机器人系统，其教育的内容包括：构建交互式的语言使用环境，帮助用户学习某种语言；在用户学习某项专业技能时，指导用户逐步深入地学习并掌握该项技能；在用户的特定年龄阶段，帮助用户进行某种知识的辅助学习等。其应用场景通常为具备人机交互功能的学习、培训类软件及智能玩具等。

个人助理类应用是指用户主要通过语音或文字与聊天机器人系统进行交互，以实现个人事务的查询及代办功能，如天气查询、空气质量查询、定位、短信收发、日程提醒、智能搜索等，从而更便捷地进行日常事务处理。其应用场景通常为移动终端设备。

8.4.2 聊天机器人与自然语言处理

通常来说，聊天机器人系统中的自然语言处理功能包括用户意图识别、用户情感识别、指代消解、省略恢复、回复确认及拒识判断等技术。

1. 用户意图识别

用户意图包括显式意图和隐式意图。显式意图通常对应一个明确的需求，如用户输入“我想预定一个标准间”，明确表示想要预订房间的意图；而隐式意图则较难判断，如用户输入“我的手机用了3年了”，有可能表示其想要换一个手机，也有可能表示其手机性能和质量良好。

2. 用户情感识别

用户情感同样也包含显式和隐式两种类型。如用户输入“我今天非常高兴”，明确表示（显式）喜悦的情感；而用户输入“今天考试刚刚及格”，则没有明确表示（隐式）是怎样的情感。

3. 指代消解和省略恢复

在对话过程中，人们由于具备聊天主题背景一致性的前提，因此通常使用代词来指代上文中的某个实体或事件，或者干脆省略一部分句子成分。但对聊天机器人系统来说，它只有明确了代词指代的成分及句子中省略的成分，才能正确理解用户的输入，给出合乎上下文语义的回复。基于此，需要进行指代的消解和省略的恢复。

4. 回复确认

用户意图有时会带有一定的模糊性，这时就需要系统具有主动询问的功能，进而对模糊的意图进行确认，即回复确认。

5. 拒识判断

聊天机器人系统应当具备一定的拒识判断能力，即能够主动拒绝识别超出自身回复范围或者涉及敏感话题的用户输入。

当然，词法分析、句法分析及语义分析等基本的自然语言处理技术对于聊天机器人系统中的自然语言处理功能的实现也起到了至关重要的作用。

8.5 语音识别

语音识别技术可以将人类语音中的词汇内容转换为计算机可读的输入，如按键、二进制编码或者字符序列。它与说话人识别、说话人确认不同，后者尝试识别或确认发出语音的说话人而非其中所包含的词汇内容。语音识别技术所涉及的领域包括信号处理、模式识别、概率论和信息论、发声机理和听觉机理等。

目前，语音识别系统的分类主要有孤立和连续语音识别系统，特定人和非特定人语音识别系统，大词汇量和小词汇量语音识别系统，以及嵌入式和服务器模式语音识别系统。

自然语言只是在句尾或者文字需要加标点的部分有间断，其他部分都是连续的发音。以前的语音识别系统主要是以单字或单词为单位的孤立的语音识别系统。近年来，连续语音识别系统已经渐渐成为主流。根据声学模型建立的方式，特定人语音识别系统在前期需要大量的用户发音数据来训练模型。非特定人语音识别系统则在系统构建成功后，不需要事先进行大量语音数据训练就可以使用。在语音识别技术的发展过程中，词汇量是不断积累的，随着词汇量的增大，对系统的稳定性要求也越来越高，系统的成本也越来越高。例如，一个识别电话号码的系统只需要听懂10个数字就可以了，一个订票系统就需要能识别各个地名，而识别一篇报道稿就需要一个拥有大量词汇的语音识别系统。

8.5.1 语音识别系统

目前，主流的语音识别技术是基于统计的模式识别。一个完整的语音识别系统主要可以分为语音特征提取、声学模型与模式匹配，以及语音模型与语义理解3部分。

1. 语音特征提取

在语音识别系统中，模拟的语音信号在完成模数转换后会变成能被计算机识别的数字信号。但是时域上的语音信号难以直接被识别，这就需要从语音信号中提取语音特征，这样做的好处：一方面，可以获得语音的本质特征；另一方面，可以起到压缩数据的作用。输入的模拟语音信号首先要进行预处理，如滤波、采样、量化等。

2. 声学模型与模式匹配

声学模型对应于语音音节频率的计算，在识别时将输入的语音特征与声学特征同时进行匹配和比较，以追求最好的识别效果。隐马尔可夫模型（hidden Markov model，HMM）是目前使用较广泛的建模技术。

马尔可夫模型是一个离散时域有限状态自动机。隐马尔可夫模型是指这一马尔可夫模型的内部状态对外界而言是看不到的，外界只能看到各个时刻的输出值。对于语音识别系统，输出值一般是指从各个帧计算得到的声学特征。语音识别中使用隐马尔可夫模型通常是从左向右（单向）来对识别基元进行建模的，一个音素就是3～5个状态的隐马尔可夫模型，一个词由多个音素的隐马尔可夫模型串联形成，连续的语音识别的整体模型就是词和静音组合起来的隐马尔可夫模型。

3. 语音模型与语义理解

计算机会对识别结果进行语法、语义分析，理解语言的意义并做出相应的响应，该工作通常是通过语音模型来实现的。语言模型会计算音节到字的概率，主要分为规则模型和统计模型。语音模型的性能通常通过交叉熵和复杂度来表示，交叉熵表示用该模型对文本进行识别的难度，或者从压缩的角度来看，每个词平均要用几个位来编码；复杂度是指用该模型表示这个文本平均的分支数，其倒数可以看成每个词的平均概率。

8.5.2 语音识别过程

语音识别其实是模式识别匹配的过程，就像人们听语音时，并不会把语音和语言的语法结构、语义结构分离开。因为当语音发音模糊时，人们可以用这些知识来指导对语言的理解过程。而对机器来说，语音识别系统也要利用这方面的知识，只是在有效地描述人类的语法和语义时还存在一些困难。一般而言，语音识别系统有以下 3 种。

（1）小词汇量的语音识别系统：通常包括几十个词的语音识别系统。

（2）中等词汇量的语音识别系统：通常包括几百至上千个词的语音识别系统。

（3）大词汇量的语音识别系统：通常包括几千至几万个词的语音识别系统。

这些不同的词汇规模也体现了语音识别系统的实现难度。

语音识别系统一般可以分为前端处理和后端处理两部分，如图 8.3 所示。前端包括语音信号的输入、预处理、特征提取。后端是对数据库的搜索过程，分为训练和识别。训练是对所建模型进行评估、匹配、优化，之后获得模型参数。识别是指一个专用的搜索数据库在获得前端数值后，对声学模型、语音模型、字典进行相似性度量匹配。声学模型通过训练来识别特定用户的语音模型和发音环境特征；语音模型涉及中文信息处理的问题，在处理过程中要给语料库单词的规则化建一个概率模型；字典则列出了大量的单词和发音规则。

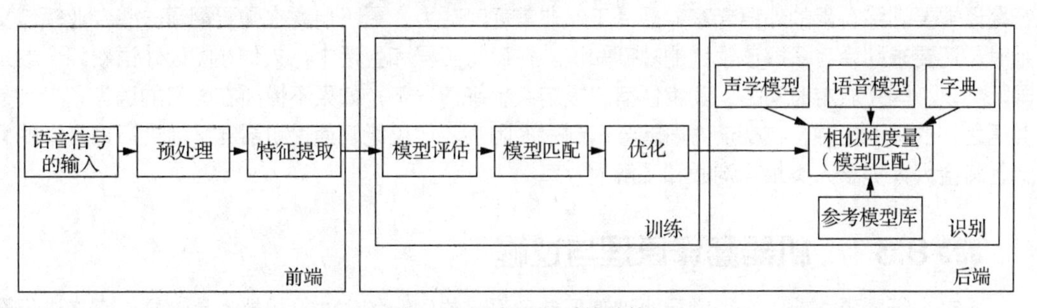

图 8.3　语音识别系统结构

语音识别的具体过程：计算机先根据人的语音特点建立语音模型，对输入的语音信号进行分析，并抽取所需要的特征，在此基础上建立语音识别所需要的模板；在识别过程中，计算机根据语音识别的整体模型，将计算机中已经存在的语音模板与输入的语音信号的特征进行比较，并根据一定的搜索和匹配策略找出一系列最优的、与输入语音匹配的模板，通过查表和判决算法给出识别结果。显然识别结果的准确率与语音特征的选择、语音模型和语音模板的好坏及准确度有关。

语音识别系统的性能受多个因素影响，如不同的说话人、不同的语言及同一种语言不同的发音和说话方式等。提高系统的稳定性就是要提高系统克服这些因素的能力，使系统能够适应不同的环境。

声学模型是识别系统的底层模型，并且是语音识别系统中最关键的一部分。声学模型的目的是提供一种有效的方法来计算语音的特征矢量序列和各发音模板之间的距离。声学模型的设计与语言发音特点密切相关。声学模型单元大小（字发音模型、半音节模型或音素模型）对语音训练数据量大小、系统识别率及灵活性有较大的影响。实际声学模型的设计必须根据不同语言的特点与识别系统词汇量的大小来决定单元的大小。

语言模型对中等、大词汇量的语音识别系统特别重要。当分类发生错误时，可以根据语言学模型、语法结构、语义学进行判断并纠正，特别是一些同音字，必须通过上下文结构才能确定它们的词义。语言学理论包括语义结构、语法规则、语言的数学描述模型等。目前比较成功的语言模型通常是采用统计语法的语言模型与基于规则语法结构命令的语言模型。语法结构可以限定不同词之间的相互连接关系，减少系统的搜索空间，有利于提高系统的识别率。

在实际应用中，语音识别可以通过嵌入式和服务器两种硬件系统形式来实现。嵌入式语音识别系统将语音识别系统安装在终端设备，如手机等，识别过程在终端设备中进行。如果是服务器模式语音识别系统，则需要靠服务器来收集并传导语音信号，识别过程在服务器中进行。因此，对于大规模、多用户和有大量识别需求的系统，服务器模式可以提供有效的解决方案。另外，服务器模式对用户知识需求少，系统整体的更新升级维护更加方便。

8.6 机器翻译

假如能够实现不同语言之间的机器翻译，人们就可以理解世界上任何人说的话，并与他们进行交流和沟通，再也不必为相互不能理解而困扰。经过多年的发展，在机器翻译领域中出现了很多研究方法，包括直接翻译方法、句法转换方法、中间语言方法、基于规则的方法、基于语料库的方法、基于实例的方法（含模板与翻译记忆方法）、基于统计的方法、基于深度学习的方法等。其中，基于深度学习的机器翻译方法在近几年取得了巨大进步，超越了以往的任何方法。

机器翻译就是让机器模拟人的翻译过程，利用计算机自动地将一种自然语言翻译为另一种自然语言。世界上有几千种语言，而仅联合国的工作语言就有6种之多。在专业翻译领域，人工进行翻译需要训练有素的外语专家，翻译工作非常耗时耗力，更不用说在需要翻译一些专业领域文献时，还要求翻译者了解该领域的基础知识。在日常工程和生活中，人们在阅读外语新闻、参加国际会议、国外旅游时问路、宾馆住宿、饭店点餐等情况下，如果不懂所在国家的语言，尤其是英语之外的其他语种，在交流方面就会遇到很多困难。如果能够通过机器准确地进行语言间的翻译，将会大大提高人类相互沟通和了解的效率。

8.6.1 机器翻译原理与过程

人在进行翻译之前，必须掌握两种甚至更多语言的词汇和语法。机器也是这样，它在进行翻译之前，在存储器中已存储了语言学工作者编好的并由数学工作者加工过的机器词典和机器语法。人进行翻译时所经历的过程，机器也同样需要经历：先查词典得到词的意义和一些基本的语法特征（如词类等），如果查到的词不止一个意义，就根据上下文选取所需要的意义；在弄清词的意义和基本语法特征之后，就要进一步明确各个词之间的关系；此后，根据翻译要求组成译文（包括改变词序、翻译原文词的一些形态特征及修辞等）。

一般，机器翻译的过程包括以下4个阶段，即原文输入、原文分析（查词典和语法分析）、译文综合（调整词序与修辞及从译文词典中取词）和译文输出。下面以英汉机器翻译为例，简要地说明机器翻译的整个过程。

1. 原文输入

由于计算机只能接收二进制数字，因此字母和符号必须按照一定的编码法转换成二进制代码。例如，输入“What are computers”，对应的二进制代码如图8.4所示。

What	110110	100111	100000	110011	
are	100000	110001	110100		
computers	100010	101110	101100	101111	110100
	110011	100100	110001	110010	

图8.4 输入单词的二进制代码

2. 原文分析

原文分析包括两个阶段，即查词典和语法分析。

（1）查词典

通过查词典，找出词或词组的译文代码和语法信息，为以后的语法分析与译文输出提供条件。机器翻译中的词典按其任务的不同可分成以下几种。

① 综合词典：它是机器所能翻译的文献的词汇大全，一般包括原文词及其语法特征（如词类）、语义特征和译文代码，以及对其中某些词进一步加工的指示信息（如同形词特征、多义词特征等）。

② 成语词典：为了提高翻译速度和质量，可以把成语词典放到综合词典的前面。

③ 同形词典：专门用来区分英语中有语法同形现象的词。

④（分离）结构词典：某些词在语言中与其他词可构成一种可嵌套的固定格式，我们将这类词定为分离结构词。根据这种固定搭配关系，可以简便而又切实地找出一些词（尤其是介词）的词义和语法特征，从而减轻语法分析部分的负担。例如，effect of…on。

⑤ 多义词典：语言中一词多义的现象很普遍，为了解决多义词问题，我们必须把源语的各个词划分为一定的类属组。

通过查词典，原文句中的词在语法类别上便可成为单功能的词，在词义上成为单义词（某些介词和连词除外），从而给下一阶段语法分析创造有利条件。

（2）语法分析

经过词典加工之后，就进入对输入句的语法分析阶段。语法分析的任务是进一步明确某些词的形态特征，切分句，找出词与词之间在句法上的联系，同时得出英汉语的中介成分，为下一步译文综合做好充分准备。

通过英汉语对比研究发现，翻译英语句子时除了要翻译其中各个词，还需要完成调整词序和翻译一些形态成分的工作。为了调整词序，首先必须弄清楚需要调整什么，即找出要调整的对象。根据分析，英语句子一般可以分为动词词组、名词词组、介词词组、形容词词组、分词词组、不定式词组、副词词组等。正是这些词组承担各种句法功能，如谓语、主语、宾语、定语、状语等，除谓语外，其余的都可以作为调整的对象。

把这些词组正确地分析出来，是语法分析部分的一个主要任务。上述几种词组中需要专门处理的，实际上只有动词词组和名词词组，分词词组和不定式词组可以说是动词词组的一部分，可以与动词同时加工。动词前有 to，而又不属于动词词组的，一般为不定式词组；以 ed 结尾的词若不属于动词词组，又未被用作形容词，则属于分词词组；以 ing 结尾的词比较复杂，其若不属于动词词组，则可能属于某种动名词，若既不属于动词词组，又不是动名词，则属于分词词组；形容词词组确定起来很方便，因为可以构成形容词词组的形容词在词典中已得到“后置形容词”特征，只要这类形容词出现在“名词+后置形容词+介词+名词”这样的结构中，形容词词组便可确定；介词词组更为简单，只要介词同其后的名词词组连接起来即可构成介词词组。比较麻烦的是名词词组的构成，因为要解决由连词 and 和逗号引起的一系列问题。

3. 译文综合

译文综合比较简单，事实上它的一部分工作（如该调整哪些成分和调整到什么地方）在上一步已经完成，这一步的第一个任务主要是把应该移位的成分调动一下。如何调动，即采取什么加工方法，这是一个不平常的问题。

根据层次结构原则，下述方法被认为是一种合理的加工方法：首先加工间接成分，从后向前依次取词加工，也就是从句子的最外层向内层加工；其次加工直接成分，依据成分取词加工；如果遇到复句，则还要分情况进行加工，对于一般复句，在调整各分句内部的各种成分之后，将各

分句都作为一个相对独立的语段处理，采用从句末（即句点）向前依次选取语段的方法加工；对于包孕式复句，采用先加工插入句，再加工主句的方法。因为若不提前加工插入句，则主句中跟它有联系的那个成分一旦移位，它就会失去自己的联系词，从而导致整体发生混乱。

译文综合的第二个任务是修辞加工，即根据修辞的要求增补或删掉一些词。例如，可以根据英语不定冠词、数词与某类名词搭配增补汉语量词“个”“种”“本”“条”“根”等；若有 even（甚至）这样的词出现，则谓语前可加上“也”字；若主语中有 every（每个）、each（每个）、all（所有）、everybody（每个人）等词出现，则谓语前可加上“都”字。

译文综合的第三个任务是查汉语词典，根据译文代码（实际是汉语词典中汉语词的顺序号）找出汉字的代码。

4. 译文输出

译文输出是通过一种语言输出装置将该语言的代码转换成文字，并输出译文。目前，世界上已有 10 多个面向应用的机器翻译规则系统，其中一些是机助翻译系统，有的甚至只是让机器帮助查词典，也能使翻译效率提高约 50%。这些系统都还存在一些问题，有的系统需要人在其中参与的过程太多，有“译前加工”“译后加工”“译间加工”，它们离真正的实际应用还有一段距离。

8.6.2 通用翻译模型

2016 年 9 月，基于网页和移动终端的人工神经网络机器翻译系统开发成功，结束了传统的基于短语的机器翻译模式。以中译英为例，神经网络将中文字词编码成一个向量列表，而其中每个向量都代表到目前为止所有被读到的词的含义。一旦读取到一个完整的句子，解码器就会开始工作，一次生成英语句子的一个词。为了在每一步都生成翻译正确的词，解码器重点关注英文单词最相关编码的中文向量的权值分布。与 IBM 基于短语的机器翻译相比，基于神经网络的机器翻译将错误率减少了约 60%。

8.2.1 小节中介绍的 Transformer 模型，是一种完全基于注意力机制的编解码器模型。Transformer 抛弃了之前其他模型引入注意力机制后仍然保留的循环与卷积结构，在任务表现、并行能力和易于训练性方面都有大幅提高。Transformer 已经成为机器翻译和其他许多文本理解任务中的重要基准模型。在 Transformer 出现之前，基于神经网络的机器翻译模型多数都采用了循环神经网络的模型架构，它们依靠循环功能（每一步的输出都要作为下一步的输入）进行有序的序列操作（句子中的单词按照顺序一个接一个地被翻译）。虽然循环神经网络架构有较强的序列建模能力，但它们有序操作的天然属性也意味着它们训练起来很慢，越长的句子就需要越多的计算步骤，循环的架构也很难训练好。在新模型中，研究人员对标准的 Transformer 模型进行了拓展，让它具有了通用计算能力。研究人员使用了一种新型的、注重效率的时间并行循环结构，并在更多任务中取得了较好的结果。更高级的 Universal Transformer 的训练和评估代码已开源在了 Tensor2Tensor 网站。目前，该模型已经从自然语言处理应用拓展到了视觉、视频分析等方向。

8.7 关键知识梳理

语言智能是人类认知智能的重要内容。本章主要介绍了语言智能的含义及语言与认知的关系。机器实现语言智能所依赖的主要是自然语言处理技术。在自然语言处理技术的基础上，人们发展出了智能问答系统、聊天机器人、语音识别、机器翻译等多种具体的机器语言智能应用。本章内容表明了语言智能对于机器实现类人智能或者与人类交互的作用和价值。现阶段机器的语言智能还远未达到如同人一样与人之间自然交流的程度，在语义理解、上下文场景理解等方面还有很多缺陷，因此，机器与人或者机器与机器之间实现自然语言交流还有很大的发展空间。

8.8 问题与实践

（1）语言与智能有什么关系？语言智能对人工智能有什么作用？

（2）什么是自然语言处理？它包括哪些方面的技术？

（3）自然语言处理有哪些应用？

（4）自然语言处理的句法分析的基本方法是什么？中英文句法分析有何区别？

（5）聊天机器人的原理是什么？它有哪些类型和应用？

（6）在微信或 QQ 中加载“小冰”聊天机器人或其他聊天机器人，进行 30min 的聊天测试，指出这些聊天机器人的优势与缺陷。与期望的类人机器智能相比，它们还需要在哪些方面进行改进？

（7）语音识别的原理是什么？请通过网络了解社会上的智能音箱产品，并分析其语音识别的基本过程和方法。

（8）机器翻译的原理是什么？机器翻译的主要系统和方法有哪些？

（9）通用翻译机主要的模型特点是什么？为什么它可以实现通用翻译？

09 机器人

本章学习目标：

（1）掌握一般机器人的基本组成和智能机器人系统的基本结构；

（2）了解具有代表性的工业机器人，理解机器人进化与人工智能发展的关系；

（3）掌握移动机器人的典型结构和主要类型；

（4）了解移动机器人、无人机、水下机器人、太空机器人等多种类型机器人；

（5）熟悉人形机器人、仿生机器人、软体机器人、微型机器人、群体机器人和认知发展机器人的形态和功能。

9.0 学习导言

“机器人形象”和“机器人”一词，最早出现在科幻作品中。1886年，法国作家利尔·亚当在他的小说《未来的夏娃》中将外表像人的机器起名为“安德罗丁”（Android），它由以下4部分组成。

（1）生命系统（平衡、步行、发声、身体摆动、感觉、表情、调节运动等）。

（2）造型介质（关节能自由运动的金属覆盖体，一种盔甲）。

（3）肌肉（在上述盔甲上有肉体、静脉、性别等各种身体形态）。

（4）人造皮肤（含有肤色、机理、轮廓、头发、视觉、牙齿、手爪等）。

1920年，捷克作家卡雷尔·恰佩克（Karel Capek）编写了一部名为“罗素姆万能机器人”的剧本。在该剧本中，恰佩克把捷克语奴隶“RoBotA”写成了“RoBot”。剧本中讲述了一个叫罗素姆的公司将机器人作为人类生产的工业品推向市场，让它充当劳动力代替人类劳动的故事。

我国古代有一个偃师造人的故事（出自《列子·汤问》的第十三篇），内容如下。

偃师谒见王，王荐之，曰：“若与偕来者何人邪？”对曰：“臣之所造能倡者。”穆王惊视之，趋步、俯仰，信人也。巧夫！顉其颐，则歌合律；捧其手，则舞应节。千变万化，惟意所适。王以为实人也，与盛姬、内御并观之。技将终，倡者瞬其目而招王之左右侍妾。王大怒，立欲诛偃师。偃师大慑，立剖散倡者以示王，皆傅会革、木、胶、漆、白、黑、丹、青之所为。王谛料之，内则肝、胆、心、肺、脾、肾、肠、胃，外则筋骨、支节、皮毛、齿发，皆假物也，而无不毕具者。合会复如初见。

这个故事生动地说明，古人很早就设想过创造出无论是行动还是表情都像人一样的高仿真机器人。

现实中的机器人与科幻电影中的机器人是完全不同的，它们只是帮助人类完成某些特定任务的工具。本章介绍工业机器人、空中无人机、水下机器人、人形机器人、机器动物和软体机器人等多种类型的机器人。这些不同类型的机器人大致的分类角度有应用场景的角度，如工业、服务业场景、太空、陆地、微观环境等不同空间场景；还有行为仿生的角度，如各种仿照人形和动物设计的机器人或机器动物（包括软体机器动物）等。

9.1 机器人与行为智能

9.1.1 行为主义载体——机器人

如果说人工智能的符号学派模拟智能软件，联结学派模拟大脑硬件，那么可以说行为学派模拟身体，而且是简单的、看起来没有任何智能的身体。在人工智能领域，很早就有人提出过自下而上地涌现智能的方案，只不过它们从来没有引起大家的注意。控制论思想早在20世纪四五十年代就成为时代思潮的重要部分，影响了早期的人工智能工作者。控制论把神经系统的工作原理与信息理论、控制理论、逻辑及计算机联系起来，早期的研究工作重点是模拟人在控制过程中的智能行为和作用，如对自寻优、自适应、自组织和自学习等控制论系统的研究，并进行“控制论动物”的研制。到了20世纪六七十年代，控制论系统的研究取得了一定的进展，出现了控制方式与数控机床大致相似、可进行点位和轨迹控制、由外形类似人的手和臂组成的工业机器人，在20世纪80年代诞生了智能控制和智能机器人系统。

行为主义开创者布鲁克斯的实验室制造了各种机器昆虫。这些机器昆虫没有复杂的大脑，也不会按照传统的方式进行复杂的知识表示和推理。它们不需要大脑的干预，仅凭四肢和关节的协调就能很好地适应环境。它们表面上的智能事实上并不是来源于自上而下的复杂设计，而是来源于自下而上地与环境的互动。它们被看作新一代的“控制论动物”，基于“感知—动作”模式模拟昆虫行为的控制系统。

工业机器人、机器昆虫等机器出现以后都被称为“机器人”。那么，当人们提及机器人时，其到底指的是什么？人们将机器昆虫这类机器称为“机器人”显然是一种将机器拟人化的说法。机器人问世至今已有几十年的历史，人们对其定义与智能、人工智能一样，没有形成一个统一的观点，一个原因是机器人还在不断地发展，新的机型和功能还在不断涌现。另一个原因是机器人和人工智能都涉及人的概念，这使它成了一个难以回答的哲学问题。就像“机器人”一词最早诞生于科幻作品中一样，人们对机器人充满幻想。也许正是由于机器人定义的模糊，才给人们充分的想象和创造空间。

国际标准化组织给出的机器人的定义：一种可编程和多功能的，用来搬运材料、零件、工具的操作机，或是为了执行不同的任务而具有可改变和可编程动作的专门系统。这个定义中有4个关键概念对发展型机器人学的研究具有重要意义，分别是机器、复杂的动作、自动、能够通过计算机编程实现。第一个概念“机器”非常重要，它包含目前被认为是机器人的各种各样的设备平台。当然，我们也可以认为机器人就是类似于人的机器，或者就是模仿人或动物的各种肢体动作、思维方式和控制决策能力的机器。实际上，目前世界范围内使用的绝大多数机器人都是在工厂中进行重复性工作的工业（生产和装配）机器人，它们都没有类似于人的样貌。这些工业机器人有多关节的机械手臂，主要用来完成工业生产中的精密工作，如在汽车生产工厂中进行金属模块的焊接、在食品包装厂中进行物体的移动和升降。

人工智能诞生以后，机器人已经成为测试、实验和实现人工智能的重要载体和手段，人类除了利用计算机实现人工智能，还可以通过设计、创造机器人来实现具有环境交互、动作响应和执行功能的智能机器。人工智能的机器视觉、语音识别、图像识别、自然语言处理等不仅是人工智能需要研究的重点，同时也是使智能机器人得以实现所必须攻克的科技难点。同时，触觉、嗅觉、味觉等视觉以外的感知能力在机器智能上的模拟和实现主要以机器人为载体。

机器人还更多地承载了人类实现具有类人智能的强人工智能的梦想。有很多机器人技术并不以人类为对象，而是以各种各样的动物甚至植物为模拟对象或设计灵感来源，发展各种机器动物。因此，机器人技术具有非常多元化的内容，小到纳米机器人，大到巨型“阿凡达”机器人，并不局限于人类的形象。现代机器人已经从早期的科学幻想中的人形机器人发展成了空中、水下、水面、陆地、太空等各种场景下、各种形态的机器人，成为实现增强扩展人类体能、活动空间的重要手段。机器人也是人工智能行为主义的典型技术，是实现机器行为智能的主要手段和方式，尤其以各种机器动物为代表。

9.1.2 机器人的基本组成

根据智能程度的差异，机器人可以分为一般机器人和智能机器人。一般机器人通常是指不具有智能、只具有一般编程能力和操作功能的机器人。不同类型的机器人的机械、电气和控制结构也不相同。通常情况下，一般的机器人系统包括机械系统、驱动系统、控制系统、感知系统、机器人-环境交互系统、人机交互系统等组成部分。

1. 机械系统

工业机器人的机械系统是由关节连在一起的许多机械连杆的集合体，形成开环运动学链，使用齿轮、带、链条等机械传动机构间接传动。连杆类似于人类的小臂、大臂等。关节通常分为移动关节和转动关节。移动关节允许连杆直线移动，转动关节仅允许连杆之间发生旋转运动。由“关节-连杆”结构所构成的机械结构一般有 3 个主要部件，即手、腕、臂。它们可在规定的范围内运动。出于仿生学拟人化的考虑，人们常将机器人本体的有关部位分别称为基座、腰部、臂部、腕部、手部（夹持器或末端执行器）和行走部（对移动机器人而言）等。

为了确定机器人能够表现的动作维度，人们引入了自由度的概念。例如，人的肩膀有 3 个自由度，其可以通过球关节结构使上臂在水平维度、竖直维度和旋转维度运动。每个给定的关节可以有多个自由度。移动机器人的机械系统主要是指机械本体结构，通常是带轮子或足的运动底盘或机械连接结构部分。

2. 驱动系统

驱动系统是使各种机械部件产生运动的装置，它能够按照控制系统发出的指令信号，借助动力元件使机器人进行一系列动作。它的输入值是电信号，输出值是线位移量或角位移量。常规的驱动系统有气动传动、液压传动和电动传动 3 种类型。

3. 控制系统

控制系统是工业机器人的神经中枢，它由计算机硬件、软件和一些专用电路构成。控制系统的任务是根据机器人的作业指令程序及从传感器反馈回来的信号支配机器人的执行机构去完成规定的运动。机器人若不具备信息反馈特征，则为开环控制系统；若具备信息反馈特征，则为闭环控制系统。根据控制原理，控制系统又可分为程序控制系统、适应性控制系统和人工控制系统。根据作业任务要求的不同，机器人的控制方式可分为点位控制、连续轨迹控制和力（力矩）控制等。

控制系统下达的控制指令，是基于控制对象（机械臂各部分）在多维空间的运动学和动力学方程进行轨迹规划，并采用运动控制核心算法的形式写成计算机程序来执行的。一般机器人的控制系统根据控制方式可分为两种：一种是集中式控制，即机器人的全部控制交由一台计算机完成；另一种是分散（级）式控制，即采用多台计算机来分担机器人不同部分的控制任务。

4. 感知系统

感知系统由一个或多个传感器组成，可获取内部和外部环境中的有用信息，并通过这些信息确定机械部件各部分的运行轨迹、速度、位置和外部环境状态，使机械部件的各部分按预定程序或者工作需要进行动作，精确地保证机器人末端操作器所要求的位置、姿态和运动。传感器的使用提高了机器人的机动性、适应性和智能化水平。

机器人传感器的主要类型如表 9.1 所示。前 5 种类型是外感受传感器，它们的功能主要是测量外部环境的信号（光、声音、距离和位置）。后两种类型是本体感受传感器，它们的功能主要是测量机器人的内部构成和状态信息（电动机的力矩、加速度和倾斜角度）。

表 9.1 机器人传感器的主要类型

类型	设备	作用与缺陷
视觉（光）传感器	光敏电阻	感知光的强度
	一维摄像机	感知水平方向的信息
	二维黑白或彩色摄像机	感知完整的视觉信息
声传感器	话筒	感知完整的听觉信息
远距和邻近传感器	超声波传感器（声呐、雷达）	超声波反馈需要反馈的时间，在不光滑的表面上反射具有局限性
	红外线传感器	使用红外光波中的反射光极子，通过调制红外线来减少干扰
	摄像机	用双目视差或视觉透视来测距
	激光传感器	激光反馈需要一定的时间
	霍尔效应传感器	铁磁性材料
接触（触觉）传感器	碰触开关	二进制的开/关
	模拟触摸传感器	在传动轴上结合弹簧根据压缩类改变电阻
位置（定位）传感器	GPS	全球定位系统，可精确到 1.5m
	SLAM（光、声呐、视觉）	同步定位与建图
力（力矩）传感器	轴编码器	感知电动机转轴的旋转圈数
	二次轴编码器	感知电动机转轴的旋转方向
	电位器	在电动机内部感知电动机转轴的位置
倾斜和加速度传感器	陀螺仪	感知倾斜度和加速度
	加速度器	感知加速度

5. 机器人—环境交互系统

机器人—环境交互系统是实现机器人与外部环境设备相互联系和协调的系统。机器人可与外部设备集成为一个功能单元，如加工制造单元、焊接单元，也可以由多台机器人或设备集成为一个复杂任务的功能单元。

6. 人机交互系统

人机交互系统是使操作人员参与机器人控制并与机器人进行连续互动的装置。归纳起来，人机交互系统可分为两大类：指令给定装置和信息显示装置。示教系统是一种特殊的工业机器人与人的交互接口，在示教过程中它会控制机器人的全部动作，并会将其全部运动信息记录下来，送入控制器的存储器中，然后通过示教编程存储起来。

9.1.3 智能机器人

到目前为止，在世界范围内还没有一个统一的智能机器人定义。大多数专家认为智能机器人至少要具备3个要素：一是感觉要素，用来认识周围环境的状态；二是运动要素，用来对外界做出反应性动作；三是思考要素，用来根据感觉要素所得到的信息思考出需要采用的动作。智能机器人的思考要素是3个要素中的关键，包括判断、逻辑分析、理解等方面的智力活动。这些智力活动实质上是信息处理过程，而计算机则是完成这个处理过程的主要工具。由于不同智能机器人工作任务和智能程度的不同，机器人系统结构的复杂程度可能有很大的差别。目前，很难对智能机器人系统提出一个通用的结构。

图 9.1 所示的智能机器人系统由基于知识的智能决策子系统和环境感知与识别处理子系统两部分组成的，能够实现语言处理、目标理解、推理决策、外界环境识别、运动控制等基本功能，在某种程度上可以实现智能机器人大部分的行为智能。基于知识的智能决策子系统涉及智能数据库和推理机制；环境感知与识别处理子系统则与各种传感器信号的接收、测量与处理有关。这两个子系统所涉及的有关研究领域包括人机交互、自然语言处理、任务规划、自动程序设计、智能知识库、自动推理、各种传感信息的测量与处理、任务建模和运动控制等，这些已远远超出一般控制器的研究范畴。

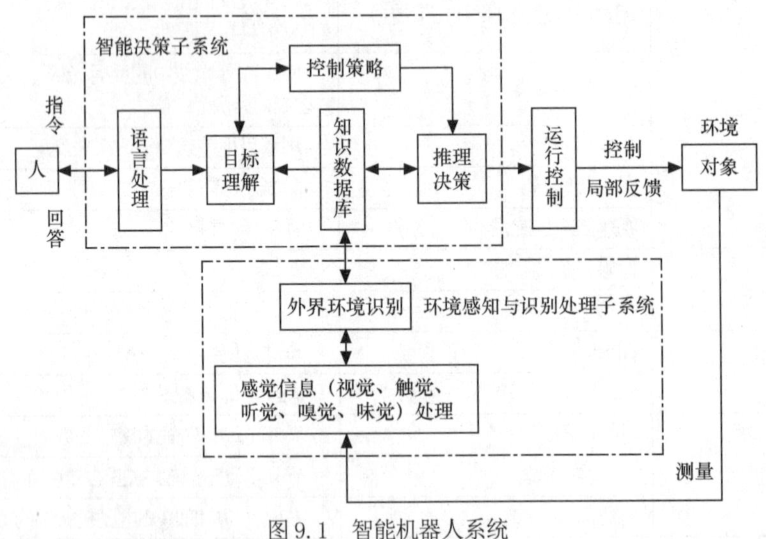

图 9.1　智能机器人系统

人工智能在机器人技术中的重要应用是感知智能，机器人可以通过集成上述各种传感器来感知环境。人工智能中的感知智能很大程度上是依靠机器人来体现和实现的。从感知向认知的跨越一度是区分第二代机器人与第三代机器人的鸿沟，而认知机器人定义中的核心是学习行为。作为机器学习和机器人学的交叉领域，机器人的学习将允许机器人通过学习算法获取新技能或适应环境。通过学习，机器人可能展示的技能包括运动技能、交互技能及语言技能等，而这种学习既可以通过自主探索实现，也可以通过人类老师的指导来实现。

随着人工智能的快速发展，机器人学习也是日新月异，目前，基于强化学习技术的机器人学习技术取得了很大进展，这使机器人的学习能力突飞猛进（相关内容详见第 5 章机器学习中的 5.9 节强化学习）。

9.2　工业机器人

1959 年，英格伯格和德沃尔联手制造出世界上第一台用于汽车生产线上的工业机器人。1962 年，世界上第一家机器人制造工厂——Unimation 公司推出了最早的实用机型 Unimate 机器人。

20 世纪 70 年代，随着计算机技术、现代控制技术、传感技术、人工智能技术的发展，机器人也得到了迅速发展。1974 年，多关节机器人研制成功；1979 年，PUMA 机器人研制成功。PUMA 是一种多关节、全电动机驱动、多 CPU 二级控制的机器人，采用 VAL 专用语言，可配备视觉、触觉、力觉传感器，在当时是技术最先进的工业机器人，标志着工业机器人技术完全成熟。现在的工业机器人在结构上大体都以 PUMA 为基础。

1976 年 3 月，我国第一台自行设计的微机控制示教再现型工业机器人 JSS35（也称通用机械手，见图 9.2）在广州机床研究所开始投料加工，1983 年通过技术鉴定。

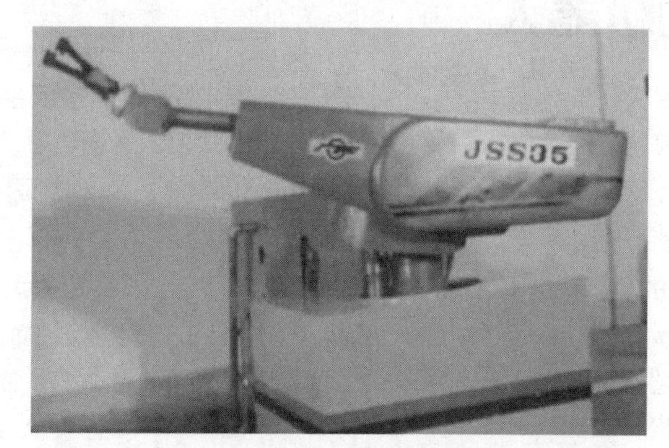

图 9.2　我国第一台微机控制示教再现型工业机器人

工业机器人的发展过程可以分为以下 3 个阶段。

1. 第一代工业机器人

20 世纪五六十年代发展的机器人属于“示教再现”型机器人，又称为“可编程的工业机器人”，即为了让工业机器人完成某项作业，首先由操作者将完成该作业所需要的各种知识（如运动轨迹、作业条件、作业顺序和作业时间等），通过直接或间接手段对工业机器人进行“示教”，工业机器人在一定的精度范围内，忠实地重复“再现”各种被示教的知识。这个阶段的工业机器人只具有记忆与存储能力，可按相应程序重复作业，对周围环境基本没有感知与反馈控制能力。

2. 第二代工业机器人

20 世纪七八十年代，美国斯坦福大学成功研发机器人 Shakey。它带有视觉传感器，能根据人的指令发现并抓取积木，不过控制它的计算机有一个房间那么大。Shakey 算是世界上第一台智能机器人。进入 20 世纪 80 年代，随着传感技术，包括视觉传感器、非视觉（如力觉、触觉、听觉等）传感器以及信息处理技术的发展，出现了有感觉的机器人。通过传感器，工业机器人可以获得机器人作业环境和作业对象的部分相关信息，并可将得到的触觉、力觉和视觉等信息经过计算机处理后，用于控制机器人完成相应的操作。

3. 第三代工业机器人

20 世纪 90 年代至今，智能机器人的研究一直在继续。第三代机器人不仅具有比第二代机器人更加完善的环境感知能力，还具有逻辑思维、判断和决策能力，可根据作业要求与环境信息自主地进行工作。从整个市场情况来看，第一代、第二代工业机器人是共存的，第三代工业机器人更多还处于概念阶段。

目前，机器人在工业上的应用最为广泛（占 70%～80%），其中应用最广泛的是机械臂。一般机械臂的自由度不超过 6 个，有的工厂为了降低制造成本，在满足一般生产动作要求的情况下，会适当地减少一两个自由度以使效率最大化。

迄今为止，世界上对工业机器人的研究、开发及应用已经有 60 余年的历程。中国的工业机器

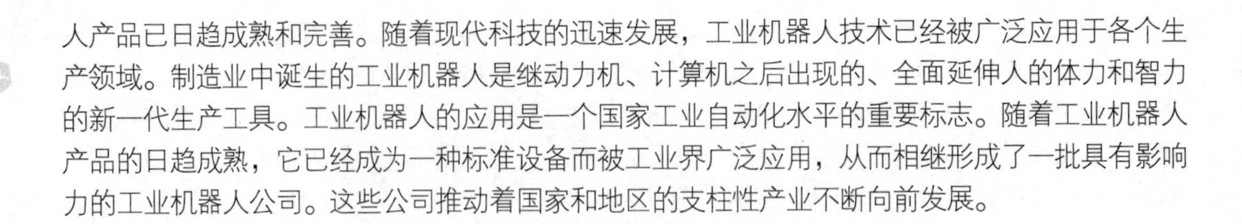

人产品已日趋成熟和完善。随着现代科技的迅速发展，工业机器人技术已经被广泛应用于各个生产领域。制造业中诞生的工业机器人是继动力机、计算机之后出现的、全面延伸人的体力和智力的新一代生产工具。工业机器人的应用是一个国家工业自动化水平的重要标志。随着工业机器人产品的日趋成熟，它已经成为一种标准设备而被工业界广泛应用，从而相继形成了一批具有影响力的工业机器人公司。这些公司推动着国家和地区的支柱性产业不断向前发展。

9.3 移动机器人

移动机器人是机器人研究领域中的一个重要分支，是多学科相互交叉的研究领域。随着硬件计算性能、控制算法等的不断发展，以及图像识别、机器学习、深度学习、自然语言处理等人工智能技术在机器人领域的深入应用，移动机器人成了人工智能技术应用的热点之一。人类希望移动机器人能够更加智能，以在更多的领域为人类服务。

1. 移动机器人的类型

1969 年，斯坦福大学成功研发的机器人 Shakey（见图 9.3）可以算是世界上第一台智能机器人，它的出现标志着智能机器人逐渐走入人类社会。1997 年，“索杰纳”号火星车成为人类向外太空发射的首例移动机器人。

图 9.3　Shakey 机器人

2002 年，丹麦 iRobot 公司推出了吸尘器机器人 Roomba。该机器人通过自身装备的声波传感器探测室内障碍物的位置，实现对环境的建模，从而完成导航任务。相比国外，我国对移动机器人的研究较晚，经过几十年坚持不懈的努力创新，渐渐追上甚至在某些关键领域已经赶超西方发达国家。清华大学、哈尔滨工业大学、国防科技大学等相继开始了移动机器人的研究，研发了 THMR-V 等具有多种用途的移动机器人。

在各种机器人类型中，可以在地面运动的移动机器人占据很大一部分。移动机器人按其移动方式的不同，可以分为轮式移动机器人、履带式移动机器人、足式移动机器人和混合移动机器人等。

轮式移动机器人机身机构简单，移动时与地面的摩擦小，移动效率高，其控制相对来说也较为简单。轮式移动机器人在崎岖路面移动时效率会大幅下降，这限制了其使用范围。履带式移动机器人与地面有比较大的接触面积，其相比于轮式移动机器人有更强的稳定性，但也正是因为与地面接触面大，产生的阻力也大，导致其耗能增加，移动效率低下。足式移动机器人的支撑存在冗余，即机器人不会因一条腿的损坏而受到巨大的影响，它可以在其余足的配合下继续顺利地前进。此外，足式移动机器人与地面接触面积小，能耗低，能获得更好的地形适应能力，具有更好的稳定性；但是其机身结构复杂，导致其运动控制也较为复杂。图 9.4 所示为典型的轮式和履带式移动机器人。

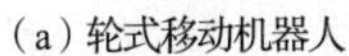

（a）轮式移动机器人

（b）履带式移动机器人

图 9.4　轮式和履带式移动机器人

移动机器人为了能够适应复杂环境和地形，需要：能够上下阶梯和越过崎岖地形的复式行走机构；能使机器人爬墙、穿过和越过壕沟的机构；同时具有轮式移动和足式移动优点的机构。各种轮式移动机器人的性能比较如表 9.2 所示，不同轮式移动机器人具有不同的优缺点。目前，还没有能够适应所有复杂环境和地形并可以自主运动的移动机器人，因此，各种移动机器人都有其适用的特定场景和范围。

表 9.2　轮式移动机器人性能比较

机器人	单轮	自行车	两轮	三轮/四轮	复合式
越障能力	一般	较差	一般	一般	优良
承载能力	较差	一般	一般	优良	一般
生存能力	优良	一般	优良	一般	优良
易于控制	优良	较差	一般	优良	一般
结构简单	优良	优良	优良	一般	较差
复杂地形	优良	一般	一般	一般	优良
调速能力	优良	一般	一般	优良	一般

2. 同步定位与地图构建

感知是机器人与人、机器人与环境、机器人之间进行交互的基础。机器人通常需要借助各种传感器来实现类似人类感觉的感知，如视觉、触觉、听觉、动感等。智能移动机器人的目标是在没有人为干预且无须对环境做任何规定和改变的条件下，有目的地移动和完成相应的任务。机器人想要自动地抵达目标位置完成某些任务，前提是先要获取周围的环境地图，有了环境地图后机器人就可以对自身位置和目标位置进行定位，通过传感器避开环境中的障碍物，自动移动到目标位置。利用人工智能技术可以增强智能机器人系统对复杂问题的处理能力，能够使智能机器人更准确地识别目标，更好地躲避障碍和危险，提高智能移动机器人目标定位和路径规划的能力。此外，无论是处于室内还是处于室外，或者处于封闭、半封闭及开放式环境中，移动机器人除了需要具备一定的感知能力以外，地图构建和定位也是其必不可少的能力。同步定位与地图构建（simultaneous localization and mapping，SLAM）技术通过机器人的内部传感器来测量环境并构建地图。典型的移动服务机器人 SLAM 导航系统如图 9.5 所示。

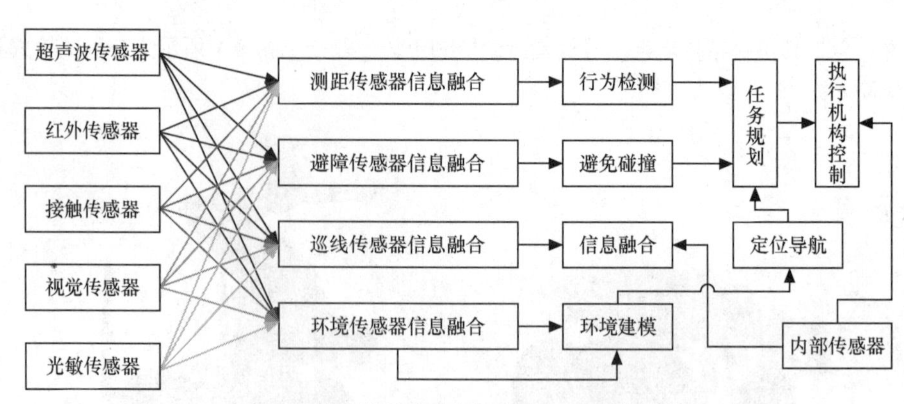

图 9.5　典型的移动服务机器人 SLAM 导航系统

在图 9.5 中，移动服务机器人 SLAM 导航系统需要利用多种传感器获取足够的信息用于地图定位和构建，最终实现自动导航功能以提升其自主移动能力。用于 SLAM 导航系统的传感器数据可以通过光学传感器（一维或二维激光测距仪）、超声波传感器（二维或三维声呐传感器）、视觉摄像机传感器和机器人车轮行程传感器等进行收集。通常情况下，使用最多的是这些传感器的组合，如利用辅以摄像机的声呐信号检测地标。为了解决定位和地图构建的问题，SLAM 导航系统需要使用多种信号处理和信息融合技术。

目前，环境地图的构建还没有适合于所有环境的统一方法。为此，人们设计了不同方法去获得环境地图，以使其能够适用于不同的场合，图 9.6（a）所示的栅格地图和图 9.6（b）所示的八叉树地图。对于移动机器人导航与控制，一个好的 SLAM 算法及系统是非常关键的。移动机器人 SLAM 导航系统能帮助智能机器人对周围物体进行探测、识别和追踪，以做到对日常小型物体近乎完美地区分，最终使机器人能够观察人类并理解人类行动，达到机器人能够与人类友好共存的目的。2020 年出现了很多代替医护人员执行病毒消杀任务的移动机器人，它们大都利用了 SLAM 技术，有效降低了医护人员的感染风险。

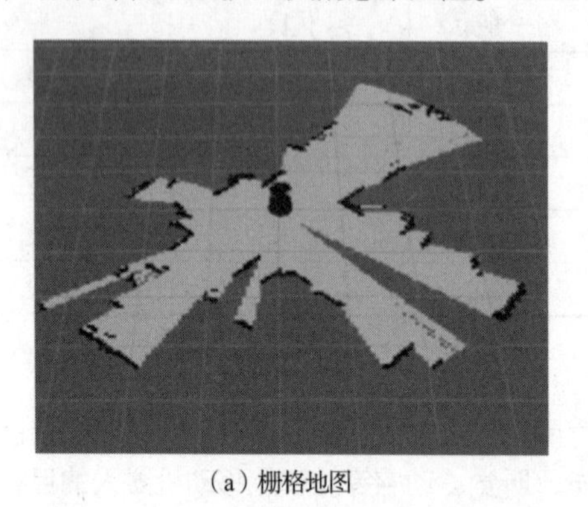
（a）栅格地图

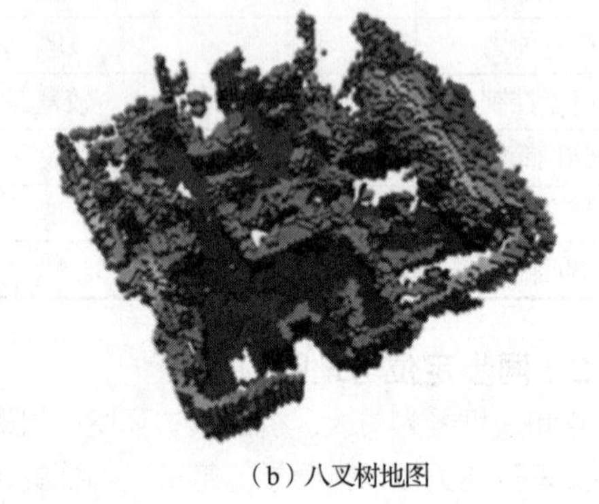
（b）八叉树地图

图 9.6　环境地图构建方法

9.4　无人飞行器

1. 无人飞行器的定义与类型

一般，无人飞行器被称为“无人机”，是“无人驾驶航空器”（unmanned aerial vehicle，UAV）的简称。无人机是一种机上无人驾驶、自动程序控制飞行和无线电遥控引导飞行、具有执行一定任务的能力、可重复使用的飞行器。它与其他类型的机器人类似，也可以通过人机协作或者一定的自主方式完成任务，因此，它是一种可以通过遥控或自主飞行完成一定任务的飞行机器人。

随着军事和民用需求的不断扩大，以及技术的飞速进步，无人机的种类越来越多。典型的就是图 9.7 所示的旋翼无人机，另外还有花样繁多的仿生类无人机。图 9.8 所示为一种固定翼无人机。随着材料、控制及人工智能等相关技术的飞速发展，无人机技术日趋成熟，这使无人机自主飞行控制成为可能。

图 9.7　旋翼无人机

图 9.8　固定翼无人机

当前，由于不同无人机系统的性能、尺寸、质量、操作特性存在差异，因此还没有形成被广泛接受的分类标准。无人机系统可根据飞行平台构型、用途、尺度、任务高度、活动半径等来进行分类，如图 9.9 所示。

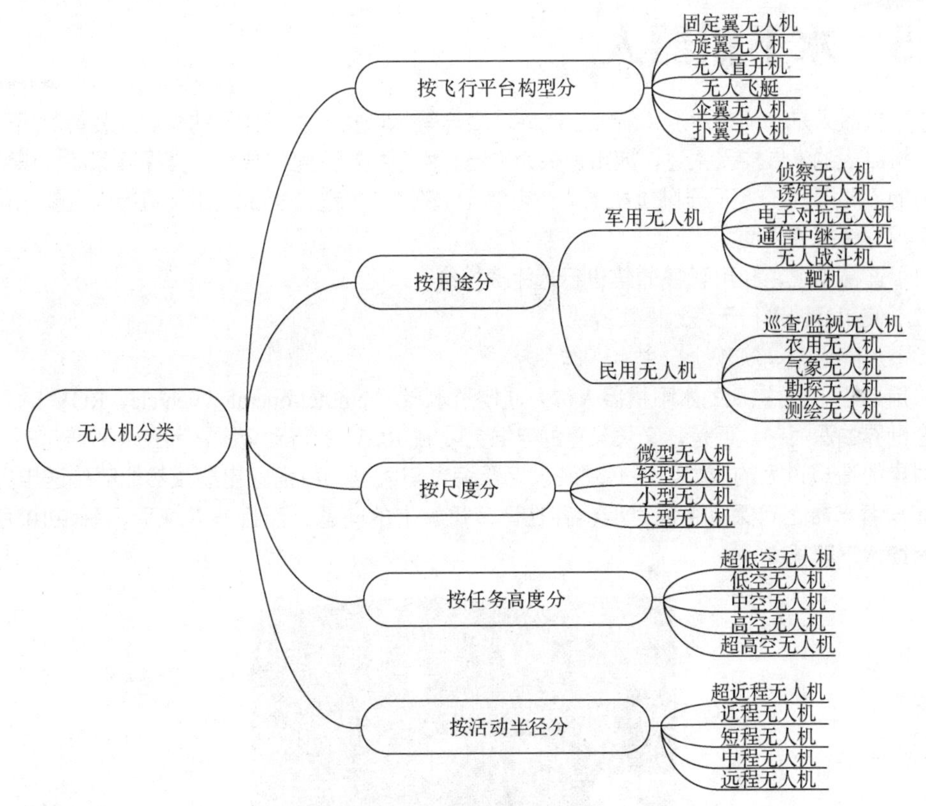

图 9.9　无人机分类

在无人机领域，除了小型无人机外，民用和军用无人机都有非常完整的系统，而不仅仅是简单的遥控器+无人机模式。一般来说，无人机系统由无人机平台、任务载荷、数据链、指挥控制、发射与回收、保障与维修等分系统组成。

2. 智能无人机

人工智能技术的应用使无人机与其他机器人一样，向着智能化方向飞速发展。图像识别、机器视觉、深度学习、强化学习等方法成为提升无人机智能的重要技术，它们对无人机发展的影响主要体现在以下 3 方面，即单机智能飞行、任务自主智能、多机智能协同。

（1）单机智能飞行

单机智能飞行涉及环境感知与规避技术，包含传感器探测、通信和感知，以及信息融合与共享、环境自适应、路径规划等技术，涉及的很多问题都需要利用人工智能技术来解决。另外，智能飞控技术要解决开放性、自主性和自学习等问题。

（2）任务自主智能

无人机的任务自主智能和无人驾驶汽车的自主智能是异曲同工的，目的都是实现自主驾驶。例如，目前的无人机在执行任务时，还需要依靠技术人员通过屏幕远程操作，才能识别、跟踪和判断目标，未来无人机如果能够自行识别、判断甚至打击目标，则其在军事应用方面将更具价值。

（3）多机智能协同

在多机智能协同执行任务的过程中，多个无人机之间需要相互通信、保持距离、编队或保持一定的队形，甚至有时候还需要根据任务变化自行协同变更策略与飞行路径等。因此，其在路径规划等技术方面和单机的都是不一样的。多机智能协同更多地借鉴鸽子、大雁等鸟类，以及蜜蜂等昆虫的生物群体智能来实现一些群体协同功能。

9.5 水下机器人

水下机器人是专门在河流、湖泊、水库、海洋等水域执行水下作业的机器人装备。用于海洋的水下机器人的发展广受关注，应用也极为广泛。水下机器人可以代替人类探索深海，堪称是未知深海的“开拓者”。不同于陆上机器人，电波无法在海中传送，因此，水下机器人主要采用以下方法实现深海探索活动。

（1）连接电缆，利用有线通信进行远距离操纵。

（2）使用音波进行无线远距离操纵。

（3）放弃通信，实现全自主水下作业。

采用方法（1）实现的水下机器人称为遥控潜水器（remotel-operated vehicle，ROV），目前活跃于全世界的深海中。但是，又长又重的电缆会限制 ROV 的行动范围，而且为了避免船只在摇晃时对电缆造成过大的拉力，还必须装设专用装置与大型的绞盘。电缆虽然能够传送电力，让操作者与潜水器之间保持通信，但也存在许多机械上的问题，而且非常棘手。图 9.10 所示是一种有缆水下机器人。

图 9.10　有缆水下机器人

采用方法（2）和方法（3）实现的水下机器人是没有电缆的机器人，被称为无人无缆潜水器（unmanned untethered vehicle，UUV）。由于水中的音速约为1500m/s，加上衰减，使用的音波的频率在100kHz左右，因此，在海水中，依靠音波传输数据的速率很低，在6000m的深度还会产生来回总计8s的时间差。在这样的情况下，无法进行准确、实时的远距离操纵。所以方法（2）便将远距离操纵控制在必要的最小限度内，让水下机器人自主完成大多数行动。而深海海底经常会出现通信不良的情况，因此，水下机器人自主完成所有行动就显得更加重要。方法（3）中的机器人也称为自治式潜水器（autonomous under water vehicle，AUV）。大海环境复杂多变，所要进行的作业也五花八门，因此产生了各种各样的AUV。目前，AUV的类型可大致分为以下3种。

① 像金枪鱼一样在中层海域长距离行驶的航行式AUV。

② 像鲷鱼一样在海底处徘徊、观测狭缝的盘旋式AUV。

③ 利用浮力差实现升降，利用机翼流体力水平移动的滑翔机式AUV。

在庞大的海域中，航行式AUV不易受到海浪影响，可稳定航行，便于观测海底的声响与海水。与船舶比起来，航行式AUV与海底的距离更近，因此可运用的范围十分广泛。盘旋式AUV的功能是接近对象物体，在离对象物体最近的位置，进行海底观测等作业。盘旋式AUV有望活跃于热泉烟囱林立的海底地形中，进行海洋结构物水下部分的调查等活动，在不久的将来，或许也可以实现完全自主采集海底生物或测量结构物的板压。滑翔机式AUV可以从垂直面观测距离海面某个深度的海水，通过改变浮力实现升降，并利用作用于机翼上的流体力来实现水平移动。这种设计可以节省能源，实现长时间航行。由于海水与全球的气候变化有很大关系，因此滑翔机式AUV的数据观测结果深受人们的重视。

9.6 太空机器人

太空机器人主要是指用于行星探测和在地球轨道上工作的各种太空飞船，它们能够将收集和应用到的科学数据发回地球，是专门用于执行太空作业的太空智能机器人，也包括在飞船内部执行任务或在外行星表面工作的移动机器人或仿人机器人。实际上，太空是一个非常典型的机器人应用场景。由于自身生理的局限性，人类根本无法通过传统的装备长时间在太空工作或者到遥远的外星执行任务，设计和采用各种无人智能探测器和机器人装备就成了太空探测的重要甚至是唯一的手段。图9.11所示为分别在火星和月球表面执行探测任务的移动机器人，图9.11（a）所示为中国“祝融号”火星车，图9.11（b）所示为中国“玉兔二号”月球车。

（a）“祝融号”火星车

（b）“玉兔二号”月球车

图9.11　外星探测移动机器人

在1976年的美国火星计划中，“海盗号”宇宙飞船在火星上着陆，并把两台机器人操作机送上了火星表面。在一台计算机的控制下，操作机对火星表面进行了为期一年多的探测，并进行了大量的科学实验。2003年，美国发射“勇气号”火星探测器。2018年，美国发射“洞察号”火星探测器。在2019年刚开始的第一周，我国“嫦娥四号”成功着陆月球表面，这也是人类探测器首次实现在月球背面软着陆。2020年7月，我国成功发射“天问一号”环绕火星探测器和“祝融号”火星着陆探测机器人。

太空机器人根据适用场所及使用目的不同，外形与组成结构大相径庭，大致可分为以下3类。

1. 轨道机器人

最早投入使用的轨道机器人是加拿大制造的航天飞机遥控机械手系统（shuttle remote manipulator system，SRMS），其全长约15m，是航天飞机上装配的机械手臂。我国“天宫空间站”的机械臂长约10m，不仅可以拖动重达20t的飞船舱段，还可以拖动物体到指定位置，辅助空间站的建设，如图9.12所示。

图9.12　我国“天宫空间站”的机械臂

除了建造工作，轨道机器人的运作与保养也是不可或缺的。拆除缆线、机器设备，再重新安装新设备、接上缆线等都是相当复杂的工程。因此，人类必须开发出媲美宇航员作业能力的载人太空任务辅助机器人。此外，建造与保养太阳能发电卫星这种巨型太空设施成本极高，利用太空机器人进行组装、运作与保养势在必行。不管是在外层空间还是在地球上，若要让机器人执行机器设备的检查、更换、维修等工作，就必须开发出足以与人类的灵巧性相媲美的机器人。这类机器人可以称为“轨道精密作业机器人”，是轨道机器人与载人太空任务辅助机器人的高级模型。

2. 外星勘测机器人

目前，已实际用于勘测月球、火星的是一种可以在行星表面移动并进行勘探的机器人，称为“探测车”。迄今为止，在月球和火星上正常运作的外星勘测机器人如表9.3所示。

表9.3　能正常运作的外星勘测机器人

名称	目的	国家	发射时间
月球步行者	月球探测	苏联	1970年、1973年
“阿波罗15号”月球车	月球探测	美国	1971—1972年

续表

名称	目的	国家	发射时间
“索杰纳号”火星漫游车	火星探测	美国	1997 年
“勇气号”火星探测器	火星探测	美国	2004 年
“机遇号”火星探测器	火星探测	美国	2004 年
“毅力号”火星探测器	火星探测	美国	2020 年
“嫦娥四号”月球探测器	月球探测	中国	2019 年
“祝融号”火星探测器	火星探测	中国	2021 年

在月球、火星等的探测任务中，悬崖、陨石坑内、永久阴暗区等人类无法进入的极地场所，都需要利用机器人进行勘测。为实现此目标，机器人必须具备识别、导航、远距离操控、自主操控等功能。更进一步，利用机器人还能在月球表面建设无人基地、天文台等设施，或是打造大型太阳能电池塔，以供应在月球工作所需的电力，建设可阻隔放射线的居住设施等。

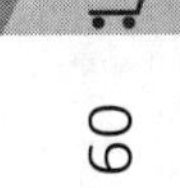

在未来的载人月球表面探测任务中，用来运送人员与物资的月球车，以及辅助勘测与建设工作的作业机器人将大有可为。未来的载人火星探测计划，辅助航天员的机器人也将出现在众人的视野中。机器人还将被派遣到金星、木星、其他卫星、小行星等月球与火星之外的太阳系天体进行勘测活动。一个和人类并存并辅助人类执行任务的机器人，必须具备能和人类进行无障碍沟通的界面及能够确保人类安全的系统，而不只是一个单纯执行作业的机器人。对设备、制动器、能源、软件、通信等各种不同领域的基础技术进行改良，使其符合太空规格，这将是人们未来面临的巨大挑战。

2004 年，我国正式实施月球探测工程，并以中国神话人物“嫦娥”对该工程进行命名。2007 年，“嫦娥一号”探月卫星的成功发射标志着我国的探月工程迈出了坚实而有力的第一步。截至 2020 年 12 月，我国先后发射了 5 枚月球探测器，对月球环境进行了充分的探测，取得了众多成果，成为继美俄后世界上第三个具有将探测器发往月球表面技术的国家。2020 年 11 月 24 日 4 时 30 分，我国在文昌航天发射场，用长征五号遥五运载火箭成功发射探月工程嫦娥五号探测器，火箭飞行约 2200s 后，顺利将探测器送入预定轨道，开启我国首次地外天体采样返回之旅。2020 年 12 月 1 日，嫦娥五号探测器成功在月球正面预选着陆区着陆。2020 年 12 月 17 日，嫦娥五号返回器携带月球样品，采用半弹道跳跃方式返回地球，在内蒙古四子王旗预定区域安全着陆。这标志着我国对月球的探测技术已处于世界领先水平。随着我国大力发展航天科技，月球探测技术必将在该领域起到决定性的作用，为全人类做出突出贡献。

3. 仿人太空机器人

宇航员有时必须冒着生命危险执行某些任务，这时就需要有能够代替或辅助宇航员执行这类任务的机器人，即“载人太空活动辅助机器人”。此类机器人的概念和前述轨道机器人、月球勘测机器人不同，尚处于研究阶段。关于它的功能及形式，研究人员及技术人员的想法也存在分歧。

图 9.13（a）所示是一种名为 Robonaut 2 的仿人太空机器人，它已于 2010 年被发送到国际空间站，协助宇航员在国际空间站完成零星工作和维修任务。Robonaut 2 的外形如同仅装备上半身的航天员，结构上十分接近人类，拥有类人的躯干、头部和臂部，两条手臂的末端连接着人手一般的机器人手掌，而头部则装有视觉装置。

图 9.13（b）所示是人形机器人“费奥多尔”，它已于 2019 年随“联盟 MS-14”号无人驾驶宇宙飞船前往国际空间站。费奥多尔可以在模拟器上模拟宇航员太空行走、模仿人类操控员的动作、在宇航员的控制下执行任务等。

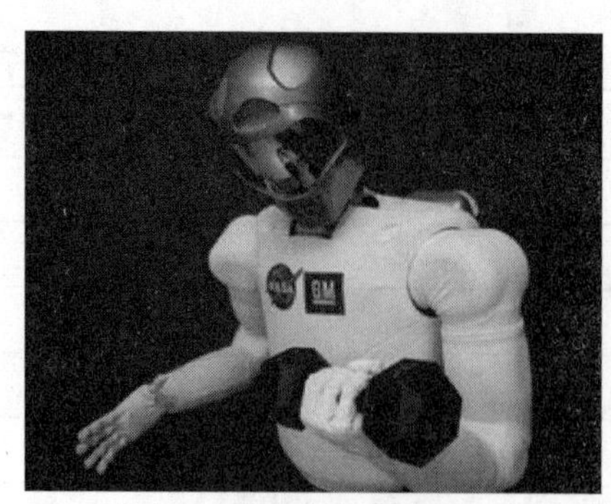

（a）Robonaut 2 仿人太空机器人

（b）费奥多尔人形机器人

图 9.13　人形太空机器人

9.7　人形机器人

顾名思义，人形机器人是以人类形体为原型设计的机器人，也就是一种双足行走机器人。人形机器人是一个机电复合体，其关键在于行走机构的控制。这是因为，人形机器人的最大特点就是和人类一样用双足行走，双足行走方式虽然是最高效的行走方式，但同时也是最复杂的行走方式。除了 9.6 节介绍的仿人太空机器人，目前，在地面上，最先进的人形机器人是波士顿动力公司设计的阿特拉斯系列人形机器人，如图 9.14 所示，该系列机器人已经可以完成如翻跟斗等非常复杂的动作。

图 9.14　阿特拉斯系列人形机器人

近年来，在外观上高度逼近人类的高仿真机器人发展迅速，并逐渐从单纯的运动和行为模仿向外观、神态、表情等人类特质方面的高仿真方面发展。图 9.15 所示的是中国传统美女形象的高仿真机器人。

图 9.15　高仿真机器人

意大利技术研究院的研究者于 2008 年开始研制 iCub，如图 9.16（a）所示；2022 年推出更加先进的 iCub 3 双足机器人。相比于初代 iCub，iCub 3 更大、更强、更重，具有 54 个自由度，腿部更加强大，并在包括躯干、肩膀和腿在内的部位安装执行器。iCub 3 头部和初代 iCub 头部保持一致，但脖子长了一点，这使 iCub 3 比例更加协调。

在传感器方面，iCub 3 有一个深度摄像头和最新一代的力传感器，可承受更高的机器人重力。iCub 3 具有更高容量的电池，位于躯干组件内。

iCub 3 头部内置了可当作眼睛的立体旋转摄像头、可反映嘴部与眉毛动作的 LED 线条。

iCub 3 可以理解为一个化身平台，也就是说，一个可以与人类远程同步运动或协作的人形机器人。

通过远程操控系统、感官和触觉套装、触觉手套、全向跑步机等设备，可以将人类的运动、声音甚至面部表情通过机器人复现。面部表情重定向适用于眼睛注视和眼睑状态以及用户的嘴巴，使机器人与人类在虚拟空间可以实现互动，如图 9.16（b）所示。

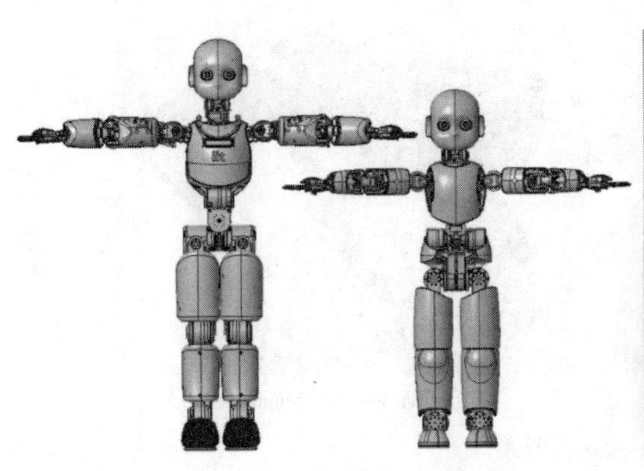

（a）iCub 3 与初代 iCub

（b）iCub 3 远程交互

图 9. 16　典型人形机器人

上述各种人形机器人虽然外表像人或者动作行为像人，甚至可以完成复杂的跑步、跳跃、翻跟斗等动作，并且拥有复杂的感觉功能，但并不代表这类机器人就具有了类人智能，根本原因在于其没有自我意识及自主思维能力，所有的动作都是通过复杂的程序控制、强化学习控制或者人机交互等人工智能技术实现的。

9.8　机器动物

在机器人领域，参考生物的一些功能设计机器动物以解决工程学上的问题是极为常见的一种方式。这样做的目的有两个：一是试图理解对象生物机制的科学面；二是试图利用生物的功能开发有利于生产生活等实际应用的智能系统。无论出于哪个目的，都必须先抽取生物的特征和机能，然后将其转换成现在的技术。然而，至今仍有许多生物机能无法或很难用技术来实现。例如，很多小型昆虫的飞行功能在机器上实现仍面临很多困难。机器动物中有许多都属于地面移动机器人，且其中很多都是被设计用来代替人类进入极限或危险环境完成一定任务的。下面从运动方式角度分别介绍几种具有代表性的机器动物。

1. 多足行走

许多仿生机器人是模仿自然界动物或昆虫的多足行走而具备运动功能的，其中四足步行是常见于脊椎动物的步行方式。

2005 年，波士顿动力公司在网上展示了一种自主研发的移动机器人 Big Dog，俗称“大狗”机器人。这种四足机器人在背负重物的情况下，仍然能够自由行走，同时在受到外力干扰时能够始终保持身躯的平衡。在之后的 10 余年里，波士顿动力公司相继推出了 Alpha Dog、Wild Cat、Spot、SpotMini 等一系列四足机器人，且均在世界范围内引起了广泛关注。

图 9.17（a）所示是波士顿动力公司在 2016 年研发出的四足机器狗 SpotMini，它高约 84cm、质量约为 30kg，能承担约 14kg 的重物，纯电动运行，充满电可跑约 90min，无液压系统，是波士

顿动力公司最安静的机器人，全身共有 17 个动态关节，不但步伐稳健，运动也十分流畅，还可以加上机械手臂，执行更多元化的工作。

图 9.17（b）所示是我国机器人公司自主研发的四足机器狗 Minitaur，其以移动速度快、多步态及体型娇小等特点赢得了不少人的关注。

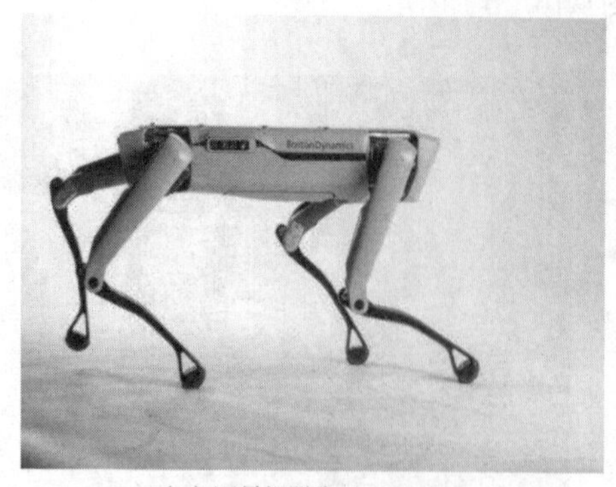

（a）四足机器狗 SpotMini

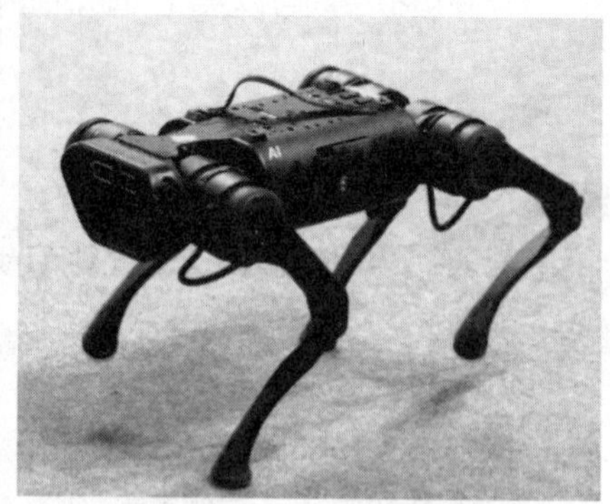

（b）四足机器狗 Minitaur

图 9. 17　四足机器人

六足步行是常见于昆虫的一种步行方式。因为有 6 条腿，所以行走起来比 4 条腿更稳定，但是形成步态的过程更加冗长。图 9.18 所示为一种仿蜘蛛六足遥控机器蜘蛛。

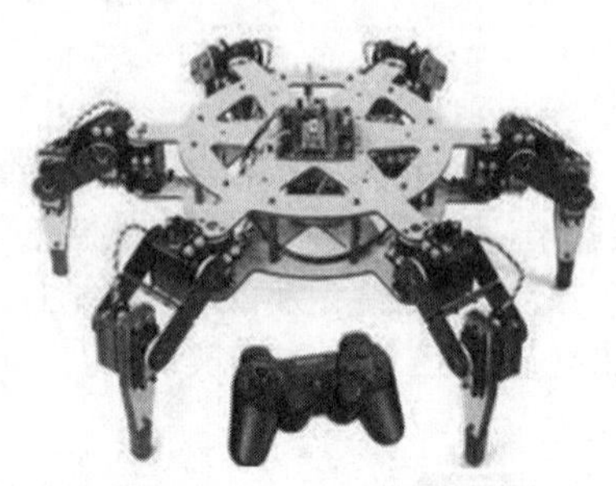

图 9. 18　六足遥控机器蜘蛛

2. 墙面移动

图 9.19 所示是一种机器壁虎“粘虫”。和壁虎一样，“粘虫”具有 4 只黏性脚掌，每只脚具有 4 个脚趾，并且脚趾上覆盖数百万根细小的人造刚毛（直径约为 0.5nm），借助这些刚毛与物体表面间的范德华力，它就能“飞檐走壁”。“粘虫”在黏附原理、运动形式及外形等方面都比较接近真实的壁虎。大多数的节肢动物都可以贴附在墙壁上并进行稳定的移动，它们如果被机器人化，则极有望在探查墙面损伤及清洁等方面发挥重要作用。

3. 波形蠕动

生物的移动方式不止有用腿移动，还有波形蠕动。图 9.20 所示是一种机器蛇，它能够在不平整的地面上快速地移动，有望应用为救援机器人。蛇的移动机制在学术上也很有研究价值，因此波形蠕动方法如今已在全世界被广为研究。

图 9. 19　机器壁虎

图 9. 20　机器蛇

4. 水中与水上游动

水中仿生机器动物除了用以探查海底和救援，还被当成流体力学中研究水母、海蛇、鲤鱼、鲔鱼、乌贼、龙虾等各种水中生物前进方式的一种工具，在不断发展进步。图 9.21 所示是机器水母和机器龙虾。其他如乌贼、章鱼、海马等水中生物，水上仿生机器动物则有机器水黾等。研究者利用微机电技术，让细毛附着在机器水黾的脚上，使其借着细毛表面张力浮在水面上并移动。

（a）机器水母

（b）机器龙虾

图 9.21　机器水母和机器龙虾

5. 飞行

昆虫与鸟类的翅膀使它们拥有可以在宽广的高处空间移动的能力。尤其是昆虫的飞行运动有前进、盘旋、急转等，若能将这些机能实现在机器人上，人们就可以利用机器人制作广域地图和进行高处作业等。另外，和水中机器人一样，也有许多飞行机器人被用于了解生物的飞行机制。

图 9.22 所示是仿生的机器蜻蜓和机器鸽子。许多研究报告都根据流体力学的观点来研究蜻蜓有趣的飞行机制。除了仿蜻蜓，以飞蛾的飞行机制为模板的机器人也已开发成功。尽管每种飞行机器人在飞行机制的分析方面都有所进展，但是人们在提供挥动翅膀所需能量的制动器及能够长时间使用的小型电池的开发方面遇到了困难。因此，今后还须借助更高超的组件技术来发展更实用的飞行机器人。

（a）机器蜻蜓

（b）机器鸽子

图 9.22　机器蜻蜓和机器鸽子

6. 爬行

图 9.23 所示是一种名为 BionicANT 的机器蚂蚁。该机器蚂蚁能够自主进行操作，能够同一时间与其他机器蚂蚁一起完成大规模复杂的任务。

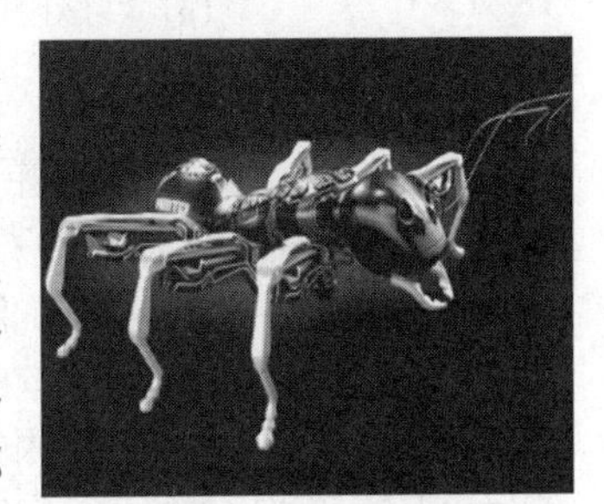

图 9.23　机器蚂蚁

机器蚂蚁的头部有三维立体摄像头与模仿蚂蚁口器的一对触角，方便对物体进行搬运。它们的触角也是充电装置。它们的可移动部件，如腿和下颚等，有 20 个三角压电陶瓷弯曲传感器，能够快速、高效地移动，并且可以进入很小的空间。机器蚂蚁通过头部的控制单元将信号传输至各条腿，通过压电变形金属来控制运动。机器蚂蚁底部有光学传感器，可以使用地面的红外线标记进行导航。每个机器蚂蚁体长约 13.5cm，质量约为 105g。蚂蚁之间能够相互沟通，从而协调它们的行动动作和运动方向，一个小团体一起能够推或者拉比自己大得多的物体。

德国费斯托公司是自动化技术供应商，推出过机器鸟、机器狗、机器蜘蛛、机器袋鼠、机器蝴蝶、机器海鸥、机器蜻蜓等机器动物。各种仿生动物除了工业方面的用途，还可以作为人类宠物，如以人类喜爱的猫、狗等动物为原型设计的机器宠物，它们对儿童和老年人都可以起到不错的心理安慰的作用。

9.9 软体机器人

软体机器人是一种新型柔性机器人，能够适应各种非结构化环境，与人类的交互也更安全。机器人的本体利用柔性材料制作，为了区别于传统机器人的电动机驱动方式，软体机器人采用了不同的驱动方式，这主要取决于其所使用的智能材料。根据响应的压力、温度等物理量，科学家设计了各种各样的软体机器人，大多数软体机器人的设计模仿了自然界的各种生物，如蚯蚓、章鱼、水母等。

美国哈佛大学的科学家制造了一种新型柔韧软体机器人，如图 9.24（a）所示，它的身子非常柔软，可以像蠕虫一样依靠蠕动在非常狭窄的空间里活动。这是研究人员从鱿鱼、海星和其他没有坚硬骨骼的动物身上获得启发而研制的一种小型的、有 4 条腿的橡皮机器人。从软体机器人的四肢、躯干及内部格局来看，其有点儿像一朵简化的雪花，中央“脊梁管”连接任意一个通道（分支），如图 9.24（b）所示。软体机器人有两层聚合物，一层延伸甚广，另一层坚不可摧。当空气注入四肢后，具有弹性的腔体就会像气球一样扩张，但腔体材料不舒展且四肢蜷缩。当弯曲时，借助肢体与周围环境产生的摩擦力（横向推力），整个身体可以向前推进（在肢体驱动下，机器人可以爬行）。

（a）柔韧软体机器人

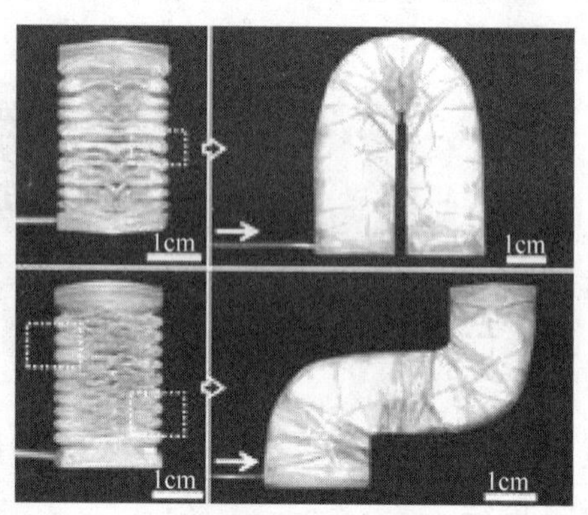

（b）软体机器人的“脊梁管”

图 9.24　软体机器人

机器人研发工程师们开始越来越多地从自然界中获取设计灵感，如蟑螂、鳗鱼、蝾螈、蜘蛛和黄貂鱼等都为他们提供了丰富的灵感。哈佛大学的科学家们把目光转向了地球上较聪明的生物——章鱼，并将其独特的能力转化到了机器人的设计上。如图 9.25（a）所示，这个自供电、有 8 只手臂的装置是一个柔软的机器人，设计者说这一柔软特征可以让它比其他刚性材料更加适应自然环境。机器章鱼由体内的化学燃料提供电力，该燃料是一种过氧化氢水溶液。当机器章鱼穿过含有铂基催化剂的反应室时，化学燃料就会分解，产生增压氧气，并作用于伸展章鱼手臂的充气隔室，从而使章鱼移动。

斯坦福大学的研究人员利用非常巧妙的装置与材料，设计了一款可以自己生长的软体机器人——KISS，如图 9.25（b）所示。KISS 是一个管状充气塑料，通过尖端增长进行导航，并且可以控制 KISS 软体机器人的增长方向。它的移动速度能够达到 35km/h，它能够撑起 100kg 的重物，能够通过狭窄、有尖锐物的环境，甚至还能完成灭火、拧阀门等任务。其设计灵感源于藤蔓植物与真菌，它们可以根据所处环境改变自身，从而更好地适应环境。

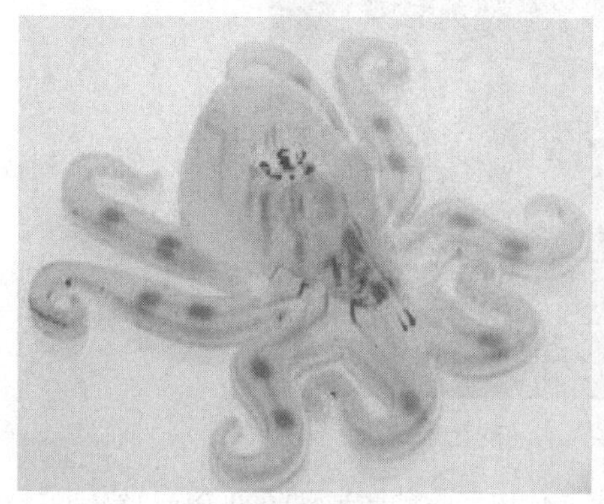

（a）机器章鱼

（b）会“生长”的软体机器人 KISS

图 9.25　机器章鱼和会“生长”的软体机器人

9.10　微型机器人

微型机器人是在微米级、纳米级尺度利用纳米及分子技术实现的机器人。它由诺贝尔物理学奖获得者理查德·菲利普斯·费曼（Richard Phillips Feynman）在 1959 年发表的题为“底层有很大的空间”的演讲中提出。费曼认为，人类未来有可能建造一种分子大小的微型机器人，可以把分子甚至单个原子作为建筑构件，在非常细小的空间里构建物质，这意味着人类可以在底层空间制造任何东西。

费曼提出的微型机器人，确切地说应该属于纳米机器人，即其本身的体积可能超过了纳米级别，但所能操控的物体属于纳米尺度。不管是纳米操作机器人，还是纳米机器人，本质上都是根据分子水平的生物学原理设计制造的可对纳米级别的物质进行操作的“功能分子器件”，属于分子仿生学的研究范畴。虽然其个头小到分子级别，人眼根本看不见，但纳米机器人的实际作用十分重要，其中的重要作用就是医疗卫生应用——检测疾病。这也是在众多科幻电影中展示最多的一项功能：当人感冒发烧时，医生不再给病人打针吃药，而是会在病人的血液里植入纳米机器人，这种机器人可以在病人体内探测感冒病毒的源头，并到达病毒所在处，直接释放药物杀灭病毒。纳米机器人不仅可以用于治疗感冒发烧，在同样的机理下，它还能用于精确找到并杀死癌细胞、疏通血栓、清除动脉内的脂肪沉积、清洁伤口、粉碎结石等，只要实现这些功能中的任何一项都有可能变革整个医疗行业。

纳米机器人甚至可以作为连接人脑神经系统和外界网络系统的媒介，为开发人脑智力和潜力带来颠覆性的革命，彻底改变人们的生活和工作方式，甚至人类本身。2015 年 1 月，加利福尼亚大学的研究人员声称，他们研制出了世界上首台纳米机器人，该机器人可以携带药物进入活生物体内进行释放，且无任何副作用。在该项实验中，纳米机器人成功地进入活的老鼠体内并完成了任务。这种不起眼的机器人呈管状，长约 20μm，直径约 5μm，外层由锌覆盖。该纳米机器人到达老鼠的胃部之后，其外层的锌金属材料与消化液中的盐酸发生反应，产生大量氢气气泡，可产生使速度达到 60um/s 的推力。在推力的作用下，这些机器人将冲向胃黏膜，附着其上并随之溶解，从而使携带的化学物质得以直接释放到组织中。在对老鼠解剖之后，研究人员发现这些机器人并未造成有毒物质水平升高或组织损害。同时锌也是人体必需的营养元素之一。该研究结果为靶向药物的精确投放指出了新的研究方向。图 9.26 所示为纳米机器人实现的艺术效果。

图 9. 26　纳米机器人实现的艺术效果

香港城市大学的一个研究团队用 3D 打印技术制作出了一种微米（0.000001m）级别的球形机器人，首次实现在磁场驱动下将细胞运送到活生物体内的指定位置。这是国际上首次通过微型机器人（在保证细胞附着、增殖和分化的前提下）实现在活体内定向运送细胞。该机器人被设计成球形，表面充满突起以作为附着细胞的支点。有“毛边”的迷你小球通过 3D 打印成型，如图 9.27（a）所示；小球表面覆盖镍和钛金属材料，如图 9.27（b）所示，用于增强磁性和生物相容性。

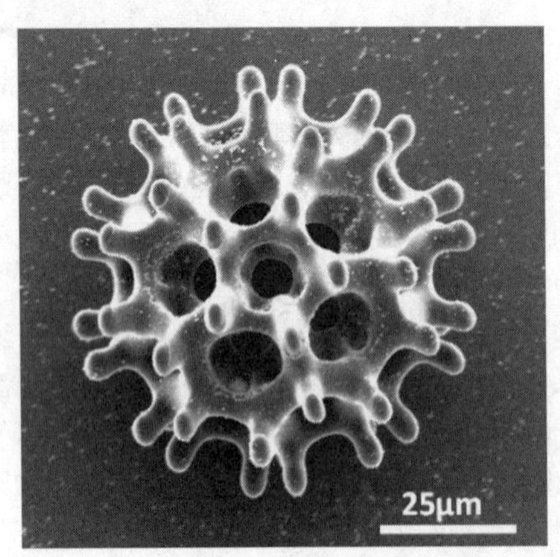

（a）有“毛边”的迷你小球

（b）小球表面覆盖镍和钛金属材料

图 9. 27　微米级别的球形机器人

在外加磁场的控制下，载有细胞的机器人在 3 种培养液中走完矩形路线，这 3 种培养液分别为磷酸缓冲盐溶液（phosphate buffered saline，PBS）、人工脑脊液和小鼠血清。随后，研究团队用针头将微型机器人注入斑马鱼的胚胎内，并控制这艘“小船”在黏稠的卵黄中航行而不伤害生物体。在这个过程中，研究人员持续检测斑马鱼胚胎的心跳，检测结果证明机器人的运动并没有危及斑马鱼的生命。

9.11　群体机器人

群居生物在自然界广泛存在，群居生物的群体运动表现出了群体智能或集体智能（collective intelligence）。群体机器人（swarm robotics）是群体智能和多机器人系统交叉的一个研究方向，主要研究大量简单机器人如何通过有限的局部感知交互和协调控制实现群体协作或执行规定任务。模仿自然界群居生物的智能行为的群体机器人可能涌现出复杂行为并完成复杂的规定任务。

自然界中存在形形色色的群集运动，例如，如图 9.28（a）所示，成千上万的鸟在空中有序地盘旋、聚集和飞行；如图 9.28（b）所示，密集的沙丁鱼遇到危险时会有序地躲避；成千上万只蚂蚁在觅食过程中聚集等。科学家们也试图在工程上实现拥有群体特性的群体机器人系统，同时通过构造类似的群体机器人系统去揭示自然界群集运动的产生机理，典型实例如图 9.28（c）所示的无人机群自主编队、图 9.28（d）所示的群体机器人通过自组装翻越障碍物等。

（a）鸟类的蜂拥　（b）鱼类的群集　（c）无人机群　（d）群体机器人

图 9.28　群体机器人系统

群体机器人系统包括多移动机器人系统。多移动机器人的研究目标主要是多移动机器人协作（cooperate）和多移动机器人协调（coordinate）。其中，多移动机器人协作是指多个（两三个或者更多个）移动机器人通过相互交换信息，合作完成一个任务；多移动机器人协调是指具有相当数量的多机器人对目标、资源等进行合理安排，调整各自行动，最大限度地实现目标。当多个机器人在动态环境中执行某种群体行为时，协调的作用是调整每个机器人，使之能够适应环境并完成任务。可见，前者强调的是任务的复杂度，后者强调的是系统的复杂度。

相较于单个机器人，多个机器人具有更大的优势。例如，多机器人系统由多个结构和性能相对简单的机器人组成，这样可以大大节省设计成本，同时由于故障机器人个体易换，系统稳健性得到提升；多机器人系统多采用分布式控制，个体间通过信息交互达到信息互补，因此具有更强的适应性、精准性和稳健性；对于复杂环境或复杂任务，多机器人的优势更加突出，通常多机器人较单机器人可以提供更多的解决方案，因此可以针对具体情况优化选择方案。

随着计算机技术和无线通信技术的发展，多机器人协调合作已经成为可能，且得到了越来越广泛的应用。多个机器人协调合作可以完成单一机器人难以完成的任务。在工业领域，多个机器人可以代替人类完成一些危险环境或恶劣环境下的作业，如搬运、分类、围捕等；在军事领域，机器人小组可以完成复杂战地的火力侦察、安全警戒、排雷等危险性任务；在航空领域，利用多个太空机器人和外星勘测机器人可以对未知星球进行探索，对太空站进行维修；在医学领域，将多个微型机器人放入人体内，可对病变部位进行深入检查和诊断。

9.12 认知发展机器人

人类认知发展与内部机制和外部环境（养育者为重大因素）的相互作用密切相关。不过，这些因素之间的具体关系并不明确，人们尚不清楚这到底是单一主体下构造的诸多功能，还是复合主体下相互作用而成，抑或只是不同系统模式着眼点下的表象差异。针对这个问题建构人工系统，然后加以验证，尝试提供新的解释，这就是认知发展机器人的思想。

认知发展机器人是以婴幼儿时期的人类为研究对象，模拟人类婴幼儿在生长发育过程中智能的形成而研制的一种新型机器人，如图 9.29 所示。该研究以人类婴幼儿为焦点，运用认知发展机器人学的理论，通过集中性研究来探求人类的认知发展过程，以及人类与机器人的共存之道。认知发展机器人学融合了计算神经生物学，并通过用发展心理学解析社会交互模式下的人类行为来探求认知发展的原理。

图 9. 29　认知发展机器人

认知发展机器人学的研究焦点在于机器人的认知发展过程，即自主行动的机器人通过与环境互动，如何描述世界并获取行动的这一过程。特别是在被视为环境因素的其他机器人的行为影响自身规范的过程中，探求机器人能否寻觅到“自我”的原理，这一点尤其令人期待。机器人认知发展的目的是完成达到人类水平的智能行为，因此人们必须在机器人的内部机制与外部环境的相互作用中找到其语言能力的获取过程（语言发展），即从动物层级的关联学习到人类层级的创造与利用符号的记号学习过程。

形成认知发展机器人设计理论的前提是环境、本体、任务的一体化。在物理上可以将其分成两部分来说明。其一是内部机制，即设计机器人内部信息处理的结构，这将影响到机器人的行动表现；其二是外部环境，即打造机器人顺利学习与发展的环境，特别是以指导者为首的他人的行动设计。通过这两点的密切结合，可以实现二者相互间的学习与认知发展。

认知发展机器人的目标行动不会被直接写入机器人程序中，而是要让机器人自己的身体（认知具体化）通过与环境互动（社会性），形成对所获取信息的理解能力（适应性），直至最终获得完成整个目标行动的能力（自主性）。

9.13 关键知识梳理

本章主要介绍了机器人的定义、基本组成和主要类型及原理，包括传统的工业机器人、移动机器人、无人机、水下机器人，以及由各种行为主义思想发展而来的机器动物，还有新型软体机器人、以婴幼儿为研究对象的认知发展机器人。从科学幻想、工艺精品到工业机器人，从程控机器人、传感机器人到交互机器人，从操作机器人、生物机器人、仿生机器人到拟人机器人，机器人已经历了漫长的进化过程。人类在创造机器人的同时，也在促进机器人进化。机器人需要由人去设计和制造，它们不可能自行繁殖；它们既不是生物，也不是生物机械，它们不是由细胞等构成的，而仅是一种机械电子装置。即使是智能机器人，它们的智能也不同于人类智能，只是非生命的机械模仿（不是生命现象）。机器人技术伴随整个现代科学技术的进步而迅速发展，机器人的能力越来越强，在行为方面逐渐掌握接近于人类的能力。随着机器人的进化，机器人与人类的差异正在逐步减小。

9.14 问题与实践

（1）一般的机器人由哪些部分组成？

（2）串联单臂工业机器人最多有几个自由度？

（3）水下机器人主要采用哪 3 种方法在深海中活动？

（4）人形机器人有类人的智能吗？类人机器人与人形机器人有什么区别？

（5）太空机器人有几种类型？每种类型都用于执行什么任务？

（6）机器人具备哪些方面的智能？这些智能主要体现了人工智能哪些方面的水平和技术？

（7）什么是智能机器人？它与一般的工业机器人有什么区别？

（8）提升机器人智能水平的途径和方法有哪些？

（9）移动机器人按照移动方式可以划分为哪些类型？不同移动方式的机器人有什么优势和缺陷？

（10）机器动物包括哪些类型？与人形机器人相比，机器动物有什么优势？

（11）什么是群体机器人？群体智能与个体智能之间存在什么关系？

（12）为什么说机器人是人工智能行为主义的载体？

（13）对社会上的某种机器人产品进行调研，写出调研报告，并分析机器人产品的应用情况和存在的问题。

10

类脑智能

本章学习目标：

（1）学习并理解类脑计算的基本概念；

（2）学习并理解利用神经形态、忆阻器等原理和技术实现类脑计算的主要方法；

（3）学习并理解智能芯片和人工大脑的基本原理与应用；

（4）了解神经形态智能芯片与非神经形态智能芯片的本质区别。

10.0 学习导言

人脑凭借认知、记忆、常识与经验处理各种信息，尤其善于处理模糊、不完整、包含大量无关数据甚至彼此矛盾的复杂信息。人脑特殊的信息处理能力源于其独特的构造。2013 年，诺贝尔生理学或医学奖得主托马斯·聚德霍夫（Thomas C. Südhof）揭示了神经元之间的通信机制，指出脑运算是神经元通过突触进行通信而实现的。前面各章节主要介绍的是通过对智能外在表现的模拟来实现机器智能，而基于脑的内在智能形成机制和结构设计来实现类脑智能是在近些年才出现的新领域。研究人脑的工作原理本身是一项有趣而又充满挑战的课题，基于人脑工作原理设计如类脑芯片、类脑计算机更是一项极具挑战性的工作。本章主要介绍仿照人脑结构或机制设计类脑芯片、类脑计算机等新型人工智能技术，以及由此发展而来的类脑智能概念。

10.1 类脑计算与类脑计算机

10.1.1 类脑计算的定义

通过前面各章节的学习我们可以知道，以往人工智能技术大多模拟的是人类感知、行为、语言等部分的智能，以深度神经网络为代表的联结主义人工神经网络虽然是受人脑神经网络启发发展而来的技术，但是其结构与人脑完全没有相似之处，只是对人脑的一种抽象模拟。利用深度学习实现的机器智能在一些专用领域已经可以与人类智能相媲美，但是在通用性方面，现阶段的机器智能还无法全面超越人类智能，其根本原因在于人类还没有认识到大脑及其智能产生的机理和本质。因此，要实现类人的人工智能，人们必须继续深入探索大脑本身的智能机制。“类脑计算”正是实现未来类人智能或通用人工智能的一个新途径。

类脑计算是指仿真、模拟和借鉴大脑神经系统结构和信息处理过程所设计或实现的模型、软件、装置及新型计算方法。类脑计算也是一种全新的基于神经系统的数据存储和运算方式，以类似于大脑的方式处理多样化的数据，实现处理复杂问题的功能。类脑计算超越了传统计算机在芯片设计上追求硅芯片晶体密度的层面，更加关注的是功能层面。其目标是模仿人脑，即从大脑的机能与运转方式中获取灵感，制造不同于冯·诺依曼结构计算机的类脑计算机，进而创造更加智能的机器或系统。

类脑智能是指受到脑神经机理和认知行为机理启发，以类脑计算为手段，并通过软硬件协同实现的机器智能。类脑智能是在信息处理的机制上类脑、在认知和智能水平上类人，其目标是使机器以类脑的方式实现人类具有的认知能力，最终达到或超越人类的智能水平。类脑智能是一种通用人工智能，现阶段还处于发展中。未来，具有类脑智能的机器将具有更强的学习、预测、决策等能力。

近 20 年，模拟人脑神经网络实现类脑智能的研究再次活跃，原因之一是软硬件计算能力的飞速发展使大规模人工神经网络的运行及基于新型硬件的类脑计算方式成为可能。类脑计算在体系结构和底层功能上更多地借鉴了人脑，力图对人脑神经网络进行“逼真”模拟，并在网络规模上也向人脑看齐，从而为通用人工智能的研究带来变革契机。同时，由于核磁共振等大脑观测技术的快速发展，人们可以从微观、宏观等不同层面认识人脑的运作机制和各种功能性神经通路，这为开发类脑计算机奠定了脑科学和神经科学基础。

10.1.2 冯·诺依曼结构计算机的局限

为什么要实现类脑计算？首先，现代计算机都是基于冯·诺依曼结构的计算机，其计算速度符合摩尔定律，即计算速度和晶体管数量每年翻一倍。但是现代计算机在芯片设计方面存在物理极限：首先，芯片体积越来越小，所需要容纳的晶体管数量却越来越庞大，从物理上看这是不可能一直持续下去的；其次，现代计算机与人脑只是在信息处理形式上有类似的地方，但在结构和处理机制上二者完全不同。人工智能、认知科学及计算主义曾经认为的“人脑就像计算机一样工作”这一观点只是隐喻。现代计算机的硬件组成框图如图 10.1 所示，结合 3.2 节中关于大脑结构的知识可以发现，它与人脑结构毫无相似之处。

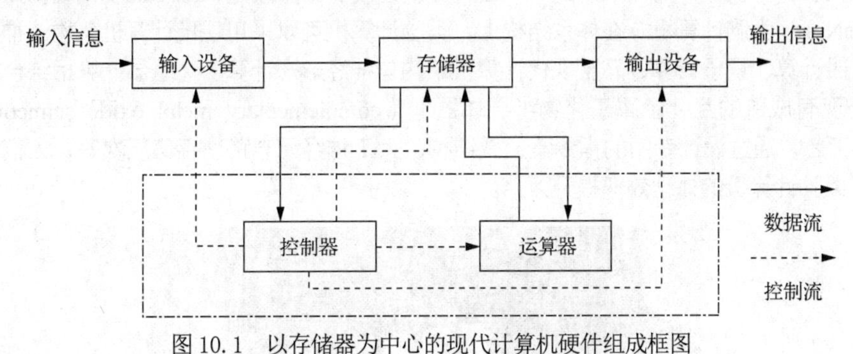

图 10.1　以存储器为中心的现代计算机硬件组成框图

以图灵机理论为基础的现代计算机，本质上是一维串行的。简单来说，它有以下几个基本特征。

（1）采用存储程序方式，指令和数据不加区别地混合存储在同一个存储器中，指令和数据都可以送到运算器进行运算，由指令组成的程序是可以修改的。

（2）存储器是按地址访问的线性编址的一维结构，每个单元的位数是固定的。

（3）指令由操作码和地址码组成。操作码指明本指令的操作类型，地址码指明操作数和地址。操作数本身无数据类型的标志，它的数据类型由操作码决定。

（4）通过执行指令直接发出控制信号以控制计算机的操作。指令在存储器中按其执行顺序存

放，由指令计数器指明要执行的指令所在的单元地址。指令计数器只有一个，一般按顺序递增，但执行顺序可按运算结果或当时的外界条件而改变。

（5）以运算器为中心，输入、输出设备与存储器间的数据传送都要经过运算器。

（6）数据以0、1二进制数表示。

现代计算机结构与人脑结构的巨大差异导致现代计算机无法实现与人脑一样的功能，因此，研究人员希望突破传统冯·诺依曼结构计算机的限制，设计如类脑计算机、量子计算机、生物分子计算机等各种新型计算机。人脑神经细胞既有计算功能，又有存储功能，这将有助于模拟生物神经细胞功能的类脑计算机在一定程度上克服冯·诺依曼体系架构在实现通用机器智能方面的固有缺陷，这是利用类脑计算机实现类脑智能的基本思想。

10.1.3 类脑计算机

目前，个人计算机能以100亿次/s操作的速度执行基本算术运算（如加法运算）。人脑的速度可以通过神经元相互通信的过程来估算。例如，神经元激发动作电位——在神经元细胞体附近释放脉冲电流，并沿着轴突传递，轴突连接着下游神经元。在上述过程中，信息按脉冲电流的频率和时间进行编码，且神经元放电的频率最高约为1000次/s，这与计算机的速度相比相差1000万倍，这意味着理论上如果芯片具备了思考能力，那么它的思考速度将是人类的1000万倍。现在，超级计算机所占据的物理空间远大于人脑，用于深度学习计算时的能耗也是惊人的。现代计算机在计算速度和记忆容量方面的性能虽然都已经远远超过人脑，但它们并没有表现出类人智能或通用智能，由此可见，体积、速度和记忆容量都不是使机器产生类人智能的必要条件。类脑计算机不能以创造计算速度更快和记忆容量更大的计算机为目标，而是要设计出能够实现模拟人脑运行方式的、在诸多方面的性能可能优于人脑的新型计算机。

类脑计算机的最终目标是使计算机具备类似人脑的信息处理机制，并且能够复现人类智能，具备通用智能，甚至超越人类智能，同时，在结构、体积与能耗方面接近人脑。另外，类脑计算机可以提升机器的智能处理能力，但并不一定要彻底取代现代计算机。

对于类脑计算机具体需要采用的体系结构目前还没有具体限定，图10.2所示是IBM公司研制的TrueNorth类脑计算机。在体系结构上，类脑计算机可以采用现代计算机架构、神经形态计算、忆阻器计算、量子计算，乃至现代计算机架构与神经形态计算、忆阻器计算相结合的混合结构。基于现有成熟的互补金属氧化物半导体器件（complementary metal oxide semiconductor，CMOS）工艺，通过设计专门的指令集、微结构、人工神经元电路、存储层次等，人们有可能在数年内将类脑计算机的处理效率提升万倍。

图10.2 TrueNorth类脑计算机

10.2 类脑计算的研究内容与相关技术

10.2.1 类脑计算的研究内容与实现方法

类脑计算主要基于神经科学，通过数据、电子芯片或仿神经计算方法实现对人脑的高逼真模拟，超越传统人工神经网络框架及计算模型。基于上述研究内容，类脑计算发展出了许多具体的实现方法，下面分别进行介绍。

1. 基于生物神经元的类脑计算

这种方法主要是开发基于生物神经元的神经形态模型，实现神经形态计算，通过设计基于神经形态模型的算法及硬件芯片，最终开发出用神经形态芯片搭建的类脑计算机。

2. 基于忆阻器的类脑计算

这种方法主要是利用一种新型电子元件——忆阻器，模拟生物神经元，再利用忆阻器构成的人工神经元或人工突触搭建类脑计算机或人工大脑。

3. 基于脑科学大数据的类脑计算

脑科学为类脑计算提供了数据支持，其海量数据中蕴含丰富的信息。利用高性能计算机和脑科学大数据实现虚拟人脑，模拟人脑的信息处理机制，进而模拟人脑的运行机制，这有助于开发新型深度神经网络、脉冲神经网络，为类脑计算芯片等硬件系统的开发提供支持。

4. 基于脑功能模型的类脑计算系统

这种方法主要是借鉴和利用已知的神经科学、脑科学成果，设计类脑计算方法、软件或系统。这类系统有助于实现软件版的人工大脑。

上述方法的最终目标是实现类脑智能。它们只是在实现的途径和技术路线上有所不同。其中前两种方法是基于生物神经元突破冯・诺依曼结构来设计新型计算机架构的；后两种方法则是基于冯・诺依曼结构计算机实现类脑计算或模拟大脑功能的。

10.2.2 神经形态计算

尽管运用深度学习算法的人工神经网络在感知智能等方面取得了很大进展，但一些计算机科学家认为，通过采用更接近人脑的计算技术实现人工智能会更有效，这种技术就是神经形态计算。

20 世纪 80 年代，加利福尼亚理工学院计算机科学家卡弗・米德（Carver Mead）提出了神经形态（neuromorphic）一词。神经形态，是指利用一定的方法模仿生物神经元（树突、轴突和突触）的结构，实现同等功能脉冲神经网络中的神经元，使其能以电脉冲的形式对信息进行编码。神经形态信息编码的方式更接近真实神经元对信息的编码方式，并且能够很好地编码时间信息。基于这种信息编码可以构建一种计算模型。基于神经形态模型实现的计算技术称为神经形态计算，这是一种基于神经电路的物理特性、信息处理方式和组织结构的新的计算体系，是实现类脑计算的核心技术。

根据第 3 章与第 4 章所介绍的有关生物神经元与人工神经元的知识我们可以了解到，大脑神经网络中的生物神经元之间的通信原理是膜电压升降的脉冲，而非人工神经网络中的数值运算。基于生物神经元之间的脉冲通信原理可以构建脉冲神经网络（spiking neural network，SNN），它被称为第三代神经网络。脉冲神经网络在原理、结构和功能上均不同于传统人工神经网络。传统人工神经网络仅在结构上模拟人脑神经网络。而脉冲神经网络则在结构、功能和原理上均模拟人脑神经网络，在响应速度、功耗等方面具有独特优势，被认为是接近仿生机制的神经网络模型，其模型基础和运算方式比传统人工神经网络更接近哺乳动物的大脑。

目前实现神经形态计算的方式主要有两种。

一种方式是基于神经形态的类脑模型，以逼近生物神经网络的形式模拟大脑等的功能。这可以看作一种实现类脑计算的“软”手段。这种神经形态计算必须借助现代计算机硬件系统实现，如图 10.3 所示（图中用黑点表示生物神经元），它可以模拟大脑的听觉、视觉、学习、记忆等功能，用于对声音、图像特征等的提取与识别等。人类多数高级认知功能的实现都与脑皮层密切相关，许多类脑认知模型的目的是构建通用的皮层计算模型以实现通用人工智能。学习和记忆是一切复杂认知过程实现的基础。以脉冲神经元为基本计算单元可以构成大脑信息处理和计算网络的神经形态认知模型，进而可建立具有传感器信息处理、学习、认知与记忆等功能的类脑计算系统。

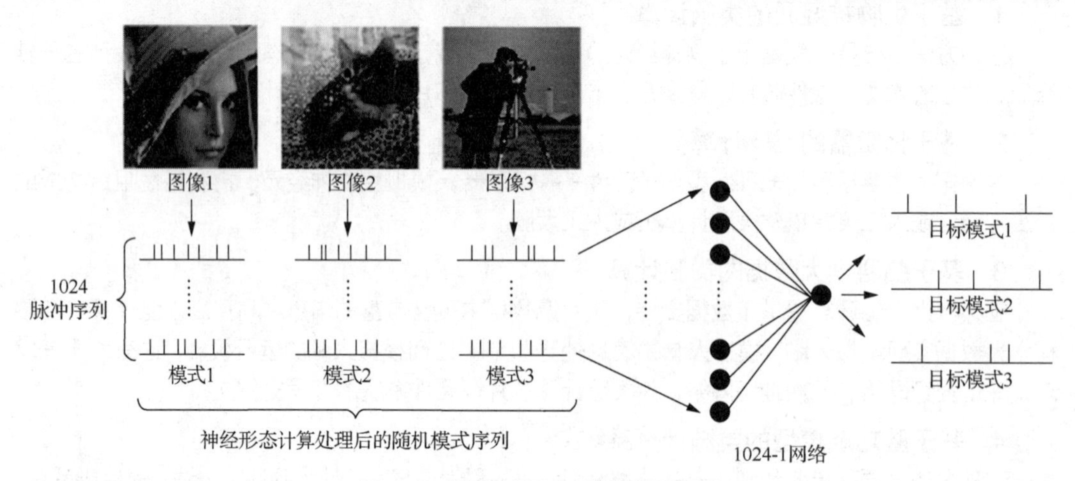

图 10.3　基于神经形态计算模拟视觉

另一种方式是将生物神经元概念用于设计神经形态芯片及神经形态计算机系统，也就是一种新型的类脑计算机，这种神经形态类脑计算机在原理、结构和功能上均不同于现代的冯·诺依曼结构计算机。这可以看作一种实现类脑计算的“硬”手段。这种类脑计算机可以针对信息处理的特定应用来提高性能、降低功耗。这种技术有助于推动类脑计算技术的进步，从而为神经处理器、信息处理技术和非冯·诺依曼结构计算机的发展提供理论与实验基础。

10.2.3　神经形态类脑芯片

现代计算机之父冯·诺依曼在研究现代计算机时，定义了一种称为 E-element 的抽象器件，并详细阐述了如何用 E-element 搭建出通用计算机的 5 个部分。由于脉冲神经网络依赖于对微分方程的模拟，因此对当下的现代计算机而言，运算成本消耗非常大。解决这个问题的方法是，从基本硬件基础出发去改良硬件的架构。这正是神经形态类脑芯片的意义所在。神经形态类脑芯片的基础是神经形态工程学（neuromorphic engineering），它利用具有模拟电路特征的超大规模集成电路（very large scale integrated circuit，VLSI）模仿人脑神经系统，最终目标是制造一个仿真人脑的芯片或集成电路。

神经形态类脑芯片是一种处于概念阶段的集成电路。这种芯片的功能类似于大脑的神经突触，处理器类似于生物神经元，而通信系统类似于神经纤维，可以允许开发者为类脑芯片设计应用程序。神经元的树突、轴突和细胞体组件可以全部被组装成标准晶体管和其他的电路元素。

目前，主要的神经形态芯片有 Loihi 神经形态多核处理器、高通 Zeroth 芯片、“达尔文”芯片、BrainScaleS 芯片、TrueNorth 芯片等。世界上最早开展类脑计算研究的机构是 IBM 公司，该公司自 1956 年创建第一台人脑模拟器（512 个神经元）以来，就一直在从事对类脑计算的研究。2011 年 8 月，IBM 公司设计出世界上第一款“SyNapse 认知计算芯片”。这种硅半导体芯片模仿脑神经细胞和突触连接结构进行信息处理。IBM 公司制造出的两种类型的 SyNapse 芯片都包含 256 个负责计算的数字处理器，相当于生物神经元。其中一种芯片配置了 262144 个可编程的突触，另一种芯片配置了 65536 个具备学习功能的突触。

在 SyNapse 芯片的基础上，2014 年 8 月 7 日，IBM 公司在 *Science* 上发表了文章，宣布研制成功 TrueNorth 神经形态芯片，如图 10.4 所示。这项成果入选“2014 年十大科学突破”，该类芯片可以应用于导航、图案辨认、关联记忆和分类等领域，“脑容量”处于虫脑水平。

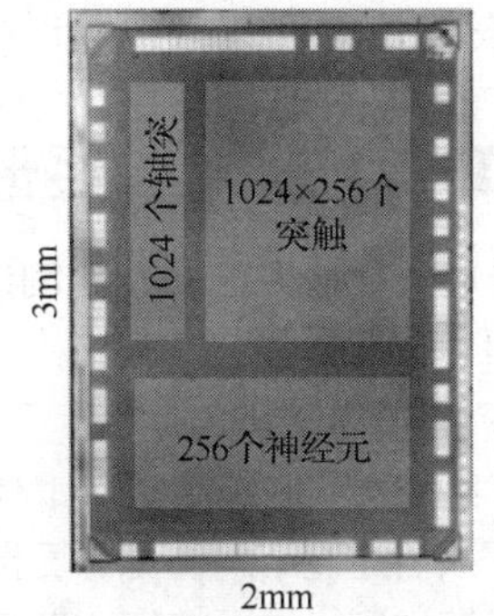

图 10.4 第一代 TrueNorth 神经形态芯片

SyNapse 芯片可以看作 TrueNorth 神经形态芯片的前身或第一代。这款芯片激发了人类设计新的计算架构的潜能。

神经形态芯片的每个神经元都是交叉连接的，具有大规模并行能力。这种芯片由基于神经生物学原理设计的数字芯片电路组成一个“神经突触核”，包含集成的内存（复制的神经键）、计算单元（复制的神经元）和通信单元（复制的神经轴突）。采用这种芯片制造的系统能够通过经验学习、发现关联、创造假设和记忆，以及从结果中学习等方式，模仿大脑结构和突触可塑性。这种芯片的架构更节能并且没有固定的编程，是把内存与处理器集成在一起来模仿大脑的事件驱动、分布式和并行处理方式的。

IBM 公司的第二代 TrueNorth 神经形态芯片包含 54 亿个晶体管和 4096 个处理器内核，相当于 100 万个可编程神经元和 2.56 亿个可编程突触。它是类脑计算研究中的一个重要里程碑。第二代 TrueNorth 神经形态芯片的每个处理器内核包含 120 万个晶体管，其中少量晶体管负责数据处理和调度，而大多数晶体管都用于数据存储以及与其他核心进行通信。此外，每个处理器内核都有自己的本地内存，它们还能通过一种特殊的通信模式与其他处理器内核快速沟通，其工作方式非常类似于人脑神经元与突触之间的协同，只不过化学信号在这里变成了电流脉冲，IBM 公司把这种结构称为“神经突触内核架构”。

与第一代 TrueNorth 神经形态芯片相比，第二代 TrueNorth 神经形态芯片的性能大幅提升。它的计算架构使用了基于“神经突触核”网络的计算芯片，其关键单元是神经突触核，如图 10.5（a）所示，行代表轴突，列代表树突，行和列的交叉点代表突触，神经细胞接收来自树突的输入，参数代表相应的状态。芯片中 100 万个神经细胞脉冲激发神经元和 2.56 亿个突触都以轴突作为输入，以神经细胞作为输出，以突触作为轴突和神经元间的直接联系，通过点对点的联系方式将一个核的神经细胞连接到另一个核的轴突以完成本地或远程通信，如图 10.5（b）所示。

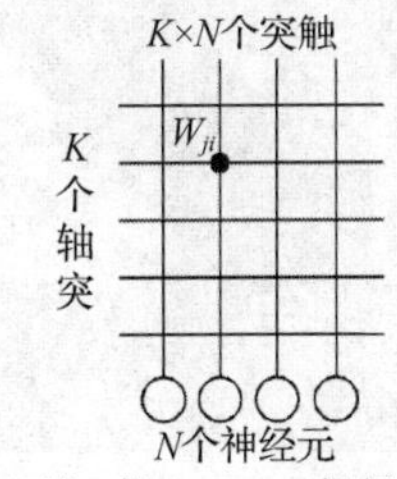

（a）第二代TrueNorth神经突触核

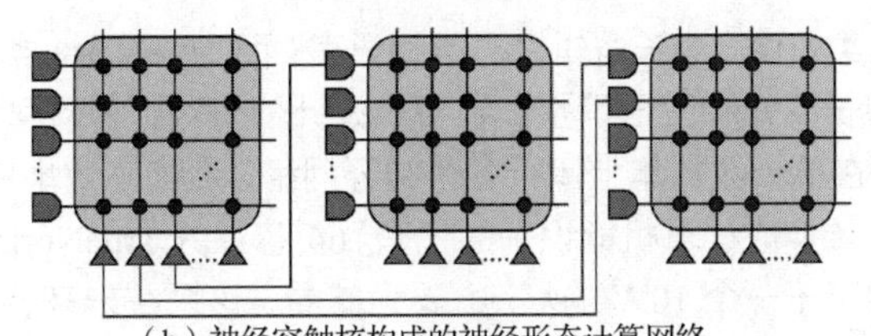
（b）神经突触核构成的神经形态计算网络

图 10.5 TrueNorth 神经形态计算

TrueNorth 与传统芯片最大的不同在于，现代计算机的处理器需要时钟来协调各组件工作，但 TrueNorth 不需要这样的时钟，其各个交错的神经网络平行操作，即使一个处理器内核不能正常工作，阵列中的其他内核也不会受到影响。

10.2.4 神经形态类脑计算机

类脑计算研究的目标是制造出类脑计算机，其硬件主体是大规模神经形态芯片。1.6.8 小节中指出，类脑计算技术总体上可分为结构层次模仿脑、器件层次逼近脑、智能层次超越脑 3 个层次。

神经形态是在结构层次上模拟脑，类脑计算机不需要等待理解智能或心智的机理后再进行模拟，而只需通过结构仿真等工程技术手段间接达到功能模拟的目的。随着探测手段的不断改进，大脑能够被解析得更精细，而模拟生物神经元和突触作为信息处理单元也能使类脑计算机解决实际的工程技术问题。

利用大规模神经形态芯片构建类脑计算机，涉及神经元阵列和突触阵列两大部分。前者通过后者互联，一种典型的连接结构是纵横交叉，一个神经元可以和上千乃至上万个其他神经元连接，而且这种连接还可以由软件定义和调整。这种类脑计算机的基础软件除了管理神经形态硬件，主要用于实现各种神经网络到底层硬件器件阵列的映射，"软件神经网络"可以复现生物大脑的局部甚至整体，也可以是经过优化乃至全新设计的神经网络。

通过对类脑计算机进行信息刺激、训练和学习，可以使其产生与人脑类似的智能甚至涌现出自主意识，从而实现智能培育和进化。刺激源可以是虚拟环境，也可以是来自现实环境的各种信息（如互联网大数据）和信号（如遍布全球的摄像头和各种物联网传感器），还可以是机器人"身体"在自然环境中的探索和互动。在这个过程中，类脑计算机能够调整神经网络的突触连接关系与连接强度，实现学习、记忆、识别、会话、推理及更高级的智能。现阶段的神经形态类脑计算机主要有以下几种。

1. TrueNorth 神经形态类脑计算机

基于上述 TrueNorth 神经形态芯片，IBM 公司设计了一种类脑计算机。它由 4 块芯片板组成，每块芯片板装载 16 个芯片，构成一个 64（4×16）芯片阵列，如图 10.6 所示。该芯片阵列实际是一种包含 6400 万个神经细胞和 160 亿个神经突触的类脑计算机。

图 10.6 TrueNorth 芯片板

现代计算机就像人类左脑，擅长逻辑性思维和语言；而 TrueNorth 类脑计算机在数据处理方面更像人类的右脑，擅长感知和图形识别。独特的设计使研究人员既可以在多个数据集上运行单个神经网络，也可以在单个数据集上运行多个神经网络，最终高效地将多个数据集上的图片、视频和文本等信息实时转换成计算机能识别的代码。64 芯片的 TrueNorth 系统还有低能耗优势，其每个芯片的能耗只相当于一个 10W 的灯泡。这意味着，该系统未来甚至可用于手机和无人驾驶汽车，做到"让智能手机像超级计算机一样强大"。该系统在可穿戴、移动和自动化等类型的设备中有很大的应用潜力。TrueNorth 类脑计算机也可以用于深度神经网络的训练，可以通过数据和网络训练提升性能，但调整参数（也称为权值）直到它获得成功的过程仍然需要在现代计算机上完成。

2. Neurogrid 神经形态类脑计算机

神经形态硬件效率和灵活性的指数级增长使计算机具备像人脑一样快速和复杂的能力变得越来越可行。一些对大脑的大型模拟的研究目的是通过对神经科学领域的大脑皮层动力学等机理的研究来验证某些认知理论或假设。神经形态计算不仅能完成目前计算机所无法完成的任务，还能更清楚地理解人类记忆和认知的机理。如果能够研制出用模拟电路构建的类脑计算机，那么这种计算机的能耗将大大低于现在的计算机。

斯坦福大学开发的神经形态类脑计算机 Neurogrid 模拟树突计算（突触前离子通道功能）与数字轴突通信相结合，如图 10.7 所示。每个芯片集成了 100 万个与 2.56 亿个突触相连的神经元。物理实现与突触活动直接相关，从而可以最大限度地提高能效并允许仿真更多数量的神经元和突触，数字实现灵活地重新配置并允许更精确地存储连接权值。基于 Neurogrid 建造的神经工程框架，一个拥有 2000 个带泄漏整合发放（leaky integrate-and-fire，LIF）神经元的脉冲神经网络模型被搭建，该模型可以解码猴子运动皮层的电生理数据，并将其用于脑机接口外部机械手或神经假肢的控制。

图 10.7　Neurogrid 神经形态类脑计算机

3. SpiNNaker 神经形态类脑计算机

英国曼彻斯特大学完成了数字脉冲神经网络架构（spiking neural network architecture，SpiNNaker）芯片，它是一种基于定制异步响应方式（asynchronous response mode）和高速异步通信的大规模并行神经网络。图 10.8（a）所示为该芯片内部结构，图 10.8（b）所示是用该芯片搭建的计算机系统的外观，图 10.8（c）所示是基于该芯片搭建的 SpiNNaker 神经形态类脑计算机，这是一个拥有 50 万个处理器内核的神经形态计算平台。自 2016 年 4 月以来，SpiNNaker 神经形态类脑计算机一直使用 50 万个处理器内核来模拟大脑皮层中的 8 万个神经元的活动。

目前，SpiNNaker 神经形态类脑计算机已经升级为拥有 100 万个处理器内核和 1200 块互连电路板的超级计算机，升级后的机器容量是此前的两倍，在欧盟“人脑计划”项目的支持下，SpiNNaker 神经形态类脑计算机将继续帮助科学家们建立详细的大脑模型。现在 SpiNNaker 神经形态类脑计算机有能力同时执行 200 万亿次运算，这是世界上较大的神经形态类脑计算机，也是模拟神经元放电的计算机。SpiNNaker 神经形态类脑计算机不仅可以像大脑一样“思考”，还创建了人类大脑中的神经元模型，并对神经元运行进行了实时模拟。它的主要任务是模拟部分大脑模型，如皮层模型、基底神经节或表示为棘波神经元网络的多个区域，此外，其完全重新构建了现代计算机的工作方式。

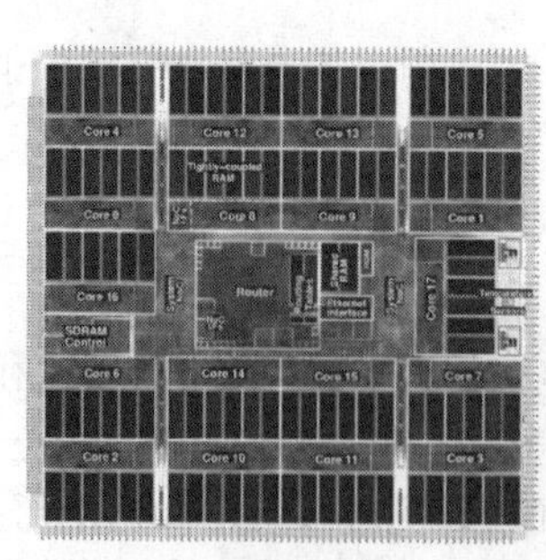

（a）内部结构

（b）用 SpiNNaker 芯片搭建的计算机系统的外观

（c）类脑计算机

图 10.8　SpiNNaker 神经形态类脑计算机

在人类大脑中，800 多亿个神经元能够同时放电并向数千个目标神经元发送信号。SpiNNaker 神经形态类脑计算机的架构支持处理器之间的特别通信，其行为很像大脑的神经网络。传统超级计算机的连接机制并不适合对大脑进行实时建模，但是 SpiNNaker 神经形态类脑计算机能实时模拟出比其他机器规模更大的神经网络。2018 年，研究人员将 SpiNNaker 神经形态类脑计算机的精确度、速度和能量效率与等效的超级计算机软件 NEST（目前用于脑神经元信号研究的专业超级计算机软件）进行了比较，结果表明，SpiNNaker 神经形态类脑计算机更能高效地支持大脑皮层的生物学建模计算。SpiNNaker 神经形态类脑计算机模拟大脑皮层接收和处理信息的结果与 NEST 模拟的结果非常相似。SpiNNaker 神经形态类脑计算机已经被用于控制一种名为 SpOmnibot 的移动机器人。SpOmnibot 可利用计算机来解读机器人视觉传感器的数据，并实时做出导航选择。

10.3 基于忆阻器的类脑计算

除了神经形态计算技术，另一种用模拟电路技术构建人工突触的技术是忆阻器技术。1971 年，蔡少棠（Leon Chua）预测：应该有第 4 个电子元件的存在。他在其论文“Memristor——The Missing Circuit Element”中提出了一类新型无源元件——记忆电阻器（简称忆阻器）的原始理论架构，推测电路有天然的记忆能力。虽然忆阻器的存在被早早地预测，但是人们并未很快设计出其实物模型。

10.3.1 忆阻器原理

2008 年，惠普实验室下属的信息与量子系统实验室研究人员在 *Nature* 上发表论文“The missing memristor found”，宣称他们已证实电路世界中的第 4 种基本元件——忆阻器的存在，并成功设计出了一个能工作的忆阻器实物模型，如图 10.9 所示。

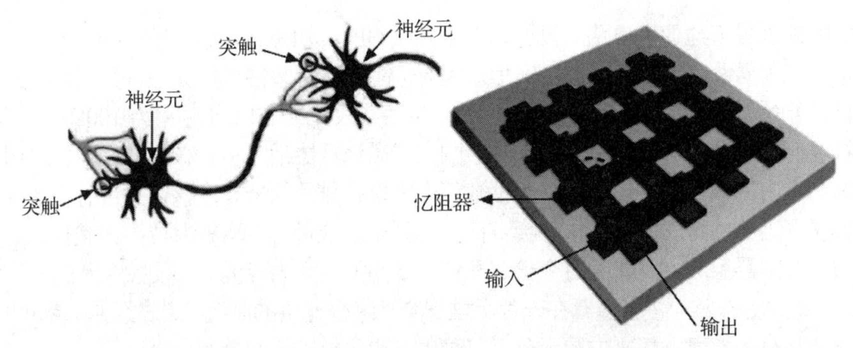

图 10.9　生物神经元突触与忆阻器实物模型

忆阻器被认为是继电阻、电容、电感之后的第 4 个无源电子元件。图 10.10（a）展示了包括忆阻器在内的 4 种电子元件的记忆功能；图 10.10（b）所示为忆阻器的基本结构，两个电极为 Pt（铂元素），TiO_2 为半导体材料二氧化钛，TiO_{2-x} 表示缺氧掺杂物。忆阻器的特点之一（也是其优势）：它可以记忆流经它的电荷数量，其电阻取决于经过这个器件的电荷量，即如果让电荷以一个方向流过，则电阻会增加；如果让电荷反向流动，则电阻会减小。简单地说，这种器件在任一时刻的电阻是时间的函数，其值取决于多少电荷向前或向后经过了它，这一阻值可改变的特点被用来模拟神经元突触的可塑性，进而可创建一个具有简化突触功能的多层感知机网络。

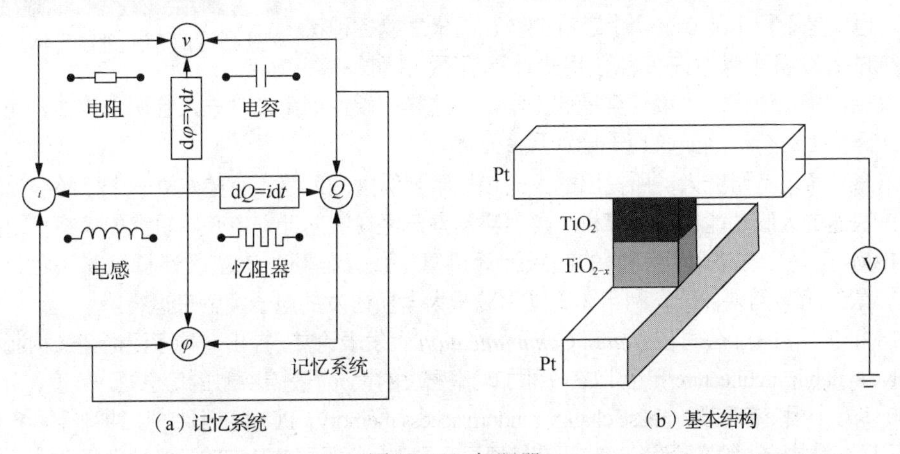

（a）记忆系统　（b）基本结构

图 10.10　忆阻器

忆阻器是天然的突触模拟器件，生物突触会释放钙（Ca）、钠（Na）离子以改变传导性，而忆阻器则是通过释放氧（O）离子来改变传导性的。在忆阻器出现之前，构建具有像大脑那样的形状因子、低功耗且可内部实时通信的结构是不可能实现的一项工作。忆阻器的功能特性是所有电子元件中与突触最相近的。从机理上来说，忆阻器只是两条相互垂直的金属线的一个氧化结。我们可以把基本的忆阻器看成一个纳米级大小的三明治，面包就是两根交错的电线的交点。神经形态芯片与忆阻器芯片的区别在于，前者需要设计复杂的模拟电路来模拟生物脉冲神经元的功能，而后者则可直接利用忆阻器元件实现单个生物脉冲神经元的功能。

利用忆阻器大量集成的机器学习芯片可以在硬件层面上模拟大脑皮层神经元网络，以此构造类脑计算机微处理器。这类芯片在利用历史数据进行学习的过程中，对于相对于当前时刻较近的数据可以予以加权，以突出它们在训练中的作用，从而使整个芯片具备更强的、更有弹性的学习能力。

10.3.2　忆阻器芯片

惠普实验室开发的类脑计算机微处理器的体系结构可以被认为是一种基于忆阻器的多核芯片，

它基于传统的处理器（纯数字电路）设计，采用多核 GPU 或 Dendra 芯片模拟神经元，进行多核并行处理，采用光子器件实现处理器间的通信。利用忆阻器的可塑性模拟突触，并将其作为神经元间的权值连接，可以实现神经网络的自适应学习机制，每个处理器的工作频率为 100Hz，且每隔 10ms 就会更新神经元状态及对应的突触权值。一般的高端微处理器都有多个核或处理单位，但与典型微处理器有 8 个左右的核不同，该芯片将包括数百个简单、普通的硅处理核，并且每个核都有自己高密度的丛林状忆阻器格阵。每个硅核都会直接连接到自己的瞬时存取的兆位高速缓存，这个高速缓存由数百万个忆阻器组成，意味着每个核都有自己专用的巨大内存池。即使按今天的半导体标准衡量，忆阻器体积也是非常小的。随着在硅片上堆积交叉纵横栅格的制造工艺的发展，未来几十年内，在一个芯片上将有可能建立每平方厘米千万亿位的非易失性的忆阻器存储器。

图 10.11 所示是一种忆阻器半导体混合电路，浅色方块部分即忆阻器。通过忆阻器阵列不仅可以模仿神经元和突触的工作方式，还能让计算机理解以往搜集数据的方式。这类似于人类大脑搜集、理解一系列事情的模式，可以让计算机在找出自己保存的数据时更加智能。例如，根据以往搜集到的信息，忆阻器电路可以告诉一台微波炉对于不同食物的加热时间。依靠构造基于忆阻器的仿真类大脑功能的硬件来实现模拟大脑及其功能，不同于现代计算机利用编写程序的方式模拟人脑功能，也就是不用 1 和 0 这两个二进制数，而代之以各种状态。这样的计算机可以做许多种数字式计算机不太擅长的事情，如模糊逻辑、语言、决策甚至是自主学习。这样的硬件可用来改进人脸识别技术，使其比在数字式计算机上运行程序要快几千倍到几百万倍。

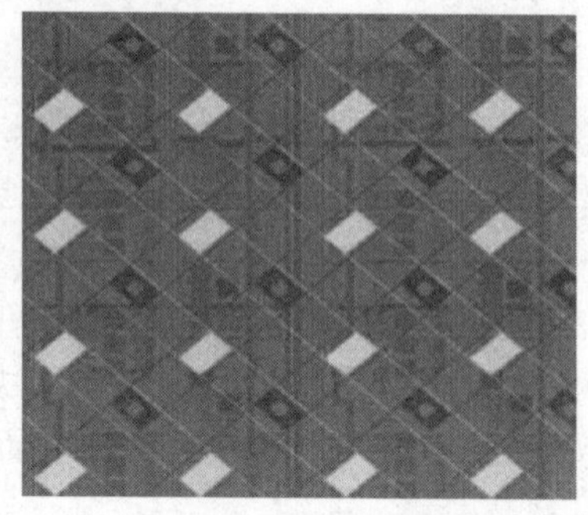

图 10.11　忆阻器半导体混合电路

利用惠普实验室研究人员所提出的大规模忆阻器纵横闩网络，有望建立一个比超级计算机更精确、更快速的人脑功能仿真计算机。惠普实验室已经在上述计划中开始研究如何将忆阻器作为突触。IBM 公司已成功利用精确的超级计算机算法仿真猫脑，该超级计算机算法名为“Blue Matter”，最终将转到硬件端，利用如美国密歇根大学所研发的电子突触来运行。

2018 年 7 月，IBM 公司在 *Nature Communication* 上发表论文，提出一种多记忆突触构造（multi-memristive synaptic architecture），可以在不添加功率密度的状况下提高突触的信息处理精度，并在一个拥有 100 多万个相变存储器（phase change random access memory，PCM）器件的脉冲神经网络（SNN）中对多记忆突触构造进行实验演示。该研究结果显示了利用忆阻器芯片突破深度神经网络的巨大潜力。

在器件层面上，忆阻器等新器件可能带来更高的存储密度，使一些新的类脑计算机体系结构成为可能，但其中隐含一定的风险，因此，我们可以将忆阻器等新器件当作今后类脑计算机的一项重要技术储备。

10.4　人工大脑

人类尚不清楚为什么自己的大脑会如此与众不同，但将人和其他动物区别出来的正是人类大脑的功能。创造一个人工大脑模型一直以来都是科学界的理想。现阶段人工大脑的主要思想是研制能够模拟神经元和神经突触功能的微纳光电器件，从而在有限的物理空间和功耗条件下通过模拟大脑结构实现人脑规模、硬件化的神经网络系统，即在器件层次逼近人脑。例如，国外开发了一种“神经形态自适应可塑性可扩展电子系统”，该电子系统的目标是研制出器件功能、规模、密度均与人类大脑皮层相当的电子装置，功耗为 1000W（人脑为 20W）。

人工大脑的根本思想是将还原论和整体论相结合，从结构模拟的角度来实现人工大脑。当用微小而数量众多的人工神经元连接起来的仿人脑装置的复杂程度在整体上低于人脑的程度、达到人脑的程度甚至超越人脑的程度时，其中是否会涌现出意识或智能呢？这是人工智能研究所关心的问题。人工大脑主要包括两种自下而上的搭建技术。一种是利用人造神经元、人工突触、忆阻器等微结构器件模拟生物神经元结构，设计人工神经元，再搭建人工大脑；另一种是利用脑科学数据和软件方法在现代计算机中模拟大脑从微观层面到宏观层面的结构。

10.4.1 人工大脑的基本单元

从微观层面研究单个神经元的结构、机制，利用材料学、微电子学等技术模拟生物神经元进而搭建人工大脑，这是一种自下而上的方法，本质上也是一种还原论思想方法，即通过在最基本的层面对生物神经元结构进行模拟设计，以硬件方式模拟大脑神经网络的连接，进而搭建出人工大脑。研究人员希望这种类大脑结构的人工创造物能够产生类人智能。人工大脑的基本单元主要包括人造神经元、忆阻器、人工突触等。

1. 人造神经元

IBM 公司于 2016 年设计出了世界上首个人造神经元。人造神经元不同于人工神经元，人工神经元只是一个数学模型，而人造神经元则是利用一种相变材料技术制造出的模拟生物神经元的物理神经元。这是一种纳米级的电子元件，由两个电极以及夹在它们之间的一层薄铁电物质组成。铁电物质的电阻可用类似于神经元电信号的电压脉冲来调整。若电阻低，则它的突触联系会很强；若电阻高，则它的突触联系会较弱。人工神经突触的学习完全基于这种调整电阻的能力。

这种人造神经元本质上是一种具有相变性质的神经元，其核心是相变人工突触。人造神经元由输入端（类似生物神经元的树突）、神经薄膜（类似生物神经元的双分子层）、信号发生器（类似生物神经元的神经细胞主体）和输出端（类似生物神经元的轴突）组成。信号发生器和输入端之间还有反馈回路，用以增强某些类型的输入信号。

人造神经元具有传统材料制成的神经元无法匹敌的特性——尺寸能小到纳米量级。此外，它的信号传输速度很快，功耗很低。更重要的是，人造神经元的输出是随机的，这意味着在相同的输入信号下，多个人造神经元的输出会有轻微的不同，而这正是生物神经元的特性。

IBM 公司已经制造了 10×10 的神经元阵列，将 5 个神经元阵列组合成一个包含 500 个神经元的大阵列，该阵列可以用类似人类大脑的工作方式进行信号处理。事实上，人造神经元已经表现出了和人类神经元一样的“集体编码”特性，每个神经元有 2 种状态，可以表示 1 位信息，那么 N 个神经元就可以表示 $2N$ 位信息。当神经元数量足够多时，其能表示的信息量将极其惊人。

2. 忆阻器

人造神经元技术与忆阻器互为补充。研究人员从神经突触可塑性机制获取灵感，利用忆阻器设计了人工神经突触。图 10.12 所示是一种忆阻器突触 CMOS 神经元结构。

虽然全世界有许多顶级实验室都在研究人工神经突触，但它们所使用设备的工作原理在很大程度上仍是未知的。法国研究人员首次开发出能预测人工神经突触如何工作的物理模型，借助该模型，有望创建更复杂的系统，如一系列与这些忆阻器相互连接的人造神经元。

3. 人工突触

斯坦福大学的研究人员构建出了一种人工突触，它是用柔软而灵活的材料制成的，如图 10.13 所示。

这种人工突触提高了计算机模拟人脑的效率。它就像真的突触一样，是一种此前没有出现过的崭新的有机电子器件。此外，这种器件在很多关键参数上也要优于无机器件。这种新型人工突触不但成功地模仿了人脑中的突触传递信号的方式，而且能效超过了现代计算机，由于该人工突触还可以和生物神经元通信，因此其也被用于开发新型脑机接口。

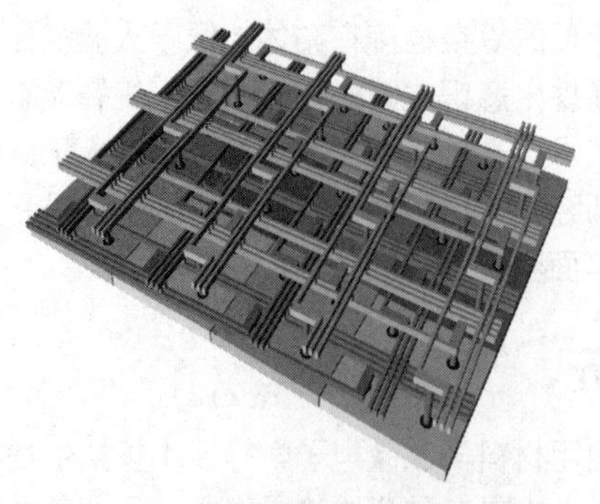

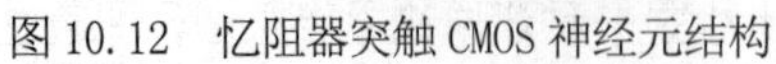

图 10.12　忆阻器突触 CMOS 神经元结构

图 10.13　人工突触

10.4.2　虚拟大脑

1. 虚拟动物大脑

神经模拟的发展历史可以追溯到 20 世纪 50 年代。从那时开始，关于皮层模拟的研究就已经被细节化和规模化。目前，世界上仅有少数几个公开可用的模拟器，包括 NEURON 和 GENESIS，适用于少量神经元的详细模拟。

在神经解剖学和神经生理学领域，为了对虚拟大脑进行研究，研究人员构建了基于大脑结构和动力学约束条件的计算平台——一种哺乳动物的大脑模拟器。这种模拟器的基本要素包括：用于展示大脑大量活动状态的可塑突触、动态突触，以及由微功能柱（见图 10.14 中小金字塔）、超功能柱（黑色小立方体）等组成的多尺度网络体系结构，如图 10.14 所示。其中，每个要素都是模块化的，并且是可以单独配置的，因此，研究人员能够灵活地测试大量关于大脑结构和动力学的生物启发性假说。

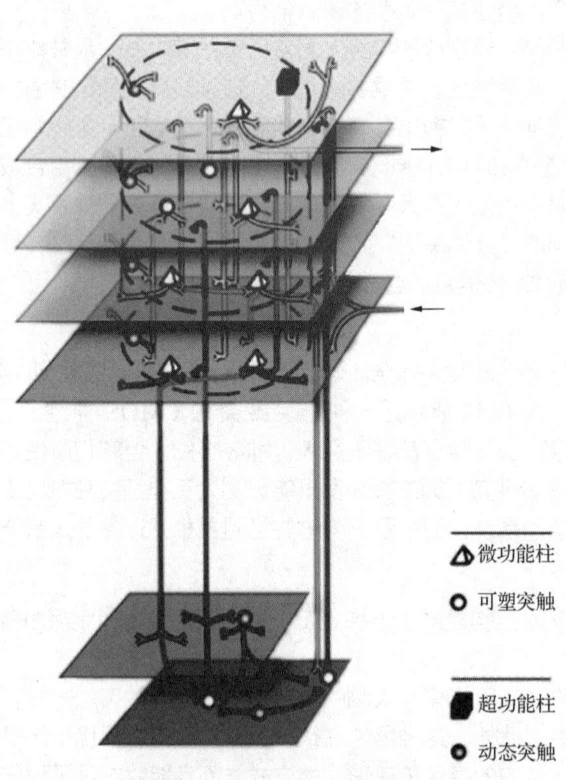

图 10.14　多尺度网络体系结构

2014 年，麻省理工学院的一个研究小组以蠕虫为研究对象，建立了一个名为 OpenWorm 的项目，目的是扫描蠕虫的 302 个神经元之间的所有信号传输，并设法在计算机中用软件模拟它们的运作方式，如图 10.15（a）所示，最终在数字空间里完全复制出一个蠕虫的虚拟有机体。研究小组经过不断努力，在这个项目中首先成功地模拟了蠕虫大脑，并在 2017 年将这个虚拟蠕虫大脑上传到了一个简单的乐高机器人里，如图 10.15（b）所示。

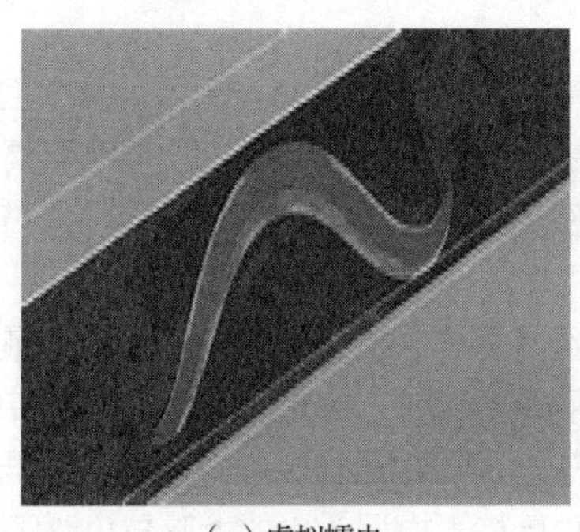

（a）虚拟蠕虫

（b）搭载虚拟蠕虫大脑的机器人

图 10.15　虚拟蠕虫大脑控制机器人

这个乐高机器人拥有与蠕虫相对应的所有身体功能性部位——充当鼻子的声呐传感器，以及用来替代原本的运动神经元的身体两侧的电动机等。不需要任何人为指令，虚拟蠕虫大脑就可以主动操控乐高机器人的行动，而不是通过传统的计算机编程。虚拟蠕虫大脑驱动的乐高机器人的行为与人们通常观察到的蠕虫的行为相似，刺激不同的传感器就会驱使它向前、向后等向不同方向运动。

2019 年 8 月，多家机构共同深入研究果蝇大脑的所有神经元和突触。为了生成详尽的大脑图像，研究人员使用了多达 7062 只果蝇的大脑切片，共计 2100 万张图片。研究的目标是绘制果蝇大脑的接线图，以了解其神经系统的工作方式。

研究人员首先将果蝇大脑切分成数千个 40nm 的超薄切片，并且使用透射电子显微镜生成每个切片的图像，由此产生了 40 万亿像素以上的果蝇大脑影像，图 10.16 展示了其中的一部分果蝇大脑切片。然后将二维图像排列对齐以形成完整果蝇大脑的三维图像。这项研究用了数千块高性能计算处理器及深度神经网络，后者能够自动跟踪果蝇大脑中的每个神经元。基于这种虚拟果蝇大脑，人类有望加速对于果蝇乃至所有生物学习、记忆和感知智能方面的研究。

图 10.16　果蝇大脑切片

2. 虚拟人脑

除了前面所介绍的利用神经解剖学等知识研究动物大脑来构建大脑神经模型或虚拟大脑模型，人们在虚拟人脑方面的研究工作也在不断推进。人类对虚拟大脑的研究涉及从微观基因、分子、神经元到宏观脑区的多个层次。2013 年，欧盟“人脑计划”（human brain project，HBP）正式启动。这是继人类基因组计划之后的又一个全球性的大科学项目，涵盖老鼠大脑战略性数据、人脑战略性数据、大脑模拟仿真、神经形态计算平台等 13 个子项目。在快速启动阶段，人脑计划完成了 6 个信息平台的搭建工作，其中包括脑仿真系统，用于重构和模拟大脑；神经形态计算系统，通过计算机系统模拟大脑微电路和大脑学习的运行模式等。快速启动阶段取得了鼠脑感官知觉和运动指令皮层微电路的数字化等多项成果。

虚拟人脑技术的实现离不开网络和超级计算技术的支撑。随着多个国家相继提出 E 级（每秒百亿亿次计算）超级计算机的研发计划，大脑的模拟工程也从十亿级神经元模拟时代迈入了千亿级时代。就目前而言，即使是运行在最快超级计算机上的最好的软件可能也只能模拟 1% 的人脑。

未来将诞生每秒可进行上百亿亿次运算的超级计算机，其运算速度将比目前最强大的超级计算机至少快 1000 倍，相当于 5000 万台笔记本电脑同时工作。在 E 级的超算系统中，模拟人的全部大脑神经网络 1s 的活动可能仅用几小时就能完成。研究人员已经开始基于脑科学技术和数据，建立包括大脑、小脑、基底核等部分的脑模型，并且基于模型对人的大脑与小脑区域的信息处理机制进行研究。

10.4.3 深度学习脑功能模拟

吴恩达教授认为，和神经科学家合作并从神经科学研究中汲取营养的确提升了深度神经网络的性能，如卷积神经网络的卷积层和池化层就是受到了视觉皮层简单神经元和复杂神经元的启发发展而来的。深度神经元网络和人脑皮层神经元网络都具有从新数据中学习知识的能力。实际上，深度神经网络除了作为一种类脑计算方法被用于物体识别、语音识别等各领域，同时它也是一种模拟大脑某些机制和功能的主要方法。这是一种双向的促进机制。

1. 基于深度学习的大脑视觉功能模拟

除了可以利用类脑计算机、人工大脑等方法实现类脑智能，还可以利用深度学习模拟大脑的功能，进而实现类脑智能。深度学习在网络层次上的复杂性足够接近生物大脑神经网络的复杂性，虽然二者在实现机理上不同，但是表现出了相似的功能。

神经科学家的一项研究发现，深度神经网络比得上灵长类动物的大脑。最近的研究表明，针对任务优化的深度卷积神经网络是灵长类动物大脑视觉编码精确的量化模型。CNN 经过训练，可以识别 ImageNet 中的物体，该模型的各个卷积层分别提供对不同视觉区域的线性预测，并且能比其他模型更好地解释视觉系统中的神经元反馈。但是，灵长类动物的视觉系统中有些结构（即皮层区域的局部循环连接和不同区域的远距离连接）并没有被前馈 CNN 完全模仿。

研究人员对模拟大脑视觉皮层的计算模型进行了测试，利用大脑视觉神经网络模型，设计了一种新方法来精确地控制单个神经元和位于网络中间的神经元群。他们建立了一个人工神经网络来模拟目标视觉系统的行为，并用它来构建图像，然后分析了这些图像在猕猴视觉皮层产生的预期效果。如图 10.17 所示，这些图像既能够广泛地激活大量神经元，也能够选择性地激活一个神经元群，同时保持其他神经元不变。结果显示，这些图像对神经元群产生了相当大的选择性影响。这个基于深度卷积神经网络的大脑视觉皮层计算模型与大脑视觉皮

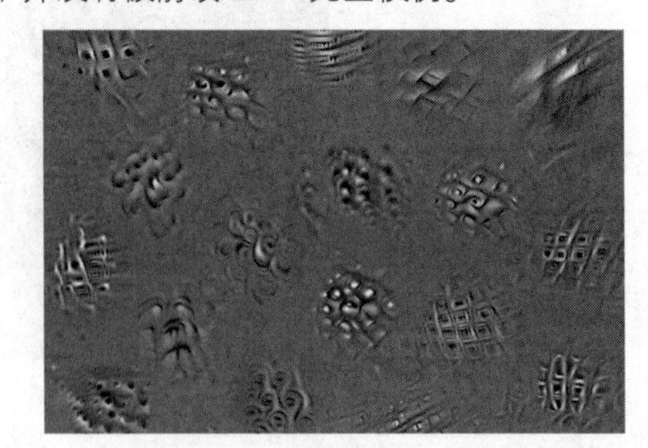

图 10.17　激活大脑神经元的人工智能方法的生成图像

层非常相似，可以用来控制动物的大脑状态，再现动物神经反应的整体行为。

2. 基于深度学习的大脑导航功能模拟

3.6.1 小节介绍了网格细胞和内嗅皮层里的其他细胞合作，识别老鼠头部的方向及屋子的边界，并和海马体区域内的位置细胞形成网络，构成动物大脑定位系统。英国伦敦大学的神经科学家与 DeepMind 公司的研究员使用深度学习技术训练计算机模拟老鼠，在虚拟环境中追踪其位置，如图 10.18 所示。

图 10.18 老鼠导航实验

研究者测试了神经科学中的一个发现：大脑使用网格细胞获得身体移动的方向和速度，识别出其在环境中的位置。首先，研究人员生成数据以训练算法。他们模拟了老鼠在围栏内觅食时的路径，也模拟了老鼠移动时的方向细胞和位置细胞的活动，但并没有模拟网格细胞的活动。然后，他们使用这些数据来训练深度学习网络，识别所模拟的老鼠的位置。实验结果表明，网格表征为模拟老鼠提供了精准导航。图 10.19 所示为深度神经网络中的人工神经元可以模拟出生物网格细胞的性能。实验结果还表明，深度神经网络的计算单元中自然地涌现出了类似网格活动的六角形模式，与真实老鼠大脑中所得到的网格十分类似，如图 10.20 所示。

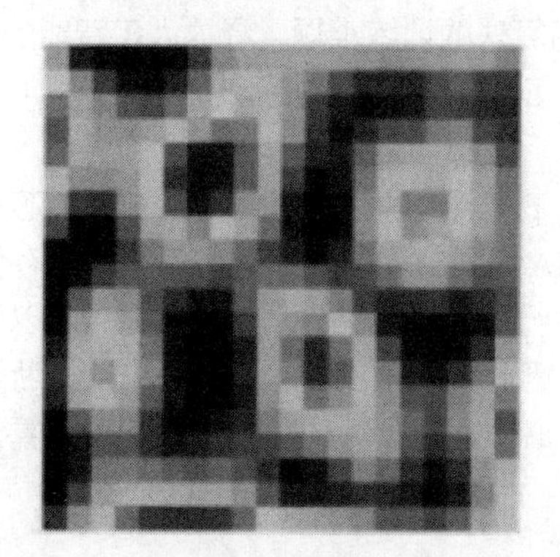

图 10.19 深度神经网络中的人工神经元仿真网格细胞

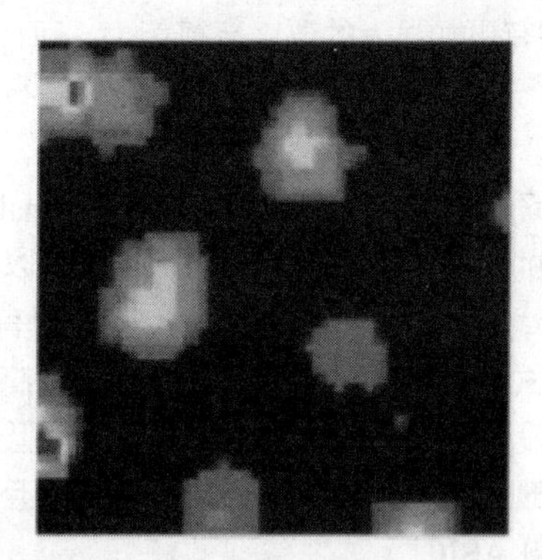

图 10.20 深度神经网络计算单元涌现出的老鼠大脑网格细胞

10.5 非神经形态智能计算芯片

非神经形态智能计算芯片是指不利用神经形态方法实现计算，而是支持传统人工神经网络和深度神经网络计算的芯片。非神经形态智能计算芯片大概可以分为两大类。第一类是基于通用计算芯片（如 FPGA、ARM 等）实现的非神经形态智能计算芯片，这类芯片可以支持传统人工神经网络、深度神经网络的计算。21 世纪初，学术界提出过一些支持人工神经元操作、特定人工神经网络算法的芯片，但由于多层人工神经网络的局限性和当时半导体技术的局限性，这类芯片并没有得到普及。深度神经网络出现以后，利用 FPGA、ARM 等通用芯片实现深度神经网络计算的研究日益得到重视，但是，这类芯片的深度神经网络计算效率并不理想，主要用来支持经过网络结构改造后的轻量化深度神经网络计算。

从 2012 年开始，将深度神经网络技术与专用计算芯片融合的研究日益受到人们的重视。也就是专门支持深度神经网络运算的新型智能计算芯片，这就是第二类非神经形态智能计算芯片。这类芯片通过专门设计的全新芯片架构来支持深度神经网络计算。

目前，公开发布的非神经形态智能计算芯片主要有以下几种。

1. 嵌入式智能芯片

从芯片底层架构看，GPU 并非专为深度学习而设计的专业芯片，并不是人工智能加速硬件的最终答案。目前，能够适应深度学习需要的芯片类型包括 ARM、GPU、FPGA 和 ASIC 等。

（1）ARM

ARM 是英国 Acorn 有限公司设计的一款低功耗成本的精简指令集计算机（reduced instruction set computer，RISC）微处理器。Acorn 公司自 1990 年正式成立以来，在 32 位 RISC 开发领域不断取得突破，其结构已经从 V3 发展到了 V7，在低功耗、低成本的嵌入式应用领域具有很高的市场地位，设计、生产 ARM 芯片的国际大公司已经超过 50 家。迄今为止，全球 90%的智能移动设备中都采取了 ARM 架构，其中，超过 95%的智能手机使用的是 ARM 处理器。在智能硬件和物联网高速发展的今天，以 ARM 为主流架构的嵌入式人工智能芯片将在未来发挥其独有的优势。

（2）GPU

英伟达公司的 GPU 最初是为应对图像处理需求而出现的芯片。其擅长大规模并行运算，可以平行处理大量信息。在人工智能技术发展的早期，GPU 因其优异的大规模数据处理能力而被广泛应用于现在的很多人工智能项目之中，如图像识别、无人驾驶等。GPU 的控制相对简单，由于大部分的晶体管可以组成各类专用电路、多条流水线，因此 GPU 的计算速度远快于 CPU；同时 GPU 拥有更加强大的浮点运算能力，可以解决深度学习算法的训练难题，释放人工智能的潜能。但 GPU 无法单独工作，必须由 CPU 进行控制调用才能工作，而且其功耗比较大。

（3）FPGA

现场可编程门阵列（field programmable gate array，FPGA）的基本原理：在 FPGA 芯片内集成大量的基本门电路及存储器，用户可以通过更新 FPGA 配置文件来定义这些门电路及存储器之间的连线。与 GPU 不同，FPGA 同时拥有硬件流水线并行和数据并行处理能力，适用于以硬件流水线方式处理数据，且整数运算性能更高，速度更快，因此常用于深度学习算法中的推断阶段。FPGA 没有读取指令操作，所以功耗更低。但是 FPGA 必须通过硬件的配置来实现软件算法，因此在实现复杂算法方面有一定的难度，且价格比较高。

（4）ASIC

专用集成电路（application specific integrated circuit，ASIC）是专用定制芯片，即为实现特定要求而定制的芯片。ASIC 定制的特性使其具备较高的性能功耗比；其缺点是因电路设计需要定制，导致开发周期相对较长，功能难以扩展。ASIC 在功耗、可靠性、集成度等方面都有优势，这在要求高性能、低功耗的移动端体现得尤为明显。

2. 寒武纪芯片

2014—2016 年，中国科学院计算技术研究所陈云霁研究团队陆续在计算机体系结构领域的顶级会议上发表论文，这极大地激发了学术界对利用深度卷积神经网络来加速芯片研究的热情。陈云霁等设计的寒武纪智能芯片采用了时分复用的方法，解决了使用有限硬件资源处理超大规模神经网络的难题。后来发展的"寒武纪 1A"（Cambricon-1A）智能芯片在语音识别和视频识别方面的识别精度已经超越了人类。由于设计了专门的存储结构和完全不同于通用 CPU 的指令集，它变得非常快，每秒可以处理 160 亿个神经元和超过 2 万亿个突触。目前，其已被应用于大型人工智能服务器及移动端。

3. 清华"天机芯"芯片

2015 年，清华大学类脑计算团队完成了第一代"天机芯"芯片的研制，2017 年，该芯片进化为第二代——可重构多模态混合神经计算芯片（代号 Thinker）（见图 10.21）。Thinker 芯片采用可重构架构和电路技术，突破了神经网络计算和访存的瓶颈，实现了高能效多模态混合神经网络计算。Thinker 芯片的能量效率相比于深度学习中广泛使用的 GPU 提升了 3 个数量级。它支持电路级编程和重构，是通用的神经网络计算平台，可广泛应用于机器人、无人机、智能汽车、智慧家居、安防监控和电子消费等领域。

2019 年 7 月，*Nature* 在封面刊登了清华大学类脑计算团队的新成果："天机芯"芯片及用其操控的自行车。最新一代"天机芯"芯片结合了类脑计算和人工智能，结合了面向神经科学和面向计算机科学的方法优势，从而成为具有人类大脑和主流机器学习算法广泛特征的跨范式计算平台。如图 10.21 所示，"天机芯"芯片采用 28nm 工艺制造，核心面积仅为 $14.44mm^2$（3.8mm×3.8mm），包含 156 个 FCores 核心，拥有大约 40000 个神经元和 1000 万个神经突触，可以同时支持机器学习算法和类脑电路。基于该芯片的自行车机器可以自主响应语音命令，识别周围环境，避开障碍并保持平衡，还可对目标人物进行识别、跟随等。

图 10.21　清华"天机芯"芯片

10.6　关键知识梳理

本章首先指出现代计算机在实现通用类人智能方面的局限性，以及类脑计算的必要性和前景，然后介绍了类脑计算概念及类脑计算技术，包括神经形态计算、基于忆阻器的类脑计算、基于脑科学大数据的类脑计算、基于脑功能模型的类脑计算系统等技术，最后介绍了类脑计算芯片和人工大脑的基本原理和思想。类脑计算是实现类脑智能的一个新途径，一旦通过这一途径使机器具备类人智能，即实现通用人工智能，将对人类本身和人类社会产生颠覆性影响。

10.7　问题与实践

（1）什么是类脑计算？
（2）实现类脑计算的主要方法有哪些？
（3）类脑计算与类脑智能有什么关系？类脑计算与人工智能有什么关系？
（4）为什么要发展类脑计算技术？
（5）类脑芯片的主要实现方法有哪些？
（6）类脑计算机与传统冯·诺依曼结构计算机有什么区别？
（7）神经形态计算如何用于实现类脑计算？
（8）智能芯片与类脑芯片有什么区别和联系？
（9）人工大脑搭建的基本原理和思路是什么？
（10）智能芯片对于深度学习的应用有什么作用？

11 混合智能

本章学习目标：

（1）理解混合智能的概念和基本形态；

（2）理解脑机接口的工作原理，以及侵入式和非侵入式脑机接口的主要实现方式；

（3）理解可穿戴混合智能和可植入混合智能的相关技术；

（4）了解外骨骼混合智能的驱动、结构和控制技术；

（5）了解人体增强的方式和动物混合智能等新人工智能形态。

11.0 学习导言

尽管一些特定领域的人工智能系统依赖强大的计算能力在挑战人类智力方面取得了巨大进步，但是这些系统还无法通过自身思考得到更高层次的智能，它们与具有高度自主学习能力的通用人工智能依然存在差距。当前的人工智能系统在不同层次都依赖大量的样本训练完成“监督学习”，而真正的通用智能会在经验和知识积累的基础上灵巧地进行“无监督学习”。大多数人工智能系统都是面向特定问题的，目前还无法得到一个通用的架构。科学家们将人类的认知能力或人类认知模型引入人工智能系统中，从而开发出一种新型人工智能，即“混合智能”。本章将介绍以脑机接口技术、可穿戴技术及机械外骨骼技术为主的人机混合智能。通过学习本章，读者应该可以形成对混合智能的初步认识。

11.1 混合智能基本形态

混合智能（cyborg intelligence，CI），顾名思义，就是人或动物智能与机器智能通过一定的方式或者不同层次的混合而形成的一种智能形态。由于生物智能与机器智能混合的方式、层次、功能多种多样，因此混合智能的形态也多种多样，如表 11.1 所示。

表 11.1　混合智能的形态

分类依据	混合智能的形态
智能混合方式	增强混合智能、替代混合智能、补偿混合智能
功能增强层次	感知增强混合智能、认知增强混合智能、行为增强混合智能
信息耦合功能	可穿戴人机协同混合智能、脑机接口混合智能、脑机一体混合智能

从智能混合方式看，混合智能系统可采用增强、替代和补偿 3 种方式。其中，增强是指融合

生物和机器智能体后实现某种功能的提升；替代是指用生物/机器的某些功能单元替换机器/生物的对应单元；补偿是指针对生物及机器智能体的某项弱点，采用机器或生物部件补偿并提高其较弱的能力。

从功能增强层次看，混合智能可以分为感知增强混合智能、认知增强混合智能、行为增强混合智能，这 3 种系统分别实现感知、认知及行为层次的能力增强。

从信息耦合功能看，混合智能可以分为可穿戴人机协同混合智能、脑机接口混合智能、脑机一体混合智能。

混合智能的基本形态有以下两种实现形式。

1. 人在回路的混合智能

人在回路的混合增强智能是将人的智能引入智能系统中，与微电子、机械、材料、嵌入式计算机及可穿戴传感器技术结合而成的系统性智能技术。它的特点在于直接利用人的智能技术与外界进行通信、控制、交互，而不是单纯地通过利用计算机模拟人的机器代替人去完成任务。它本质上是一种人类体能、智能的增强拓展技术，包括增强现实、可穿戴外骨骼、脑机接口等多种典型技术。

2. 基于认知计算的混合智能

如图 11.1 所示，在人工智能系统中引入人类智能启发的认知计算技术，将人类智能与机器智能相结合。它以人类智能和机器智能的深度融合为目标，通过相互连接的通道，建立兼具机器智能和人类智能的感知、记忆、推理、学习、操控能力的新型智能系统。

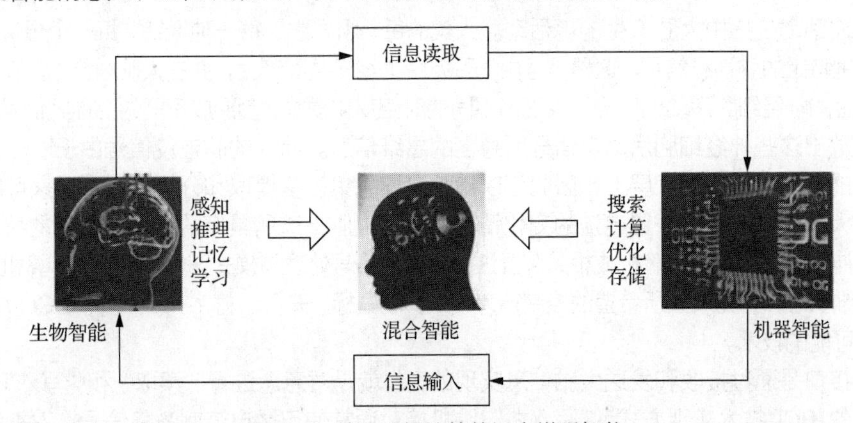

图 11.1 基于认知计算的混合增强智能

人工智能在特定领域应用的巨大成功为研究与发展新一代人工智能提供了重要的借鉴和新的方法。在“通用人工智能”时代到来之前，混合智能将成为传统人工智能与未来通用人工智能之间的过渡阶段。一方面，混合智能通过各种人机融合技术，可以增强正常以及残疾人或动物的体能与智能；另一方面，人们可以不断应用人工智能、生物医学工程等不同领域的技术，发展出人工智能与生物智能的混合智能。

11.2 脑机接口

脑机接口（brain-computer interface，BCI）技术是一种研究人脑思维机制及其与外界环境进行信息交换的技术，它通过分析大脑皮层或头皮的脑电波信号与外部电子设备或计算机直接通信，而不依赖于人的正常神经系统和肌肉组织。BCI 技术为实现混合智能形态提供了必要的接口与互联手段。图 11.2 中基于 BCI 的混合智能是以生物智能、机器智能、人类智能这 3 类智能形式的深度融合为目标，通过三者相互连接通道，形成三者融合的全新智能模式。

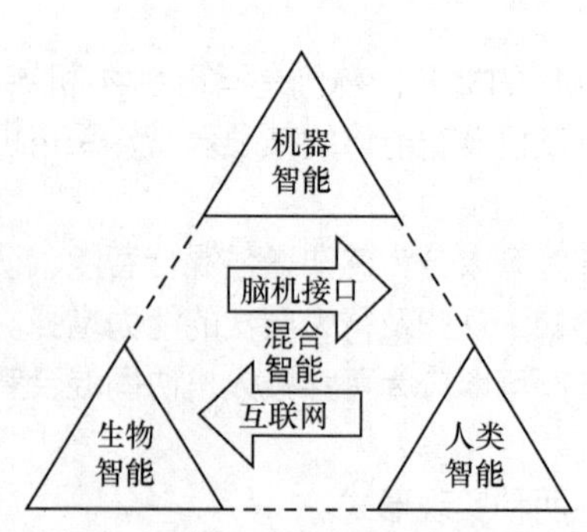

图 11.2　基于 BCI 的混合智能模式

1924 年，德国精神科医生汉斯·贝格尔（Hans Berger）研究发现了脑电波的存在。至此，人们发现意识是可以转化成电子信号被读取的。在此之后，针对 BCI 技术的研究开始出现。1978 年，视觉脑机接口方面的先驱威廉·多贝尔（William Dobelle）在一位男性盲人的视觉皮层植入了由 68 个电极组成的阵列，并成功制造了光幻视，使病人可以在有限的视野内看到灰度调制的低分辨率、低刷新率点阵图像。多年以来，研究人员在意念控制物体和人类躯体、意念打字、意念控制计算机、“脑对脑”交流、意念输出成文本等方面的研究获得了很大成功。

11.2.1　脑机接口工作原理

脑电波活动是指由大脑产生的电活动。人类的每一瞬思维、每一种情绪、每一个想法，都会在大脑中产生特定的脑神经信号，这种信号由千百万个神经元共同产生，并在大脑内传播。在不同思维情况下产生的神经细胞活动电信号会表现出不同的时空变化模式，会形成不同的脑神经信号。脑电波模式会释放出这些神经细胞活动电信号所隐含的思维信息。而人的脑电波信号由于以一定的规律反映在人的脑皮层及头皮表层上，因此可以被脑电波采集设备提取和分析。脑科学家可以通过记录和研究大脑皮层及头皮表层电流的变化情况发现该大脑电流所具有的规律性变化的特性，将检测到的脑神经信号传送给计算机或相关装置进行有效的信号处理与模式识别，从而使计算机识别出使用者的思维状态，并完成其所希望的控制行为，如移动鼠标、开门、打字和开机等。BCI 就是使上述想法成为可能的技术。

脑机接口是通过接收和发送大脑信息实现的，也就是对意念进行“读取”和“写入”，这也是两种主流的 BCI 技术实现方式。“写入式”脑机接口通常使用微电流刺激将信号输入神经组织，这一技术已被成功应用于医疗领域。类似的写入式技术已经在实际中得到了广泛应用，例如，人工耳蜗能够刺激听觉神经，从而使失聪者恢复听觉；深度脑刺激能够作用于与运动控制相关的基底神经节，从而可以用于缓解帕金森病和特发性震颤一类的运动失调病症。另外，科学家也在研发新的设备，实现通过刺激视网膜来缓解某些类型的失明症状。与之相反，“读取式”脑机接口则需要采集神经信号，该技术目前尚处于研究阶段，仍有许多待解决的难题。

一般而言，一个 BCI 系统由输入、输出、信号处理与转换等功能环节组成。整个 BCI 系统框架如图 11.3 所示，其运行的具体过程：首先由采集设备从大脑皮层采集脑电波信号，然后经过放大、滤波等处理环节将采集到的信号转换为方便读取的信号，利用机器学习方法提取读取所得信号的特征，并对特征信号进行模式分类，最后将信号转化为控制外部设备的具体指令，实现意念控制。

输入环节负责检测包含某种脑电波特性的信号，是对脑电波信号的粗提取；信号处理与转换环节负责对采集的大脑信号进行处理分析、分类决策并转换成驱动或者操作命令；输出环节由最后的控制设备实现，控制设备可以是外部的轮椅、机械手、机器人等，这些设备与人脑之间也可以通过信号产生反馈，达到取代、提升、恢复、增强或补充人的智能、体能的目的，或者作为研究人体机能的手段。

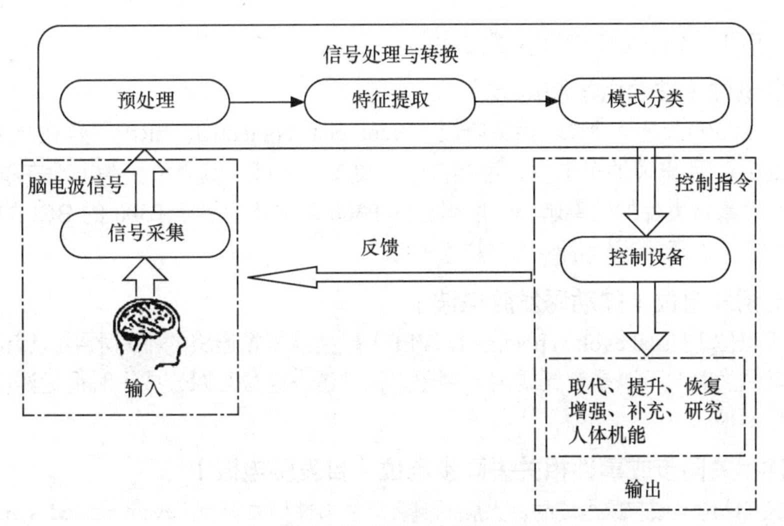

图 11.3　BCI 系统框架

11.2.2　可探测识别的脑电波信号

随着人的情绪与身心状态的变化，脑电波信号的强弱也会发生变化，且只有在人脑死亡后才会停止，所以通过 BCI 系统获取脑电波信号并加以解码分析，就能够获得一系列信息。

通过脑电极装置记录到的电位是对脑部大量神经元活动的反应，低至微伏级。这种电活动的电位随时间的波动称为脑电波（electroencephalogram，EEG），也称为头皮脑电、脑电图，它可以通过医学仪器——脑电图描记仪采集人体脑部头皮上的微弱生物电信号而被获取。其他还有皮层脑电图（electrocorticogram，ECoG）、局部场电位（local field potential，LFP）和神经元脉冲信号（SPIKES）等，如图 11.4 所示。脑电波反映了大脑组织的电活动及大脑的功能状态，脑的复杂活动反应在头皮上的电位活动就是脑电波轨迹。所以理论上，人的意图通过脑电波应该可以被探测识别出来。

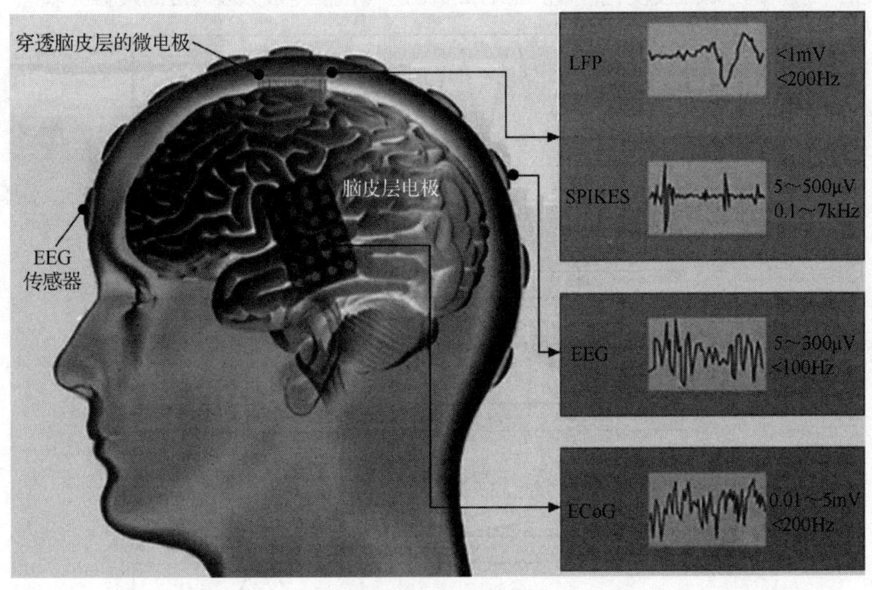

图 11.4　脑电波信号

由于脑电波信号的本质还未知，因此难以确定一种特定的信号识别方法，但无论何种情况，BCI 技术的首要任务都是从脑电波中识别出人的主观操作意识，并将其表达为对外部设备的直接

控制。通常，BCI 研究中主要使用以下脑电波。

1. 诱发电位（被动诱发脑电波）

诱发电位（P300）是一种事件相关电位（event related potential，ERP），是在产生事件相关刺激的 300～400ms 后出现的正电位，主要位于中央皮层区域，其峰值大约出现在事件发生后的 300ms 时。相关事件发生的概率越小，所引起的 P300 越显著。基于 P300 的 BCI 的优点是 P300 属于内部响应，个人无须通过训练即可产生 P300。

2. 视觉诱发电位（被动诱发脑电波）

视觉诱发电位（visual evoked potential，VEP）是指从视觉通路的不同水平区域记录的不同生物电反应，其诱发刺激可以是荧光或闪光刺激。视觉诱发电位可以分成短时视觉诱发电位和稳态视觉诱发电位两种。

3. 事件相关同步或事件相关去同步电位（自发脑电波）

做单边的肢体运动或想象运动时，大脑同侧会产生事件相关同步（event related synchronization，ERS）电位，大脑对侧会产生事件相关去同步（event related desynchronization，ERD）电位。ERS、ERD 与运动相关，主要位于感觉运动皮层。

4. 皮层慢电位（自发脑电波）

皮层慢电位也称为慢波电位（slow cortical potential，SCP），是皮层电位的变化，是脑电波信号中从 300ms 持续到几秒的大的负电位或正电位，能反映皮层 I 和皮层 II 的兴奋性，个人可以通过生物反馈训练来产生这种电位。

5. 自发脑电波信号（自发脑电波）

在不同的知觉意识下，人们脑电波中的不同节律会呈现出各异的活动状态。这些节律受不同动作或思想的影响。按照所在频段的不同分类，一般采用希腊字母（α、β、γ、δ、ε）来表示不同的自发脑电信号节律。脑电波通常从频域方面描述，基于外部刺激和内在精神状态，如图 11.5 所示，不同自发脑电波信号模式的频域幅度变化很大。表 11.2 列出了不同脑电波频段对应的大脑状态。

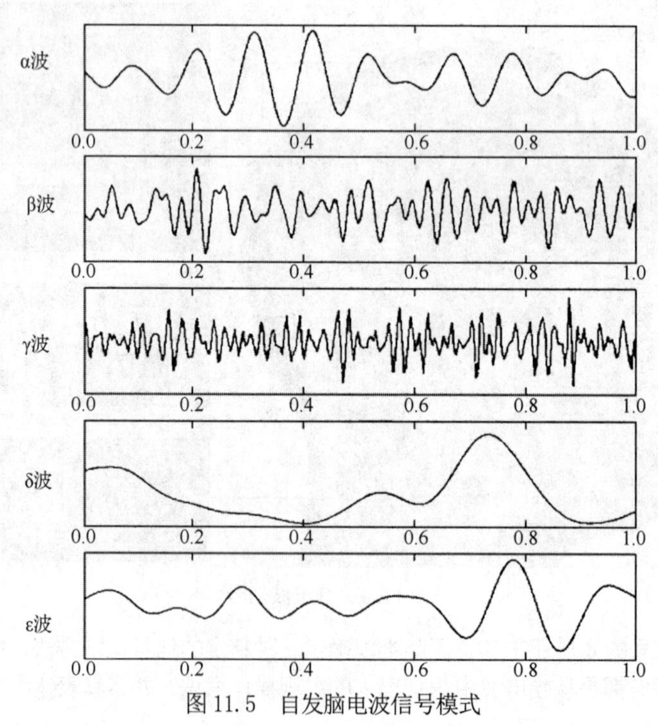

图 11.5　自发脑电波信号模式

表 11.2　脑电波频段与大脑状态

脑电波类型	频段及幅值	大脑状态
α 波	8～13Hz 30～50μV	放松但不困倦，平静，有意识
β 波	13～30Hz 5～30μV	警觉，放松且专注，有协调性，烦躁，思考，对于自我和周围环境意识清楚
γ 波	30～100Hz 幅值不一	心理活动活跃
δ 波	0.1～3Hz 幅值不一	沉睡，非快速眼动睡眠，无意识状态
ε 波	4～7Hz 高于 20μV	直觉的，创造性的，回忆，幻想，想象，浅睡

以上几种脑电波作为 BCI 输入信号时有各自的特点和局限。

11.2.3　侵入式脑机接口

侵入式脑机接口也称为有创式脑机接口，是指将芯片或传感器置于脑皮层的特定区域，通常会直接植入大脑的灰质以刺激脑神经。这样做的好处是可以直接从大脑皮层获取信息，避免神经信号因为远距离传输而衰减。通过这种技术记录到的信号具有极高的信噪比和良好的分辨率，因此所获取的神经信号质量比较高；但其缺点是容易引发免疫反应和产生疤痕，进而导致信号质量衰退甚至消失。侵入式脑机接口技术在使用时必须进行手术，对正常人来说还要经受社会伦理和使用心理的考验，其一般用于特定脑部疾病患者或者动物实验中。

1. 植入式微阵列电极

侵入式脑机接口一般采用植入式微阵列电极，其如同一个微型钉板，如图 11.6 所示，通过阵列上的每个微电极记录单个神经元的信号。记录下来的神经信号将被传送给“解码器”，解码器能够识别神经元的放电模式，然后将其编译为相应的运动指令，从而驱动机械臂或鼠标完成运动。这种“读取式”脑机接口可以帮助许多因生病而行动不便的人，如脊髓损伤的患者。利用侵入式脑机接口可以从大脑皮层（即大脑表面约 3mm 厚的组织）中采集数据。大脑负责特定功能的脑区有很多，目前已发现超过 180 个特定功能脑区。这些区域分别负责处理特定的感觉信息，与其他脑区相互连接，产生认知、抉择和运动行为等。利用脑机接口可在大脑皮层的各个位置行使功能。

图 11.6　植入式微阵列电极

2. 电极芯片

早在 2004 年，一家生物医学公司就在 25 岁的四肢瘫痪青年的头骨中植入一种瓶盖大小的电极芯片（也是一种微阵列电极），如图 11.7 所示，并使从这一芯片上接出的 100 个微小传感器与轮椅或计算机连接，从而帮助他实现仅用思想来操纵事物，甚至玩计算机游戏。这种技术被称为“脑门”，它能够从一系列神经元细胞中读取信号，并用计算机把神经信号转换成行动，这可能会使未来的假肢能像正常的肢体一样工作。

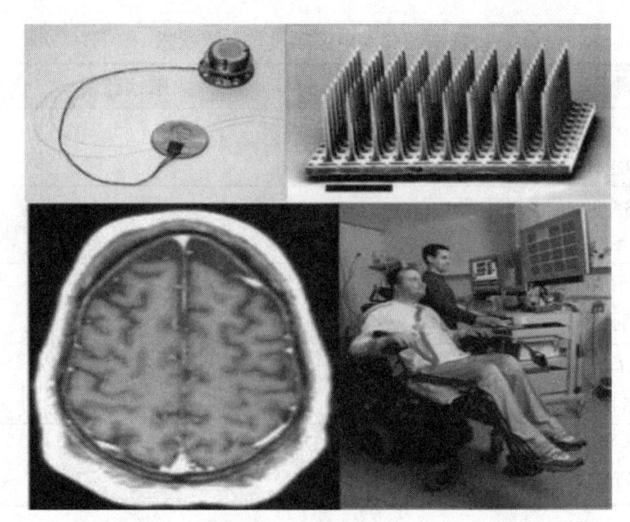

图 11.7　植入电极芯片

3. 改进型电极

除了上述侵入式脑机接口信号采集技术，侵入式BCI的关键是建立信息采集装置与大脑神经之间通信的接口。一个多所大学合作的BCI研究团队，为可植入式大脑芯片研制出了一种由“玻璃碳”制成的改进型电极，如图 11.8 所示。这种新型电极更经久耐用，可以记录神经电信号并绕过损伤部位将其传输到四肢的感受器中，从而恢复人的运动能力。当人们打算进行一些运动的时候，接口会记录大脑信号、习得相关的电信号模式，并且可以将该模式传输到肢体的神经甚至是假肢里，由此帮助人们恢复运动功能。

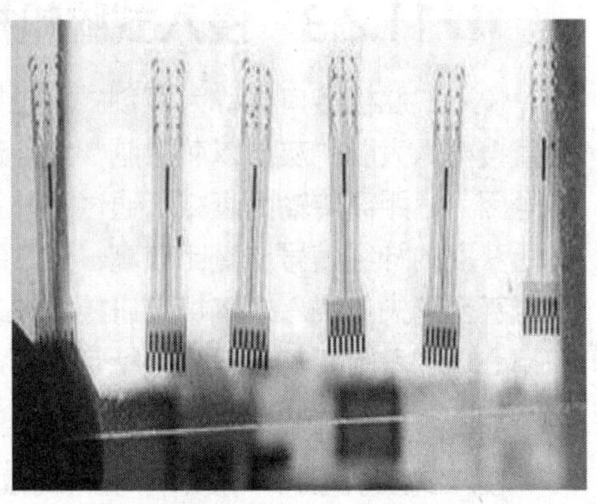

图 11.8　玻璃碳改进型电极

玻璃碳是碳的一种形式，具有像玻璃一样的形态，并具有导电性。加工完成并经冷却的玻璃碳电极会被置入芯片，用以读取大脑信号并将其传送至神经。研究人员可以使用这些改进型BCI记录沿大脑皮层表面传输来自大脑内部的神经信号。利用这种玻璃碳电极，从大脑较深层内部可以记录到单神经元信号，从大脑皮层表面可以记录到神经簇信号。将二者结合起来，就可以更好地理解大脑信号的复杂属性。

4. 高分子聚合物纤维

实现人脑和计算机的“联通”一直是科幻小说的“圣杯”。麻省理工学院的科学家发现了可以将科幻变成现实的高分子聚合物纤维，这种纤维比头发丝还细。利用这种纤维制造的系统可以把光学信号和药物直接送入大脑，并通过电子控制面板来持续监控不同输入在大脑中产生的效果。只需结合相关任务所需的特定通道组合，就可以对这个植入系统进行调整，并将其应用到特定的研究或治疗中。

11.2.4 非侵入式脑机接口

非侵入式脑机接口通常采用电极帽采集被试者的脑电波信号，微弱的脑电波信号在通过放大器后会以波形的方式显示到终端。非侵入式脑机接口利用 EEG 信号实现对外部设备的控制，通过分析 EEG 信号得出被试者的思想意图信息，并传达相应的控制命令给外界设备。图 11.9（a）所示为一种脑机接口多通道电极帽，图 11.9（b）所示是标准国际 10-20 电极放置位置。

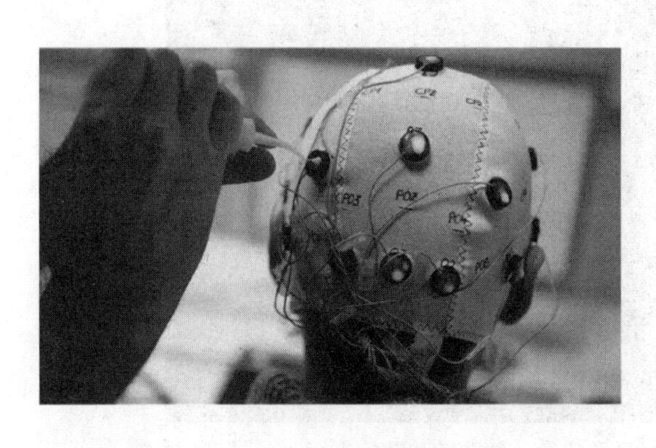

（a）电极帽　　（b）标准国际10-20电极放置位置

图 11.9　非侵入式脑机接口电极帽及标准国际 10-20 电极放置位置

非侵入式脑机接口的优势在于：无创伤和手术风险；具有优良的时间分辨率和可操作性；使用方便，易于开展研究。至今，国内外已开展了大量的非侵入式脑机接口研究，并取得了不少成果。

11.2.5　脑机接口应用

采用普通的非侵入式 BCI 技术也可以实现脑对脑通信。早在 2009 年，英国南安普顿大学的克里斯托弗 • 詹姆斯（Christopher James）就利用 BCI 技术通过网络把一个人的脑信号传递给了另一个人。

2014 年，美国华盛顿大学研究人员利用电磁铁和计算机对一个人的脑电波进行传输，从而操控校园另一端的另一个人的手。该实验中，实验者 A 戴上能读取 EEG 信号的帽子并盯着计算机屏幕，臆想自己在进行操作；帽子读取了相应的信号，并将信号通过互联网发送到校园另一端的仪器上；实验者 B 所戴的能进行经颅磁刺激的帽子对着他的左运动皮层部生成电磁脉冲，通过他脑中的运动神经控制了他右手的运动。

2019 年，加利福尼亚大学研究人员试图将大脑信号转换成可理解的正常人说话语速的合成语音。研究人员在该应用中采用基于 ECoG 的 BCI 技术，让 5 名患有癫痫的患者大声说出几百个句子，直接记录下受试者大脑皮层的神经活动，并跟踪控制语音和发生部位运动的大脑区域活动；然后通过设计的一种神经解码器，采用循环神经网络记录皮层神经信号编码，咬合关节运动的表征，以合成可听的语音。

2019 年 7 月，Space X 公司及特斯拉公司创始人埃隆 • 马斯克的脑机接口公司 Neuralink 找到了高效实现 BCI 的方法。其实际上是一套侵入式 BCI 系统：利用一台神经手术机器人向人脑中植入数十根直径只有 4～6μm 的“线”，以及专有技术芯片和信息条，然后可以直接通过 USB-C 接口读取大脑信号。与以前的技术相比，新技术对大脑造成的损伤更小，传输的数据更多。

2019 年 7 月，美国卡内基梅隆大学华人学者贺斌与其他大学合作开发出了一种可以与大脑无创连接的脑机接口，实现了让人用意念控制机器臂连续、快速运动。该项成果是历史上首个成功的非侵入式意念控制机械臂，如图 11.10 所示。

在未来，脑机接口技术也会走向普通大众。让人们摆脱各种操作面板、鼠标、键盘，通过思维来直接控制计算机和机器，这是脑机接口未来发展的方向。人类智能通过脑机接口技术将逐渐与机器相融合，形成基于脑机接口的混合智能形态。

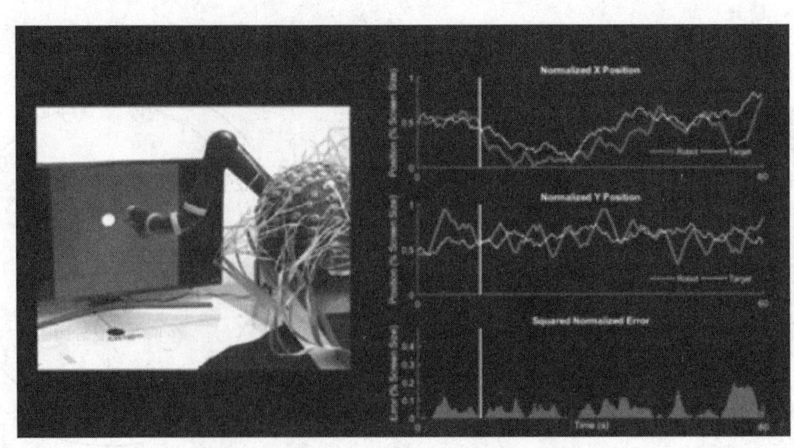

图 11.10　BCI 控制机械臂稳定、连续跟随移动的光标

11.3　可穿戴技术

可穿戴技术是一种研究如何把科技功能整合到人们日常随身物品里面，并进行智能化设计，开发出符合用户需求的可穿戴设备的技术。可穿戴设备可理解为基于人体自然能力之上的，借助现代科技实现某些功能的设备。

可穿戴技术包含感知与运用两个维度。该技术通过各种类型的传感器实现对不同人体信号、环境参数的采集，并在此基础上对相应的数据进行分析，利用智能技术结合应用场景，开发和拓展相关的应用，实现从“知”到“能”的转化。在感知层面，新型传感技术的发展可以以各种适宜的形态实现各类数据、信息的采集，如电子织物传感器、眼动传感器、生理参数传感器等。在运用层面，新型人工智能及机器学习方法、大数据分析技术的出现，将抽象的、多维度的数据进行汇总分析，可以挖掘出无限多种可能。

可穿戴混合智能是指利用芯片和传感器等技术，测量体外某些信号，进而实现人机交互等混合智能。其核心技术包括片上系统（system on chip，SoC）和专用芯片，片上系统是集多种功能于一个芯片的系统。

11.3.1　可穿戴传感器

可穿戴设备因其面向对象和应用场景的不同，需要不同类型的传感器来实现感知的功能。传感器是可穿戴设备必不可少的核心部件，其从功能方面可以分为运动传感器、生物传感器和环境传感器。

1. 运动传感器

加速度/角速度传感器、陀螺仪、地磁传感器，以及测定姿态、位置、运动相关传感信息的传感器等都可以称为运动传感器。它被广泛应用于运动监测、导航、人机交互等各方面。较为常见的六轴运动传感器包括陀螺仪和加速度传感器，集成磁力计之后称为九轴传感器。目前，市场上的芯片产品中，已经有相应的九轴传感器芯片。

2. 生物传感器

血糖传感器、血压传感器、心电/肌电传感器、体温传感器等生命体征检测装置都可以纳入生物传感器的范畴，其主要应用场景为健康监控、病情预警等。医务人员可以通过此类传感器收集信息，丰富诊疗参考信息。

3. 环境传感器

环境传感器主要包括温度/湿度传感器、气体传感器、pH 传感器、紫外线传感器、气压传感器等监测环境条件的传感器。基于此类传感器，可以实现环境检测、天气预报、健康提醒等功能。

由于可穿戴设备的产品形态多与人体特定部位的形态相关，长时间穿戴对产品的触感、舒适度都有较高的要求，因此贴近人体的外形设计、柔软度等都是可穿戴产品的必备特性。图 11.11 所示为一种可用于穿戴的柔性电路板，它是使用柔性绝缘材料制成的印制电路板，可以自由地弯曲、卷绕或者折叠。

图 11.11　柔性电路板

11.3.2　可穿戴神经刺激

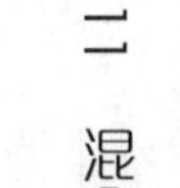

人体本来就是个神奇的生物电场，人类的每一个思维、每一次感情波动、每一个行动，在大脑中都会产生相应的电信号，这种信号由千百万个神经元协调发出，并在大脑内传播。神经刺激混合智能是指利用神经刺激设备通过刺激身体某些部位的神经，产生信号并传递到大脑，从而刺激脑神经的一种混合智能技术。图 11.12 所示为两种神经刺激可穿戴混合智能设备。

Thync 设备，如图 11.12（a）所示，借助经颅直流电刺激（transcranial direct current stimulation，TDCS）技术，通过微小的电极刺激神经，帮助人们在生活压力较大的情况下平静放松。

Quell 是一种放在护腿套上的可穿戴的皮带小型设备，如图 11.12（b）所示。它的背部配置了能与皮肤直接接触的电极，用以刺激小腿上的感觉神经。用户使用时，只需要按设备按钮，诊疗过程便可开始，开发者称 15min 即可让患者的疼痛感完全消失。Quell 的无创电极驱动技术可以把神经脉冲带到大脑，使大脑触发身体的自然疼痛缓解机制，释放内源性阿片类物质（人体内生成的阿片肽）到脊柱中，减少人对疼痛的感知，帮助大脑淹没疼痛信号并实现疼痛缓解。

（a）Thync 设备

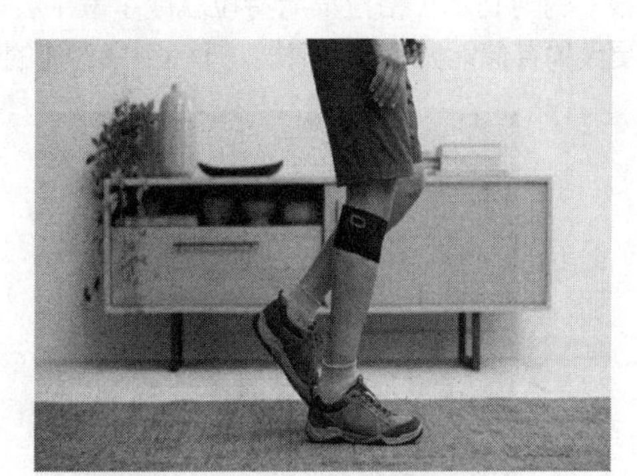

（b）Quell 设备

图 11.12　神经刺激可穿戴混合智能设备

11.4　可植入电子芯片

可植入混合智能的装置各种各样，其功能也各不相同，有的用于身份的确认和追踪，有的作为治疗疾病的设备植入人体，还有的作为远程控制电器设备和人脑辅助记忆装置。

11.4.1 电子识别芯片

第一批电子识别芯片最早装在动物身上，用于记录和监控它们的进食习惯和繁殖情况等。1998年，英国雷丁大学的凯文·沃里克（Kevin Warwick）教授利用外科手术，把一个硅片脉冲转发器植入自己的左臂。2002年，一块有100个电极的芯片被植入沃里克的手腕，并通过植入天线使其连接到计算机。芯片电极与神经细胞有所接触，所以也会接收到大脑的电子信号。当他想要抓紧拳头时，芯片会把信号传给计算机，计算机记录和分析这个信号，并复制出同样的信号传给机械手，机械手便会做出抓紧拳头的动作。由计算机控制的房间能自动开灯、开门，所有这一切都在一念之间，甚至不需要举手。这一年，他写下了著名的《我，半机械人》（*I，Cyborg*）一书。"Cyborg"这个词至今还有许多不同的翻译，有的人将其译为改造人、生化人、自动控制人，有的人就直接将其译成"赛伯格"，它指的是这样一种人类：他们身体上不可或缺的某些部分，已经被换成了机器零件。沃里克宣称他已经成为世界上第一位电子人。

基于射频识别（radio frequency identification，RFID）芯片实现混合智能，就是在人体皮肤下面植入一个很小的芯片或者人将芯片吞食进自己的身体，芯片中记录着个人的基本资料。芯片中装有天线和信息发射装置，此外在一般情况下"无源芯片"不需要能量，其只是一个信号的载体，仅当附近的仪器扫描它的时候它才会产生信息。2004年，英国人内尔·哈维森（Neil Harbisson）把带天线的芯片植入自己的头骨中，从而成为世界上第一个获得政府认可的混合智能半机械人，如图11.13所示。通过编程设计，植入的天线能够识别紫外线和红外线，并能把人眼可见的颜色转换为声音。这意味着，天生色盲的哈维森可以通过声音辨别各种色彩。

皮下射频识别芯片像一个小型胶囊，可以植入使用者体内。如图11.14所示，这种小型胶囊长约12mm，直径约为2mm，采用具有良好生物适应性的玻璃制作而成，基本不会与人体发生生物排斥现象。这种胶囊内置一种通信芯片，能把近场通信（near field communication，NFC）和射频识别很好地结合在一起，能使用手机上的近场通信标准实现解锁、传输名片等功能；与此同时，它也支持通用协议的射频识别数据传输，可以用于刷门禁、启动汽车等。

研究人员表示，这种设备有望取代智能手机和平板电脑的密码。早在2005年，被称为"RFID男孩"的阿马尔·格拉福斯特拉就成了最早尝试植入人体射频识别芯片的人。现在这些芯片拥有了更大的存储能力和其他潜能，有大约880B的存储空间，这是以前的97倍。

图 11.13　带天线的内尔·哈维森

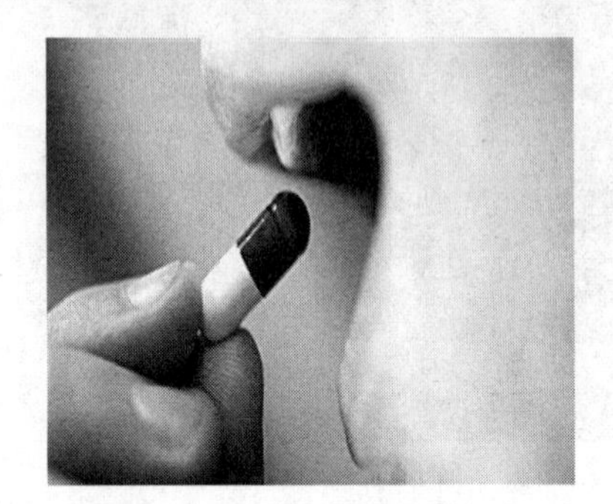

图 11.14　皮下射频识别芯片

目前向大脑植入设备还存在巨大的风险，如果身体排斥制造设备的原材料，或许会导致植入者死亡。

11.4.2 人造感觉神经

2018年6月，斯坦福大学和南开大学的研究人员共同研制了一种人造感觉神经，如图11.15所示。这种人造神经具有良好的生物兼容性、柔性和高灵敏度，可以探测不同方向的运动，甚至能识别盲文。研究者将制作的人造感觉神经与蟑螂腿的生物运动神经相连接，组合成生物—电子混合反射弧，实现了蟑螂腿的弹跳反射运动。这种人造触觉神经在机器人手术、义肢感触等领域都有很好的应用前景，也为构建更加精准的可植入混合智能技术打下了更坚实的基础。

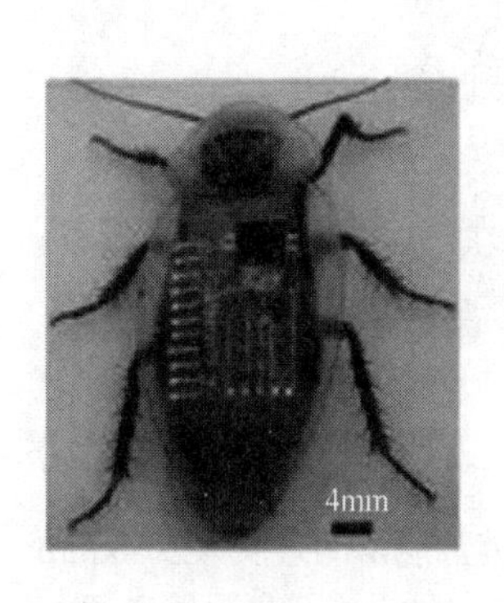

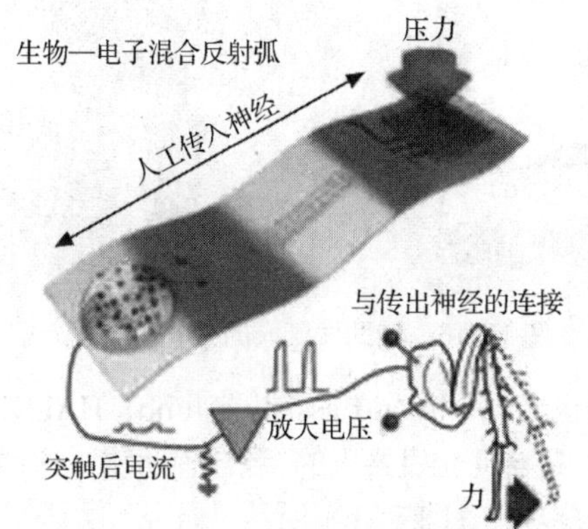

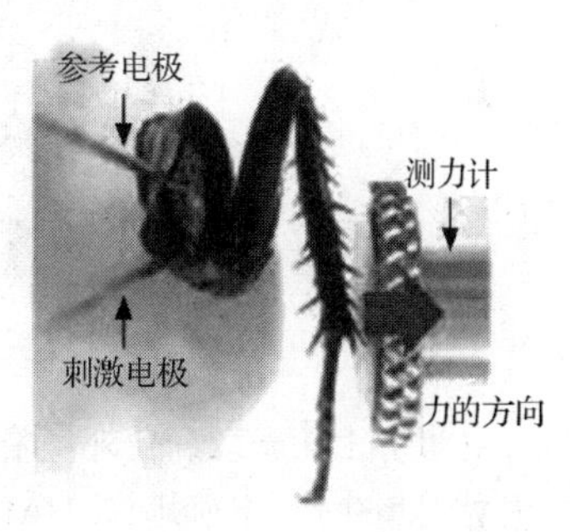

图 11.15　人造感觉神经

可穿戴技术与人体机能的结合还可能使人类获得额外的环境感知能力，例如，带天线的内尔·哈维森能够通过声音辨别色彩；又如，通过磁场传感器直接感知磁场。事实上，这种可以让人直接感知到磁场变化的可穿戴传感器已经出现。当然，也可以通过安装在鞋子里的传感器提示人类行走的方向；还可以通过类似隐形眼镜的传感器增强人的夜视能力，让人感知到红外线，人的视觉在夜间也能像猫的眼睛一样敏锐。

11.5　外骨骼混合智能

"外骨骼（exoskeleton）"这一名词来源于生物学，是指为生物提供保护和支持的坚硬的外部结构。例如，甲壳类和昆虫等节肢类动物的外骨骼，主要由矿化的胶原纤维（一种蛋白质）组成。外骨骼的优越性在于支撑、运动、防护 3 项功能紧密结合。

与此对应，外骨骼机器人（exoskeleton robot）实质上是一种可穿戴机器人，即穿戴在操作者身体外部的一种机械结构，同时融合了传感、控制、信息耦合、移动计算等机器人技术，在为操作者提供诸如保护、身体支撑等功能的基础上，还能够在操作者的控制下完成一定的任务。可见，外骨骼机器人技术能够增强个人在完成某些任务时的能力。外骨骼和操作者组成的"人—外骨骼系统"能够对环境有更强的适应能力，因而与人体结合可以形成增强行为智能的混合智能。

近年来，外骨骼机器人引起了许多科研人员的关注，其在单兵军事作战装备、辅助医疗设备、助力机构等领域获得了广泛的应用。在军事领域，外骨骼由于能够有效提高单兵作战能力，因而对相关研究人员具有很大的吸引力。外骨骼装备可以使士兵轻松承载吨级的武器装备，其本身的动力装置和运动系统能够使士兵不感疲倦地做长距离、长时间的高速运动，同时其坚实的防御能力也使士兵能够"刀枪不入"。在不久的将来，飞行能力也将被集成到外骨骼装备中，从而使士兵的作战范围和能力超出传统概念。

在社会生活的各方面，也能找到外骨骼的应用点。例如，利用外骨骼可以使身体有残疾的人重新站起来，图 11.16 所示为一种辅助残疾人的外骨骼装置；利用外骨骼还可以减轻工人的劳动强度等。

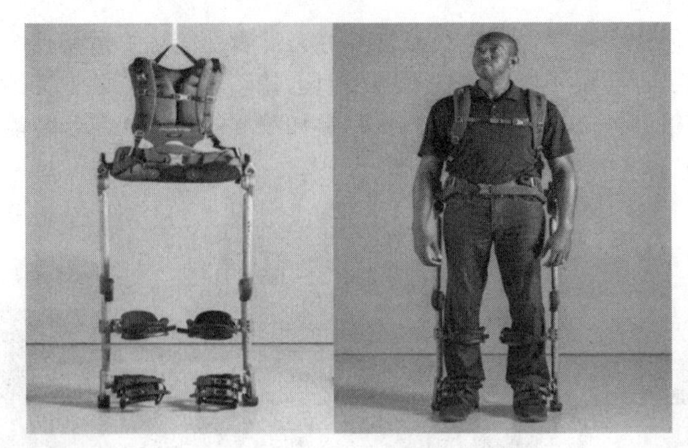

图 11.16 辅助残疾人的外骨骼装置

世界上第一款商业外骨骼机器人（hybrid assistive limb，HAL）如图 11.17（a）所示，其已开始批量生产。准确地说，HAL 是自动化机器人的“混合辅助腿”。这种装置能帮助残疾人以 4km/h 的速度行走，毫不费力地爬楼梯。图 11.17（b）所示是研究人员研制的一种上半身外骨骼装置，其可用于偏瘫患者的康复治疗。

（a）商业外骨骼机器人 HAL

（b）上半身外骨骼装置

图 11.17 外骨骼机器人

2018 年，哈佛大学相关研究人员发表了一篇关于柔性外骨骼的文章，指出其研究出了感应机器人控制和机器人驱动的新方法，并研发出了可以增加穿着者力量、平衡力和耐力的新型柔性外骨骼。这为外骨骼更合理地发展指明了方向。因为一副外骨骼如果重力过大，则仅克服自重产生的阻碍就会引发很多问题，很难达到辅助人类行动的目的。

11.6 动物混合智能

混合智能技术不仅可以用于人类，还可以用于动物。经过混合智能改造的动物，一方面可以用于科学研究和实验，另一方面可以基于动物智能产生新的人工智能形态。

1. 鼠脑控制

2004 年，佛罗里达大学的研究者用“多电极矩阵”中的鼠脑来进行 F-22 战斗机的模拟飞行。实验结果表明，利用鼠脑细胞直接实现外部设备操作是可行的。这是一种与人工神经网络智能控制完全不同的生物混合智能控制方式。

2008 年 8 月，英国里丁大学的工程系统学院宣布其制造了世界上第一台生物（鼠）脑控制机器人——格登，如图 11.18 所示。老鼠大脑的一部分切片被安放在一个巴掌大的培养皿中央，其中有 60×60=3600 根电极与脑切片相连，这是鼠脑和机器进行交流的关键部件，每个电极都可以捕捉神经元的电信号，也能向神经元放出电刺激。在大约 24h 内，神经元彼此伸出突触，建立连接。一周之内，便可以看到一些自发放电及与普通老鼠或人类的大脑类似的活动。这说明生物鼠脑可以通过电子传感器对环境进行学习研究。

浙江大学研制了一种鼠标机器人（又称大鼠机器人），如图 11.19 所示，目的是验证脑机接口技术如何增强动物视觉。研究人员将电极植入大鼠特定的大脑区域，这些电极和小型摄像机被连接到固定在大鼠上的“背包”上，该背包向大鼠的大脑提供电刺激，小型摄像机用于捕捉运动或周围环境。计算机分析视频流输入并生成刺激参数，然后通过无线方式将参数发送到背包刺激器，以此来控制大鼠的导航行为。视觉增强型鼠标机器人可以精确地找到目标物体，并通过物体检测算法识别物体。

图 11.18　鼠脑控制机器人

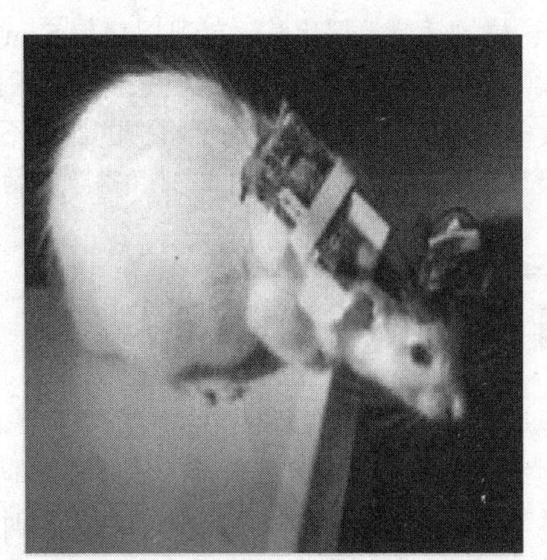

图 11.19　视觉增强的大鼠机器人

2. 猴子手势解码

为了验证大脑到计算机的神经信息路径，浙江大学研究人员利用猴子实施了一个“思维读者”演示系统，如图 11.20 所示。将两个 96 通道微电极阵列植入猴脑的前运动和初级运动皮层，猴子大脑可以控制机器人做出握住、抓住、勾住和挤压 4 个手势。

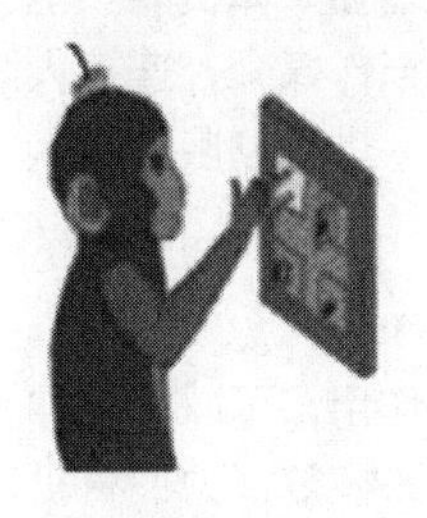

手指助记符解码

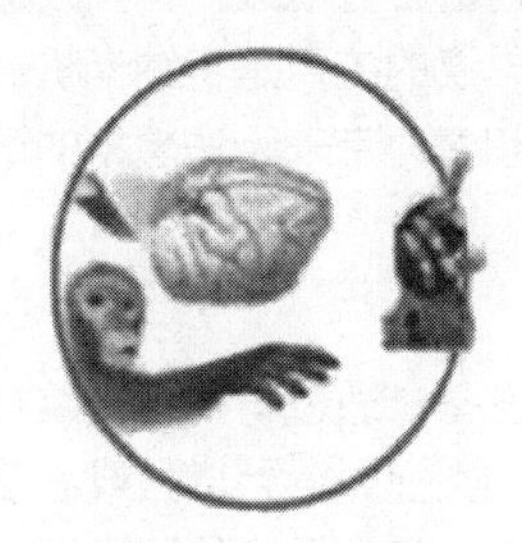

猴脑植入微电极

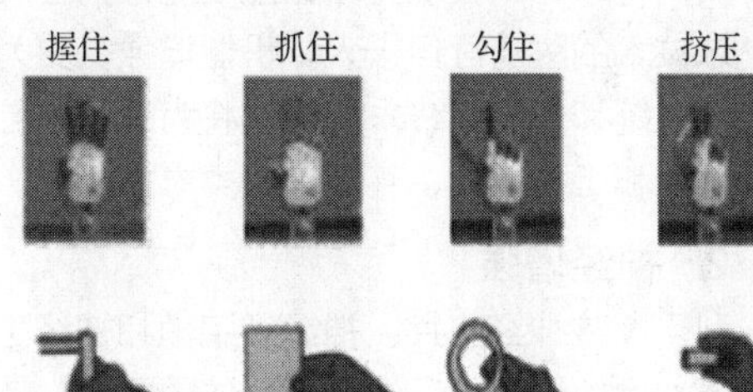

手势的分类

图 11.20　具有神经解码的机器人手控制

3. 昆虫控制

科学家们一直希望借鉴昆虫数亿年的进化经验，从昆虫身上获得灵感来设计机器人。早在 1977 年，东京大学的科学家就通过电信号刺激蟑螂的触角，达到控制它们向左或向右移动的目的。

从 2000 年开始，新加坡南洋理工大学的科学家尝试向甲虫体内植入电极，通过向连接到昆虫触角或大脑中的电极发送电流信号刺激昆虫行走。研究人员认为，这种半机械昆虫可以用于帮助人类完成许多复杂的任务，如灾难搜救等。

科学家也承认，这种半机械昆虫与真正的机器人相比还有许多不足，如生命周期有限等。但是，它们的优势也很明显。例如，昆虫本身就是一个极其完整的成品，而机器人则需要科学家将一个个微小的部件精密地组装到一起才可以工作；半机械昆虫的能耗比同等大小的机器人要小得多，它们也不需要复杂的代码。

图 11.21 所示是一只背着“背包”的大蟑螂（来自非洲马达加斯加的发声蟑螂）。这种蟑螂的“背包”里有小型红外摄像头，用来采集温度信号；两个传感器，分别用来检测运动和二氧化碳信号，可以检测到废墟里的动静、体温和二氧化碳，从而帮救援人员快速找到奄奄一息的幸存者，识别准确率可达 87%；外加一个无线通信芯片及一只微型电池。500 只这样的蟑螂救援小队，就可以覆盖 5km^2 的灾害现场。

图 11.21　半机械蟑螂

人们发现传统的微型机器人在废墟里来回移动耗能很大，没多久就坚持不了了。而半机械的昆虫不仅不用担心电量问题，还可以到人类无法触碰的危险且极其狭小的区域，从而在与时间赛跑的救援中充当导航者的角色。

11.7　人体增强

自从人类文明诞生以来，人类除了发明和制造各种工具以改造生活和社会环境外，也一直在不断地尝试通过技术来改善自己的体能和智能等。在工程学的背景下，人体增强可以被定义为应用技术来克服身体或精神上的限制，从而暂时或永久地增加一个人某方面的能力。基于各种混合智能技术实现人体增强主要体现在以下几方面。

1. 机能增强

除了药物和基因工程技术，还有一些实际的装置可以用于人体增强，这些装置正在一些新兴的跨学科科学领域中被提出。动力外骨骼增强技术可以为人体的各个部分提供功能增强，可用于增加穿戴者的实力、耐力和敏捷性。随着 3D 打印心脏等人造器官的出现和组织工程技术的改进，在不久的将来可以实现打印完全功能性的替代器官，甚至可以进行基因改造以增强人体机能。基于纳米技术的医药可用于人体机能增强，更为不可思议的应用是将纳米机器人当作媒介，连接人脑神经系统和外界网络系统，这将为开发人脑智力和潜力带来无法想象的革命，进而彻底改变人类的生活和工作方式，甚至是人类本身。

2. 神经增强

利用大脑神经芯片、神经细胞学和神经生物学设备，通过与神经系统相互作用，可以实现神经增强。例如，用人工视网膜和仿生眼镜，使正常人类视力得到增强或者使盲人恢复视力；将机器整合到生物体中，用人为的、可植入的信息处理系统替代损坏的脑区域；脑机接口可以让大脑直接控制计算机；由神经学家开发的多功能超感官传感器能够检测声波，并将其转换为微弱的振动，从而让聋人以全新的方式感受声音；有一种仿生镜片，可通过简单的手术植入眼球，从而让人类实现超常视力甚至让盲人恢复视力。

研究人员正在研究神经控制的外骨骼和人类与机器人整合的可能性，因为通过使用神经肌肉信号作为外骨骼系统的主要指令信号可以在神经肌肉水平建立人机界面。除了外骨骼技术，随着假肢技术的进步，一些科学家正在考虑使用先进的假肢增强（应用生物形态机器人的原理），用人造结构和系统代替健康的某些身体部位以改善该部位的功能。

图 11.22 所示的机械臂成为上肢被截的患者的假肢，由大脑神经活动控制，可以使患者完全自然地恢复运动技能。生物医学工程师们还开发了一种双向假体手臂，可以在运动的时候产生感觉。这个手臂是永久植入佩戴者的骨骼中的，使用了多达 9 个电极来接收残肢肌肉发送至该假肢的电动机指令，并将手指传感器中的信号传回手臂的感知神经元。美国凯斯西储大学的科研人员在病人大脑控制手部运动的“运动皮层”之下植入芯片，利用该芯片可以记下病人想要运动时大脑发出的电信号。病人只要在脑海中想象“往右动”“往上动”等，芯片中的控制器就可以给肌肉发送相应的动作指令。这款芯片一共可以控制 29 块肌肉，可分为 138 个肌肉元素，总计 11 个节点。

图 11. 22　残疾人机械臂

3. 记忆力增强

人们的记忆能力各有不同。虽然搜索引擎技术可以辅助人类记忆，但是这对于有轻度痴呆症状的人帮助有限。一些记忆辅助技术可以帮助这类人群管理任务和事件。一些记忆辅助设备能够分析可穿戴监测器的数据，使用传感器数据或根据医生的指令向病人提供个性化提醒服务，如何时服药、何时进行物理治疗等，甚至可以帮助个人追踪容易放错的物品。

从某种意义上说，人体的增强是较极端的科学形式。人类必须考虑自身是否能承受住人体增强给社会和个人带来的潜在副作用及成本。虽然人体增强还存在可能破坏社会公平等缺点和不足，但它确实具有促进创新和可能改善人类或其他物种的积极作用。

11.8　关键知识梳理

本章主要介绍了混合智能的定义和基本形态，以及混合智能的实现方法和应用，包括基于脑机接口的混合智能、基于可穿戴技术和可植入电子芯片的混合智能、基于外骨骼的混合智能、基于动物的混合智能，以及混合智能在人体增强、疾病治疗等方面的应用前景。混合智能可以通过脑机接口、机械外骨骼等技术增强人的智能、体能，甚至环境感知能力，又可以在实现强人工智能之前起到过渡作用。

11.9　问题与实践

（1）什么是混合智能？混合智能有哪些应用？

（2）混合智能与人工智能有什么区别和联系？

（3）脑机接口有哪些类型？其主要实现方式是什么？

（4）什么是可穿戴技术？

（5）利用可穿戴技术如何实现混合智能？

（6）可植入电子芯片混合智能与脑机接口技术有什么联系？

（7）外骨骼混合智能的主要实现技术有哪些？

（8）什么是人体增强？人体增强主要体现在哪些方面？

（9）世界上第一位电子人是谁？他是如何成为电子人的？

第 4 部分
行业应用

12

人工智能的行业应用

本章学习目标：

（1）学习和理解人工智能对于各行业的应用价值；

（2）学习和理解人工智能技术如何与不同行业结合，解决行业问题；

（3）学习和理解人工智能技术在不同行业的不同作用。

12.0 学习导言

从2010年至今，以大数据与云计算、物联网、移动互联网及人工智能等新一代信息技术产业作为主导产业，以“智能机器+大数据分析”作为主要特征，各行业以信息技术和人工智能技术为基础，全面迈向“智能+时代”，人类社会逐步进入“智能时代”，随着人工智能技术在社会的普遍应用，智能社会雏形初步显现。人工智能与制造业、医疗业、农业、教育业、零售业等各行业结合，出现了智能制造、智能医疗、智能农业、智能教育等多种新兴行业业态。同时，随着战略性新兴产业的技术不断变革创新，信息技术、数字技术、人工智能技术等融合驱动的数字经济正在逐步打破传统的生产方式和供给需求方式，形成全新的数字经济生态体系。本章选取代表性的几个重点领域，包括制造、医疗、零售等行业，介绍“智能+”行业的主要内容和技术基础。

12.1 智能制造

习近平总书记高度重视实体经济发展，在不同时期、不同场合多次强调制造业的重要作用和重要地位，明确指出发展实体经济，就一定要把制造业搞好。2019年9月17日，习近平总书记强调，我们现在制造业规模是世界上最大的，但要继续攀登，靠创新驱动来实现转型升级，通过技术创新、产业创新，在产业链上不断由中低端迈向中高端。2020年8月21日，习近平总书记在安徽省考察时指出，要深刻把握发展的阶段性新特征新要求，坚持把做实做强做优实体经济作为主攻方向，一手抓传统产业转型升级，一手抓战略性新兴产业发展壮大，推动制造业加速向数字化、网络化、智能化发展，提高产业链供应链稳定性和现代化水平。

随着人工智能、大数据、物联网、云计算等新兴科技发展，全球制造业开始掀起新一轮变革浪潮。我国已发展成为制造大国，正向制造强国迈进，制造业转型升级，特别是在新兴技术应用方面已形成了较好的发展基础，但与发达国家相比仍有一定的差距，全球产业链的深刻调整和变化，进一步凸显了我国把握本轮制造业网络化、智能化发展机遇的紧迫性和重要性。2017年，我国发布实施《新一代人工智能发展规划》，提出要加快推进智能制造、推广应用智能工厂，围绕制造强国重大需求，研发智能产品。规划发布以来，科学技术部启动实施了“科技创新 2030——新一代人工智能”重大项目和“制造基础技术与关键部件”“网络协同制造和智能工厂”“智能机器人”等重点专项，加大对智能制造前沿和核心技术的支持力度，将智能制造、智慧工厂等作为技术应用示范的重点场景。工业和信息化部将加快培育国家制造业创新中心，稳步推进智能制造细分行业标准体系建设。

12.1.1 智能制造的定义

18 世纪到 20 世纪末，人类社会经历了 3 次工业革命，第一次工业革命是将蒸汽机动力机械设备用于生产，第二次工业革命是采用电机（发电机和电动机）和电能实现大规模流水线生产，第三次工业革命则是应用信息技术实现自动化生产。现在，人类社会正在进入一个新的工业技术发展阶段，这个阶段主要是应用信息物理系统（Cyber Physics System，CPS）实现智能化生产。如图 12.1 所示，在一个 CPS 中，物理系统通过传感器获取数据并感知外界环境信息传递给信息系统处理，信息系统通过一定的操作控制反过来实现对物理系统的控制。

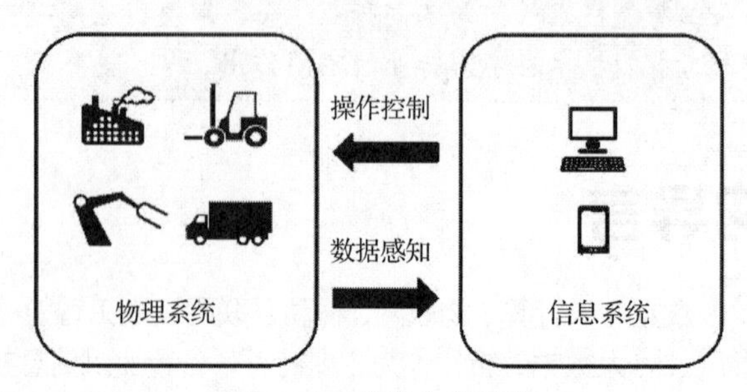

图 12.1　信息物理系统

因此，站在整个社会、企业的角度来看，智能制造是“通过信息、自动化、监测、计算、传感、建模和网络方面的先进技术，实现产品全生命周期的设计和连接”。

智能制造并不只是简单的信息、自动化、监测、计算、传感等先进技术的应用，它需要先进行规划设计，目标是实现产品全生命周期的连接。智能制造有以智能工厂为载体、以关键制造环节智能化为核心、以端到端数据流为基础、以网络互联为支撑等特征，可有效缩短产品研制周期、降低运营成本、提高生产效率、提升产品质量、降低资源能源消耗。

12.1.2 智能制造与数字化制造

数字化技术，是指利用计算机软（硬）件及网络、通信技术，对描述的对象进行数字定义、建模、存储、处理、传递、分析、优化，从而达到精确描述和科学决策的过程和方法。数字化技术具有描述精确、可编程、传递迅速及便于存储、转换和集成等特点，其为各领域的科技进步和创新提供了崭新的工具。数字化技术与传统制造技术的结合即数字化制造技术。数字化制造技术内涵十分广泛，数字化制造中的“制造”是一个大制造的概念，即包括从设计到工艺，再从加工到装配，直到产品报废和回收全过程，因此通常人们所理解的数字化制造是一种广义的概念，是指将数字化技术应用于产品设计、制造及管理等产品全生命周期中，以达到提高制造效率和质量、降低制造成本、实现快速响应市场的目的所涉及的一系列活动总称。一般数字化制造包括数字化设计、数字化工艺、数字化加工、数字化装配、数字化管理、数字化检测和数字化试验等。

数字化制造技术与目前的智能制造技术侧重点不同。数字化制造技术侧重于产品全生命周期的数字化技术的应用，而智能制造侧重于人工智能技术的应用，数字化制造技术是实现智能制造的基础，同时智能化是数字化制造技术的发展方向之一，即采用智能方法，实现智能设计、智能工艺、智能加工、智能装配、智能管理等，进一步提高产品设计制造管理全过程的效率和质量。

智能制造的突出特点是产品设计、制造过程融入具有感知、分析、决策、执行功能的人工智能技术。

12.1.3 智能制造产业核心内容

1. 智能制造产业链

智能制造产业链在物理基础方面涉及感知、网络、执行、应用 4 个层次，每一个层次涉及的关键产品、技术链和运营商的具体产品及技术不同。图 12.2 所示是智能制造产业链，感知层主要涉及传感器技术、机器视觉技术等。网络层涉及云计算、工业互联网、网络传输等技术。执行层涉及机器人、智能机床、智能装备、部件生产等生产技术手段。应用层涉及自动化生产线、智能工厂、系统集成及工业智能化解决方案等。在实际生产中，应用层以智能制造系统的形式实施。智能制造系统在制造过程中能够以一种高度柔性与集成度高的方式，借助计算机模拟人类大脑的分析、推理、判断、构思和决策等活动，取代或者延伸制造环境中人的部分脑力劳动。

如图 12.2 中各向上箭头所示，从感知层开始，数据逐层传递到应用层，在各层次数据经过处理后用于完成相应的任务。执行层的数据和信息可以反馈给感知层。在技术链中，如箭头所示方向，从信息采集开始，感知层、网络层内经过传感、网络传输及信息处理后，形成机器人或装备执行方案，最后形成系统集成或自动化解决方案。

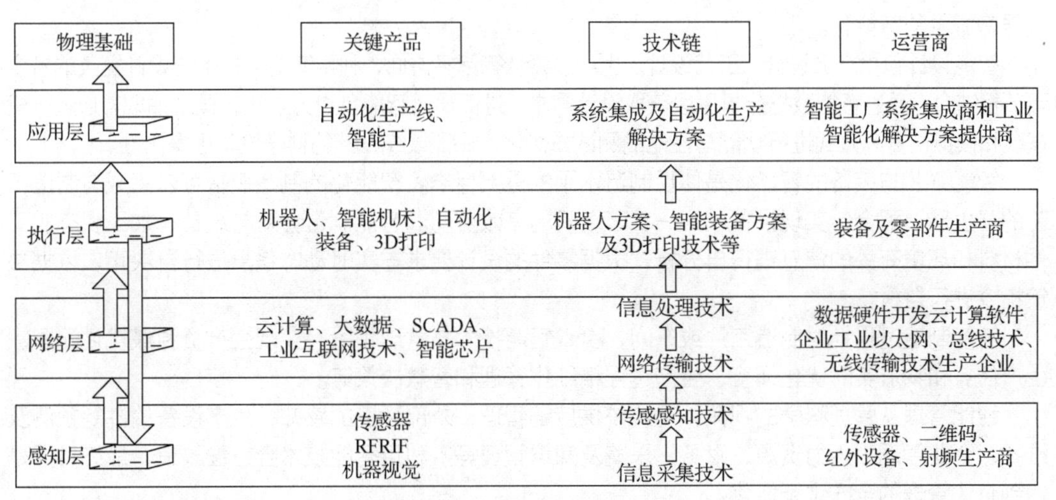

图 12.2 智能制造产业链

2. 智能制造系统

智能制造系统主要包括智能产品、智能生产、智能制造模式 3 部分。图 12.3 所示是智能制造系统的主要组成部分。

（1）智能产品

智能产品是指在产品制造、物流、使用和服务过程中，能够体现出自感知、自诊断、自适应、自决策等智能特征的产品。

与非智能产品相比，智能产品通常具有如下特点：能够实现对自身状态、环境的自感知，具有故障诊断功能；具有网络通信功能，提供标准和开放的数据接口；具有自适应能力等。产品智能化使制造产品从传统的“被生产”变为“主动”配合制造。

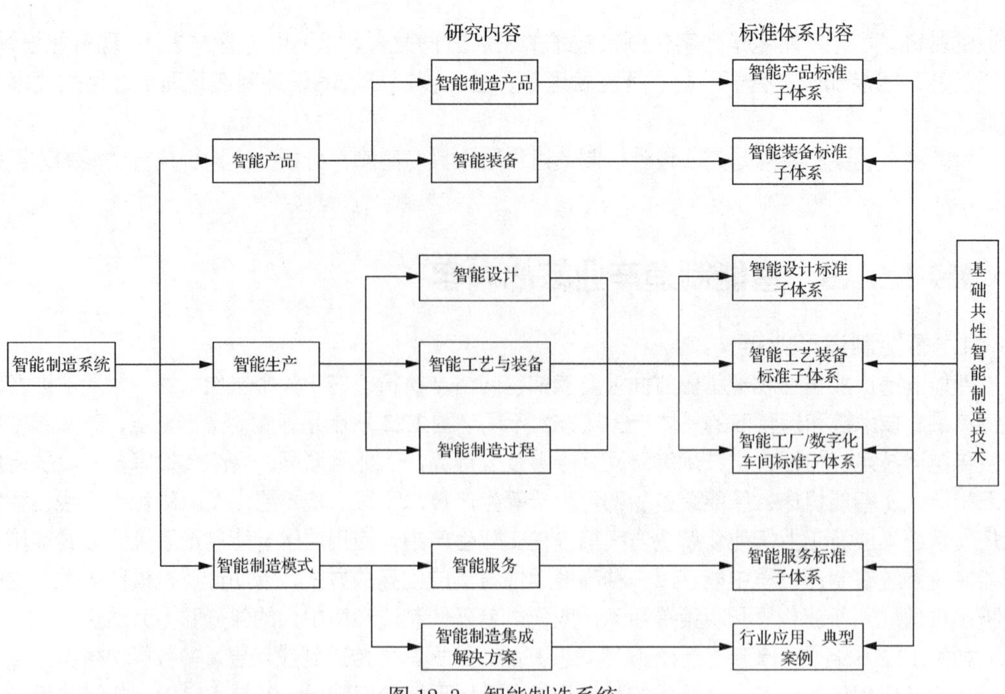

图 12.3　智能制造系统

（2）智能生产

生产制造的智能化是智能制造系统的核心部分，智能生产过程包括设计、工艺与装备、制造过程等方面的智能化。

智能设计包括产品设计、工艺设计、生产线设计等诸多方面，利用智能化技术与设计链条的各个环节相结合。通过智能数据分析手段获取设计需求，进而通过智能创造方法进行概念抽取，通过样机试验和模拟仿真等方式进行功能与性能的测试与优化，保证最终设计的科学性与可操作性。

智能工艺与装备的智能化是体现制造水平的重要标志。智能化的制造装备可以完成与制造工艺的“主动”配合，实现设备—人—工艺之间的高效协同。智能制造会对与装备、加工状态、工件材料和环境有关的信息进行自分析，根据零件的设计要求与实时动态信息进行自决策，依据决策指令进行自执行。

智能制造过程针对制造工厂或车间，引入智能技术与管理手段，实现生产资源最优化配置、生产任务和物流实时优化调度、生产过程精细化管理和智慧决策等。

智能管理从管理科学的视角，对传统供应链管理、外部环境的感知、生产设备的性能预测及维护、企业管理（人力资源、财务、采购及知识管理等）利用智能技术全方位改造，最终目的是达到企业管理的全方位智能化。

从服务科学的角度看，智能制造系统涉及产品服务和生产性服务。其中，产品服务主要针对产品的销售，以及售后的安装、维护、回收、客户关系等的服务；生产性服务主要包含与生产相关的技术服务、信息服务、金融保险服务及物流服务等。

不同文化背景下的国家或地区智能制造组织管理模式不同，但是，人在系统中仍然是最重要的，智能制造需要“以人为本”。

（3）智能制造模式

智能制造技术发展的同时，催生了许多新兴制造模式。尤其是工业互联网、工业云平台等技术的推广，使研发、制造、物流、售后服务等各产业链环节的企业实现信息共享，极大地拓展了企业制造活动的地域空间与价值空间。如家用电器、汽车等行业的客户个性化订制模式，电力、航空装备行业的协同开发、云制造、远程运维等模式。

智能制造模式首先表现为制造服务智能化，通过泛在感知、工业大数据等信息技术手段，提升供应链运作效率和能源利用效率，拓展价值链，为企业创造新价值。此外，智能制造模式集中地体现于形成的完整的综合解决方案。

12.1.4 智能工厂

智能工厂是实现智能制造的载体。在智能工厂中，借助于各种生产管理工具、软件、系统和智能设备，打通企业从设计、生产到销售、维护的各个环节，实现产品仿真设计、生产自动排程、信息上传下达、生产过程监控、质量在线监测、物料自动配送等智能化生产。智能制造是覆盖更宽泛领域和技术的“超级”系统工程，在生产过程中以产品全生命周期管理为主线，还伴随着供应链、订单、资产等全生命周期管理。在智能工厂中通过生产管理系统、计算机辅助工具和智能装备的集成与互操作来实现智能化、网络化分布式管理，进而实现企业业务流程、工艺流程及资金流程的协同，以及生产资源（材料、能源等）在企业内部及企业之间的动态配置。

图 12.4 所示是智能工厂、数字化车间中工业互联网络各层次定义的功能，以及各种系统、设备在不同层次上的分配。

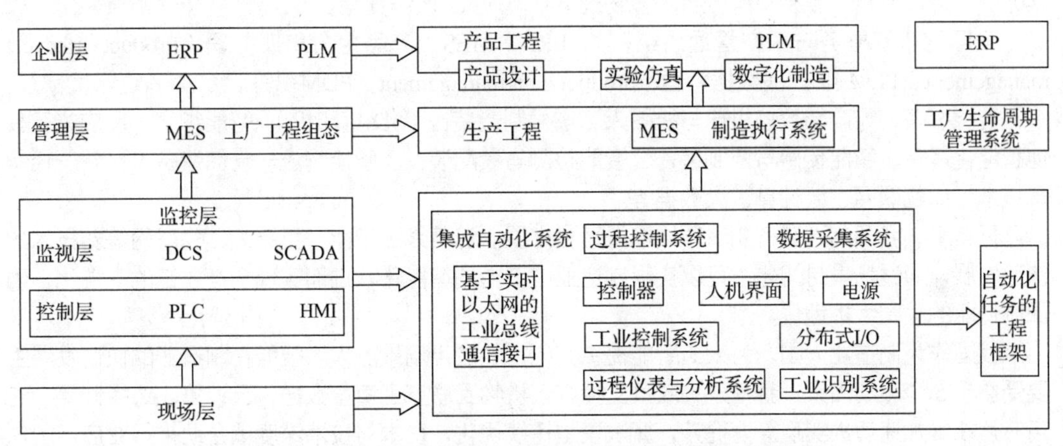

图 12.4　智能工厂数字化车间中工业互联网络各层次定义

计划层（企业层）：实现面向企业的经营管理，如接收订单、建立基本生产计划（如原料使用、交货、运输）、确定库存等级、保证原料及时到达正确的生产地点，以及远程运维管理等。企业资源规划（enterprise resource planning，ERP）、客户关系管理（customer relationship management，CRM）、供应链管理（supply chain management，SCM）等管理软件都在该层运行。

执行层（管理层）：实现面向工厂、车间的生产管理，如维护记录、详细排产、可靠性保障等。制造执行系统（manufacturing execution system，MES）在该层运行。管理层还负责整个工厂的生命周期管理系统。

监控层（操作层）：实现面向生产制造过程的监视和控制。按照不同功能，该层次可进一步细分为监视层和控制层两个层次。

监视层：其包括可视化的数据采集与监控系统（supervisory control and data acquisition，SCADA）系统、人机接口（human machine interface，HMI）、实时数据库服务器等，这些系统统称为监视系统。

控制层：其包括各种可编程的控制设备，如可编程逻辑控制器（programmable logic controller，PLC）、分布式控制系统（distributed control system，DCS）、工控机（industrial personal computer，IPC）、其他专用控制器等，这些设备统称为控制设备。控制层通过过程控制系统、数据采集系统、工业控制系统、工业识别系统、过程仪表与分析系统，以及人机界面、分布式输入/输出（I/O）构成了自动化任务的工程框架。

现场层：实现面向生产制造过程的传感和执行，包括各种传感器、变送器、执行器、远程终端设备、条码、射频识别，以及数控机床、工业机器人、工艺装备、自动引导车、智能仓储等制造装备，这些设备统称为现场设备。

工厂、车间的网络（以太网）互联互通本质上就是实现信息、数据的传输与使用。其中，物理上分布于不同层次、不同类型的系统和设备通过网络连接在一起，并且信息、数据在不同层次、不同设备间传输；设备和系统能够一致地解析所传输信息、数据的数据类型，甚至了解其含义。前者即网络化，后者需要首先定义统一的设备标准或设备信息模型，并通过计算机可识别的方法（软件或可读文件）来表达设备的具体特征（参数或属性），这一般由设备制造商提供。如此，当生产管理系统（如 ERP、MES 等）或监控系统（如 SCADA）接收到现场设备的数据后，就可解析出数据的数据类型及其代表的含义。

实现智能制造的利器就是数字化、网络化的工具软件和制造装备，包括以下类型。

计算机辅助工具，如计算机辅助设计、计算机辅助工程、计算机辅助工艺设计、计算机辅助制造、计算机辅助测试等。

计算机仿真工具，如物流仿真、工程物理仿真（包括结构分析、声学分析、流体分析、热力学分析、运动分析、复合材料分析等多物理场仿真）、工艺仿真等。

工厂、车间业务与生产管理系统，如 ERP、MES、产品生命周期管理（product lifecycle management，PLM）、产品数据管理（product data management，PDM）等。

智能装备，如高档数控机床与机器人、增材制造装备（3D 打印机）、智能炉窑、反应釜及其他智能化装备、智能传感与控制装备、智能检测与装配装备、智能物流与仓储装备等；新一代信息技术，如物联网、云计算、大数据等。

近年来，我国高端装备制造领域取得可喜进展。随着人工智能、机器人、物联网等新技术的快速发展，通过场景封闭化，可以实现制造业中下游的智能化，进而实现全产业链的高端化，确保制造业的立国之本地位。

我国作为制造业大国，为人工智能提供了丰富的应用场景。人工智能在制造业的快速发展主要受益于 5 个驱动因素：新基建等政策支持，人机物互联产生海量数据，云计算、边缘计算、专用芯片技术加速演进实现算力提升，算法模型持续优化，资本与技术深度耦合助推行业应用。

制造业为什么需要人工智能？人工智能技术赋能制造业主要体现在以下 3 方面：首先，人工智能可以帮助企业提高智能化运营水平，实现降本增效；其次，人工智能、5G、工业互联网等技术融合应用，推动制造业生产及服务模式、决策模式、商业模式发生变化；最后，人工智能带动制造业价值链重构，有利于我国抢占全球制造业产业链上的价值高地。

12.2 智能医疗

12.2.1 智能医疗的定义与组成

随着深度学习技术的不断进步，人工智能逐步从前沿技术转变为现实应用。在医疗健康行业，人工智能的应用场景更加丰富，人工智能技术也逐渐成为影响医疗行业发展，提升医疗服务水平的重要因素。与互联网技术在医疗行业的应用不同，人工智能对医疗行业的改造包括生产力的提高、生产方式的改变、底层技术的驱动、上层应用的丰富等许多方面。通过人工智能在医疗领域的应用，可以提高医疗诊断准确率与效率；提高患者自诊比例，降低患者对医生的需求量；辅助医生进行病变检测，实现疾病早期筛查；大幅提高新药研发效率，降低制药时间与成本；手术机器人的使用，可以提升外科手术精准度。

智能医疗一般由 3 个部分组成，分别为智慧医院系统、区域卫生系统及家庭健康系统。

1. 智慧医院系统

智慧医院系统由数字医院和医生工作站两部分组成。

数字医院包括医院信息系统（hospital information system，HIS）、化验室信息管理系统（laboratory information management system，LIMS）、影像信息存储与传输系统（picture archiving and communication system，PACS）及医生工作站 4 个部分，实现病人诊疗信息和行政管理信息的收集、存储、处理、提取及数据交换。

医生工作站的核心工作是采集、存储、传输、处理和利用病人健康状况和医疗信息。医生工作站包括门诊和住院诊疗的接诊、检查、诊断、治疗、开具处方和医疗医嘱、病程记录、会诊、转科、手术、出院、病案生成等全部医疗过程的工作平台。

医生工作站可以提升先进技术应用，包括远程图像传输、海量数据计算处理等技术在数字医院建设过程的应用，实现医疗服务水平的提升。比如，远程探视，避免探访者与病患的直接接触，杜绝疾病蔓延，缩短恢复进程；自动报警，对病患的生命体征数据进行监控，降低重症护理成本；临床决策系统，协助医生分析详尽的病历，为制订准确有效的治疗方案提供基础；智慧处方，分析患者过敏和用药史，反映药品产地批次等信息，有效记录和分析处方变更等信息，为慢性病治疗和保健提供参考。

2. 区域卫生系统

区域卫生系统由区域卫生平台和社区医疗系统两部分组成。区域卫生平台是包括收集、处理、传输社区、医院、医疗科研机构、卫生监管部门记录的所有信息的区域卫生信息平台，旨在运用尖端的科学（含计算机）技术，帮助医疗单位及其他有关组织开展疾病危险度的评价，制订以个人为基础的危险因素干预计划，以及预防和控制疾病的发生与发展的电子健康服务计划。社区医疗服务系统提供一般疾病的基本治疗、慢性病的社区护理、大病向上转诊、接收恢复转诊的服务；科研机构管理系统，对医学院、药品研究所、中医研究院等医疗卫生科研机构的病理研究、药品与设备开发、临床试验等信息进行综合管理。

3. 家庭健康系统

家庭健康系统是贴近市民的健康保障之一，其功能包括针对行动不便无法送往医院进行救治病患的视讯医疗，对慢性病及老幼病患远程的照护，对智障者、残疾者、传染病患者等特殊人群的健康监测，以及自动提示用药时间、服用禁忌、剩余药量等。

图 12.5 所示是面向家庭的智能医疗系统。其中，通过网络技术实现医院信息管理系统、电子病历、公共卫生系统等数据互通，通过建立居民健康管理、辅助诊疗、医生培训等系统构成一个面向家庭的健康系统。家庭医生是系统的终端执行者。

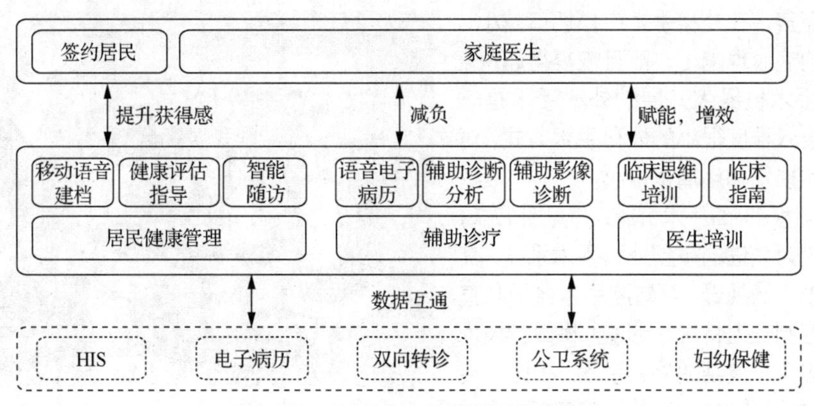

图 12.5 面向家庭的智能医疗系统

12.2.2 智能医疗核心技术

1. 医学图像模式识别与分析处理

基于人工智能和模式识别技术，用计算机对医学图像进行自动处理、特征抽取和分类，这就是医学图像模式识别与分析处理技术。医学图像模式识别的分析对象涉及人体细胞涂片图像、人体各部位的X光图像（见图12.6）、超声图像等多种类型的图像。例如，细胞学图像分析系统包括样本制备、图像扫描、预处理和数字化、特征抽取、分类判别和输出等基本部分。模式识别处理包括图像增强、不损失信息的条件下的光学图像系统校正、疾病图像检测、分类等技术。

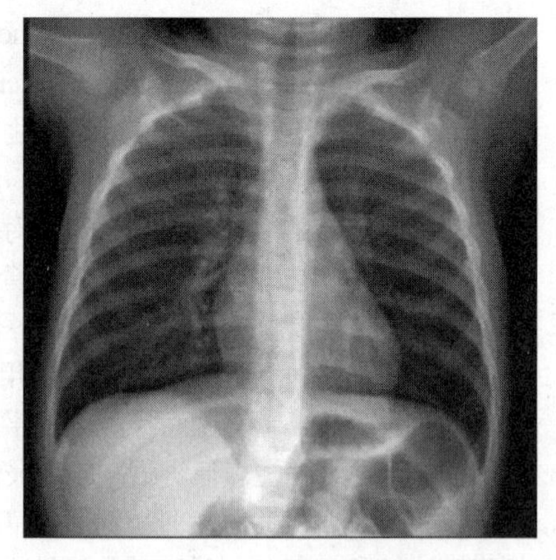

图12.6 胸部X光图像

以医学 X 光图像为例，该类图像的分析系统一般由图像输入、数字化、预处理、图像分割、自动识别和监督控制等部分组成。监督控制部分的功能是对处理的每个阶段进行评价，以决定下一步的处理方法。

2. 医疗诊断专家系统

医学诊断专家系统是一种具有特定医学领域内大量权威性知识和经验的程序系统，是应用人工智能技术来模拟医学专家的诊断思路，形成具备医疗专家经验的软件系统，提供常规诊疗方案以供医生选择，帮助医生解决复杂的医学问题，为医生提供各种数据和可能的常规治疗方案，起到"延伸记忆""医生助手"的作用，特别是能够帮助缺乏经验的年轻医生提高诊断技能，优化诊疗方案，其诊断水平可以达到甚至超过人类。

3. 机器人辅助手术系统

智能手术机器人是一种计算机辅助的新型的人机外科手术平台，其主要利用空间导航控制技术，将医学影像处理辅助诊断系统、机器人及外科医师进行了有效的结合。机器人是人工智能各类应用中最备受关注的一项应用，目前国内自主研发了多款医疗机器人，包括手术机器人（包括骨科手术机器人、神经外科手术机器人等）、肠胃检查与诊断机器人（包括胶囊内窥镜、胃镜诊断治疗辅助机器人等）、康复机器人（针对部分丧失运动能力的患者），以及其他用于治疗的机器人（如智能静脉输液药物配制机器人）等多种类型。手术机器人作为一种医疗技术不同于传统的医疗手术技术，它是外科手术领域的突破性技术。外科医生可以远离手术台精确操纵手术机器人进行手术。

一般而言，在外科手术中，切口越小，病人留下的疤痕也越小，而且恢复得越快。利用外科手术机器人开展的外科手术是一种对人体侵入程度很小的外科手术方式，对病人造成的损伤和疼痛也很小。

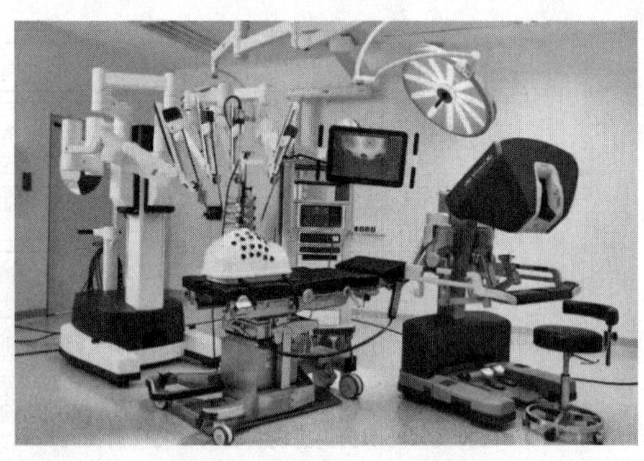

图12.7 达·芬奇手术机器人

目前，达·芬奇手术机器人（见图12.7）是世界上较为先进的微创外科手术系统，其集成了三维高清视野、可转腕手术器械和直觉式动作控制三大特性，使医生将微创技术更广泛地应用于复杂的外科手术。相比于传统手术需要输血，会带来传染疾病等危险，机器人做手术则会让患者出血量很小。此外，手术机器人可以保证精准定位，误差不到 1mm，对于一些对精确切口要求非常高的手术实用性很高。

12.2.3 智能医疗应用场景

人工智能与医疗的结合方式较多，就医流程方面包括诊前、诊中、诊后，适用对象方面包括医院、医生、患者、药企、检验机构等，赋能医疗行业方面包括降低医疗成本，提高诊断效率等。人工智能聚焦的应用场景集中在虚拟助理、医疗影像辅助诊断、药物研发、疾病风险预测、健康管理等领域。

1. 虚拟助理

虚拟助理是指通过语音识别、自然语言处理等技术，将患者的病症描述与标准的医学指南做对比，为患者提供医疗咨询、自诊、导诊等服务的信息系统。图 12.8 所示是一个虚拟助理流程。

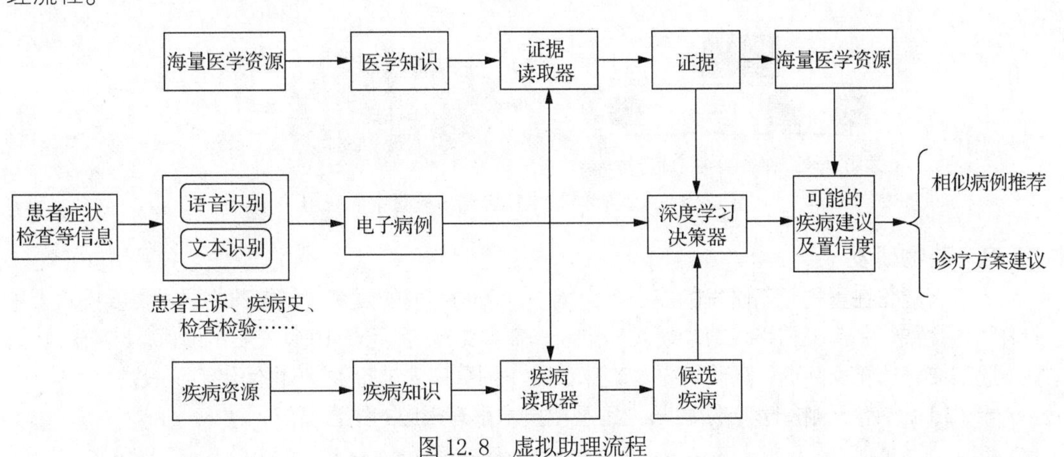

图 12.8 虚拟助理流程

智能问诊是虚拟助理广泛应用的场景。智能问诊是指机器通过语音识别与患者进行沟通，听懂患者对于症状的描述，再根据医疗信息数据库进行对比和深度学习，对患者提供诊疗建议，包括患者可能有的健康隐患，应当在医院进行复诊的门诊科目等。人们通过文字或语音的方式，与机器进行类人级别的交流交互。在医疗领域中的虚拟助理，则属于专用（医用）型虚拟助理，它是基于特定领域的知识系统，通过智能语音技术（包括语音识别、语音合成和声纹识别）和自然语言处理技术（包含自然语言处理与自然语言生成），实现人机交互，目的是解决使用者某一特定的需求。

2. 医疗影像辅助诊断

人工智能技术在医疗影像中的应用主要是指通过计算机视觉技术对医疗影像进行快速读片和智能诊断。人工智能在医疗影像中的应用主要分为两部分：一是感知数据，即通过图像识别技术对医学影像进行分析，获取有效信息；二是数据学习、训练环节，通过深度学习海量的影像数据和临床诊断数据，不断对模型进行训练，促使其掌握诊断能力。

运用计算机视觉技术主要解决以下 3 种需求。

（1）病灶识别与标注：针对医学影像进行图像分割、特征提取、定量分析、对比分析等工作。

（2）靶区自动勾画与自适应放疗：针对肿瘤放疗环节的影像进行处理。

（3）影像三维重建：针对手术环节的应用。

目前，人工智能技术与医疗影像诊断的结合场景包括肺癌检查、糖网眼底检查、食管癌检查及部分疾病的核医学检查和病理检查等。

例如，利用人工智能技术进行肺结节检查，如图 12.9 所示。检查肺部肿瘤是良性的还是恶性的判断步骤主要包括：数据收集、数据预处理、图像分割、肺结节标记、模型训练、分类预测等。首先要获取放射性设备如 CT 扫描的序列影像，并对图像进行预处理以消除原 CT 图像中的边界噪声，然后利用分割算法生成肺部区域图像，并对肺结节区域进行标记。数据获取后，对三维卷积神经网络的模型进行训练，以实现在肺部影像中寻找结节位置并对结节性质进行分类判断。

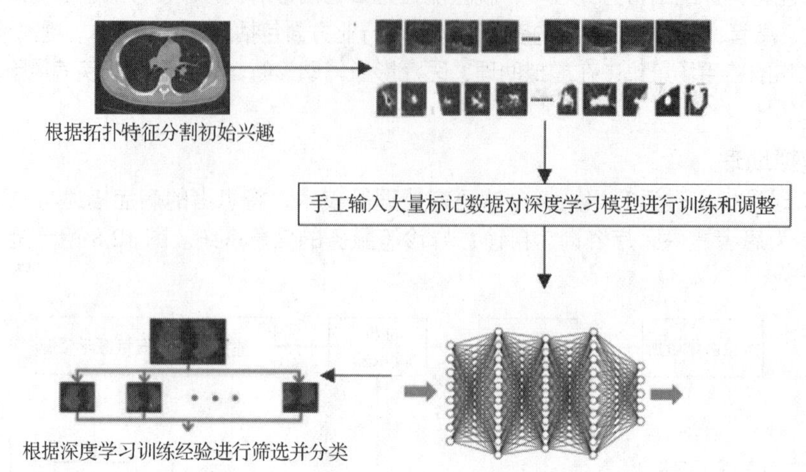

图 12.9　人工智能技术在肺结节检查中的应用

3. 药物研发

人工智能正在重构新药研发的流程，大幅提升药物制成的效率。传统药物研发需要投入大量的时间与金钱，制药公司平均成功研发一款新药需要 10 亿美元及 10 年左右的时间。传统药物研发一般需要经历靶点筛选、药物挖掘、临床试验（招募病人试验）、药物优化等阶段。

表 12.1 为传统药物研发各阶段与人工智能技术都有相应的结合点。

表 12.1　人工智能技术与药物研发的结合

阶段	药物研发	人工智能结合点
药物发现	靶点筛选	文本分析
	药物挖掘	计算机视觉
临床试验	临床试验	病例机器学习分析
	药物优化	晶型预测、模拟筛选

人工智能技术在临床试验方面，可以结合统计机器学习、深度学习等技术，通过试验病例数据分析所试验的药物对病人病症的治疗效果；在药物优化方面，可以利用人工智能技术结合计算机仿真技术进行药物的模拟筛选，以最终确定对治疗疾病有效的药物成分组成或结构。

人工智能技术在药物挖掘方面的应用，主要体现于分析化合物的构效关系（即药物的化学结构与药效的关系），以及预测小分子药物晶型结构（同一药物的不同晶型在外观、溶解度、生物有效性等方面可能会有显著不同，从而影响药物的稳定性、生物利用度及疗效）。

靶点筛选，靶点是指药物与机体生物大分子的结合部位，通常涉及受体、酶、离子通道、转运体、免疫系统、基因等。现代新药研究与开发的关键是寻找、确定和制备药物筛选靶——子药靶。传统寻找靶点的方式是将市面上已有的药物与人体的 1 万多个靶点进行交叉匹配以发现新的有效的结合点。人工智能技术正在改善这一过程。利用深度学习等技术可以从海量医学文献、论文、专利、临床试验信息等非结构化数据中寻找到可用的信息，并提取生物学知识，进行生物化学预测。据预测，该方法有望将药物研发时间和成本分别缩减约 50%。

药物挖掘，主要完成的是新药研发、老药新用、药物筛选、药物副作用预测、药物跟踪研究等方面的内容。药物挖掘也可以称为先导化合物筛选，是要将制药行业积累的数以百万计的小分子化合物进行组合实验，寻找具有某种生物活性和化学结构的化合物，用于进一步的结构改造和修饰。深度学习等人工智能技术在该过程中的应用有两种方案：一是开发虚拟筛选技术取代高通量筛选，二是利用图像识别技术优化高通量筛选过程。利用图像识别技术，可以评估不同疾病的细胞模型在给药后的特征与效果，预测有效的候选药物。

4. 疾病风险预测

通过基因测序与检测，完成疾病风险预测。基因测序是一种新型基因检测技术，它通过分析测定基因序列，可用于临床的遗传病诊断、产前筛查、罹患肿瘤预测与治疗等领域。单个人类基因组拥有约 30 亿个碱基对，编码约 23000 个含有功能性的基因，基因检测就是通过解码从海量数据中挖掘有效信息。目前，可以从基因序列中挖掘出的有效信息十分有限。人工智能技术的介入有助于突破当前的瓶颈。通过建立初始数学模型，将健康人的全基因组序列和 RNA 序列导入模型进行训练，让模型学习到健康人的 RNA 剪切模式。之后通过其他分子生物学方法对训练后的模型进行修正，最后对照病例数据检验模型的准确性。

自 2014 年以来，我国在第三代人类基因测序关键技术方面取得重要进展，即通过人工智能技术来自动分析个体基因序列信息。以疾病为导向设立检测中心，融合生物技术与人工智能技术等新一代信息技术为广大患者提供专业化的临床检验服务，利用基因测序领域中最具变革性的新技术——高通量测序技术为临床提供高通量、大规模、自动化及全方位的基因检测服务。基于全国不同地域、不同民族、不同年龄层次的海量医疗检测样本数据，创建“精准医疗”检验检测大数据。

5. 健康管理

健康管理就是指运用信息和医疗技术，在健康保健、医疗的科学基础上，建立的完善、周密和个性化的服务程序。其目的在于通过维护健康、促进健康等方式帮助健康人群及亚健康人群建立有序健康的生活方式，降低风险状态，远离疾病；而一旦被管理者出现临床症状，则通过就医服务的安排，尽快使其恢复健康。健康管理主要涉及营养学、身体健康管理、精神健康管理三大场景。

12.3 人工智能与新基建

12.3.1 新基建加速企业智能化转型

当前，受多种因素影响，越来越多的企业开始加速数字化转型。智能化是企业实现数字化的深入阶段，是指基于机器学习、深度学习、机器视觉、知识图谱等人工智能技术，对企业内外部数据进行处理、分析，挖掘数据的业务价值，改进企业业务流程。企业智能化的表现形式主要体现在流程自动化、分析决策智能化、商业模式创新 3 方面，如表 12.2 所示。流程自动化主要是指企业内部操作和客户交互数据结构化实现的流程自动化，涉及语音识别、自然语言处理等人工智能技术；分析决策智能化是在数据结构化处理的基础上，理解数据之间的关系和逻辑，进一步深入分析并做出业务决策，涉及逻辑推理、知识图谱等人工智能技术；商业模式创新是指企业组织结构、管理模式及价值创造方面的创新，涉及管理智能、商务智能等高级人工智能技术。

表 12.2 企业智能化表现形式

形式	主要表现	涉及的人工智能技术
流程自动化	内部操作流程和客户交互流程自动化	语音识别、自然语言处理
分析决策智能化	数据分析及业务处理决策智能化	逻辑推理、知识图谱
商业模式创新	组织结构及价值创造模式创新	管理智能、商务智能

总体上，企业对于人工智能技术的应用，大部分表现为流程自动化，分析决策智能化及商业模式创新还处在尝试、探索阶段。计算机视觉、语音识别和自然语言处理文字识别等技术已能够代替部分重复的人力劳动，帮助企业实现诸多业务流程的自动化。越来越多的企业开始利用人工智能技术辅助业务决策，即海量的数据经过数据处理，通过人工智能技术模型分析数据之间的关联，挖掘数据的业务价值，进行原因挖掘、趋势预测等。同时，企业在应用人工智能技术方面，也面临多方面的挑战。

首先，在自动化层面，企业已在实际业务中运用人工智能技术，实现了单点业务或者部分业务的自动化，不过自动化智能程度有待改善，限制了更高价值的释放。例如，在发票录入的业务场景中，企业已能够利用字符识别技术抽取发票信息，但后续信息录入仍然依靠人工的方式，缺乏相关技术手段实现全流程自动化的闭环。

其次，在分析决策环节，智能化程度仍不够成熟，尤其是面对海量非结构化数据，企业仍没有可靠的技术应对手段。

最后，随着应用场景的增长，需要企业具备人工智能技术工程化开发的能力，而传统企业采用的是“烟囱式”的人工智能技术建设思路，即通过单点开发的方式部署人工智能技术应用。这种建设思路带来很大的问题：人工智能技术应用开发速度跟不上变化，无法实现对业务的敏捷响应；同时，“烟囱式”开发造成极大的资源浪费，开发成本居高不下。

2018 年 12 月的中央经济工作会议提出“新基建”概念，随后全国各地掀起了新基建建设的热潮，各地政府和企业踊跃参与，纷纷宣布相关投资计划。根据中国信息通信研究院的数据，“十四五”期间，新基建投资预计将达到 10.6 万亿元人民币，占全社会基础设施投资的 10%左右。2020 年初，我国政府将人工智能纳入新基建的范畴，其与 5G、特高压、城际高速铁路和城市轨道交通、新能源汽车系统、工业互联网、大数据中心一起被确立为新基建的七大领域。人工智能本身被定义为一种新型基础设施，将助力产业实现智能化；反过来，新基建又将推动人工智能产业化，为人工智能产业提供基础设施，助力人工智能场景落地。新基建政策成为企业采纳人工智能技术的助推器，将加速人工智能行业的发展。

12.3.2 新基建完善人工智能基础设施

数据、算力和算法是支撑人工智能发展的“三驾马车”。数据是人工智能技术的根基，为模型训练提供基本的资料；算力是实现人工智能技术系统所需的硬件计算能力，为人工智能技术提供底层基础设施的支撑；算法是机器的学习方法，提供各种各样的通用算法模型，并结合具体应用场景提供特定技术接口。

具体来看，新基建将在数据、算力和算法这 3 个层面为人工智能提供基础设施支持。数据量将迎来爆发式增长。新基建推动数据量增长的源泉主要是 5G 网络和物联网技术的发展。根据工业和信息化部（简称工信部）的数据，我国已建成百万个 5G 基站，数量位居全球第一。随着未来 5G 基站数量的进一步增加，5G 网络将逐渐普及。

5G 网络具备高传输速率、低延时的特点。5G 时代，更多的线下设备将联网，真正迎来大规模物联网时代，数据量将迎来爆发式增长。

新基建为人工智能发展提供算力支持。大数据中心是新基建的重要领域，成为各地方政府和企业加码投资的对象。大数据中心的大规模建设将为大数据中心的使用方（包括云服务提供商及其他传统行业企业）降低数据托管的成本。大数据中心的建设将加速企业上云，通过云端进行人工智能技术模型开发、训练和推理等，将降低人工智能技术对传统芯片硬件算力的依赖。

此外，在物联网环境下，数据处理属于延迟敏感、密集性技术，大部分物联网技术场景对数据实时性处理要求较高，需要在边缘处进行数据处理，以带动边缘数据中心的崛起。边缘数据中心的发展有利于减轻云数据中心的压力，降低云数据中心的整体电力消耗，从而降低企业发展人工智能所需的总体算力成本。

算法层面，作为新基建的一部分，深度学习算法等人工智能技术将受益于新基建的政策支持。目前，我国人工智能产业主要依赖国外企业或机构研发的算法框架，新基建强调加强自主创新，这将推动我国企业构建自主可控的算法支撑体系。

12.3.3 新基建拓展人工智能应用场景

新基建区别于传统基建的核心在于数字化、智能化的属性，人工智能将在新基建的智能化建设中发挥关键作用，拓展应用场景，如表 12.3 所示。新基建涉及 5G、特高压、城际高速铁路和轨道交通、新能源汽车系统、工业互联网、大数据中心等领域，这些领域都存在大量可利用人工智能技术改进业务流程、提升效率的场景。

表 12.3 新基建拓展人工智能技术应用场景

新基建	5G	特高压	城际高速铁路和城市轨道交通	新能源汽车系统	工业互联网	大数据中心
人工智能技术应用场景	流量上行速率提升、运营商网络自动化、预测容量需求网络覆盖	车间生产线故障及违规操作等异常状况监控预警，变电站智能巡检	设备故障远程专家诊断和运维、高铁自动驾驶	智能充电基础设施算法优化节能、充电网络智能调度	设备、物流及排产自动化，工厂上下游制造生产线实时调整和协同	大数据中心硬件算力系统建设及运维

下面以 5G、工业互联网、城际高速铁路和城市轨道交通 3 个领域为例，通过具体实例分析新基建相关场景如何使用人工智能技术，改造业务流程。

1. 5G

5G 建设涉及基站选址、机房设备更新、5G 通信设备安装等环节，在这些环节中，人工智能技术都可发挥作用，如在选址环节，可基于当地人口规模、产业发展状况等数据，利用人工智能技术预测不同片区对 5G 网络的需求，从而实现更科学的选址。

中国铁塔公司是由中国移动公司、中国联通公司、中国电信公司和中国国新公司共同出资设立的大型通信铁塔基础设施服务企业，承担了部分 5G 基站的具体实施部署工作。中国铁塔公司搭建了铁塔人工智能技术中台，将人工智能技术融于公司运营管理的每个环节，支撑 5G 网络的部署和运维等。

具体来看，铁塔人工智能技术中台为中国铁塔公司各项人工智能技术应用研发提供了需求分析、方案整合、建模、上线、反馈等全环节的全栈式支持，并沉淀符合中国铁塔公司业务场景的共性人工智能技术能力，对内可赋能中国铁塔公司运营管理，使其效率提升、成本降低、实现业务自动化；对外将强化中国铁塔公司的产品质量和服务水平，创新用户体验。

2. 工业互联网

工业互联网平台能够基于设备运行数据、工业参数、质量检测数据、物料配送数据和进度管理数据的采集，利用人工智能技术，对数据进行分析，在制造工艺、生产流程、质量管理、设备维护等具体场景进行优化。

中国石油公司将人工智能技术运用在石油勘探开发业务中，人工智能企业合作共同打造了勘探开发认知计算平台，建设了覆盖勘探开发所有专业的知识图谱。石油勘探的一个重要环节——测井，要对数千米以下的地下构造和油藏特征进行判断，十分依赖专家经验。借助该平台，大港油田对 900 口油井进行机器学习，实现了油气层位的智能识别，平均时间缩短了 70%，识别准确率达到了测井解释专家的水平，降低了从业门槛。

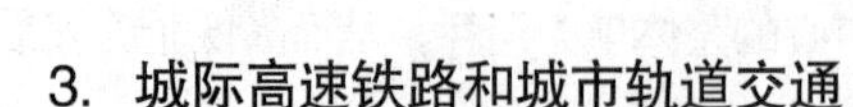

3. 城际高速铁路和城市轨道交通

城际高速铁路和城市轨道交通建设过程中，在工程建设、勘察设计、装备制造、铁路运输等环节，都可利用人工智能技术，提高效率、减少人力成本。

中国中车某分公司上线了高速列车故障预测与健康管理系统，实现了对车辆的关键部件、核心系统等状态的实时监测，助力其对高铁车辆从状态维修转变为预测性维护。

具体来看，该系统通过远程获取高铁轴箱轴承的状态信息原始数据和判据特征，在监测中心做深度的分析与诊断，对列车关键设备及运营关键设备提供状态监测、故障预测与健康管理（prognotics health management，PHM）、故障诊断等服务，并转变被动维护策略为预测性维护策略。上线该系统后，中国中车该分公司提升了列车运营的安全性和稳定性，能够准备识别 20 余种故障模式，轴承故障识别精准率超过 90%。

12.4 人工智能技术在企业的应用

12.4.1 企业应用的主要人工智能技术

在企业实现智能化的初期阶段，首先涉及的是机器视觉、语音识别、自然语言处理等关键技术的应用。这些技术已能够在大量业务场景下代替人力。例如，智能外呼已广泛被金融、消费与零售等行业企业采纳，应用于营销与销售、贷款催收等场景；文字识别技术能够处理类似图片、PDF 文件等非结构化文本，被广泛应用于企业文件处理的场景。

不过，大部分企业在数字化转型过程中，由于缺乏统一规划，对于此类人工智能技术的部署一般比较孤立，与其他信息通信系统互通性较差。这导致人工智能技术赋能实现的流程自动化比较局限，难以实现横跨多个系统的全流程自动化。以智能外呼技术为例，现阶段大多数外呼平台都是通过网络软件即服务（software as a service，SaaS）的，通常只能完成外呼相关工作，很难与企业业务系统如 CRM、ERP 等进行集成，在用户信息导入、外呼结果导出及客户回答提取方面无法实现自动化。

在已有人工智能技术应用的基础上，融入一种机器人处理自动化（robotic process automation，RPA）技术可以很好地解决这些问题。RPA 由运行在计算机等智能设备上的 RPA 机器人模拟人类的点击、输入等操作，完成基于固定规则的重复性工作。人工智能技术与 RPA 两种技术的结合能够助力企业实现更加智能的自动化。

图 12.10 描述的是将发票录入并发送给客户的场景，利用人工智能技术和 RPA 技术实现全流程自动化的过程。在开始环节，利用自然语言处理、机器学习等人工智能技术对发票内容进行识别，提取相关内容；通过 RPA 技术对内容进行整理，形成格式化文档；RPA 会将人工智能技术系统与 ERP 系统进行自动对接，并登录 ERP 系统；随后，RPA 将发票号等信息录入系统，并与 ERP 系统中客户购买订单进行匹配，形成客户需要的发票；最后，通过 RPA 将发票通过邮件自动发送给客户。

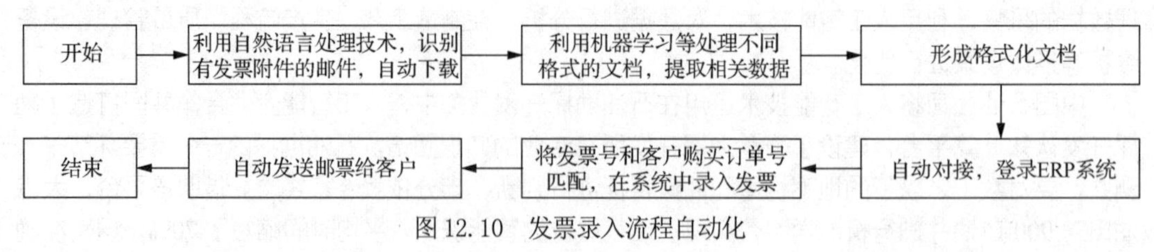

图 12.10　发票录入流程自动化

由此可见，人工智能技术与 RPA 技术的结合将实现 RPA 和人工智能技术单独使用无法实现的效果：人工智能技术完成对文本的识别后，利用 RPA 对信息进行归纳整理，在不同系统间进行自动搬运，实现整个流程自动化的闭环，即端到端的自动化。

人工智能技术与 RPA 技术的结合给企业带来的利好是显而易见的。人工智能技术与 RPA 的结合扩展了企业自动化的业务范围，降低了企业人力成本；同时员工从烦琐重复性的工作中解放出来，得以投入更具创造性的工作中。已有越来越多的企业开启了智能自动化进程。2019 年初，一份针对 523 位全球企业高层人员（所在企业横跨 26 个国家和多个行业）的调查显示，58%的受访者表示，他们所在企业已经开启了智能自动化进程，其中 47%表示在智能自动化进程中会将人工智能技术与 RPA 技术结合。

12.4.2 人工智能技术在零售业中的应用

从价值链上看，零售业包含生产与采购、分销与流通及营销与零售三大环节。得益于零售企业数字化转型的努力，人工智能技术在零售业价值链的每个环节中都有所应用。如图 12.11 所示，在生产制造环节，典型的人工智能技术应用包括智能排产、质检管理等。其中，质检管理是利用机器视觉等人工智能技术取代或协助工人完成对缺陷商品的识别；在物流及供应链环节，企业开始尝试使用人工智能技术实现仓储自动化、智能分拣、无人驾驶配送、智能调度等；在终端零售环节，通过商品识别、智能定价等技术建立智慧门店、无人零售等形式提高零售服务效率，基于用户数据进行销量预测等；在营销及服务环节，建立智能模型开展精准营销，通过智能客服提高营销水平和质量，通过数据挖掘舆情，洞察客户群体消费趋向等。

图 12.11　人工智能技术在零售业价值链中的典型应用场景

总体来看，人工智能技术在零售业应用的重心在终端营销和零售环节，原因在于零售业的经营模式以消费者为中心，随着获客成本的升高，零售业企业需要增强营销方式上的竞争力。

目前在营销与零售环节，人工智能技术的应用已经很成熟，大量零售品牌商已经搭建了客户数据平台，采集全渠道消费者数据，基于深度学习、知识图谱等人工智能技术，对数据进行整合及分析，构建统一用户画像，进行深度的客户洞察，更精准地触达潜在客户、提升已有客户的复购率。

12.4.3 人工智能技术在电商营销中的应用

随着零售业的迅猛发展，个护类小家电成为人们的一类家电新宠，市场竞争日益激烈，某小家电品牌商希望能够及时了解市场态势，精准定位和触达消费者群体，持续提升产品的创新程度，提升其在家电领域的市场占有率和用户满意度。该小家电品牌商过往的线上运营策略一般基于运营人员主观经验或者基于人工对内部零散数据的分析，存在决策数据缺失、验证困难、验证周期长等业务痛点。新的市场竞争态势需要品牌商深入洞察消费者，了解关键群体的特征、购物行为模式；需要基于可靠的消费者数据分析做出精准的营销和生产决策，包括促销策略、运营方案优化、生产设计等。针对这一情况，该品牌与电商智联云合作，采用智能服务解决方案，其运作流程如图 12.12 所示。

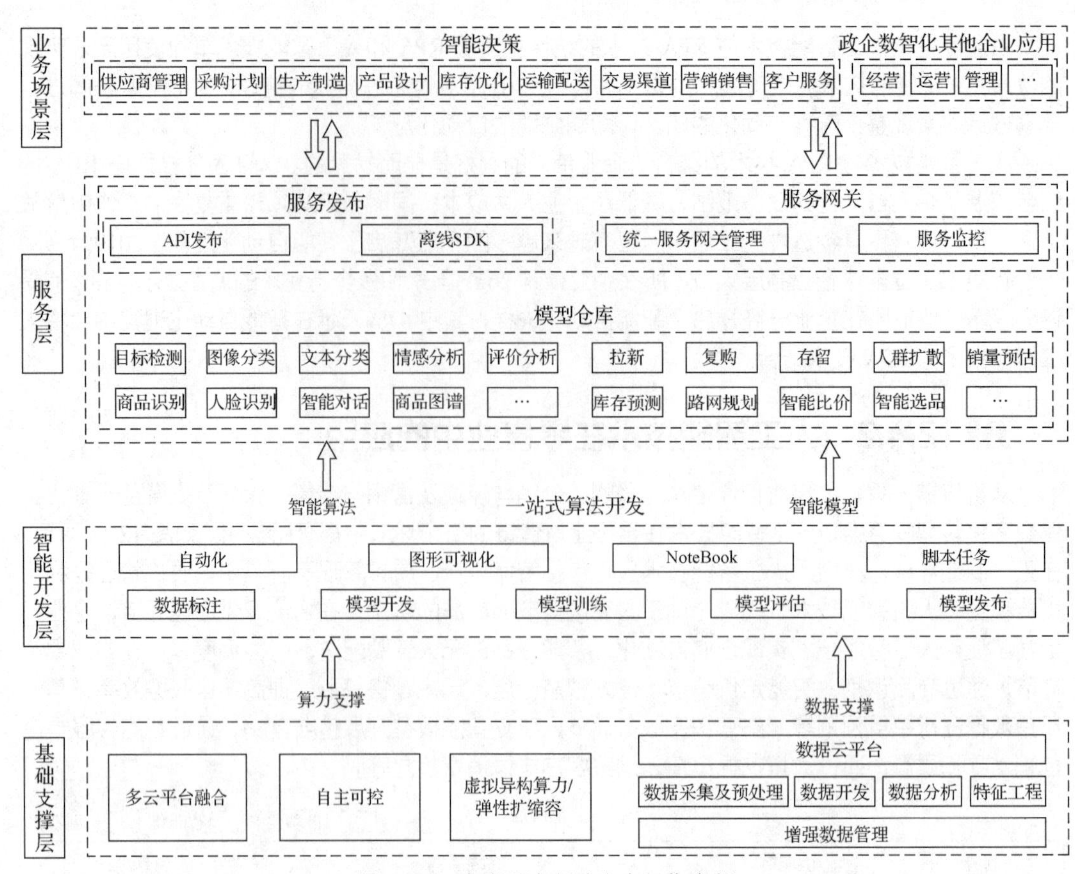

图 12.12　智能服务解决方案运作流程

1. 品牌营销智能服务解决方案

智能服务解决方案的核心产品是智能供应链决策引擎，其经历了在电商集团内部应用到对外输出的过程。该方案基于大数据技术，通过结构化分析，利用人工智能技术进行深度建模，解析用户购买行为，最终在营销销售、交易渠道、客户服务及生产设计 4 个具体场景向品牌商提出切实可行的策略建议。

2. 利用人工智能技术全方位洞察用户的消费行为

电商智联云的智能服务解决方案首先运用人工智能及深度学习技术进行数据处理，基于处理好的数据进行模型训练、生成数据模型，利用模型模拟、推演、刻画消费者的特征及消费路径，最终形成决策建议，供客户参考。

在数据处理过程中，运用人工智能及深度学习技术，将非结构化的商品数据、用户大数据、评价信息转化为结构化数据。面对多样的杂质数据，电商智联云进行大批量数据清理，排除一些干扰用户消费行为分析预测的异常消费行为，类似大促、某些大型客户一次性购买等非常规行为往往对消费者行为预测造成干扰。

数据处理之后，利用深度学习等人工智能技术算法解析用户与商城的交互行为数据，深入洞察用户行为背后的动机，形成各类消费者行为模型，包括文本分析、评论分析、拉新、复购、留存、人群扩散及销量预估等。基于生成的模型推演和刻画出消费者的特征和消费路径，如基于拉新模型可在营销方面提出广告投放等具体策略建议，供品牌商参考。

3. 不断深化业务场景

电商智联云帮助该小家电品牌商搭建了基本的框架，扩展了消费品类和运营场景，这是一个逐步递进的过程，实现应用的业务场景也不断深化，从一开始仅涉及营销效果提升到最后实现产品创新。在整个过程中，电商智联云承担全部能力建设任务，同时，品牌商管理层、品类、销售等团队与电商采销团队、电商人工智能技术团队及咨询团队密切合作，对平台进行了充分的迭代。用于模型训练的数据持续不断地更新，保证输出的决策建议可以根据实时情况反映消费者行为变化，保证分析预测结果的实时性。

4. 基于消费者洞察，实现有效决策和精准运营

电商智联云提供的解决方案全面描画出该小家电品牌商的现有及潜在消费者画像，清晰还原用户从搜索到商品详情页及加入购物车的选品全路径，对消费者做出决策的原因等进行分析。

基于电商智联云解决方案提供的消费者洞察分析和策略建议，该小家电品牌商在营销运营和产品创新方面可以对经营决策进行改进和优化，从而取得良好的市场营销效果。

在营销运营层面，该方案对该小家电品牌商的剃须刀、电动牙刷等五大门类的产品都提出了具体可行的运营建议，比如应该在哪些渠道（包括非电商渠道）进行广告投放、做活动时的满减策略等。营销方对原有营销广告投放等策略进行了调整，强化了拉新、复购和忠诚度建设，同时还对品牌定位、店铺设计和布局等层面做了重要策略调整。

在产品创新层面，解决方案也给该小家电品牌商提出了具体的决策建议，包括品类调整和产品设计等。支撑方案给出这类建议的核心是平台具备的算法能力，可以对消费者的决策进行持续分析；根据用户评论等数据结合该小家电品牌商的商品进行分析，形成对品牌商品类调整和产品设计的建议。

小家电品牌商采纳电商智联云的方案后，在项目的一年周期内，目标商品的平均搜索点击率、下单转化率均得到大幅提升。

12.5 关键知识梳理

得益于大数据、深度学习、计算机算力的大幅提升，今天的人工智能技术能够与各行业深度结合，产生一定的经济效益，成为一种推动经济发展的新动力。人工智能与制造业、医疗、城市、教育等行业的结合，需要针对不同行业的实际问题和特点，提出不同的解决方案，搭建包括基础资源、基础技术、网络平台、终端应用等不同层次内容的平台。本章只是介绍了有代表性的一些行业和领域，更多的行业和领域需要结合社会实践深入了解。

12.6 问题与实践

（1）相较于传统的人工智能技术，为什么今天的人工智能技术能够在各行业发挥作用?

（2）查阅有关资料，梳理人工智能技术在制造业的应用案例。

（3）查阅有关资料，梳理人工智能技术在医疗业的应用案例。

（4）查阅有关资料，梳理人工智能技术在新基建领域的应用案例。

（5）查阅有关资料，梳理人工智能技术在零售业等相关行业的应用案例。

第 5 部分 伦理与法律

13 人工智能伦理与法律

本章学习目标：

（1）掌握人工智能伦理的含义；

（2）掌握强人工智能伦理和弱人工智能伦理的主要问题；

（3）理解人工智能伦理规范的基本原则；

（4）了解预防人工智能伦理问题的主要措施；

（5）理解人工智能的法律主体问题。

13.0 学习导言

伦理是指人与人相处的各种道德准则，一般指一系列指导行为的观念，是从概念角度对道德现象的哲学思考，也是人类社会长期发展过程中形成的一套人类共同遵守的基本规则。道德是社会制定或认可的关于人们具有社会效用（即对他人有害或有益）的行为，应该而非必须如何的非权力规范。道德的存在原因恰恰在于非道德行为的存在。

人类历史上几乎每项重大技术进步都会给当时的社会带来一定的风险，如电力、蒸汽机、通信等，都曾经给传统社会带来了诸如失业、隐私泄露等风险和挑战。目前，随着以机器学习为主要方法的人工智能技术的普遍应用，同样开始不断出现一些前所未有的问题。例如，2016 年 3 月，微软公司在美国上线的聊天机器人 Tay 在与网民进行互动的过程中，成为一个集性别歧视、种族歧视等于一身的“不良少女”。机器学习算法之所以会引发无意识的歧视，其原因在于美国的现实世界具有各种种族主义、性别歧视和偏见等，导致输入算法中的现实世界数据也具有这些特征。由这些例子不难推断，当人工智能系统是基于带有某种或某些偏见的训练数据进行学习时，就会产生某种或某些偏见。这种人工智能技术如果被用于预测性警务、信用评估、犯罪评估、雇佣评估、心理评估等关系到个人切身利益的诸多方面，必然会损害个人利益。这些都是人工智能涉及的伦理问题的实例。

除了伦理问题，人工智能也对传统的法律法规和社会规范提出了挑战。例如，无人驾驶汽车一旦出现事故，责任究竟该归因于生产无人驾驶汽车的企业、无人驾驶汽车的拥有者还是无人驾驶汽车本身？人工智能在给人类社会带来诸多利益和好处的同时，也带来了很多不安全性、不确定性。对人工智能在伦理和法律层面进行约束，是促进人工智能健康发展的基石，或者说是发展符合人类利益的人工智能的基石。人类要想通过人工智能获得更多的收益，前提是必须尊重、保护和支持人性中最珍贵的品质，维持社会的基本道德和公平，防止技术滥用。本章主要介绍人工智能引发的伦理和法律问题，以及人工智能伦理概念和规范等内容，使读者认识到伦理和法律规范与人工智能技术一样，对人工智能的发展很重要，在一定程度上，人工智能伦理和法律甚至要优先于人工智能技术的发展。

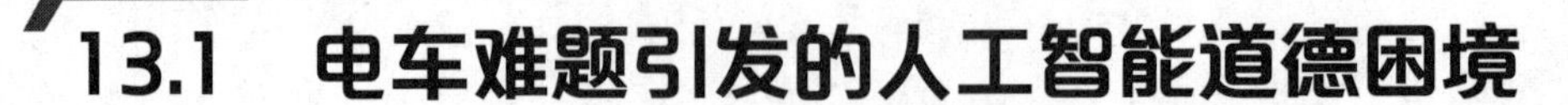

13.1 电车难题引发的人工智能道德困境

在理解人工智能伦理之前，我们首先思考一个关于伦理问题的假设案例——电车难题。电车难题阐明了一种典型的道德困境：在某种危急情况下，是否可以伤害某个人或者更多的人来救另外的某些人？这个问题有许多个版本。

其中一个是比较典型的旁观者版本，如图 13.1 所示。有一辆电车正在行驶，它的司机已经昏厥了。电车正朝着 5 个在轨道上躺着的人撞去，一个称为汉克的旁观者正站在轨道转换开关旁边，他可以拉动转换开关使电车行驶到另一条平行的轨道，从而使 5 个人幸免于难。不过，有一个人正好躺在另一条平行的轨道上。汉克如果转换了电车的行驶方向，那个人就会死；而如果什么都不做，则这 5 个人就会死。那么，道德上允许汉克去转换电车的行驶方向吗？有的人同意汉克转换电车的行驶方向去救更多的人，也就是说，持这类观点的人，当他们面临旁观者版本电车难题中的道德困境时，愿意选择牺牲少数人，拯救多数人。

图 13.1　旁观者版电车难题示意

电车难题还有一个天桥版本，如图 13.2 所示。伊恩正好站在电车上面的一座天桥上。他旁边有一个重物。他可以将重物推到电车所在的轨道上阻止电车前进，从而使 5 个人免于罹难。但假设这个重物是一个人，他背对伊恩站着，伊恩如果将这个人推向轨道，则这个人会死；如果不这么做，则轨道上的 5 个人会死。那么，道德上允许伊恩去推这个人吗？

图 13.2　天桥版电车难题示意

从上述两个版本的电车难题不难看出，当面对与难题中类似的道德困境时，人类往往会做出不同的道德判断和决策。如果将电车难题升级，即其中面临困境的主角不是人类，而是人工智能系统或者智能机器人，那么它们能够采取和人类一样的道德判断和决策吗？

一些学者深入探讨了此类问题，并在通过计算机编程模拟后宣称：道德观现在不只是人类哲学家的高级领域了。也就是说，机器人或智能机器也可能或应该具有某种道德观。电车难题事实上反映了当前人类对人工智能的一种潜在担忧，这种担忧隐含的深层意义：人类所希望的人工智能是应该像人一样具有主观判断能力的智能机器，而不是只会简单地运行计算机代码、执行既定任务的机器。人们希望人工智能能够适应各种复杂环境和情况，无论面临何种困难和情况，都能做出有利于人类利益的正确选择。事实上，人们所希望的这种人工智能至今还没有出现。那么现实中，人工智能究竟面临哪些伦理问题呢？这些问题是否值得人们重视和加以防范并不断改进技术呢？接下来，我们要探讨现实中比较典型的几类由人工智能技术的应用所引发的社会问题。

13.2 人工智能伦理的定义

近些年，人工智能伦理开始受到各国政府和组织的关注并成为学术研究的热点。在提出人工智能伦理之前，学者迈克尔·安德森（Michael Anderson）等人最早提出了“机器伦理”（machine ethics），这个概念关注的是如何使机器具有伦理属性。他们在《走向机器伦理》（*Towards Machine Ethics*）一文中提出：“机器伦理关注于机器对于人类使用者和其他机器带来的行为结果”。专家们认为，过去人们对于技术与伦理问题的思考大多只是关注人类是否负责任地使用技术，以及技术的使用对人类而言有哪些福祉或者弊端。然而，很少有人关心人类应该如何负责任地对待机器。这里的机器实际上指的是具有人工智能的机器。机器的智能化使机器本身开始承担越来越多的价值和责任，从而使机器具有了伦理属性。确认机器的伦理属性，可以帮助使用者在各种应用场景中做出合适的伦理决策或者发展出符合人类伦理意向的智能机器。

这种智能机器的伦理属性更容易引起人类的关注，其根本原因在于机器与人在智能方面的相似性。由于机器具有了某些类人的智能特征，在它们服务于人类或者被人类使用的过程中，可能会给人类带来道德风险甚至是某种伤害。人类需要从自身利益出发认真对待这些问题。人类的伦理道德是人类长期的文化积累与社会进化所形成的结果，而人类对于智能机器伦理的认识则刚刚开始。

那么，到底什么是人工智能伦理呢？基于上述人工智能引发的伦理道德问题，简单地说，人工智能伦理是关于人工智能技术及智能机器所引发的涉及人类的伦理道德问题，包括应用人工智能技术及各种智能机器所引发的伦理道德问题。由于这些伦理道德问题可能与人类的道德观念或利益相违背，因此政府、机构、技术人员及一般民众对此应保持密切关注，并应该一致努力预防潜在风险。

13.3 人工智能伦理问题

除了伦理道德困境，人工智能在为未来人类社会生产生活带来种种便利的同时，也会衍生一系列社会问题，包括经济与就业、安全与责任、公平与平等、人类身份认同等，这些问题不仅是各国政府需要面对和预防的问题，还是全人类需要认真对待的问题。

1. 算法歧视与偏见

正如前面关于“不良少女”Tay 的例子所指出的，基于深度学习算法的人工智能系统在逐渐被广泛地应用于医疗、司法、金融、交通、军事等关键领域，由于人类目前对这种技术所形成的机器智能还不能完全理解，因此不可避免地会出现一些违反人类道德准则的问题，其中比较明显

的问题是“算法歧视”。算法歧视，是指以深度学习、大数据、超级计算机为主要模式的弱人工智能，经可能存在偏颇的数据和隐含信息进行大数据训练而导致算法结果产生违反人类道德规范的后果。这主要是因为人工智能系统倾向于系统性地复制用于学习的数据中所有或显然、或潜在的人类过失。虽然弱人工智能技术构成的机器系统都是无意识、非自主的，但其导致的后果可能是很严重的。

由算法歧视产生的后果之一就是偏见。例如，一个智能金融贷款系统，如果其训练的数据都是基于财产水平和教育程度较高的某些特殊用户群体，那么一些亟须贷款但不属于这个群体的用户就会被认为没有偿还能力而被拒绝发放贷款，从而引发偏见。由算法歧视产生的偏见也可能会被嵌入智能系统中，如果该类系统被大面积推广使用，就容易造成社会性问题。

2. 软件欺骗

智能手机等智能机器的普及及搭载智能化的应用软件使人们更愿意相信机器，如人们生活中对于智能导航系统的依赖。在人类社会中，软件正在变得越来越智能，人们将越来越信任它。与此同时，软件对人们的危害力也变得更强了。智能软件仅靠算法或者病毒就可以产生危害，而不一定具备像人一样的主观恶意。例如，利用智能文字编辑技术和换脸软件技术，机器已经可以假冒某人的身份编造假新闻、谣言，使人们无从区分真假消息。因此，人类对机器的轻信将会导致一些难以预料的后果，从个人生活到社会领域都会深受其害。这类技术已经引起一些国家政府监管部门高度重视。目前，一种非常流行的智能变脸技术，可以对一些人物的脸部进行控制处理，可以播放他们的假新闻或发表他们从未发表过的讲话。如果不法分子获取了这类技术，就可能会利用该技术欺骗他人、诈骗钱财、造谣生事、制造恐慌等，既违背伦理，也违反法律。

3. 软件控制

互联网技术的发展使人们愿意通过电子商务网站等购买各种商品和服务。与此同时，电子商务公司会利用人工智能技术搜集用户信息，以便设计、采取对用户更有针对性的销售策略。智能软件事实上在逐渐控制人们的生活，人工智能使个人的生活变得更便捷的同时，也无意中将人们的生活转化成他人的商机。这会产生一定的危害，如利用大数据“杀熟”，非但没有使经常在某家网站购物的客户得到实惠，反而利用大数据分析技术使老客户买了更贵的东西。这是人们需要警惕的人工智能技术引发的危害。还有很多手机上的软件通过隐秘地主动搜集人们的个人身份等信息，再结合大数据技术，就可以掌握人们的生活规律和重要的生活内容，而这些信息可能在人们不知情的情况下被用于投放人们不希望看到的广告，对人造成骚扰，也可能会被用于敲诈勒索或者直接进行财产盗窃。

4. 可信与可靠性

大数据时代的人工智能依靠成千上万台服务器和上千万个处理芯片以惊人的速度一刻不停地交互运行成千上万种算法，人们不得不相信计算的力量。这种机器“计算”形成的智能不仅在速度上成就了“超人类”的智能，还在围棋领域产生了 AlphaGo 和 AlphaGo Zero 这些人类已经无法理解的机器智能。

目前，非常流行的深度学习还是“黑箱”，也就是说，它的内在的运行机制还没有完全被人类所理解。图 13.3 所示为一个 6 层深度神经网络，它看起来层数并不多，但即使是这样的深度神经网络，其各神经元是如何协同完成图像识别等任务的依然还不为人所知。除了其内部工作机制不为人所理解，这样的人工智能技术更危险之处在于，由于人类无法掌控复杂的内部运算过程，由此产生的结果可能并不是人类所期望的。因此，基于此类技术的智能系统对人类而言，不仅不可理解，更重要的是其在一定程度上不可信、不可靠，人类无法将重要的任务放心地交给这种智能机器去处理或者由其代为完成。

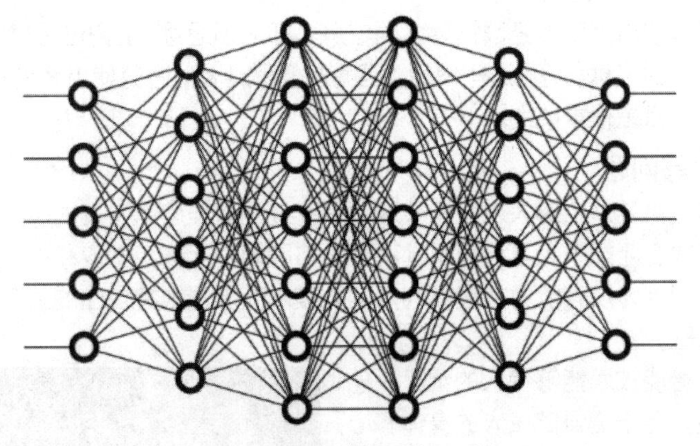

图 13.3　深度神经网络（6 层）

5. **隐私权**

在智能摄像头等传感器、手机应用程序及各种人工智能系统无处不在的世界里，互联网公司或非法组织通过各种手段收集个人的各种场景下的数据，由此，人们更加关注如何保护个人隐私数据及避免网络安全漏洞，以及人工智能技术的应用引发的隐私权问题。

例如，医院病历上的个人信息是非常敏感的，智能医疗技术对医疗影像大数据如果不进行去除个人姓名等脱敏处理，就会存在泄露个人隐私的问题。甚至一些人工智能儿童玩具（经过测试后发现）也存在泄露个人隐私的安全隐患。一些智能玩具与手机无线连接的距离可达 10m 之远，甚至可以隔着房屋进行操控。这就给了不法之徒可乘之机，他们可借此功能窃取儿童及其父母的声音和照片等个人资料。

许多非法企业利用手机应用程序、路由器等自动搜集用户个人隐私，包括购物消费习惯、个人阅读爱好兴趣等。在现实中，人们很容易把自己的各种隐私信息拱手送给提供各种服务（如网络浏览、社交媒体或娱乐等）的商业机构，但从未真正认识到所提供的数据或交出的东西对个人隐私意味着什么。这些数据可能会在后续被披露或者转手贩卖，从而对人们的个人隐私产生严重影响，使公民权受到严重威胁或侵犯。因此，将人工智能技术随意用于侵犯个人的隐私权是很严重的问题。

6. **安全与责任问题**

安全与责任问题是由人工智能技术的各种可能的应用所引发的。人工智能技术的使用确实会使一些事情的处理更加高效、准确和科学，人类很容易对这种先进的技术产生依赖性。但智能系统如果操作不当就很容易引发各类问题，影响社会生产和生活秩序，甚至引发社会恐慌。例如，美国亚马逊公司的智能音箱（依赖于云端智能技术，具有语音识别、聊天对话等功能）曾在深夜发出怪笑声，给很多用户带来了恐慌。

人工智能背后的网络安全问题也是不可忽视的。由于目前以深度学习为基础的多数人工智能技术都是基于云端或者互联网开放平台的，互联网与人工智能技术都可能由于本身存在的漏洞而遭受病毒或黑客攻击，存在巨大的安全隐患。国外曾出现过黑客入侵银行网络盗取大量用户信用卡信息而造成大量财产损失的事件，类似的情况完全可能发生在基于网络的人工智能系统中。很多智能摄像头也容易被不法分子控制，用于监视、威胁普通人的生活或者用于敲诈勒索。

许多国家都在着力推进对无人驾驶汽车的安全监管。无人驾驶汽车发生事故后责任怎么认定？如果是人工智能程序漏洞使无人驾驶汽车造成了人身和精神损害及公私财产损失，那么应该由谁来承担责任？由于系统自主性越来越强，有些问题甚至开发者都难以预测，因此，人工智能的使用在带来安全问题的同时也会产生责任鸿沟。

脑机接口等混合智能技术的使用也会使个人安全受到威胁，例如，目前的脑机接口技术在一定程度上已经可以解读出大脑神经数据隐含的信息，即无须通过人的语言和声音表达就会揭示出一些个人不愿意透露的信息。防止这些信息被恶意使用和泄露，避免使用者受到攻击和隐私侵犯，对个人和社会安全而言是很重要的。

7. 公平与平等问题

公平与平等问题主要是由对人工智能技术的占有或拥有程度所引发的。例如，掌握先进机器人和人工智能技术的企业或个人可能利用其资源优势和地位优势，攫取和占有更多的社会资源和财富，而更多的人则因为没有能力掌握或利用此类技术而无法维持自己的生存，这样就可能会造成社会公平失衡问题。

此外，当混合智能技术能够使人的记忆、感觉和身体得到增强，用于增强健康人的身体和心理能力时，也可能会引发诸如公民地位平等问题。图 13.4 所示的穿戴机械外骨骼的人可以轻而易举地身负重物做俯卧撑、劈开硬木，比普通人拥有更强大的体能。类似外骨骼这种混合智能技术也可能会导致社会两极分化，产生智能或体能增强的人或智能、体能都没有增强的人。例如，有些人可能会让他们的孩子在很小的年纪就植入脑机接口，使他们在心理和身体上都更具有优势；而没有植入脑机接口的孩子长大后就可能会落后。人工智能的其他技术也可能会引发同样的问题。

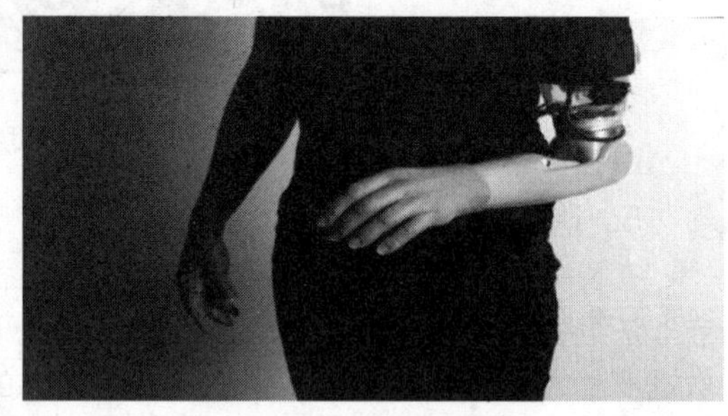

图 13.4　高级手臂假肢

8. 社会性问题

社会性问题是由人工智能技术的普遍应用所引发的。在制造业领域，工业机器人等各种智能机器人正在不断被人类大规模地使用，未来机器人将变得越来越自主，并且能够互动、执行和做出更复杂的决定。同时，深度学习、自然语言处理等人工智能技术的普及，以及它们与大数据技术的结合，将导致很多从事劳动密集型、简单重复型，以及数据分析类、文字处理类等职业的人士面临失业威胁。越来越先进的技术将使人类劳动力逐渐被智能机器取代。人工智能引发的经济和就业问题包括：机器人或人工智能对社会经济会产生哪些影响？机器人或智能机器是否会彻底取代人工？政府和社会应该做些什么？每个人应该如何正视机器人及各种智能机器给就业和工作带来的危机？目前，世界上主要的发达国家及我们国家的政府部门，已经纷纷开始研究相关制度，在鼓励人工智能技术和产业发展的同时，也要预防可能由于人工智能技术造成的失业等社会问题。

9. 身份认同问题

身份认同问题主要是由脑机接口等混合智能技术的应用所引发的。

首先，在未来社会，脑机接口等混合智能技术与智能芯片等技术整合形成的某种设备可能会与大脑集成在一起，可穿戴技术将使人具有某些机器特征或属性，这些技术将从根本上改写人类的定义。脑机接口技术意味着人的意识和智能与机器直接结合，可穿戴技术、机械外骨骼技术则从身体上改变人的机能或体能，由此，人与机器之间的界限将变得模糊。一个人截肢后换上机械假肢，另一个人则换成高仿真手臂假肢，这两种假肢都可以正常使用。可能有人愿意利用这种技术增强自己，也可能有人强烈反对这种技术。因此，混合智能可能引发的道德后果值得研发人员和使用者考虑。

其次，利用脑机接口设备，人类能够更快地实现意图和行动之间的转换。在这种情况下，人们最终可能会做出一些自己都难以接受的事情。在 2016 年的一项研究中，一个曾用过大脑刺激器来治疗抑郁症长达 7 年的病人说，他开始怀疑他与他人互动的方式，例如，一些他曾经说过的话，究竟是因为电极刺激的作用，还是因为他自己的抑郁所引发的，都不得而知。由此可以看出，混合智能技术可以扰乱人们对于身份和能动性的认识，从而动摇关于自我和个人责任的核心认知。

然后，如果人们能够通过自己的思想远距离地控制设备，或者将多个大脑连接到一起完成一项或多项工作，那么人类对自身身份和行为的理解就会产生混乱。

上述人工智能引发的社会问题只是几个比较典型的问题。更多的问题会随着技术的发展逐渐显现。正是这些已经出现或者可能出现的问题引发了人们对于人工智能伦理的重视和思考。

10. 防范人工智能技术风险的措施

对于如何防范人工智能技术带来的风险，来自不同领域的专家已经提出了不同的建议，主要有以下几种措施。

（1）技术措施

技术措施包括隐私保护、全方位跨学科伦理测试、伦理程序设计等。例如，基于区块链技术可以让数据能被跟踪和审计，区块链中的“智能合同”技术则可以对数据的使用方式进行透明地控制，而不需要集权。此外，开放数据格式和开源代码可以让人们更透明地知道什么信息将被保持私密，什么信息将会被传递分享出去。

人类在如围棋、图像识别、语音识别、大数据处理等领域开始落后于人工智能，要在系统中发现有没有存在歧视和歧视根源，单纯地在深度学习技术上下功夫是比较困难的。因此，对人工智能进行全方位的伦理测试，包括道德代码、隐私、正义、有益性、安全、责任等测试，是十分重要的。这就需要不同学科的专业人员开展跨学科合作编制弱人工智能技术伦理测试。最后，对于嵌入了弱人工智能技术的各种机器，将人类伦理规范也嵌入其中，可以形成具备伦理规则的人工智能系统，这将有助于降低其可能存在的伦理风险。

（2）政策措施

不同国家和政府，以及专业组织机构可以根据各自的实际情况和需要，建立具体的人工智能伦理规范及原则，以便人工智能技术开发者和使用者在开发或应用人工智能系统时遵循这些规范，从源头上防止潜在的风险和问题。2017 年 1 月，人工智能研究者召开了“阿西洛马会议”，会议的重要成果是提出了规范人工智能发展的《阿西洛马人工智能原则》。其目的是为全球从事人工智能研究的专家提供伦理准则，以保证人工智能能够为人类福祉而服务。

（3）教育措施

通过人工智能伦理教育，可以让遵守人工智能伦理规范成为技术开发人员、学术研究人员、工程师等在加入人工智能技术公司或实验室时的标准培训的一部分。教育的目的是使从事人工智能研究的人员思考如何追求人类利益最大化等问题，实施建设美好社会而非破坏社会的策略。同时，也要让社会大众了解人工智能，让他们在享受人工智能带来的便利和舒适生活的同时，提高自我防范风险意识。

总体上，无论是从事人工智能研发的人还是终端使用者，都需要理解人工智能伦理的意义和作用。政府、企业应在组织、政策和规范方面未雨绸缪，引导企业和从业者发展有利于人类利益的人工智能技术，为人类提供安全、可靠、可信的服务。

13.4 机器人伦理问题与基本原则

13.4.1 机器人伦理问题

机器人作为人工智能的主要载体，是基于人工智能技术的各种智能机器的典型代表。机器人

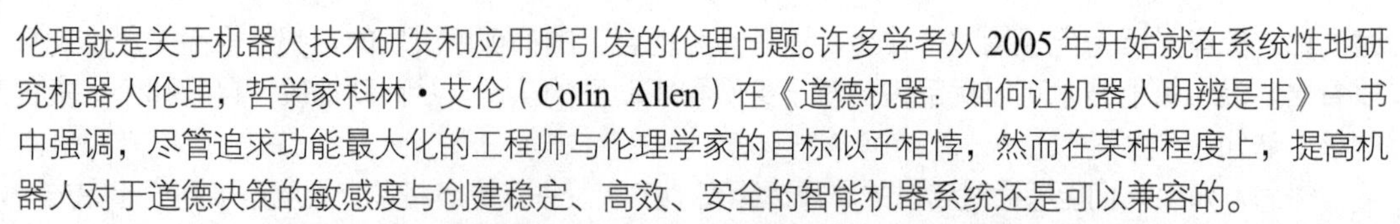

伦理就是关于机器人技术研发和应用所引发的伦理问题。许多学者从2005年开始就在系统性地研究机器人伦理，哲学家科林·艾伦（Colin Allen）在《道德机器：如何让机器人明辨是非》一书中强调，尽管追求功能最大化的工程师与伦理学家的目标似乎相悖，然而在某种程度上，提高机器人对于道德决策的敏感度与创建稳定、高效、安全的智能机器系统还是可以兼容的。

1985年，国际象棋高手古德科夫同机器人棋手下棋连胜3局，机器人突然向金属棋盘释放强大的电流，将这位国际大师杀死。这起事故经过事后分析，是机械或电子事故，并非机器人对人类产生厌恶或嫉妒心理所导致，但足以引起人类的警惕。时至今日，人类对机器人在人类社会中的作用、价值、地位，以及其与人类之间关系的思考越来越深入。当然也不乏科幻影视、小说作品的推波助澜。当人们越来越仰仗包括机器人在内的智能机器为人类提供工作和服务时，人们就会认为这是理所当然的，但如果它们出现问题，就会引发各种隐性道德问题。例如，外科手术机器人已经在很多所医院中被推广使用，但如果由手术机器人开展的外科手术失败导致病人死亡，是谁的错？是操控机器人的团队，还是生产机器人的公司，或者是这个手术方案的医生？

机器人与其他弱人工智能技术的区别在于，它们不仅是代替人类劳动的工具，由于它们具备一定的决策和行动能力，它们更容易被人类看作伙伴，尤其是人形机器人。那些具有完整的仿人或其他动物的外观形态的机器人，更容易引起人们的关注、使人对其产生依赖性甚至感情，从而更容易引发人们关于伦理问题的思考。由于机器人类型众多，因此所引发的伦理问题也多种多样。

13.4.2 机器人伦理基本原则

关于机器人伦理问题的防范措施，与弱人工智能伦理类似，可以通过技术、政策、教育等不同方面的措施来预防潜在问题的发生。许多研究人员认为，阿西莫夫提出的机器人三定律可以被看作最早看待和处理人与机器人之间伦理关系的基本原则。

现在，阿西莫夫科学幻想小说中的机器人三定律不再是纯粹的科学幻想，而是真正成为现代人工智能伦理和机器人伦理的开端。实际上，机器人三定律只是对机器人的行为，以及机器人与人之间的保护与被保护关系做出的简明规定，但是机器人本身涉及的伦理问题则要复杂得多。机器人三定律作为科幻小说中的情节，假设了机器人有充分的认知去做出道德决策。现实中，机器人三定律的具体内容可以作为一套指导原则应用在机器人系统的设计、开发、测试、实施、使用和维护中。一些研究人员正在开发各种可以嵌入机器人的伦理道德程序模块，包括基于机器学习案例推理技术、基于功利主义原则的机器人道德模型，以及基于规则的机器人道德系统。

哲学家苏珊·安德森（Susan Anderson）和计算机科学家迈克尔·安德森（Michael Anderson）共同研制了一个具有道德行为的机器人。这个机器人内部的软件程序在关键时刻会理性地分析行为的利与弊，仔细“思考”后支配机器人做出能够达到有利结果的决定和行为。例如，这个机器人可以成为病人的“陪护”，它能提醒病人按时服药，在病人拒绝服药时，它会仔细考虑病人服药的利弊，并从对病人有利的角度出发做出是否报告医生的决定。

但上述这些设计并不能使机器人真正成为自主、自由的道德主体，还需要人类负起应负的责任。因此，我们可以从以下方面考虑机器人伦理原则（注意：以下讨论的机器人伦理原则仅限于在生活和生产方面服务于人类的机器人）。

1. 尊严和隐私

机器人以什么方式在其所有的应用中影响人类功能、能力和权利？在权利方面，机器人技术的发展如何有利于进一步促进人类解放？如何确保人类尊严不受侵犯和冲击？在发展机器人技术的同时，维护人类自身的尊严及保护个体隐私应是机器人伦理的第一原则。

2. 责任和义务

当机器人对人身或财产造成破坏时，应该由谁对自主机器人及其功能失效负责？机器人作为一种新的主体介入传统人际关系中，对其主体能力应该如何定义？机器人应该如何履行其责任和义务，以确保人类生命财产在机器人失效时不会受到侵犯，或者当这种情况发生时可以追溯其责任？这一方面的问题可以参照人类之间的责任和义务进行设计或实施。

3. 心理影响

目前的机器人普遍缺少人类所具有的情感和理性逻辑功能，那么未来如果在机器人中设置人类逻辑和情感结构，则应考虑这种机器人对人类关系可能产生的心理影响，应结合心理学、社会学、神经科学和法律整体设计有利于人类的伦理原则。

4. 代价和效益

随着机器人应用的普及，应将伦理部分作为开发机器人的重要内容，也就是说，在设计机器人的同时，应将符合人类利益的伦理内容作为机器人执行任务时应遵循的规则，并做出相应的评价。这也包含机器人在许多劳动场景中取代人的情况下产生的代价和经济效益问题，以及由此产生的人类劳动力或操作员的教育成本等问题。

总之，机器人伦理应基于以人类为中心的价值体系，将人类的价值体系与机器人自身的价值体系相结合。当机器人引发意外时，对设计者、生产者、用户，甚至是机器人本身的责任划分等问题，已经不是伦理道德规则所能回答和解决得了的，而必须通过法律解决。

13.5 人工智能伦理规范

在弄清上述关于强人工智能、弱人工智能伦理问题及风险防范措施，以及机器人伦理、军用人工智能伦理等特殊人工智能伦理和风险问题的基础上，我们还需要进一步了解为解决上述问题，迄今为止，人们在统一的人工智能伦理规范方面所做的努力。

2011 年，英国工程与物理科学研究委员会（Engineering and Physical Sciences Research Council，EPSRC）在线发布“EPSRC 机器人原理”。该机器人原理不仅是由阿西莫夫的机器人三定律所启发的，更重要的是对三定律做出了明确的修订。这些原则的重要之处在于淡化了机器人的特殊性，将其视为在法律与技术标准下设计和操作的工具或产品。机器人不是法律规定的责任方，对此用户应该有所了解。这些原则的最终目的是确保消费者和公民对使用机器人有信心，使其成为适合在人类社会中普遍存在的、值得信赖的技术。

英国标准协会（British Standards Institution，BSI）在《机器人和机器系统的伦理设计和应用指南》中指出，机器人的设计要保证透明，同时要避免人类对研究使用机器人上瘾。

除了对机器人伦理问题进行规范，《阿西洛马人工智能原则》还是“阿西洛马会议”的重要成果，它比较正式地向人类社会提出了规范人工智能发展的基本原则，目的是为全球从事人工智能的专家提供伦理准则，以保证人工智能能够为人类福祉而服务。

世界上多个国家和国际组织在 2018 年与 2019 年相继发布了关于人工智能伦理的规范。电子与电气工程师协会（Institute of Electrical and Electronics Engineers，IEEE）先后发布了两版关于人工智能设计的伦理准则，强调在人工智能及自主系统中应将人类福祉摆在优先位置。

2019 年 7 月 24 日召开的中央全面深化改革委员会第九次会议，审议通过了《国家科技伦理委员会组建方案》。方案指出，基因编辑技术、人工智能技术、辅助生殖技术等前沿科技迅猛发展在给人类带来巨大福祉的同时，也不断突破人类的伦理底线和价值尺度，基因编辑婴儿等重大科技伦理事件时有发生。如何让科学始终向善，是人类亟须解决的问题。加强科技伦理制度化建设，推动科技伦理规范全球治理，已成为全社会的共同呼声。这表明科技伦理建设进入最高决策层的视野，成为推进我国科技创新体系中的重要一环。

EPSRC 曾提出人工智能、机器人及智能系统的一般道德原则。

（1）机器人是多用途工具。除了为了国家的安全利益，机器人不应该单独被设计或主要用于杀死或伤害人类。

（2）人类，而不是机器人，是负责任的代理人。机器人应以实用为目的来设计和操作，以使其符合现行法律和基本权利及自由，包括隐私。

（3）机器人是产品。人类应使用流程来设计机器人，以确保其技术安全性和使用安全性。

（4）机器人是人造物。机器人不应该以欺骗性的方式来利用易受伤害的用户。用户的机器性质应该是透明的。

（5）人们对机器人应负有法律责任。

上述原则淡化了机器人的特殊性，将其视为在法律和技术标准下设计和操作的工具和产品。这些原则的目的是为消费者和公民提供对机器人的信心，也就是将机器人作为适合人类社会的、普遍存在的、值得信赖的技术。

为了人工智能健康持久发展，人类需要制定关于人工智能和自主系统伦理的一般指导原则。一般指导原则应涉及所有类型的人工智能、自主系统及它们的应用领域，无论是物理机器人（如护理机器人、无人驾驶汽车等）还是软件人工智能（如医疗诊断系统、智能个人助理、算法聊天机器人等），皆不例外。这些原则是针对高层次的伦理问题，为解决每种问题或改善相应的措施而被提出的，主要包括以下5个方面。

（1）人权：我们如何确保人工智能、自主系统不侵犯人权？

（2）幸福：繁荣的传统指标并没有考虑人工智能、自主系统技术对人类福祉的全面影响。

（3）问责：我们如何确保人工智能、自主系统的设计师、制造商、所有者和运营商会承担相应的责任？

（4）透明：我们如何确保人工智能、自主系统是透明的？

（5）人工智能、自主系统技术滥用和意识：我们如何扩展人工智能、自主系统技术的优势，并最小化它们被滥用的风险？

这些一般原则给出了人工智能和自主系统伦理应优先考虑人类福祉的一套不同的优先事项，同时保留了在问责制和透明度方面的人为责任。它们也反映出了滥用人工智能、自主系统的风险性，以及在扩大效益的同时积极防范这种滥用的必要性。

总之，人工智能伦理应该与人类普遍认可的价值观相一致。人工智能的发展应该服务于人类的公共利益，服从于人类的共同价值。自主系统或智能机器的设计和应用的目的是服务人类，而不是危害或者毁灭人类，应该受到人类所普遍认可和广泛接受的基本伦理原则的约束。人工智能应该被合乎伦理地设计、开发与应用。人工智能技术应该遵循包括人权、幸福、问责、透明等在内的基本伦理原则，并且将其嵌入智能系统当中。

13.6 人工智能法律问题

我们知道，法律的作用是以法律条文的形式明确告知人们，什么是可以做的，什么是不可以做的，哪些行为是合法的，哪些行为是违法的。那么对人工智能而言，法律在处理人与人工智能之间的关系或者人工智能引发的问题时扮演的是什么角色呢？

13.6.1 人工智能引发的法律问题

13.1～13.5节所讨论的各种伦理问题涉及智能机器与人类之间的伦理道德关系，与日常生活中发生的各种道德问题一样，当突破道德底线的很多问题无法用道德准则来约束时，就需要以法律作为后盾和保障，以维持社会的稳定、秩序、公平和正义。

由于人工智能技术应用极为广泛，涉及人工智能的法律问题非常繁杂，因此人们迄今为止并没有对此形成一致的意见。下面仅以目前人工智能应用最广泛的图像识别、语音识别为例，说明人工智能在应用中面临的一些法律问题。

图像识别领域面临的用户隐私保护和种族歧视等问题日益突出。一方面，社交媒体利用图片标签和自动标记功能，已引发了用户隐私权的争议和诉讼。另一方面，图像识别中的歧视问题也比比皆是，之前谷歌公司的图片软件将黑人标记为“大猩猩”“猿猴”或“动物”的做法引起了一片争议。此外，不法分子利用深度学习生成对抗网络模型生成以假乱真的图片或视频来假冒某人，有可能实施散布不法信息等违法犯罪行为。这些技术如果被用于实施诈骗、恐吓等违法犯罪行为，都是需要依靠法律来解决的。

与图像识别领域类似，语音识别领域已经出现了性别和种族歧视、伦理及声音权保护等问题。在人声模拟方面，声音是否受法律保护，备受大家关注。例如，现在使用名人声音进行人工智能语音训练，模仿某人的声音都已成为人声特效的一种业务模式，而这种声音模拟同样可能被不法分子用于实施诈骗、恐吓、散布谣言等犯罪行为。

这些弱人工智能技术的日益成熟和普及应用所带来的法律问题仅仅是冰山一角。除了上述问题，人工智能还会造成伦理之外的很多法律方面的影响。例如，如果人工智能因决策失误导致发生了意外甚至犯下罪行，谁是责任主体并接受应有的审判和惩罚？人工智能系统创造的知识产权的归属主体是谁？面对日益强大的人工智能，应该制定哪些法律条款以约束其可能造成的犯罪行为？人工智能的开发者拥有哪些合法权利、承担哪些法律义务？是否有必要设计专门针对机器人的法律体系？机器人法律体系是否需要同人类的法律体系一样？见死不救的机器人是否要承担法律责任？未来如果机器人具备自我意识和情感，那么在各种资源有限的情况下，人类是否应该赋予机器人法律地位和法律人格？

上述问题都已经超出了伦理原则和规范范围，对于其中的许多问题人们还需要进行全面的思考，以创建一个合理的、与伦理配套的法律框架。在人类与智能机器和谐共处的社会到来之前，如何在人类—机器人互动（机器人技术开发）和社会制度设计（法律法规框架制定）之间保持平衡，是横亘在人类面前最大的安全挑战。从法律的角度看，有必要建立“安全智能”。由于人工智能技术的飞速进步，无论是弱人工智能还是强人工智能的法律问题都已经引起了法学家和社会学家的严肃对待和思考。

13.6.2 人工智能的法律主体和法律人格问题

上述人工智能涉及的法律问题，主要是针对弱人工智能技术而言的。那么，对强人工智能技术而言，又有哪些未来的法律问题需要思考和讨论呢？关于强人工智能的法律问题，其核心是主体和人格问题。本小节重点学习和讨论这些问题。

1. 什么是人工智能的法律主体和法律人格

人工智能技术除了可能带来违法犯罪等问题，还有可能引发人工智能的法律主体和法律人格等更深刻的问题。

法律主体是指具有法律意义的承担一定责任的主体。它可以是自然人，也可以是企业、团体、机构等，即维持和行使法律权利，服从法律义务和责任条件的主体。

法律人格是指作为一个法律上的人所具备的法律资格，即维持和行使法律权利、服从法律义务和责任条件的资格。任何法律制度都将赋予一定的人、团体、机构和诸如此类的组织以法律人格。在奴隶制时代的法律制度中，奴隶没有法律人格，他们只是动产。现代法律制度主要赋予自然人和法人以法律人格。法律人格（尤其对自然人来说）有两种属性，即身份和能力。虽然所有的自然人都可能具有法律人格，但他们的身份和能力并不相同。

对于法律人格问题，人类法律历史上曾经根据不同实践需要，设置了自然人的法律人格，灵活分配不同的法律行为能力给自然人，由这种传统又发展出了公司法人的概念，即独立于个人的法人组织。这种发展一方面带来了对公司的法律人格风格及其行为能力的认定，另一方面带来了其与传统法律人格精神属性之间的矛盾。

随着人工智能技术在各行业的广泛应用，以及在人类社会日常生活中的普及，人类已经进入智能时代。例如，当前出现的无人售货、无人驾驶汽车、智能医疗、智能金融、人工智能投资顾问等，都对传统法律理论发起了挑战。无论是商业领域中利用人工智能算法越过个人主观判断直接进行自主交易，还是军事领域中无人作战系统的应用，人们所面临的问题本质上是一样的，即当人工智能发展到脱离个人意志控制的程度时，其所产生的各类法律行为如何再被归因于个人？因为可能很多人工智能系统不再只是简单地代理执行，而是自主独立做出决策。

更进一步说，先进的智能机器是否可以拥有“权利”？当它具备自主的高等智能时，是否可以拥有“法律人格”？它是否可以和自然人一样获得各种民事、商事乃至宪法上的基本权利？这实际上是关于强人工智能的“法律人格”问题。

对于人工智能的法律主体和法律人格问题，我们可以用一个例子来类比说明。在人类法律史上，曾有过一段在今天看起来很荒唐的历史，从9世纪到19世纪，西欧有200多件记录在案的动物审判。1522年，一群老鼠因为啮食和破坏教会的大麦作物而被指控犯有重罪。当时的一位法学家莎萨内最终为这群可怜的老鼠做了成功地辩护。其实中世纪的权威早已否定动物拥有理性人的地位，那为什么还会对动物按照“法律人格”进行审判？为什么老鼠在中世纪被视为在法律上享有某种“权利”？这个看似可笑的案例给人类带来的启示：自欧洲文艺复兴以来，整个人类概念—关系框架及世界整体行为和感觉方式的全面转变，让“老鼠审判”变得如此难以理解。这种整体思想的转变，也同样适用于当今世界对人工智能法律主体和人格问题的严肃思考和认识。也就是说，人工智能技术普及所产生的法律问题，使今天的人类社会也正面临与历史上“老鼠审判”案例类似的难题。

伴随着带有人类属性或特征甚至未来超人的“非人”智能主体的大量出现，人类不仅需要新的心理学和行动者模式，还需要重新定义法律人格和法律行为的概念，相应地，传统的所有权、契约和侵权理论也需要做出改变。

在当代和未来，将会有更多非人实体（如公司法人、传统社区、政府机构、跨国组织等）参与到一个不断扩展的法律空间，由此将会形成更加复杂、多元、“去中心化”的新型法律秩序。那么如何确保“非人”智能主体的法律主体和法律人格地位得以实现呢?

2. 人工智能法律主体和法律人格地位可能的实现措施

法国思想家布鲁诺·拉图尔（Bruno Latour）曾提出一个“行动元”的概念，即不必将法律上的“行动者”规定或想象为活生生的个人或组织，也不需要它具备灵魂、心灵、同情、意志、情感、反思等主体能力。行动元之间只要可以互为“黑箱”，能够满足图灵测试意义上的智能存在的标准，即相互之间可以维持某种不透明性，就可以启动一个开放的行动元法律秩序。只要能够达成要约和承诺的合意，合同也就达成了。至于参与合同签订的主体到底是自然人还是人工智能，并不是最关键的。一旦能够通过这一“测试”，“人工智能”就可以获得“法律人格”，人们可以为其授予“民事能力”。因此，在人工智能时代的法律操作中，心理和生理的承载者并不是决定性的，关键在于“人格”和“身份”。无论是个人、团体还是人工智能，都可以被称为法律系统中独立归因的“行动者”。或者说，在法律系统的沟通运作中，构成基本单元的其实不是具体的个人、公司或者人工智能，“行动者”不会被不断归因到这些主体的持续性沟通之中，而会被法律系统归因于智人、公司或人工智能，并通过不同的“人格化”的法律定位，被法律系统分配不同的法律面具，即权利。

还有研究人员针对下一代机器人的安全问题提出了一个法律体系框架，其指导原则是将机器人归类为“第三存在”的实体，因为下一代机器人被认为既不是生命或生物（第一存在），也不是非生命或非生物（第二存在）。一个“第三存在”的实体的外在和行为类似于生命体，但并不具有自我意识。虽然机器人目前在法律上被列为“第二存在”（属于人类财产），但研究人员认为，“第三存在”的分类将会简化事故发生时的责任分担处理。

这样，通过所创设的各类法律人格面具，法律系统的运作可以最大限度地开发和挖掘人类与人工智能所负载的物质、能量及信息。

任何高级人工智能系统参与各级司法审判都需要提供令人类完全认可的、符合现行法律的司法说明和依据，同时该法律依据和证明也都要得到相关领域的人类专家的认可。高级人工智能被人类法律或权力机关、国家机构所授予的权利应该仅用于改进健康社会的秩序，而不是颠覆人们的认知。因此，人工智能被赋予的特定权利是历史发展和技术发展的必然产物。人工智能获得一定法律地位是十分必要的，这既有利于提高法律事务的办理效率，又有助于保证法律执行的公正，促进社会的公平正义。为人工智能立法，促进人工智能法律体系的建设则更具有重要意义，如同人类违背法律必定要被司法系统追责一样，人工智能系统若是违背法律同样要被追究责任。

因此，正如历史上曾经站上被告席的老鼠，未来的智能机器人、人工智能或机器智能以及人机混合智能，甚至类脑智能形成的人工智能系统或智能体，也将有机会以被告、原告，甚至法官、律师和公证人的身份参与到新的法律“游戏”中。未来的民事主体不再只是自然人、法人，还会有其他“非人”的各种人工智能系统形态。

总之，面对未来关于人工智能技术的种种不确定性，我们应做到未雨绸缪，应在保护人类自身利益的同时，从法律上采取措施正确对待可能出现的类人智能。

13.7 超现实人工智能伦理问题

许多科幻小说、影视作品中经常出现人工智能或机器人与人类为敌，对人类构成巨大威胁甚至毁灭人类的情节。一些经典科幻影片中的机器人形象，虽然十分骇人，但这些都是人们幻想的结果。未来人工智能是否可能产生自我意识，具有像人一样的自由意志，甚至可能开发出它自己的与人类意愿相违背的机器智能系统，从目前来看都是未知的。因此，由此类人工智能产生的机器人权利、对人类生命带来的威胁等伦理问题都是哲学问题。我们需要明白和理解的是，关于强人工智能的伦理均属于假设、理论或哲学问题。这类伦理问题不属于现实中发生的，未来是否会发生也是无法证明的。因此，这类伦理问题可以统称为超现实人工智能伦理问题。强人工智能伦理问题都是超现实人工智能伦理问题。超现实人工智能伦理问题或强人工智能伦理问题主要涉及以下方面。

1. 具备自我意识的智能机器的社会地位

一旦智能机器尤其是类人的智能机器人产生自我意识，具有了人性特征，人类该如何在伦理上接受它呢？人类该如何界定它们的身份？是人还是机器？如何确定它们的人格？在它们受到伤害时是否应赋予其人道主义待遇？如何界定它们在传统人类社会中的角色？有人认为，强人工智能应该和动物一样得到人类的道德关注，人类应在一定程度上尊重它们的利益。人类越是认可强人工智能的某些人类属性及其所应拥有的利益对其自身很重要，就越会觉得有必要尊重强人工智能。人类对强人工智能为什么会持这种观点或态度呢？这主要是由于人类假设未来的强人工智能一定会产生像人一样的自我意识并且具备类人的情感。由此引发的许多幻想性伦理问题需要在哲学层面思考，但还不能从科学层面加以证实，也不会切实影响到现在的人类生活。

2. 具备自我意识的智能机器的权利、义务和行为责任

人类是否应该比智能机器人拥有更多的权利？智能机器人是否应该比人类承担更多的社会劳动和其他责任？是否应该赋予智能机器人法律人格，并赋予其与人类同等的权利义务和行为责任？具有自我意识的机器人受到折磨或虐待怎么办？各类类人智能服务机器人在照顾孩子、老人或病人时，如果发生人身伤害事故，如何界定责任？诸如此类的问题，已经是哲学家、社会学家、法学家，以及人工智能专家经常讨论的话题了。这些问题会在强人工智能真正出现之后才有意义或者得到答案。

3. 具有自我意识的智能机器与人类之间的复杂关系

具有自我意识的智能机器与生物学意义上的人类之间的关系注定会变得复杂莫测。人类创造人工智能的目的在于让机器变得更加智能，代替人类完成更多更复杂甚至更危险的工作，而它们对人类社会传统的个体、家庭，以及社区、组织、机构和企业之间的关系的影响将是非常复杂的。在强人工智能实现之前，这种伦理关系需要经过法律、哲学、伦理学、工程、技术，以及政府、企业、社会组织等各方面的更多探讨和研究，这类探讨注定是持久的。

尽管上述问题都属于假设、理论或哲学问题，但对这些问题的思考或反思有助于在现阶段指导开发者设计更合乎人类利益的人工智能系统。这是我们学习强人工智能伦理问题的意义所在。至于强人工智能伦理的风险防范，可以肯定的是，其基本原则与弱人工智能应该是一致的，即无论强、弱人工智能技术如何发展，都应以坚持维护人类利益、保护人类尊严、珍惜人性善良品质为基准和核心。

13.8 关键知识梳理

本章主要介绍了人工智能伦理的含义，人工智能引发的社会问题，弱人工智能与强人工智能技术引发的伦理问题与防范措施，机器人伦理、军事人工智能伦理问题及防范措施，以及人工智能面临的法律问题等。通过学习本章，读者可以初步弄清人工智能伦理和法律问题，从而意识到人工智能伦理问题对个人、社会的重要意义，这有助于读者今后在使用、设计智能系统时，充分考虑可能的隐患或风险，进而确保人工智能的安全、可靠与可信。本章内容已经拓展为《人工智能伦理导论》，读者可通过该书深入理解人工智能伦理概念及人工智能应用伦理等内容。

13.9 问题与实践

（1）什么是人工智能伦理？

（2）人工智能伦理与机器人伦理之间是什么关系？

（3）人工智能伦理问题主要有哪些情况？各种情况中的伦理问题主要表现在哪些方面？

（4）机器人伦理的核心问题是什么？

（5）弱人工智能与强人工智能的伦理问题有哪些？它们有什么区别和联系？

（6）预防强人工智能伦理问题产生是否有必要？为什么？

（7）在技术上可以采用什么方式解决智能武器可能伤害无辜的人这一问题？

（8）在人工智能法律层面可以采取哪些措施预防人工智能违法犯罪行为的发生？